焊接质量控制与检验

第**4**版

李亚江 刘 强 王 娟 等编著

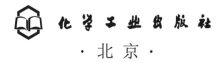
化学工业出版社

· 北 京 ·

图书在版编目（CIP）数据

焊接质量控制与检验/李亚江等编著 . —4 版. —北京：
化学工业出版社，2019.4（2024.6重印）
ISBN 978-7-122-33990-4

Ⅰ.①焊⋯ Ⅱ.①李⋯ Ⅲ.①焊接-质量控制②焊接-
质量检验 Ⅳ.①TG441.7

中国版本图书馆 CIP 数据核字（2019）第 035253 号

责任编辑：周　红　　　　　　　　　　　　装帧设计：王晓宇
责任校对：王鹏飞

出版发行：化学工业出版社（北京市东城区青年湖南街 13 号　邮政编码 100011）
印　　　装：北京天宇星印刷厂
787mm×1092mm　1/16　印张 17¾　字数 463 千字　2024 年 6 月北京第 4 版第 6 次印刷

购书咨询：010-64518888　　　　　　　　　售后服务：010-64518899
网　　　址：http://www.cip.com.cn
凡购买本书，如有缺损质量问题，本社销售中心负责调换。

定　　价：88.00 元　　　　　　　　　　　　　　版权所有　违者必究

前言
PREFACE

　　焊接质量控制在生产中是一个重要的方面，特别是锅炉及压力容器、电力管道、石油化工管线、化工容器、船舶制造等，对焊接管理人员提出更高的要求。保证装备正常运行涉及社会和企业的安全。例如，锅炉及压力容器、管线等的焊接质量直接影响其使用安全，一旦发生质量事故，不但给国家财产造成极大损失，还可能造成伤亡事故，因此对锅炉及压力容器、管线等的焊接质量应严格控制与管理。

　　目前将焊接技术与质量管理结合在一起的属于"焊接技术管理"的实用图书很少，而社会发展迫切需求阐述简明、深入浅出的焊接质量保证、检验与管理方面的综合性技术图书。特别是产品安全在焊接生产中越来越受到重视，众多生产厂家需要熟练掌握技术和管理的复合型人才，科学管理的市场需求潜力很大。近年来，焊接结构不断向大型化、重型化和高参数方向发展，对焊接质量提出了越来越严格的要求，并以设计规范、制造法规或规程等形式，对生产企业的焊接质量控制和质量管理作出了全面而科学的规定。没有众多掌握专业技术和管理的技术人员和管理者，许多重要的焊接结构和高端装备是无法制造的。

　　本书的特点是针对性和实用性强，注重实践和综合性技术管理的阐述，能帮助读者提高焊接技术和管理技能，了解质量管理、焊接质量体系的建立和运行、焊接工艺规程、焊接工艺评定以及焊接资质与认证等。本次修订除了突出原书概念简明和实用性强的特点外，还根据行业技术的发展，更新了部分内容，并补充了新的内容，使全书内容更加规范和适于实际应用。

　　本书主要供与焊接技术相关的管理、设计、技术人员和质量检验人员使用，也可供高等院校、科研院所、企事业单位的有关教学和科研、设计人员参考。

　　参加本书撰写的人员还有张永喜、马海军、夏春智、刘如伟、刘鹏、沈孝芹、蒋庆磊、黄万群、张蕾、吴娜、魏守征、李嘉宁、杜红燕、胡效东、马群双、刘坤等。

　　本次修订虽经反复斟酌，认真修改，但仍恐书中存在不足或不妥之处，恳请广大读者批评指正。

编著者

目录
Contents

第 **1** 章

概 述

001 ——————————————

第 **2** 章

焊接结构制造及质量保证

011 ——————————————

第 **3** 章

焊接缺欠与缺陷

038 ——————————————

第4章
焊接质量控制

066 ————————

第5章
焊接质量管理与工艺规程

095 ————————

第6章
焊接工艺评定

129 ————————

第**6**章

焊接工艺评定

129 ————————————

第**7**章

焊接质量检验

162 ————————————

第**8**章

焊接结构的失效分析

194 ————————————

第 **8** 章

焊接结构的失效分析

194 ————————————

第 **9** 章

焊接材料和设备的管理

224 ————————————

第 **10** 章

焊接培训与资格认证

240 ————————————

第1章 概述

随着焊接结构不断向高参数、大型化、重型化方向发展，对焊接质量提出了越来越高的要求。在许多重要的焊接结构中，如锅炉、压力容器、高压管道、船舶、桥梁和高层建筑等，焊接质量不合格或接头强度、韧性不足会导致整个焊接结构的提前失效，甚至导致灾难性的后果。为了确保焊接产品质量，许多企业正在按 ISO 9000—9004 和 GB/T 10300 质量管理和质量保证标准建立或完善质量保证体系，以加强制造过程的质量控制。

1.1 质量管理的定义和控制环节

焊接质量管理是指从事焊接生产或工程施工的企业通过开展质量活动发挥企业的质量职能，有效地控制焊接质量的全过程。这里的质量即产品满足用户"使用要求"的适用性。大多数焊接产品应具有的是符合性质量，即产品全部质量特性的考核指标必须满足相应的标准、规范、合同或第三方的有关规定。强化焊接质量管理不仅有助于产品质量的提高，达到向用户提供满足使用要求的焊接产品的目的，而且可以推动企业的技术进步，增强产品的竞争力。

锅炉和压力容器已广泛应用于电力、石油、化工行业中，其运行条件比较严格，尤其是储存易燃、易爆、有毒介质的容器和化工装备，制造质量与国家和人民生命财产安全密切相关，稍有问题就会带来安全隐患。为此，国家质量技术监督部门制定了严格的质量措施和一系列的监察规程，其中焊接质量控制是最重要的环节之一。

（1）质量管理的几个基本定义

1）质量（quality）

质量的定义为：产品或服务满足规定或潜在需要的能力和特性的总和。这一关于质量的定义实际上由两个层次的含义构成：第一层次所讲的"需要"，实质上是指产品（或服务）必须满足用户需要，即产品的适用性，"需要"可以包括可用性、安全性、可靠性、可维修性、经济性和环境适应性等几个方面；第二层次是指在第一层次成立的前提下，质量是产品（或服务）的能力和特性的总和，即产品的符合性。由于"需要"一般可转化为有指标的能力和特性，因此产品（或服务）全部符合相应的能力和特性指标的要求就是质量。

2）**质量管理**（quality management）

质量管理的定义为：对确定和达到质量要求所必需的职能和活动的管理。质量管理是企业管理的重要组成部分。质量管理工作的职能是负责制订企业的质量方针、质量目标、质量计划，并组织实施。为了实施质量管理，就要建立完善的质量体系，对影响产品质量的各种因素和活动进行有效的控制。焊接结构产品也不例外，特别是重要的焊接结构，如锅炉、船舶、压力容器等，需在有效的质量管理条件下进行生产。

3）**质量保证**（quality assurance）

质量保证的定义为：为使人们确信某一产品、过程或服务能满足规定的质量要求所必需的有计划、有系统的全部活动。质量保证的核心内涵是使人们确信某一产品（或服务）能满足规定的质量要求，使需方对供方能否提供符合要求的产品（或服务）和是否提供了符合要求的产品（或服务）掌握充分的证据，建立信心。同时，也使本企业领导者对能否提供满足质量要求的产品（或服务）有把握而放心地组织生产。

质量保证又可分为内部质量保证和外部质量保证两大类。内部质量保证是为使企业领导者"确信"本企业的产品质量能否和是否满足规定的质量要求所进行的活动。这是企业内部的一种管理手段，目的是使企业领导者对本企业产品的质量做到心中有数。外部质量保证是为了使需方"确信"供方的产品质量能否和是否满足规定的质量要求所进行的活动。例如，供方向需方提供其质量体系和满足合同要求的各种证据，包括质量保证手册、质量记录和质量计划等。

4）**质量体系**（quality system）

质量体系的定义为：为保证产品、过程或服务满足规定的或潜在的要求，由组织机构、职责、程序、活动、能力和资源等构成的有机整体。质量体系包括一套专门的组织机构，具体化了保证产品质量的人力和物力，明确了各有关部门和人员应有的职责和权力，规定了完成制造或生产任务所必需的各项程序和活动。有必要指出，过去曾出现过的质量管理体系、质量保证体系等用语，现在均应标准化为质量体系。

5）**质量控制**（quality control）

质量控制的定义为：为保证某一产品、过程或服务满足规定的质量要求所采取的受控状态下的作业技术活动。产品质量有个产生、形成和实现的过程，这个过程就是如图1.1所示的质量环。质量环上每一个环节的作业技术和活动必须在受控状态下进行，才能生产出满足规定质量要求的产品，这就是质量控制的内涵。

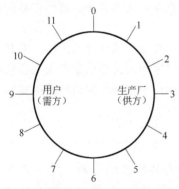

图1.1 质量环示意图

0—某产品或实物；1—市场调研；

2—设计、规范的编制和产品研制；

3—采购；4—工艺准备；5—生产制造；

6—检验和试验；7—包装和储存；

8—销售和发运；9—安全和运行；

10—技术服务和维修；11—用后处理

（2）**全面质量管理**

全面质量管理（TQM）是指一个组织以质量为中心，以全员参加为基础，目的在于通过让用户满意和本组织所有成员及社会受益而达到长期成功的管理途径。这里，最高管理者强有力且持续的领导以及该组织所有成员的教育和培训，是这种管理途径取得成功所必不可少的。

全面质量管理的特点如下。

1）**"三全"管理思想**

包括全面的质量管理概念、全过程的质量管理、全员参加的质量管理。

2）"四个一切"观点

即一切为用户服务的观点、一切以预防为主的观点、一切用数据说话的观点、一切按PDCA 循环办事的观点。

PDCA 循环代表计划（Plan）、执行（Do）、检查（Check）、处理（Action）这一逻辑过程。在 PDCA 循环中，质量管理活动又分为如下八个步骤。

① 找出质量存在的问题；

② 找出存在问题的原因；

③ 找出原因中的主要原因；

④ 根据主要原因制定解决对策（以上四个步骤属计划阶段）；

⑤ 按制定的解决对策，认真付诸实施（这一步骤属执行阶段）；

⑥ 调查分析对策在执行过程中的效果（此为检查阶段）；

⑦ 总结成功的经验，并整理成标准，坚持巩固；

⑧ 把执行对策过程中不成功或遗留的问题，转入下一个 PDCA 循环中去解决（最后两步属处理阶段）。

通过一次 PDCA 循环，解决了一些问题，工作就前进了一步，质量就提高了一步，再在一个新的水平上进行 PDCA 循环，逐步提高管理水平和产品质量。

（3）焊接质量管理的控制环节

焊接质量管理的控制系统大致可分为以下几个控制环节。

1）焊接材料质量控制

锅炉、压力容器所用的焊接材料必须由生产厂家出具有效的质量保证书及清晰、牢固的标志。焊接材料的熔敷金属化学成分及外形尺寸必须符合相应的国家标准，如有疑问，必须重新检验，直至确认合格方可验收入库。焊接材料库管理人员须按照 JB/T 3223《焊接材料质量管理规程》的规定保管焊接材料，按照焊接工艺规程规定的焊接材料管理制度进行验收、入库、保管及发放。

2）焊接工艺评定试验

焊接工艺评定试验是对焊接工艺评定任务书中设计的各项工艺参数和工艺措施的验证性试验，必须由本单位焊工使用本单位设备，按照相关标准的规定完成。评定合格的焊接工艺才能应用于锅炉和压力容器的焊接生产。不得借用其他单位的焊接工艺评定。

焊接工艺评定试验合格与否，一般通过被评定的焊接接头的各项理化性能试验结果来判断。在进行焊接工艺评定试验时，焊接责任工程师和各控制点负责人，都要对评定试验全过程的工作质量进行控制，确保所有的技术指标都符合评定任务书的要求。当评定试验结论不合格时，应分析原因，重新制定工艺参数和工艺措施，再次进行工艺评定，直至合格。焊接工艺评定试验所能适用的范围必须在标准规定的范围之内，一旦超出规定范围，必须按相关标准重新进行评定。

3）焊工资格考试

焊工技能水平是保证锅炉和压力容器焊接质量的关键因素之一。为了确保焊接质量，国家劳动部门和质量监督部门规定每一个从事锅炉、压力容器生产和安装的焊工都必须接受理论知识及操作技能培训及考试，成绩合格者才能从事规定项目内的焊接工作。各单位应结合本单位生产及焊工本身的实际情况，合理地安排焊工参加培训和考试项目。国家规定锅炉、压力容器焊工资格认证的有效期为 3 年，各单位应提前申请锅炉、压力容器焊工考试委员会安排的考试。

4）焊接工艺制定及组织实施

在焊接工艺评定合格的基础上，依据产品设计图纸、技术规程说明书、相关规程的要求，制定合理的施焊工艺。对某个具体产品，焊接技术人员要根据其结构特点制定具体的焊接工艺。在制定焊接工艺前，首先要确定有无相应的或能覆盖的焊接工艺评定（若没有，必须立即着手进行此项工作），确定由持有何种焊接资格项目的合格焊工施焊。焊接工艺参数及处理措施一定要在工艺评定的范围之内，要根据产品的结构特点，制定合理的能减小焊接应力和变形的焊接顺序。操作者施焊前必须认真阅读焊接工艺指导书，施焊时必须严格按照焊接工艺的规定执行。对于关键焊缝或有特殊要求的焊缝，焊接技术人员必须亲自向操作者交代注意事项，并经常到生产现场指导焊接工作。

5）产品焊接试板的制作

为检验产品焊接接头的力学性能，按照《压力容器安全技术监察规程》、GB 150《压力容器》和 JB 4744《钢制压力容器产品焊接试板的力学性能检验》的要求，采用与施焊产品相同的材料和焊接工艺，对产品的焊接试板进行试验。

产品焊接试板是用来检验产品焊缝质量的，它的材质与焊接工艺必须与产品主焊缝（如容器纵缝）完全相同。所以，焊接试板必须与筒体在同一块或同一批材料上下料并做好标记移植，具有相同的坡口形式，并且与筒体纵缝连在一起一同进行焊接，若需热处理，也必须同时进行；然后才能分割下来进行无损探伤及焊缝力学性能试验。只有在产品焊接试板的焊缝力学性能试验合格后，才能转入下一道工序。

6）焊缝返修

焊缝超标缺陷的返修，按照《压力容器安全技术监察规程》的规定进行，即返修前必须先分析产生缺陷的原因并制定返修工艺。与制定焊接工艺的要求一样，制定焊缝返修工艺也必须要有相应的返修工艺评定，并且返修次数不得超过返修工艺评定的规定。返修过程中，焊接检验人员要做好详细的现场返修记录；返修完成后，按原焊缝检验要求进行检验。

7）焊后热处理实施

为改善焊接接头的力学性能，消除焊接残余应力，按照《压力容器安全技术监察规程》、GB 150《压力容器》和设计图纸的要求，对壁厚超过一定限度的钢制压力容器需进行焊后热处理。对于某些特殊的材料或某些特殊结构的产品，为了保证焊缝质量，减小焊接应力，有时也需要进行焊前预热或焊后热处理。焊后热处理一定要按照规定进行，若有产品焊接试板，也要一同进行热处理。

8）焊接设备管理

工作状态良好的焊接设备，是顺利完成焊接工作、保证焊接质量的必要条件。焊接设备也包括焊条烘干设备，必须由专人管理，定期检查维修。

9）焊接检验

焊接检验包括焊缝外观检验及无损探伤检验，必须按照相应的标准进行，对检验不合格的焊缝要按照质量保证手册规定的程序申请返修。

在锅炉、压力容器的焊接过程中，根据各质量控制环节，再按各加工工序的重要程度和相互的联系，对不同系统划出若干个质量控制点。其中关键的质量控制点，可作为停止点，即该点上的质量不合格时，下一道工序要停止流转。例如，产品焊接试板的焊缝检验是一个非常重要的质量控制点，因此将其作为停止点，检验合格后方可进入下一道工序。对控制点规定出控制内容、责任人员及职责，以确保每道工序的质量。

例如，特种设备焊接质量控制系统的控制环节与控制点示例见表 1.1。

表 1.1　特种设备焊接质量控制系统的控制环节与控制点示例

控制环节	控制点与类别	主要控制内容	工作见证	控制者 操作及记录	控制者 审核确认
焊接设备	E. 资源条件	按设备许可规则的规定,配备所需的焊接设备数量和品种	现场及设备档案	设备管理人员	焊接责任人
焊接设备	E. 设备采购、验收、使用、维修	焊接设备的采购、验收、使用、维修由设备部门统一管理	有关的管理表卡,设备安装调试记录	设备管理人员	焊接责任人
焊接设备	R. 完好状态	焊接设备、仪表应处于完好状态,并有合格标签	合格标签	设备管理人员	焊接责任人
焊接设备	R. 仪表周检	焊接设备的仪表应进行周期检定和校验	有关检定计划和检定记录	计量员	设备责任人
焊接管理	E. 焊材采购	焊材采购按材料规定采购执行,参照相关焊材标准	合格材料入库通知单	采购员	材料责任人
焊接管理	R. 验收或复验	焊材按规定进行验收或复验。质量证明书检验,规格、品种、外观、数量检验	材料验收或复验报告	材料检验员	材料责任人
焊接管理	E. 焊材保管	设焊材一级库,库内配置温度计、相对湿度计、除湿机等,控制焊材储存的温度和湿度。实行分区管理、堆放	台账,焊材库温度、湿度记录表	保管员（焊材一级库）	材料责任人
焊接管理	E. 焊材烘烤	设焊材二级库,负责从一级库领出焊材,并按要求对焊条、焊剂进行烘干、保温,焊材型号、规格、批号与烘干温度控制	焊材烘干温度、时间记录卡	保管员（焊材二级库）	材料责任人
焊接管理	E. 发放回收	焊材型号、规格、批号、数量及回收处理	焊材发放、回收记录	保管员（焊材二级库）	材料责任人
焊接工艺评定	E. 焊接性试验	了解母材焊接时会出现的问题及影响因素、焊接材料的匹配性,合理地选择焊接参数	试验记录	焊接工程师	焊接责任人
焊接工艺评定	R. 拟定 WPS	编制焊接工艺评定任务书,并根据该任务书编制焊接工艺指导书	焊接工艺评定任务书、焊接工艺指导书	焊接工程师	焊接责任人
焊接工艺评定	E. 工艺试验	按焊接工艺指导书的规定焊接工艺试件,进行焊接工艺评定试验	试件与检验试验记录	焊工、检验员、理化员	技术负责人
焊接工艺评定	H. 形成 PQR	汇总、整理焊接工艺试验的相关记录、报告等,出具"焊接工艺评定报告",将评定合格的项目加入"焊接工艺评定合格项目一览表",分发有关部门和生产车间	焊接工艺评定报告	焊接工程师	技术负责人
焊工管理	E. 焊工培训	参加焊工培训,提高技能	培训记录	焊工	焊接责任人
焊工管理	R. 焊工考试	参加焊工考试,鉴定焊工操作技能;考试材料、方法、项目	焊工证书	焊工	焊接责任人
焊工管理	E. 持证上岗	编制合格焊工项目一览表、制定焊工钢印,严禁无证、超项、超有效期上岗,确保从事考试合格项目范围的焊接工作	合格焊工项目一览表、焊接记录	合格焊工	焊接责任人
焊工管理	E. 考绩档案	记录焊工个人工作业绩、奖惩情况、焊缝质量汇总	焊工业绩记录表、焊缝质量汇总结果	施焊的焊工	焊接责任人

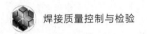

续表

控制环节	控制点与类别	主要控制内容	工作见证	控制者	
				操作及记录	审核确认
焊接工艺与焊接过程控制	E. 编制	根据焊接工艺指导书和焊接工艺评定报告,编制焊接工艺卡用于生产;确定焊接工艺适用范围	焊接工艺卡	焊接工艺员	焊接责任人
	R. 更改	焊接工艺文件更改仍按原审签程序进行	工艺更改通知单		
	E. 贯彻实施	焊接工艺文件技术交底、发放	焊接工艺卡		
	E. 环境	施焊环境要求	温度、湿度记录表(焊接现场)	保管员、车间负责人	焊接责任人
	R. 工艺纪律	焊工资格、焊接工艺执行情况、工艺纪律检查	焊接检查记录表	焊接工艺员检验员	
	E. 施焊过程与检验	试验应严格遵守焊接工艺	焊接记录	焊接检验员	
	R. 焊接检验	焊前、焊接过程、焊后检验,焊接接头外观质量检验	焊接与外观检验记录		
产品焊接试板	R. 试板制备	按相关安全技术规范及产品标准的要求制作焊接试件	焊接试件流程卡、试件理化检验报告	持证焊工	检验员
	H. 试样检验	试样理化检验按相关安全技术规范及产品标准的要求		理化试验员	理化责任人
焊缝返修	R. 一、二次返修	缺陷定位、清除;由焊接工艺员编制返修工艺,经焊接责任人审核后,依据返修工艺进行返修,做好返修记录	焊缝返修工艺卡、返修记录	焊接工艺员、检验员	焊接责任人
	E. 超次返修	1)缺陷定位、清除;由焊接工艺员编制返修工艺,经焊接责任人审核后,单位技术负责人批准后,依据返修工艺进行返修 2)返修后应将返修次数、部位、返修后的无损检测结果和技术负责人批准字样记入质量证明书的制造变更报告中	返修方案、返修记录、质量证明书	焊接责任人、检验员、资料员	技术负责人 检验责任人

注:H—停止点;E—见证检查点;R—审阅点。

　　控制点是为了使制造过程（工序）处于受控状态,对特种设备生产过程需要重点控制的质量特性、关键部位或薄弱环节、质量不稳定的工序等,需要特别注意质量控制的重点,通过某种方式来进行控制的地方。质量控制点按控制程度的不同一般分为三类:停止点（H）、见证检查点（E）、审阅点（R）。

　　停止点（H）　对特种设备生产质量有重大影响的检验项目,当进行到该点时,暂时停止生产,必要时应提前通知监督检验人员,在责任人员或监督检验人员在场的情况下,进行该项目的检验,检验结果得到责任人员或监督检验人员的确认签名后再继续生产。

　　见证检查点（E）　对影响特种设备生产质量的一些关键检验项目,责任人员应到场,因故未到由作业者在自检合格后可继续转入下道工序,待责任人员到场后对该项目的检验结果进行审核认可后补签字确认手续。

　　审阅点（R）　责任人员用审核或审阅的方式,为确定某些工作符合要求,所采取的对文件、记录和报告的调查和检查的活动,通过签名和日期来证明。

1.2 质量体系的基本准则

质量体系在建立、健全、运行和不断改进完善过程中必须遵循一些原理和原则,这些原理和原则是质量体系的基本准则,包括以下几项。

1) 质量环

从了解与掌握用户对产品质量的要求和期望开始,直到评定能否满足这些要求和期望为止,影响产品(或服务)质量的各项相互作用的理论模式即所谓质量环。质量环是指导企业建立质量体系的理论基础和基本依据。通用性的质量环包括 11 个活动阶段(见图 1.1)。

2) 质量体系结构

质量体系结构由企业领导责任、质量责任与权限、组织机构、资源和人员及工作程序几个方面组成。

① 企业领导责任 企业领导对企业质量方针的制定与质量体系的建立、完善、实施和正常运行负责。

② 质量责任与权限 在质量文件中应明确规定与质量直接或间接有关的活动,明确规定企业各级领导和各职能部门在质量活动中的责任;明确规定从事各项质量活动人员的责任与权限及各项质量活动之间的纵向与横向衔接,控制和协调质量责任与权限。

③ 组织机构 企业应建立与质量管理相适应的组织机构,该组织机构一般包括各级质量机构的设置、各机构的隶属关系与职责范围、各机构之间的工作衔接与相互关系,在全企业形成质量管理网络。

④ 资源和人员 为实施质量方针并达到质量目标,企业领导应保证必需的各级资源,包括人才资源和专业技能、设计和研制产品所必需的设备、生产设施、检验和试验设备、仪器仪表和计算机软件等。

⑤ 工作程序 企业应根据质量方针,按照质量环中产品质量形成的各个阶段,制定并颁布与必需的产品质量活动有关的工作程序,包括管理标准、规章制度、工艺规程、操作规程、专业质量活动以及各种工作程序图表等。

3) 质量体系文件

企业应针对其质量体系中采用的全部要素以及要求和规定,系统地编写出方针和程序性的书面质量文件,包括质量保证手册、大纲、计划、记录和其他必要的供方文件等。

4) 质量体系审核

为确定质量活动及有关结果是否符合质量计划安排,以及这些安排是否贯彻并达到了预期目的所做的系统、独立的定期检查和评定,即所谓的质量体系审核。这一过程包括质量体系审核、工作质量审核和产品质量审核几部分。审核的目的是查明质量体系各要素的实施效果,确认是否达到了规定的质量目标。

1.3 质量保证体系

(1) 对质量保证体系的基本要求

质量保证体系是指企业以提高产品质量为目标,运用系统的概念和方法,把质量管理的各个阶段、各个环节、各个部门的质量管理职能和活动合理地组织起来,形成一个有明确任务、职责、权限而又相互协调、相互促进的有机整体。

对建立健全的质量保证体系的基本要求如下。

① 明确的质量目标和方针、政策。

② 各类人员、各业务技术部门的质量责任制。

③ 质量监督（审核）制度化，能有效地行使职权的质量保证组织。

④ 完整的质量管理制度和质量控制标准、规范、程序。

⑤ 有效的质量管理活动，确保产品形成的全过程处于受控状态。

⑥ 质量记录完整，信息畅通，实施闭环管理。

⑦ 制造、试验、检测、分析手段满足承制产品精度要求。

⑧ 外购器材质量确有保证。

⑨ 用户满意的售后服务。

⑩ 实行质量成本管理，达到质量管理与经济效益统一。

（2）质量保证体系的五个方面

焊接产品的质量保证贯穿于设计、制造、售后服务的全过程。质量保证体系应根据本单位人、机、料、法、环共五个方面，对产品实行全面质量管理和控制，同时应保证产品的合理设计、合理的制造流程、可靠的试验与检验。

质量保证体系人、机、料、法、环的含义如下。

人——包括人员结构、人员素质、技术水平、专业特长、工人级别和技术状况，以及人员实际技能等。

机——包括生产装备的品种、规格、数量、状况、使用、维护设备的能力。

料——原材料及辅料，包括各种物料、资料，如各种技术资料、文献等。

法——包括各种规程、规定、规范、标准、规章制度、技术管理制度等。

环——工作环境、企业容貌等。

（3）质量保证体系对企业的要求

1）技术装备

为保证焊接工作顺利完成，企业必需的技术装备见表1.2。

表1.2 企业必需的技术装备

分类	技术装备	分类	技术装备
准备类	装配场地及工作场地 吊装用装备 焊接材料烘干用装备 下料及材料清理用装备 各类加工机床及工具	焊接类	焊接辅助设备 焊接工艺装备 焊前预热装备 焊后热处理装备 辅助装备
焊接类	切割设备及装置 各类焊接设备 各类工装、夹具、工具	检测类	各类检测仪器 焊接试验装备及设施 各种试验装备

2）人员素质

企业必须具有一定的技术力量，其专业人员的构成见表1.3。

表1.3 企业专业人员的构成

人员	要求	任务
焊接技术人员	具有一定学历、专业知识及生产经验，熟悉相关标准、法规	焊接工艺性审查，编制工艺规程 选择焊接方法、焊接设备、工装、材料 提出焊接材料的管理和储存条件 提出焊前准备与焊后热处理要求 分析产品的焊接缺陷，提出处理措施 监督焊工操作质量，培训及考核焊工 按设计要求规定有关检验范围及方法

人　员	要　求	任　务
焊工	经过安全训,持有安全操作证书。经相关技术考核,持有相应的资格证书	在资格证书认可的范围内,按工艺规程进行焊接生产操作
检验人员(包括无损检测、焊接质量检查、力学性能检查、理化分析人员等)	无损检验人员应持有相应的等级合格证书	从事各种检验、试验工作
其他专业人员	受过相关专业教育	从事产品制造所需的相应技术工作

3) 技术管理

企业应设置完整的技术管理机构,建立、健全各级技术岗位责任制和厂长或总工程师技术负责制。技术管理工作的要求见表1.4。

表 1.4　技术管理工作的要求

项目	要　求	项目	要　求
技术资料	完整、正确 要有各责任人员的签字	质量检查	有独立的质量检验机构 检查人员应按要求严格执行各类检查 检查人员应对漏检、误检造成的质量事故负责
工艺管理	有必要的工艺管理机构 有完善的工艺管理制度 有明确的人员责任范围 工艺文件必须有相应责任人员签字 各类人员对焊接质量承担技术责任		

1.4　质量管理与焊接检验的关系

为了确定焊接结构质量是否具有符合性,必须测定其质量特性。焊接检验是指通过调查、检查、测量、试验和检测等途径或手段获得的焊接产品一种或多种特性的数据与施工图样及有关标准、规范、合同或第三方的规定相比较,以确定其符合性的活动。生产实践中,企业强化焊接质量管理的目的是通过完善企业内部机制来保证它提供的焊接产品具有符合性质量。

焊接检验的作用在于监控焊接产品质量的形成过程,确认企业已生产或正在生产的焊接产品是否满足了或能否满足符合性质量的要求,以及定期检查在役焊接产品是否仍具有符合性质量。从这一意义上来说,离开焊接检验,企业就无法实施有效的焊接质量管理。焊接检验是企业实施焊接质量管理的基础和基本手段。

焊接检验的依据是质量标准,焊接质量标准须根据产品使用性能来制定。焊接检验所依据的技术文件包括以下几个。

① 相关的技术标准或规范　相关的技术标准或规范规定的质量评级或验收方法是指导焊接检验工作的法规性文件。

② 施工图样和订货合同　焊接产品的施工图样或订货合同中一般都明确规定或提出了对焊接质量 (或焊缝质量) 的具体要求。

③ 检验的工艺性文件　这类文件具体规定了检验方法及其实施过程,是焊接检验工作的指导性实施细则。

图样或工艺变更的通知单、材料代用及追加或改变检验要求的通知单等均应作为焊接检验的依据妥善保存。各种焊接检验方法的有效运用与相互协调，以及焊接检验文件的整理与保存可以保证企业焊接产品质量体系的有效运行。

　　焊接标准和规范中一般包含作为焊接质量标准的焊接材料认可试验、焊接方法认可试验、焊工技能考试、焊接材料标准、坡口精度标准、焊接部位外观标准、焊接接头无损检验标准等。这些标准是实现制造和生产无缺陷焊接结构的必要条件，也是生产厂家应遵守的规程。

　　焊接材料认可试验、焊接方法认可试验和焊接材料标准主要是为了防止材质上的缺陷而制定的。虽然对于具体的焊接接头某部位的性能全部进行核查是不可能的，但使用经认可的焊接材料、采用经认可的焊接方法并严格按工艺规程进行施工，就能基本保证这些焊接部位的性能。

　　焊工技能考试、坡口精度标准、焊接装配精度标准和焊接部位外观标准是为了防止尺寸上的缺陷和结构上的缺陷而制定的。

　　对重要的焊接结构件，焊接完成后应对焊缝进行外观及无损探伤检验，对检验不合格的焊缝按质量保证手册的规定进行返修，对热处理后的产品进行表面质量、外观尺寸检验，对焊缝进行100%外观及无损探伤。对筒体交叉焊缝处的焊缝金属及热影响区硬度，用便携式硬度计进行测试。各项检验结果应满足技术要求，确保焊接质量可靠。

第2章
焊接结构制造及质量保证

随着焊接结构工作条件的日益苛刻、复杂，对焊接质量要求也越来越高。这就要求制造过程中严格按照焊接工艺规程进行焊接，焊前、施焊过程中与焊后都要对材料及接头进行全面的质量检验，并根据产品的有关标准进行质量评定，及时发现并解决焊接过程中存在的质量问题，保证产品符合质量要求，确保焊接结构的安全运行。

2.1 焊接结构制造工艺步骤

焊接结构制造工艺主要取决于焊接产品的结构形式和质量要求。结构复杂、质量要求较高的产品，其制造工艺也比较细化。焊接结构制造工艺主要包括焊前准备、下料、装配与焊接、焊后热处理、焊件检验等。

2.1.1 焊前准备

焊前准备工作主要包括熟悉生产图纸和工艺、母材及焊接材料检验、焊接操作人员资格审核、母材焊前预处理以及下料、加工坡口及成形等。

（1）生产图纸和工艺

焊前必须首先熟悉生产图纸和工艺，这是保证焊接产品顺利生产的重要环节。主要内容包括：

① 产品的结构形式、采用的材料种类及技术要求；

② 产品焊接部位的尺寸、焊接接头及坡口的结构形式；

③ 采用的焊接方法、焊接工艺参数、焊接顺序、预热及层间温度的控制等；

④ 焊后热处理工艺、焊接产品的质量要求及焊件检验方法。

（2）材料检验

材料检验包括焊接产品的母材和焊接材料的检验，这也是焊前准备的重要组成部分。

1）母材检验

母材检验包括焊接产品主材及外协委托加工件的检验。母材检验的内容如下。

① 材料入库要有材质证明书，要有符合规定的材料标记符号。要对材料的数量和几何尺寸进行检验复核，对材料的表面质量进行检查验收（如表面光洁、生锈腐蚀情况，变形和表面机械损伤情况等）。

② 根据有关规定，需要时要对材料进行化学成分检验或复验。

③ 必要时，按重要装备（产品）的合同要求，对母材进行力学性能试验或复验，包括拉伸试验、弯曲试验、冲击试验、断裂试验、蠕变试验等。

④ 根据合同或标准、规范或规程的要求，用作重要装备（如三类压力容器、高压厚壁容器等）的母材还要做无损检测（如超声波测厚或检测、磁粉或着色渗透检测等）、硬度检验、显微组织检验（如金相检验、铁素体含量检验等）和必要的耐腐蚀性检验（如晶间腐蚀检验）等。

2）焊接材料检验

焊接材料检验主要是指对焊条、焊丝等填充金属的化学成分、力学性能（主要指熔敷金属）的检验及腐蚀检验等，也包括对焊剂和保护气体的成分和纯度的检验。这些检验一般在焊接材料生产厂完成。在特殊情况下，使用厂还应在焊材进厂或使用前进行复验，以保证产品的焊接质量。

（3）操作人员资格审核

根据《压力容器安全技术监察规程》和《现场设备、工业管道焊接工程施工及验收规范》等的规定，凡从事其所辖范围的压力容器、锅炉重要设备和工业管道焊接的焊条电弧焊、埋弧焊、CO_2 气体保护焊及氩弧焊的焊工和操作者，都应按有关规定参加考试并取得有关部门认可的资格证书，才能进行相应材料与位置的焊接。因此，在焊接产品制造之前，必须检查该焊工所持合格证的有效性。这包括审核焊工考试记录表上的焊接方法、试件形式、焊接位置及材料类别等是否与焊接产品要求的一致，所有考试项目是否合格。同时还要检查焊工近期（6个月）内有无从事用预定工艺焊接的经历，以及近期（比如1年）内实际焊接的成效（如焊缝 X 射线检测的一次合格率及 Ⅰ、Ⅱ 级底片占总片数的比例等）。在特殊条件下，还要考核焊工在特殊焊接位置下的操作技能。

检验焊接质量的方法很多，应对有关检验人员的资格证书及实际检验技能进行审核，以保证检验结果的客观性与可靠性。对于某一个具体的焊接产品，用什么方法和仪器、设备或工具进行质量检验，要由焊接或检验工程师事先审定并进行必要的检查。主要检查所选用的检测方法是否正确，所选定的检测仪器、仪表和工具是否符合有关标准的要求，是否经过有关部门的计量测定，对无损检测设备和仪器以及长度、温度、压力、电气和热量等计量仪器、仪表和工具等都要进行检查。

（4）母材预处理和下料

1）母材预处理

金属结构材料的预处理主要是指钢材在使用前进行矫正和表面处理。钢材在吊装、运输和存放过程中如不严格遵守有关的操作规程，往往会产生各种变形，如整体弯曲、局部弯曲、波浪形挠曲等，不能直接用于生产而必须加以矫正。

薄钢板的矫正通常采用多辊轴矫平机，卷筒钢板的开卷也应通过矫平机矫平。厚钢板的矫平则应采用大型水压机在平台上矫正，型钢的弯曲变形可采用专用的型钢矫正机进行矫正。

钢板和型钢的局部弯曲通常采用火焰矫正法矫正。加热温度不应超过钢材的回火温度。加热后可在空气中冷却或喷水冷却。

钢材表面的氧化物、铁锈及油污对焊缝的质量会产生不利的影响，焊前必须将其清除。清理方法有机械法和化学法两种。机械清理法包括喷砂、喷丸、砂轮修磨和钢丝轮打磨等。其中喷丸的效果较好，在钢板预处理连续生产线中大多采用喷丸清理工艺。

化学清理法通常采用酸溶液清理，即将钢材浸入 2%～4% 的硫酸溶液槽内，保持一定时间取出后放入 1%~2% 的石灰液槽内中和，取出烘干。钢材表面残留的石灰粉膜可防止金属表面再次氧化，切割或焊接前将其从切口或坡口面上清除即可。

2）下料

焊件毛坯的切割下料是保证结构尺寸精度的重要工序，应严格控制。采用机械剪切、手工热切割和机械热切割法下料，应在待下料的金属毛坯上按图样 1:1 的比例进行划线。对于批量生产的工件，可采用按图样的图形和实际尺寸制作的样板划线。每块样板都应注明产品、图号、规格、图形符号和孔径等，并经检查合格后才能使用。手工和样板划线的尺寸公差应符合标准规定，并考虑焊接的收缩量和加工余量。

钢材可以采用剪床剪切下料或采用热切割方法下料。常用的热切割方法有火焰切割、等离子弧切割和激光切割。激光切割多用于薄板的精密切割。等离子弧切割主要用于不锈钢及有色金属的切割，空气等离子弧切割由于成本低也可用于碳钢的切割。水下等离子弧切割用于薄板的下料，具有切割精度高且无切割变形的优点。

不锈钢板切割下料时应注意切口附近的硬化现象。产生的硬化带宽度一般为 1.5~2.5mm。由于硬化对不锈钢的性能有不利影响，因此硬化带应采用机械加工方法去除掉。合金元素含量超过 3% 的高强度钢和耐热钢厚板热切割时，切割表面会产生淬硬现象，严重时会导致形成切割裂纹。因此，低合金高强度钢和耐热钢厚板切割前，应将切口的起始端预热 100~150℃，当板厚超过 70mm 时，应在切割前对钢板进行退火处理。

（5）坡口加工

为使焊缝的厚度达到规定的尺寸，不出现焊接缺陷和获得全焊透的焊接接头，接缝的边缘应按板厚和焊接工艺要求加工成各种形式的坡口。最常用的坡口形式为 V 形、双 V 形、U 形及双 U 形。设计和选择焊缝坡口时，应考虑坡口角度、根部间隙、钝边和根部半径。

焊条电弧焊时，为保证焊条能够接近接头根部以及多层焊时侧边熔合良好，坡口角度与根部间隙之间应保持一定的比例关系。当坡口角度减小时，根部间隙须适当增大。因为根部间隙过小，根部难以熔透，须采用较小规格的焊条，降低焊接速度；如果根部间隙过大，则需要较多的填充金属，会提高焊接成本和增大焊接变形。

熔化极气体保护焊由于采用的焊丝较细，且使用特殊导电嘴，可以实现厚板（大于 200mm）I 形坡口的窄间隙对接焊。

开有坡口的焊接接头，如果不留钝边和背面无衬垫，焊接第一层焊道容易烧穿，且需用较多的填充金属，因此坡口一般都留有钝边。钝边的高度以既保证熔透又不致烧穿为佳。焊条电弧焊 V 形或 U 形坡口的钝边一般取 0~3mm，双面 V 形或双面 U 形坡口取 0~2mm。埋弧焊的熔深比焊条电弧焊大，钝边可适当增加，以减少填充金属。

带有钝边的接头，根部间隙主要取决于焊接位置与焊接工艺参数，在保证焊透的前提下，间隙尽可能减小。平焊时，允许采用较大的焊接电流，根部间隙可为零；立焊时，根部间隙可适当增加，焊接厚板时可在 3mm 以上。单面焊背面成形工艺中，根部间隙一般留得较大，与所用焊条的直径相当。

为保证在深坡口内焊条或焊丝能够接近焊缝根部，J 形或 U 形坡口上常作出根部半径，以降低第一层焊道的冷却速度，保证根部良好的熔合和成形。焊条电弧焊时，根部半径一般取 6~8mm。随着板厚的增加和坡口角的减小，根部半径可适当增加。

角接头最常用的是等腰直角平表面的角焊缝，也称为标准角焊缝。在相同的静载强度下，这种接头形式采用的填充金属最少。外凸角焊缝的凸度虽然能提高焊缝的静载强度，但焊趾处应力集中严重，因此，在动载情况下不应设计这种接头形式，而应采用有凹度的角焊缝，这种焊缝在焊趾处向母材是圆滑过渡的，应力集中很小。凸角焊缝成本较高，要获得同样的计算厚度，耗材较大。

T形接头的焊缝可以是角焊缝、坡口焊缝或两者的组合。选择何种焊缝取决于强度要求和制造成本。在静载等强条件下，成本成为考虑的主要因素。采用不开坡口的角焊缝焊件不需特殊加工，可用直径较大的焊条，以大电流施焊，熔敷效率高，适用于小厚板的T形接头。开双面V形坡口焊缝所需填充金属最少，但这种接头需要额外的坡口加工，而且焊接时要求采用较小直径焊条和焊接电流打底，以防根部烧穿，这种接头只适用于较厚板的焊接。单面V形坡口焊缝的优点是当另一侧施焊有困难时，可以采用这种接头。

当T形接头只承受压载荷时，如端面接触良好，大部分载荷会由端面直接传递，焊缝所承受载荷减小，所以焊缝可以不焊透，角焊缝尺寸也可适当减小。

坡口加工可以采用机械加工或热切割法。V形坡口和双面V形坡口可以在机械气割下料时，采用双割炬或三割炬同时完成坡口的加工，如图2.1所示。

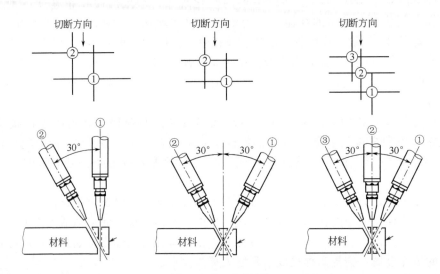

图 2.1　坡口切割方法

钢板边缘坡口的机械加工可采用专用的刨边机、铣边机，也可采用普通的龙门刨床加工。管子端部的坡口加工可采用气动和电动的管端坡口机。大直径筒体（直径600mm以上）环缝的坡口加工可采用大型边缘车床。

坡口加工的尺寸公差对焊件的组装和焊接质量有很大的影响，应严格检查和控制。坡口的尺寸公差一般不应超过±0.5mm。

不锈钢、有色金属和淬硬倾向大的合金钢焊件边缘应采用机械加工方法加工坡口。具有较高淬硬倾向的合金钢焊件，如采用热切割法加工坡口，坡口表面在热切割后应作表面磁粉探伤，重要件须经过打磨。

（6）成形加工

大多数焊接结构，如锅炉、压力容器、船舶、桥梁和重型机械等，许多部件为达到产品设计图纸的要求，焊接之前都经过成形加工。成形加工工艺包括冲压、卷制、弯曲和旋压等。

圆筒形和圆锥形构件，如压力容器的筒体和过渡段、锅炉锅筒、大直径管道等都是采用不同厚度的钢板卷制而成的。卷制通常在三辊筒或四辊筒卷板机上进行，厚壁筒体也可采用特制的模具在水压机或油压机上冲压成形。筒体的卷制实质上是一种弯曲工艺。在常温下弯曲，即所谓冷弯时，工件的弯曲半径不应小于该种材料所特定的最小允许值，对于普通碳素结构钢（简称碳素钢），弯曲半径不应小于 25δ（δ 为板厚），否则材料的力学性能会大大下降。冷卷的筒体，当其外层纤维的伸长率超过 15％ 时，应在冷卷后作回火处理，以消除冷作硬化引起的不良后果。通常板厚小于 50mm 的钢板可采用冷卷，大于 50mm 的钢板应采用热卷或热压成形。

正常的热卷或热冲压温度应选择在材料的正火温度，以保证热成形后材料仍保持标准规定的力学性能。但是，在许多情况下，由于设备功率不足和温度控制等原因，将工件加热到超过材料正火温度的高温，而导致晶粒长大、力学性能降低。对于这种超温卷制或冲压的筒体，应在卷制或冲压完成后，再作一次常规的正火处理，以恢复其力学性能。当卷制某些对高温作用较敏感的合金钢板时，应制备母材金属试板，且随炉加热并随工件同时出炉，以检验母材金属经热成形后的力学性能是否符合标准的规定。

压力容器、锅筒、储罐等球形封头、椭圆形封头、顶盖、球罐的球瓣通常采用水压机或油压机在特制的模具上冷冲压或热冲压而成。冷冲压和热冲压对冲压材料性能的影响类似于冷卷和热卷。当冲压后的工件冷变形程度超过容许极限或冲压温度超过材料正常的正火温度时，冲压后工件应作相应的热处理，以恢复材料的力学性能。奥氏体不锈钢冷冲压件，冲压后应作固溶处理。

在未配备水压机或油压机的制造厂中，壁厚小于 32mm 的碳素钢封头和壁厚小于 25mm 的不锈钢封头可以采用旋压成形的方法制造。旋压成形是将工件在旋转过程中利用紧靠工件内外壁的两个辊轮加压，按预定的要求将工件旋压成形的工艺。与冲压相比，这种工艺具有设备功率小、适应性强、加工周期短、成形质量好、表面粗糙度小等优点。

封头的旋压可按工件的壁厚采用冷旋压和热旋压。冷旋压成形又可分二步法和一步法两种。厚壁封头的热旋压通常采用冲旋联合成形法。二步冷旋压成形法首先是将毛坯在压鼓机上压成碟形，即把封头的中心圆弧部分压制成所要求的曲率，然后再在旋压机上翻边，把封头的周边旋压到所要求的球面。

现有旋压机可旋压的最小封头直径为 1500mm，最大封头直径为 5200mm。

在薄壁金属结构中，许多薄板件为增加惯性矩而设计成直角形、矩形截面，这些元件通常采用折边机或折弯机进行折弯成形。如要求较高的折弯精度，可选用数控折弯机折弯成形。

在许多焊接结构中大量采用管件和型材，也要求其按设计图纸弯曲成形。

管材的弯曲可按管子的直径、壁厚和成形精度要求分别采用手动、电动、液压传动以及数控液压弯管机。数控系统弯管机不仅可作平面弯曲，而且也能完成三维空间弯曲。最大弯曲角度可达 195°，最小弯曲半径为 1.2D（D 为管子直径）。大直径厚壁管通常在大型弯管机上热弯成形。热弯的加热温度不应超过材料正火温度的上限。

型材的弯曲可采用三辊或四辊型材弯曲机，其工作原理与三辊、四辊卷板机相似。三辊型材弯曲机的最小弯曲半径为 400mm。

2.1.2　装配与焊接

（1）装配的基准

制定焊接结构件装配工艺时，首先应确定一个合理的装配基准面，借助这个基准面进行焊接结构件各个零件组装过程的定位。

1）基准面的概念

基准面是一些点、线、面的组合，借助它们可以确定同一零件的另外一些点、线、面的位置或其他零件的位置。同一焊接结构件上多个零件如果采用相同的基准面就容易保持尺寸精度的一致性，减小尺寸误差。

2）基准的分类

① 设计基准　是设计图样上采用的基准，是决定零件在整个结构或部件中相对位置的点、线、面的总称。设计基准反映了焊接结构件及部件中各零件位置的相互关系，在设计图样中常表现为尺寸基准线。

② 工艺基准　是焊接结构件生产中采用的基准。根据工序的不同作用又分为工序基准、定位基准、装配基准和测量基准。

a. 工序基准　是指某种加工工序的使用图样中用来确定本工序所加工表面，在加工完成后的尺寸、形状和位置的基准。常见工序的使用图样有铸造工艺图、锻造工艺图、焊接工艺图等毛坯图样，粗加工图、精加工图等切削加工的图样。这些图样来源于产品设计图样，但增加了工序作业内容及要求。工序基准不同于设计基准。

b. 定位基准　是指零件在夹具中定位时，所依据的点、线、面。定位基准与夹具使用功能、零件坯料形状有关，常见的筒体及圆柱类零件，设计基准一般采用中心线，但外圆定位夹具一般采用零件外侧圆周进行定位，实现筒体及圆柱类零件找正对中，外侧圆周就成为定位基准。

c. 装配基准　是指各个零部件在组装过程中决定相对位置的点、线、面。焊接结构件的设计基准一般采用具有切削加工要求的外轮廓线或中性面，而在钢板拼接时，装配基准常采用焊接坡口根部端面轮廓线。

d. 测量基准　是指在装配过程中用以检测零件位置或尺寸所依据的点、线、面。实际焊接生产中，一般采用便于测量的线、面作为测量基准。

3）选择装配基准的一般原则

① 装配基准尽可能与设计基准重合　这样有利于保证设计图样对产品结构尺寸、形状精度的要求。采用设计图样上规定的定位孔或定位面作为基准；如没有特殊要求时，尽可能选择设计图样上用以标注各零件位置的尺寸基准作为装配基准。

② 选用面积较大的平面　当零件或部件的表面既有平面又有曲面时，应优先选择平面作为装配基准；当零件或部件的表面都是平面时，应选择最大的平面作为装配基准。

③ 选用经过机械加工的表面　尽可能利用零件或部件上经过机械加工的表面作为装配基准，也可用上道工序的工序基准作为装配基准。如备料过程中冲剪、数控切割或自动切割的边缘，零件或部件中心线等。

④ 选用有切削加工要求的表面　当零件或部件的表面焊接后有切削加工要求或设计图样对零件或部件的某平面有较高要求时，应选择此平面作为装配基准。例如，采用焊接结构的减速箱体，其结构形式分为上箱体和下箱体，上、下箱体结合面焊后要进行切削加工，因此焊接毛坯装配时，应选择这个结合面作为装配基准。此外采用平面基准容易定位焊接毛坯零件，便于装配，而且使需要切削加工的零件处在一个平面内，有利于保证加工余量的一致性。

⑤ 选用不易变形的表面或边缘　在焊接结构中，选择刚性大、不易变形的表面或零件边缘作为装配基准，避免基准面、线因为焊接变形引起的尺寸偏差。

上述原则要根据产品结构的实际情况和要求，综合考虑选择应用。评判装配基准的选择是否合理，主要是看能否保证产品结构质量，方便装配焊接以及满足设计图样对产品结构尺寸、形状精度的要求。

（2）装配用到的机械装备

焊接结构在生产中为保证产品的质量，常需要工装和焊接机械装备。焊接机械装备种类繁多，有简单的夹具，也有复杂的焊接变位机械。焊接机械装备的特点与适用场合见表2.1。

表 2.1　焊接机械装备的特点与适用场合

机械装备	特点与适用场合
夹具	功能单一，主要起定位和夹紧作用；结构较简单，多由定位元件、夹紧元件和夹具体组成，一般没有连续动作的传动机构；手动的夹具可携带和挪动。适于现场安装或大型金属结构的装配和焊接场合下使用
焊件变位机	焊件被夹持在可变位的台或架上，该变位台或架由机械传动机构使之在空间变换位置，以适应装配和焊接需要。适于结构比较紧凑、焊缝短而分布不规则的焊件装配和焊接时使用
焊接变位机	焊机或焊接机头通过该机械实现平移、升降等运动，使之达到施焊位置并完成焊接。多用于焊件变位有困难的大型金属结构的焊接，可以和焊件变位机配合使用
焊工变位机	由机械传动机构实现升降，将焊工送至施焊部位。适用于高大焊接产品的装配、焊接和检验等

1）夹具

焊接装配用夹具包括定位器、夹紧器、拉紧器和推撑夹具等，不同类型的夹具结构见图 2.2。

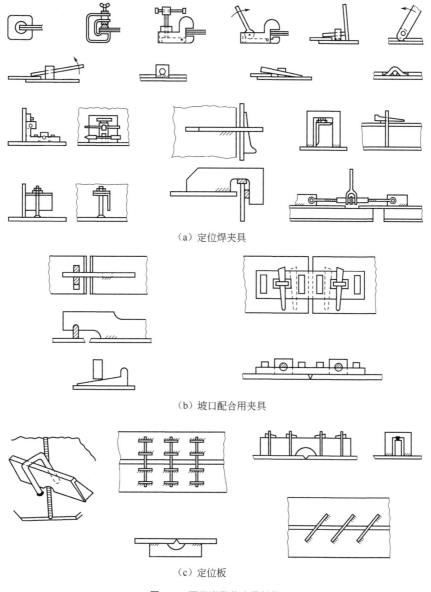

（a）定位焊夹具

（b）坡口配合用夹具

（c）定位板

图 2.2　不同类型的夹具结构

2) 焊件变位机

焊件变位机是使焊件变换位置，以适应装配和焊接的需要，主要有翻转机、滚轮架和回转台等。焊接翻转机的特点及适用场合见表2.2。

表 2.2 焊接翻转机的特点及适用场合

翻转机形式	示意图	变位速度	特点与适用场合
悬臂式		可调	卡盘夹持工件,处于悬臂状态下回转,适用于短、轻焊件的焊接
固定卡盘式		可调	两支座固定,其中一个卡盘为主动,另一个为从动,适用于大型结构、断面对称、刚度大、尺寸固定的焊件
可移卡盘式		可调	带主动卡盘的支座固定,带从动卡盘的支座可随工件长短而移动,适用于长度有变化的刚性较好的构件焊接
框架式		恒定	支承与夹持工件的是框架,为了转动平衡,要求框架和工件合成重心线与枢轴中心线重合,适用于长度较大的板结构、桁架和框架结构等
链式		恒定	由主动链轮带动链条,链条带动工件翻转,适用于已点固好的梁、柱等刚性和长度较大的构件翻转
支承环式		恒定	由两个半圆环夹持工件组成一个支承环,经驱动滚轮架带动回转,适用于非圆柱形、刚性较大的长构件的翻转
推举式		恒定	利用液压推举,使工件在 0°～90°间变位,多用于小型车架、机架等非长形的板结构倾斜或直立变位用

滚轮架是用两排滚轮支承回转体形状的工件并使其绕自身轴线旋转的机械装置。回转体的旋转由主动轮带动，靠它们之间的摩擦力而实现转动。主动滚轮通常由电动机驱动并能调节转速，根据支承滚轮之间的排列组合和动力传入方式，滚轮架有整体式和组合式两类。

整体式滚轮架的一排或两排滚轮由长轴串联成整体，动力从一侧或两侧同步传入。整体式滚轮架适用于产品较为单一、批量较大的场合。由于中间很少调节，能保证传动精度，但设备位置固定，占地面积较大。

组合式滚轮架两排滚轮中左右两个滚轮结对安装在同一个支架上，而一套完整的滚轮架则由两个以上相互独立的支架组成。两个支架上两个滚轮的中心线距离可以根据工件不同直径进行调节。组合式滚轮架机动性好，适用范围广，但传动不够平稳，调整工作量大，适于多规格的长度不大的圆柱体或圆锥工件的装配和焊接。

回转台能使工件绕垂直轴或倾斜轴旋转，主要用于回转体工件上环形缝的焊接、堆焊或切割，其转速一般要求连续可调，因此较多采用直流电动机驱动。回转台的转轴倾斜角度有的可以进行调节，有的转轴垂直不能调节，这两种回转台结构见图 2.3。

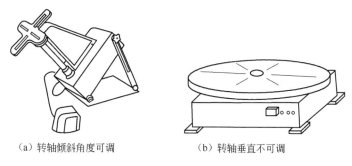

（a）转轴倾斜角度可调　　　　　　　　（b）转轴垂直不可调

图 2.3　回转台的结构

3）焊接变位机

焊接变位机的主要功能是实现焊机或焊接机头的水平移动和垂直升降，使其达到施焊部位，多在大型焊件或无法使焊件移动的自动化焊接场合下使用。变位机的适应性决定于它的空间活动范围。按结构特点，焊接变位机有平台式、悬臂式和龙门式三种。

平台式焊接变位机由平台、立架（柱）和台车组成，见图 2.4。焊接机头在平台上可作水平移动，平台沿立架能垂直升降，立架安放在台车上，台车沿轨道行走。为防止倾覆，单

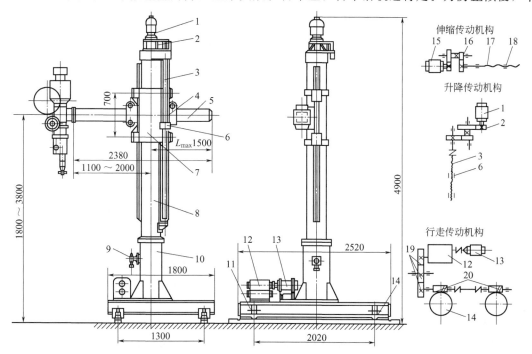

图 2.4　平台式焊接变位机

1—升降用电动机；2,12—减速器；3,17—丝杆；4—导向装置；5—伸缩臂；6,18—螺母；
7—滑座；8—立柱；9—定位器；10—柱套；11—台车；13—行走用电动机；14—走轮；
15—伸缩用电动机；16—双极齿轮传动装置；19—齿轮；20—蜗杆

轨式须在车间的墙上或柱上设置另一轨道；双轨式须在台车或立架上放置配重。

悬臂式焊接变位机的机臂通过滑座既能在水平方向伸缩，又能绕立柱轴线旋转和沿垂直方向升降，这样固定于悬臂上的焊接机头活动范围大，适应性强，在锅炉压力容器制造行业中广为应用。

龙门式焊接变位机分为桥式和门式两种。桥式变位机是由梁和两个起支承及行走作用的台车组成，焊接机头可沿梁作横向移动，台车可沿轨道作纵向移动。桥式变位机适用于大面积平板拼接或船体板架结构的焊接。门式变位机比桥式多一个门架，焊接机头可在门梁上做横向移动，主要用于不同高度结构件的焊接。

（3）焊前预热

焊前预热是防止厚板焊接结构、低中合金钢接头焊接裂纹的有效措施之一。焊前预热有利于改善焊接热循环，降低焊接接头区域的冷却速度，防止焊缝与热影响区产生裂纹，减小焊接变形，提高焊缝金属与热影响区的塑性与冲击韧性。

预热温度应根据母材的含碳量和合金含量、焊件结构形式和接头的拘束度、所选用焊接材料的扩散氢含量、施焊条件等因素来确定。母材含碳量和合金含量越高，厚度越大，焊前要求的预热温度也越高。钢制压力容器焊前预热 100℃ 以上的钢种厚度见表 2.3。

表 2.3　钢制压力容器焊前预热 100℃ 以上的钢种厚度

钢　种	碳钢	Q390	Q345（如 16MnR）
厚度/mm	>38	>34	>32

对于焊接工程结构，可以采用碳当量（C_e）和冷裂纹敏感指数法确定预热温度。低合金钢焊接根据碳当量确定的预热温度见表 2.4。

表 2.4　低合金钢焊接根据碳当量确定的预热温度

碳当量 C_e/%	预热温度 /℃
$C_e < 0.45$	可不预热
$0.45 \leqslant C_e \leqslant 0.6$	100～200
$C_e > 0.6$	200～370

焊前预热温度不宜过高，因为预热温度的提高相当于增大焊接热输入，在降低焊接区冷却速度的同时，会延长过热区在高温停留的时间，使晶粒长大，导致焊接接头的强度和冲击韧性下降。尤其是低合金调质高强钢焊接时，预热温度的提高对接头性能的影响更为明显，须严格控制。

（4）焊接

施焊时应先选定焊接方法，再选焊接设备（主要是电源类型），最后确定焊接工艺参数及焊后热处理条件。选择焊接方法时，必须综合考虑焊接结构特点、母材性质、焊接效率等因素。

1）焊接方法

不同材料具有不同的性能，对焊接工艺的要求也不相同。为了保证接头具有与母材匹配的性能，应首先根据母材的类型来选择焊接方法。如热导率较高的铝、铜应利用热输入大、熔透能力强的焊接方法。热敏感材料宜用热输入较小且易于控制的脉冲焊、高能束焊或超声波焊进行焊接。电阻率低的材料不宜采用电阻焊进行焊接。活泼金属不宜采用 CO_2 焊、埋弧焊等焊接方法，而应采用惰性气体保护焊进行焊接。

尽管大多数焊接方法的焊接质量可满足实用要求，但不同焊接方法的焊接质量，特别是焊缝的外观质量有较大的差别。产品质量要求高时，可选用惰性气体保护焊、电子束焊、激光焊等。质量要求较低时，可选用焊条电弧焊、CO_2 焊、气焊等。

自动化焊接方法对工人的操作技能要求较低，但设备成本高、设备管理及维护要求高。焊条电弧焊及半自动 CO_2 焊的设备成本低、维护简单，但对焊工的操作技术要求较高。电子束焊、激光焊、扩散焊设备复杂，辅助装置较多，不但要求操作人员有较高的技术水平，还应有较高的专业知识水平。选用焊接方法应综合考虑这些因素，以取得最佳的焊接质量及经济效益。常用碳钢及低合金钢焊接方法的选择见表 2.5。

表 2.5　常用碳钢及低合金钢焊接方法的选择

材　料		焊　接　方　法						
		焊条电弧焊	埋弧焊	MIG、TIG	CO_2 气体保护焊	气焊	电渣焊	电阻焊
低碳钢		A	A	A	A	A	A	A
中碳钢		A	A	A	B	A	B	A
高碳钢		A	B	A	C	B	C	B
碳素结构钢		B	B	B	C	A	C	B
高强度钢	Q420	A	A	A	A	B	A	A
	Q460	A	A	A	A	B	B	A
	Q500	A	A	A	B	C	C	B
	Q550	A	A	B	B	C	C	C
	Q690	A	C	B	C	C	C	C
	耐候钢	A	B	A	A	B	C	A
低温用钢	2.5%Ni	A	A	A	B	C	C	B
	3.5%Ni	A	A	A	B	C	C	B
	9%Ni	A	C	A	B	C	C	C
低合金耐热钢	Mo	A	A	A	B	A	A	A
	Cr-Mo	A	A	A	B	A	B	A

注：A—适用；B—尚可；C—待研究。

2）焊接材料的选择

焊条电弧焊时，焊条的选用原则见表 2.6。焊丝的选择要根据被焊钢材种类、焊接部件的质量要求、焊接施工条件（板厚、坡口形状、焊接位置、焊接条件、焊后热处理及焊接操作等）、成本等综合考虑。焊丝选用要考虑的顺序如下。

表 2.6　同类钢材焊条电弧焊焊条的选用原则

考虑因素	选　择　原　则
焊件的物理、力学性能和化学成分	①根据等强原则，选择满足母材力学性能的焊条，或结合母材的焊接性选用非等强度而焊接性良好的焊条，但须改变焊缝的结构形式，以满足等强要求 ②使其合金成分符合或接近母材 ③母材含碳、硫、磷有害杂质较高时，应选择抗裂性和抗气孔性能较好的焊条，建议选用氧化钛钙型、钛铁矿型焊条
焊件的工作条件和使用性能	①在承受动载荷和冲击载荷的情况下，除保证强度外，对冲击韧性和伸长率都有较高的要求，应依次选用低氢型、钛钙型和氧化铁型焊条 ②接触腐蚀介质的，必须根据介质种类、浓度、工作温度及腐蚀类型，选择合适的不锈钢焊条 ③在非常温条件下工作时，应选择相应的保证低温或高温力学性能的焊条

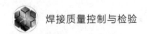

续表

考虑因素	选 择 原 则
焊件几何形状的复杂程度、刚度大小,焊接坡口的制备情况和焊接位置	①形状复杂或大厚度的焊件,焊缝金属在冷却时收缩应力大,容易产生裂纹,必须选用抗裂性强的焊条,如低氢型焊条、高韧性焊条或氧化铁型焊条 ②受条件限制不能翻转的焊件,必须选用能全位置焊接的焊条 ③焊接部位难以清理的焊件,选用氧化性强、对氧化皮和油垢不敏感的酸性焊条,以免产生气孔等缺陷
考虑施焊工地设备	在没有直流焊机的地方,不宜选用限用直流电源的焊条,而应选用交直流电源的焊条,某些钢材(如珠光体耐热钢)需焊后消除应力热处理,但受设备条件限制(或本身结构限制)不能进行热处理时,应改用非母材金属材料焊条,如奥氏体不锈钢焊条,可不必进行焊后热处理
考虑改善焊接工艺和保护工人身体健康	在酸性焊条和碱性焊条都可以满足要求的条件下,应尽量采用酸性焊条
考虑劳动生产率和经济合理性	在使用性能相同的情况下,应尽量选择价格较低的酸性焊条,而不用碱性焊条,在酸性焊条中又以钛型、钛钙型为贵

① 根据被焊结构的钢种选择焊丝 对于碳钢及低合金高强钢,主要是按"等强匹配"的原则,选择满足力学性能要求的焊丝。对于耐热钢和耐候钢,主要是侧重考虑焊缝金属与母材化学成分的一致或相似,以满足对耐热性和耐腐蚀性等方面的要求。

② 根据被焊部件的质量要求(特别是冲击韧性)选择焊丝 与焊接条件、坡口形状、保护气体混合比等有关,要在确保焊接接头性能的前提下,选择达到最大焊接效率及降低焊接成本的焊接材料。

③ 根据现场焊接位置选择焊丝 对应于被焊工件的板厚选择所使用的焊丝直径,确定所使用的电流值,参考各生产厂的产品资料及使用经验,选择适合于焊接位置及使用电流的焊丝牌号。

3)焊接工艺参数的确定

焊接工艺参数主要包括焊接电流、焊接电压、焊接速度、焊条角度及焊丝伸出长度、保护气体流量等。

① 焊接电流 焊条电弧焊时,焊接电流取决于焊条类型。低氢钠型焊条采用直流反接,低氢钾型焊条可采用直流反接或交流。酸性焊条(如焊条牌号末位数字为1～5)一般采用交流,也可采用直流。焊条牌号末位数字为7的碱性焊条选用直流电源,焊条牌号末位数字为6的碱性焊条可选用交直两用电源。

焊接电流的大小可根据焊条直径进行初步选择,然后再考虑板厚、接头形式、焊接位置、工件材质等因素。例如,当焊接导热快的工件时,焊接电流要大一些,而焊接热敏感材料时,焊接电流应小一些。焊接位置改变时,焊接电流应作适当调节。立焊、横焊时焊接电流应减小 10%～15%,仰焊时减小 15%～20%。用低氢型焊条焊接时,焊接电流也要适当减小。焊条直径和焊接电流的选择参见表 2.7。

表 2.7　焊条直径和焊接电流的选择

板厚 /mm	≤4				4～12	≥12	
焊条直径 /mm	不超过焊件厚度				3.2～4	≥4	
	1.6	2.0	2.5	3.2	4.0	5.0	6.0
焊接电流 /A	25～40	40～65	50～80	100～130	160～210	100～270	260～300

注:1. 适用于碳钢和低合金钢。

2. 要根据板厚、接头形式、焊接位置、材质和焊条类型等情况增减。

3. 重要结构件焊接电流要按允许的热输入来确定。

埋弧焊焊接电流是决定焊缝熔深的主要因素。焊接电流增大，焊缝的熔深和余高均增加，而焊缝的宽度变化不大。但焊接电流过大，会使焊接热影响区宽度增大，易产生过热组织，使接头韧性降低；焊接电流过小时，易产生未熔合、未焊透、夹渣等缺陷，焊缝成形差。

CO_2 气体保护焊时焊接电流应根据工件的厚度、坡口形式、焊丝直径以及熔滴过渡形式来选用。对于一定的焊丝直径，允许的焊接电流范围很宽。立焊、仰焊以及对接接头横焊表面焊道的焊接，当所用焊丝直径≥1.0mm 时，应选用较小的焊接电流。

② 焊接电压　焊接电压直接影响焊缝宽度。焊接电压越高，焊缝越宽，但焊接电压过高，熔滴过渡时容易产生飞溅，导致焊缝产生气孔；焊接电压过小，熔滴向熔池过渡时易产生短路，导致熄弧，使电弧不稳定，从而影响焊缝质量。

③ 焊接速度　焊接速度直接影响焊缝的成形、焊接接头区的组织和焊接生产率。焊接速度增大时，熔深、熔宽均减小。因此，为保证焊透，提高焊接速度时，应同时增大焊接电流及电压。当电流过大、焊速过高时易引起咬边等缺陷。

④ 焊条角度及焊丝伸出长度　焊条电弧焊时，焊条角度决定工件上热量的分配比例及保护效果、定向气流和熔滴过渡方向、焊缝外形和熔深。当焊接厚度相等的对接接头时，焊条的工作角约为 90°，电弧的热量均匀地分布在坡口的两侧；当板厚不同时，应使电弧偏向板较厚的一侧。当焊接 T 形接头时，若板厚相等，工作角应等于 45°或稍小于 45°，使焊脚两侧热量尽可能均匀，焊脚对称；若板厚不等，应使焊条与薄板间的角度稍小些，使厚板侧得到的热量稍多些。

短路过渡 CO_2 焊焊丝伸出长度对熔滴过渡、电弧稳定性及焊缝成形有很大影响。焊丝伸出长度过大时，电阻热急剧增大，焊丝因过热而熔化过快，甚至成段熔断，导致严重飞溅及焊接电弧不稳定。焊丝伸出长度过小时，焊接电流较大，短路频率较高，喷嘴离工件的距离很小，使飞溅金属颗粒容易堵塞喷嘴，影响保护气体流通。

⑤ 保护气体流量　气体保护焊时气体的流量一般根据电流大小、焊接速度、焊丝伸出长度等来选择。焊接电流越大，焊接速度越高，在室外焊接以及仰焊时，气体流量应适当加大。但也不能太大，以免产生紊流，使空气卷入焊接区，降低保护效果。

2.1.3　焊后热处理及焊件检验

（1）焊后热处理工艺

焊后热处理方法有消除应力处理、消氢处理、回火处理和时效处理等。消除应力处理是将焊件均匀地以一定速度加热到 A_{c1} 点以下足够高的温度，保温一段时间后随炉均匀冷却到 300～400℃，最后将焊件空冷。消除应力处理的作用是：

① 消除焊缝金属中的氢，提高焊接接头的抗裂性和韧性；

② 降低焊接接头中的残余应力，消除硬化，提高接头抗脆断和耐应力腐蚀的能力；

③ 改善焊缝及热影响区的金相组织，使淬硬组织经受回火处理而提高接头各区域的塑性；

④ 降低焊缝及热影响区的硬度，提高切削加工性能；

⑤ 对于耐热钢、可稳定焊缝及热影响区的碳化物，提高接头的高温持久强度；

⑥ 稳定焊接结构的形状，消除焊件在焊后机械加工和使用过程中的畸变。

为消除焊后在焊缝表层下氢的聚集，防止由这些聚集的氢引起横向延迟裂纹，焊后可将焊件或整条焊缝在 300℃ 以上加热一段时间，进行消氢处理。消氢处理推荐温度为 300～400℃，消氢时间为 1～2h。消氢处理必须在焊后立即进行。在某些情况下，消氢处理还可替代低合金钢厚壁焊件的中间消除应力处理。

对于某些低合金钢、中合金耐热钢，焊后回火处理是保证接头具有常温、高温和持久强度性能及韧性的重要手段。表 2.8 列出几种常用低合金钢的回火温度。

表 2.8 常用低合金钢的回火温度

钢 号	最佳回火温度 /℃	每 1mm 厚度推荐的保温时间 /min	钢 号	最佳回火温度 /℃	每 1mm 厚度推荐的保温时间 /min
Q235,Q295,Q345	580～620	3.0	12CrMo	640～660	4.0
Q345,Q390	620～640	3.0	15CrMo	660～680	4.0
Q420,Q460	640～660	4.0	20CrMo	670～690	4.0
Q500	620～640	4.0	12Cr1MoV	710～730	5.0
Q550	580～620	3.0	2.25Cr1Mo	650～670	4.0

对于大型和形状复杂的弥散硬化不锈钢和耐热钢，焊后为保证接头的力学性能与母材基本相等，最好是焊前先将焊件毛坯做固溶处理，焊后再进行时效硬化处理。时效硬化处理实际上是一种低温回火处理，即加热至 454～620℃ 保温 3h 后空冷。时效硬化处理的作用是消除应力并使马氏体回火，提高接头的强度和韧性。

（2）焊件检验

焊件检验是根据产品的有关标准和技术要求对焊接过程及成品的质量进行检查和验证，目的是保证产品符合质量要求，防止产生废品。在焊接生产过程中，若每一道工序都进行检验，能够及时发现问题并进行处理，可以避免最后发现大量缺陷，难以返修而报废，造成时间、材料和劳动力的浪费，增加制造成本。

1）焊接过程中的检验

焊接产品的焊缝一般不是一次焊成的，而是用多层或多层多道的方法焊成的。因此，焊接过程中应根据具体情况进行以下内容的检验。

① 焊完第一道后的检验　检查焊道的成形和清渣情况及是否存在未熔合、未焊透、夹渣、气孔或裂纹等焊接缺陷。不合格的焊缝要进行适当处理后再继续焊接。

② 多层多道焊的焊道间检验　主要检查焊道间的清渣和焊道衔接情况及是否存在焊接缺陷。

③ 清根质量检查　这是保证焊接质量的重要检查环节。若清根不彻底，焊缝中遗留下夹渣、气孔或未熔合等焊接缺陷，后续焊道继续施焊，将会造成严重的质量问题。

④ 外观检验　焊缝成形后，要进行焊缝尺寸（如焊缝宽度和焊缝平直度）及表面缺陷的检查。对不合格处要进行必要的处理，出现重大缺陷要报告有关技术人员。

⑤ 焊缝层间质量的无损检测　对于重要的焊接产品（如高温高压反应器等），在焊接焊缝的各层或各道时，一般要进行表面甚至内部质量的无损检测。对射线检测的Ⅰ级焊缝，通常要进行层间质量的检验。

⑥ 工艺纪律检查　在焊接过程中，焊工必须严格遵守焊接工艺规程，并做好相应的焊接记录。对于违反工艺规程的现象必须及时检查制止。这就要在生产过程中由技术人员经常检查焊工施焊时的工艺参数，如焊接电流、焊接电压、焊接速度、预热温度、层间温度和后热温度及相应的记录。

⑦ 预热与层间温度的控制　有些焊接产品所用的材料及其结构要求焊前预热，焊接过程中保持一定的层间温度，才能保证焊接质量。所以，焊接过程中要采用适当的手段检查预

热与层间温度是否控制在规定的范围内，并检查温度记录是否齐全可靠。

⑧ 消氢与热处理温度控制的检查　有些焊接产品要求焊后立即对焊缝进行消氢处理，有的要求焊后进行消除应力等热处理。有关人员要对这些热处理工艺的执行情况进行检查。对升温速度、保温温度、保温时间、降温速度、测温点布局等，都要进行检查，以确保严格执行有关工艺规程。

2）焊接后检验

焊接后检验是对焊接质量的综合性检验，具体内容包括以下几方面。

① 外观检验　主要包括焊缝的平直度偏差、厚度及余高的检查；表面裂纹检查；咬边、焊肉不足、角焊缝腰高与尺寸检查；焊接件或产品的几何尺寸检查，包括直径、形状及变形量是否超过技术规程的规定等。

② 焊接接头的无损检测　目的是检查焊缝的表面与内部裂纹、夹渣、气孔、未熔合和未焊透等工艺性缺陷。焊接接头的无损检测应安排在焊缝外观检查和硬度检查合格之后，强度试验（如水压试验）和致密性试验（如气密性试验）之前进行。其中渗透检测和磁粉检测应在热处理的前后各进行一次，或仅在热处理之后进行。关于被检验焊缝的数量及焊缝表面和内部的质量标准应按国家的有关标准执行。

③ 其他检验　对于某些耐热低合金钢或规定焊后要进行热处理的焊缝，焊后及热处理后应进行硬度检验。硬度检验应包括母材、焊缝和热影响区三部分，检验数量及合格标准按有关标准或规定执行。在产品的技术条件中有要求进行奥氏体钢中铁素体含量检查的或某些低合金高强度钢焊接接头要求进行延迟裂纹测定的，也应按照有关规定进行检查和测定。

④ 产品检验　主要包括产品的耐压与气密性检验、热处理及产品的防腐涂漆和包装等的检查或试验。耐压试验及气密性试验一般在产品前期检验合格及热处理后进行。进行耐压试验时，要检查试压时使用的介质（水或空气等），试压时的温度与保压时间，以及保压容器上的任何部位有无泄漏点。卸压后还要对产品进行一次全面检查，包括几何尺寸以及焊缝的磁粉或着色渗透检测等。气密性试验的目的是确保产品在服役条件下不发生泄漏，保证生产的顺利进行。

⑤ 资料检验　包括核对产品的生产图纸、设计变更单、产品检验报告与记录、质量问题及处理结果的记录是否齐全、可靠。

2.2　焊接容器的基本概念

现代锅炉和压力容器是由许多零部件组成的焊接容器。锅炉是一种特殊的压力容器，是将燃料内蕴藏的能量经过燃烧释放出热量，使水加热成为蒸汽，供生产和生活上使用的一种庞大而复杂的热能设备。

锅炉是由锅炉的本体"锅"和"炉"以及为保证锅和炉正常运行所必需的附件等部分组成的。锅（也叫汽锅）是指锅炉中盛放锅炉水和蒸汽的密封受压部分，是锅炉的吸热部分，包括锅筒（也叫汽包）、对流管（主炉管）、水冷管、集箱（联箱）、过热器和省煤器等。炉是指锅炉中使燃料进行燃烧产生高温放出热能的部分，是锅炉的放热部分，包括燃烧设备、炉墙、炉拱和钢架等。燃料在炉内通过燃烧所产生的热气，经过炉膛和各部分烟道向锅炉受热面放热，最后从锅炉的尾部排出。

锅炉的工作包括三个同时进行的过程：燃料的燃烧过程、烟气向水的传热过程、水的汽化过程。

锅炉是一种受压又直接受火的特种设备，是工业生产中的常用设备，在工业的各个领域中都得到广泛应用。如果管理不善、处理不当会引起事故，轻则停炉影响生产，重则发生爆炸，造成十分严重的人身和设备事故。因此，锅炉的安全问题，必须引起高度重视。许多国家把蒸汽锅炉列为特种设备，由专门机构进行安全监督，并颁发各项规范以供遵守。

根据锅炉的特点和多年来的实践经验，要确保锅炉的安全运行，应从锅炉的设计、制造、安装、使用、维修和改造等各个环节，全面进行管理和监察。

压力容器是一种特殊的容器。容器是石油、化学工业生产过程中的一种设备，而压力容器又是其中的一种特殊设备。从狭义上说，容器是指内部不进行化学反应或其他物理、化学过程的那些设备。在石油化学工业中广泛使用的容器，主要用于储存气态、液态或固态的原料、中间产品或成品，如原油储罐、氧气及液氨储罐、硫酸储罐等。

我国非常重视锅炉和压力容器的安全问题，国家有关部门已发布了《锅炉压力容器安全监察暂行条例》，为我国锅炉和压力容器的安全工作制定了法律依据。地方和基层单位也制定了相应的具体规定，锅炉和压力容器的各制造单位都有严格的质量保证体系。

2.2.1 焊接容器的分类和工作条件

（1）焊接容器的分类

① 按容器的用途可将容器分为反应压力容器、换热压力容器、分离压力容器和储运压力容器四大类，见表 2.9。

表 2.9　焊接压力容器按用途分类

类别名称	主要用途	容器名称
反应压力容器	完成介质的物理化学反应	反应器、分解锅、分解塔、聚合釜、高压釜、合成塔、变换炉、蒸煮锅、蒸球、蒸压釜、煤气发生炉
换热压力容器	完成介质的热量交换	管壳式余热炉、热交换器、冷却器、冷凝器、蒸汽发生器、蒸发器、煤气发生炉水夹套
分离压力容器	平衡介质流体压力和气体的净化分离	分离器、过滤器、集油器、洗涤器、吸收塔、铜洗塔、干燥塔、汽提塔、除氧器
储运压力容器	盛装生产用原料气体、液体、液化气体等	液化石油气储罐、铁路罐车、汽车槽车、各种气瓶

② 根据制造容器所用材料的不同，容器可分为钢制容器、有色金属容器和复合材料容器。

③ 按容器几何形状分为球形、矩形、圆筒形、方形、圆锥形及组合形容器等。

④ 依据容器承受压力的不同，可分为不受压容器和受压容器；压力容器相对于常压容器而言，不仅在安全性方面有较高的要求，而且在设计原理上也有很大的不同。压力容器的结构、选择、壁厚要通过理论计算、强度校核而确定；常压容器则相反，只根据刚度确定。

⑤ 按容器的设计温度，可分为低温容器（设计工作温度≤-20℃）、常温容器和高温容器（设计温度≥450℃）。

⑥ 根据工作介质的不同，可分为气体用容器、液体用容器和气液混合用容器、直接火与非直接火容器、真空与非真空容器、受腐蚀介质作用与受辐照作用容器、易燃与非易燃容器、有毒与无毒介质作用容器等。

⑦ 按容器的装配方法分为可拆与不可拆容器。

⑧ 根据容器的壁厚分为薄壁容器和厚壁容器。当容器的外径 D_o 与内径 D_i 之比值 $D_o/D_i = m$ 不大于 $1.1 \sim 1.2$ 时，为薄壁容器；比值 $m > 1.1 \sim 1.2$ 时，为厚壁容器。

⑨ 按承受内压的大小分为常压容器和受压容器，受压容器又分为内压容器和外压容器。承受内压在 0.1MPa 以上的容器，又称为压力容器。压力容器按其工作压力 p 分为低压、

中压、高压和超高压容器四类，其压力等级划分如下。

  a. 低压容器：$0.1MPa \leqslant p < 1.6MPa$；

  b. 中压容器：$1.6MPa \leqslant p < 10MPa$；

  c. 高压容器：$10MPa \leqslant p < 100MPa$；

  d. 超高压容器：$p \geqslant 100MPa$。

  ⑩ 按《压力容器安全监察规程》，从安全技术管理和监察检查的角度，根据所充装的介质危害程度，将压力容器分为三类，见表 2.10。

表 2.10　压力容器按安全技术管理分类

Ⅰ类容器	Ⅱ类容器	Ⅲ类容器
一般工况下的低压容器	①中压容器 ②易燃介质或介质毒性程度为中度危害的低压反应容器和储运容器 ③介质毒性程度为极度和高度危害的低压容器 ④低压管壳式余热锅炉 ⑤搪玻璃压力容器	①高压、超高压容器 ②高压、中压管壳式余热锅炉 ③介质毒性为极度和高度危害的中压容器和 $pV \geqslant 0.2MPa \cdot m^3$ 的低压容器 ④介质为易燃或毒性程度为中度危害，且 $pV \geqslant 0.5MPa \cdot m^3$ 的中压反应容器和 $pV \geqslant 10MPa \cdot m^3$ 的中压储运容器

  注：表中 V 为容器容积；p 为容器最高工作压力。

  具有Ⅲ类容器制造资格的企业同时可以生产Ⅰ类和Ⅱ类容器；具有Ⅱ类容器制造资格的企业可以生产Ⅰ类容器，但不能生产Ⅲ类容器；具有Ⅰ类容器制造资格的企业只能生产Ⅰ类容器。

  （2）焊接容器的工作条件

  焊接容器的工作条件主要包括载荷性质、环境温度和工作介质。

  ① 载荷性质　大多数容器除了主要承受静载荷外，还承受疲劳载荷的作用。静载荷包括内压、外压、温度应力、自重、水压试验时的水重等。疲劳载荷包括水压试验、开停车调试、定期检修、工作温度和压力波动等变化载荷的作用而引起的低周高应力循环载荷，以及由于交变温度或振动等引起的高周低应力循环载荷。对于一些特殊要求的结构，还应考虑风、雪、地震等自然条件引起的载荷。

  ② 环境温度　有高温、常温和低温三类工作温度条件。

  ③ 工作介质　有空气、水蒸气；海洋、热带、工业和郊区环境中的大气；海水和各种成分的水质；硫化物和氮化物，石油气和天然气中的氨、氯、氧、氮、氢，各种酸和碱及其水溶液；溴化物和碘化物，某些熔融金属蒸气以及其他物质等。这些介质以气、液、固相或组合状态存在。此外，还有受到核辐射及宇宙射线的工作条件。

2.2.2　焊接容器的组成及结构形式

  焊接压力容器的结构形式是多种多样的，其中以单层锻焊式和钢板卷焊式压力容器最为常见（见图 2.5）。焊接压力容器的基本组成如下。

  ① 筒体　筒体是压力容器最主要的组成部分，包括筒体端部、内筒、板层等，储存物料或完成化学反应所需的压力空间，大部分是由它构成。当筒体直径很小时，可用无缝钢管制成，这样的筒体无纵缝。当筒体直径较大时，筒体可用钢板卷成圆筒或压制成两个半圆，然后通过焊接方法将钢板焊接成一个完整的圆柱形。此时焊缝与筒体中心轴线平行，故称为纵焊缝。容器直径适中时，一般只有一条纵焊缝。容器的直径逐渐增大，可能有两条或两条以上纵焊缝。

  当容器长度较短时，可在一个圆柱形两端焊接上、下封头，制成一个封闭的压力容器外

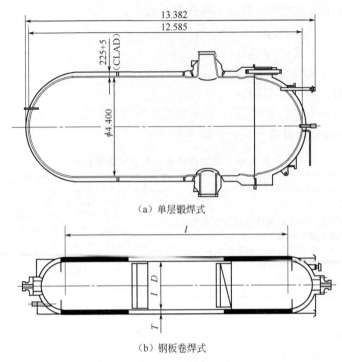

（a）单层锻焊式

（b）钢板卷焊式

图 2.5 焊接压力容器的结构形式

壳。当容器较长时，有时需要卷焊成若干段筒体，每一段为一个筒节，再由两个或两个以上筒节焊成所需长度的筒体。筒节之间，筒体与上、下封头之间的连接焊缝，称为环向焊缝，简称环缝。

② 封头 封头是压力容器的重要组成部分，根据几何形状的不同，封头可分为球形封头、椭圆形封头、碟形封头、有折边锥形封头、无折边锥形封头和平盖封头等多种，图 2.6 是常见的三种压力容器封头。一般情况下，容器组装后不再需要开启时封头和筒体焊接成一体，以保证它们之间的密封。

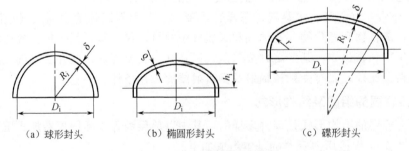

（a）球形封头   （b）椭圆形封头   （c）碟形封头

图 2.6 常见的三种压力容器封头

③ 法兰 如果容器有外接管时，必须采用法兰来连接容器和管道。法兰是压力容器及管道连接中的重要部件，它的作用是通过螺栓连接，并拧紧螺栓使垫片压紧而保证容器密封。用于管道连接的法兰称为管法兰；用于容器顶盖和筒体连接与密封的法兰称为容器法兰。在高压容器中，用于顶盖和筒体连接的并与筒体焊在一起的容器法兰又称为筒体端部。

容器法兰根据其本身结构分为整体式法兰、活套式法兰、随意式法兰等。在法兰的各种连接结构中，螺栓连接是应用最广泛的一种，如封头和筒体的连接，各种接管的连接，人孔、手孔盖的连接等。

④ 密封元件　密封元件被置于两个法兰或封头与筒体端部的接触面之间，借助于螺栓等连接件压紧，从而把有压力的液体或气体介质密封在容器中而不致泄漏。

⑤ 开孔与接管　由于工艺要求和检修的需要，常在焊接压力容器的筒体或封头上开设各种孔或安装接管，如人孔、手孔、视镜孔、物料进出口接管以及安装压力表、液压表、流量计、安全阀等开口和接管。

⑥ 支座　压力容器是靠支座支承并固定在基础上。支座有立式容器支座和卧式容器支座，常用的立式容器支座又分为悬挂式支座、支承式支座、裙式支座等。球形容器常采用柱式和裙式支座。

钢板卷焊压力容器的结构和组成的示例见图 2.7。

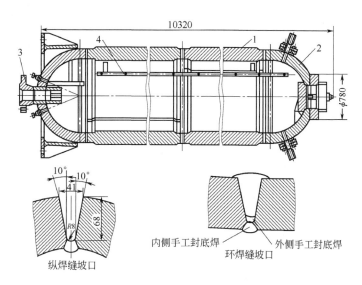

图 2.7　钢板卷焊压力容器的结构和组成
1—筒体；2—封头；3—接管；4—内件

2.2.3　焊接压力容器用钢

（1）对焊接压力容器用钢的要求

从设计选材角度，压力容器用钢应满足以下基本要求。

① 具有足够的强度；

② 具有良好的塑性和韧性；

③ 具有优良的焊接性和抗冷裂性；

④ 具有高的耐磨性。

（2）焊接压力容器用钢的种类

焊接压力容器用钢按其用途可分为结构钢、高强度钢、耐热钢、抗氢钢、低温钢、不锈钢和抗氧化钢，其中结构钢的应用范围最广，常用于制造常温压力容器的壳体、支座和接管等部件。

选择压力容器用钢必须考虑容器的使用条件（如设计温度、设计压力、介质特性和操作特点等）、材料的焊接性能、容器的制造工艺及经济合理性这几方面的因素。表 2.11 列出了部分压力容器用钢的允许使用温度范围。压力容器用钢按其焊接特性分为若干个类别，可供设计人员正确估价各种钢的焊接性。

表 2.11　部分压力容器用钢的允许使用温度范围

钢　号	标准	使用状态	厚度范围 /mm	常温强度		允许使用温度 /℃
				σ_b/MPa	σ_s/MPa	
Q235AF	GB 700	热轧	3～4	370	235	20～250
Q235A	GB 700	热轧	4.5～12	370	235	20～350
20HP	GB 6653	热轧	3～5.5	390	245	20～400
20R	GB 6654	热轧或正火	6～100	390	215	20～475
16MnR	GB 6654	热轧	6～100	450	265	20～475
16MnRC	GB 6655	热轧	6～8	510	345	20～475
15MnVR	GB 6654	热轧或正火	6～60	490	335	20～475
15MnVRC	GB 6655	热轧	6～8	550	390	20～475
15MnVNR	GB 6654	正火	17～60	530	390	20～475
18MnMoNbR	GB 6654	正火＋回火	30～100	570	410	20～525
13MnNiMoNbR	—	正火＋回火	50～125	570	380	20～500
16MnDR	GB 3531	正火	6～50	450	275	−50～100
09Mn2VDR	GB 3531	正火	6～32	440	305	−70～100
06MnNbDR	GB 3531	正火或调质	6～16	390	295	−70～100
15CrMoR	GB 150	退火或回火	6～30	430	245	20～550
		正火＋回火	6～100	450	275	20～550
12Cr2Mo1R	GB 150	正火＋回火	6～150	515	310	20～575
0Cr13	GB 4237	退火	2～60	412	206	20～500
0Cr19Ni9	GB 4237	固溶	2～60	520	206	20～700
0Cr18Ni11Ti	GB 4237	固溶或稳定化	2～60	520	206	20～700
0Cr17Ni12Mo2	GB 4237	固溶	2～60	520	206	20～700
0Cr19Ni13Mo3	GB 4237	固溶	2～60	520	206	20～700
00Cr19Ni11	GB 4237	固溶	2～60	481	177	20～425
00Cr17Ni14Mo2	GB 4237	固溶	2～60	481	177	20～450
00Cr19Ni13Mo3	GB 4237	固溶	2～60	481	177	20～450

《压力容器》（GB 150）中规定碳素沸腾钢板 Q235AF 的适用范围为：设计压力 $p \geqslant$ 0.6MPa，使用温度为 0～250℃，用于制作容器壳体时钢板厚度不大于 12mm，并不得用于盛装易燃、毒性为中度、高度或极度危害介质。在碳素镇静钢板中，Q235A 的适用范围为：$p \leqslant 1.6$MPa，使用温度为 0～350℃，用于制作容器壳体时钢板厚度不大于 16mm，不得用于盛装液化石油气，以及毒性为高度或极度危害介质。Q235B 的适用范围为：$p \leqslant 1.6$MPa，使用温度为 0～350℃，用于制作容器壳体时钢板厚度不大于 20mm，不得用于毒性为高度或极度危害介质的压力容器。Q235C 的适用范围为：$p \leqslant 2.5$MPa，使用温度为 0～350℃，用于制作容器壳体时钢板厚度不大于 32mm。关于易燃或毒性介质危害程度分级按 2009 年颁布的《压力容器安全技术监察规程》规定执行。

20R 钢和列入标准的各种低合金钢适用于工作压力不大于 35MPa 的各类压力容器。当制作压力容器壳体时，厚度大于 38mm 的 20R、厚度大于 30mm 的 16MnR 和厚度大于

25mm 的 15MnVR 均应在正火状态下使用。当容器的工作温度低于 0℃ 时，下列厚度的各种钢板应作最低工作温度下的 V 形缺口冲击试验。

① 厚度大于 25mm 的 20R；

② 厚度大于 38mm 的 16MnR、15MnVR 和 15MnVNR；

③ 任何厚度的 18MnMoNbR 和 13MnNiMoNbR。

几种压力容器用低合金钢低温冲击吸收功的指标为：20R 冲击吸收功 $A_{kv} \geqslant 18J$；16MnR 或 15MnVR 冲击吸收功 $A_{kv} \geqslant 20J$；15MnVNR、18MnMoNbR 或 13MnNiMoNbR 冲击吸收功 $A_{kv} \geqslant 27J$。

2.3 焊接质量保证和评定标准

现代化焊接生产要求全面焊接质量管理，即要求产品从设计、制造一直到出厂后的销售服务等所有环节都实行质量保证和质量控制。焊接质量控制包括完善企业技术装备、提高操作人员的素质及生产过程的严格管理，目的是获得无缺陷的焊接结构，满足焊接产品在工程中的使用要求。

为了保证产品的焊接质量，国家技术监督局颁布了 GB/T 12467、GB/T 12468 和 GB/T 12469 焊接质量保证国家标准。这是一套结构严谨、定义明确、规定具体而又实用的专业性标准，其中规定了钢制焊接产品质量保证的一般原则、对企业的要求、熔化焊接头的质量要求与缺陷分级等。这套标准与 GB/T 10300（ISO 9000—9004）标准系列和企业的实际结合起来，建立起较完善的焊接质量保证体系，对于提高企业的焊接质量管理水平和质量保证能力，确保焊接产品质量符合规定的要求具有重要的意义，并符合企业的长远利益。

2.3.1 焊接质量保证

焊接是机械制造中的一门重要工艺，钢结构在冶金、电力、高层建筑中大量应用，焊接是重要钢结构制造中不可缺少的关键技术；至于在锅炉、压力容器、压力管道制作中，焊接技术更是关键。控制焊接质量已是工程建设质量控制的一项重要任务。

国家劳动部门和技术监察部门对锅炉、压力容器的质量监督是很严格的，制定了一系列的监察规程。每个生产厂家都必须严格遵守监察规程制定的、经过所在地劳动监察部门批准的、健全有效的质量保证体系和指导生产的质量保证手册。根据《蒸汽锅炉安全技术监察规程》（简称《锅规》）和《压力容器安全技术监察规程》（简称《容规》），对焊接质量严格加以控制。

（1）焊接质量保证的原则

为了保证产品的焊接质量，生产企业除满足 GB/T 12468《焊接质量保证对企业的要求》中所列出的企业技术装备、人员及技术管理的要求外，还应保证产品的合理设计及安排合理的制造工艺流程。对焊接接头的质量要求，应通过可靠的试验和检验予以验证。

焊接质量保证的一般要求包括：

① 设备 企业必须具备合格的车间、机器、设备，如厂房、仓库、焊接设备、热处理设备和测试设备等；

② 人员 要有胜任的人员从事焊接产品的设计、制造、试验及监督管理工作；

③ 技术管理 应具备能保证焊接质量的控制体系及相应的机构设置；

④ 设计 从事产品设计时，应根据有关规定，充分考虑载荷情况、材料性能、制造和使用条件及所有附加因素；设计者应熟悉本业务范围所涉及的各种原材料标准、焊接材料标

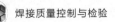

准及各类通用性基础标准，如焊缝符号标准、坡口形式及尺寸标准等。

设计者应了解与产品质量有关的检验和试验标准，如焊接接头力学性能试验标准、无损探伤标准等。对有关焊接产品及焊接方法的选择、坡口形式以及是否需要分部组焊及如何分部，应根据实际生产条件、母材、结构特征及使用要求等进行综合考虑。必要时，应征求工艺人员的意见，协商确定。

设计者应向工艺人员提交下列文件：

a. 产品设计的全套焊接结构图样及有关加工装配图样；

b. 产品设计说明书；

c. 产品制造中焊接接头的各项技术指标，如接头的等级要求、力学性能指标（包括特定条件下的低温冲击、疲劳及断裂韧性指标等）、耐腐蚀、耐磨性能、结构的尺寸公差要求等；

d. 应明确各项检验依据的标准及规则。

一般产品焊接设计时需考虑的因素见图 2.8。

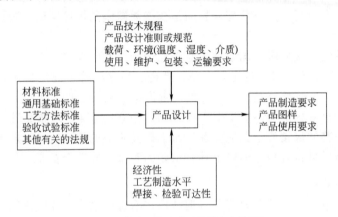

图 2.8　一般产品焊接设计时需考虑的因素

⑤ 制造　焊接产品的一般制造流程如图 2.9 所示。

（2）对企业的要求

1）技术装备

生产企业必须拥有相应的设备和工艺装置，以保证焊接工作顺利完成。这些设备及工艺装备包括：

① 非露天装配场地及工作场地的装备、焊接材料烘干设备、清理设备等；

② 组装及运输用的吊装设备；

③ 加工机床及工具；

④ 焊接和切割设备、装置及工夹具；

⑤ 焊接辅助设备及工艺装备；

⑥ 预热及焊后热处理装置；

⑦ 检查材料及焊接接头的检验设备及检验仪器；

⑧ 具有必要的焊接试验装备及设施。

2）人员素质

企业必须具有一定的技术力量，包括具有相应学历的各类专业技术人员和具有一定操作技能水平的各种技术工种的工人，其中焊工和无损检验人员必须经过培训或考试合格并取得相应证书。

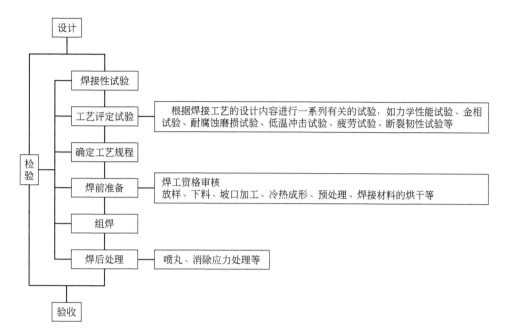

图 2.9 焊接产品的一般制造流程

焊接技术人员由数人担任，必须明确一名技术负责人。他们除了具有相应的学历和一定的生产经验外，必须熟悉与企业产品相关的焊接标准、法规，必要时应经过专门的培训。焊接技术人员分别由焊接高级工程师、工程师、助理工程师和技术员及焊接技师担任，分工负责下列任务。

① 负责产品设计的焊接工艺性审查，制订工艺规程（必要时应通过工艺评定试验），指导生产实践；

② 熟悉企业所涉及的各类钢材标准和常用钢材的焊接工艺要求；

③ 选择合乎要求的焊接设备及夹具；

④ 选择适用的焊接方法及焊接材料，并使之与母材相互匹配；

⑤ 监督和提出焊接材料的储存条件；

⑥ 提出焊前准备及焊后热处理要求；

⑦ 厂内培训及考核焊工；

⑧ 按设计要求规定有关的检验项目、检验方法；

⑨ 对焊接产品产生的缺陷进行判断，分析产生的原因并做出技术处理意见；

⑩ 监督焊工操作质量，对违反焊接工艺规程要求的操作有权提出必要的处理措施。

焊工和操作人员必须达到与企业产品相关考核项目的要求并持有相应的合格证书。焊工和操作人员只能在证书认可资格范围内按工艺规程进行焊接生产操作。企业应配备与制造产品相适应的检查人员，包括无损检验人员及焊接质量检查人员、力学性能检验人员、化学分析人员等。无损检验人员应持有与生产产品类别相适应的探伤方法的等级合格证书。企业还应具有与制造产品类别相适应的其他专业技术人员。

3）技术管理

生产企业应根据产品类别设置完整的技术管理机构，建立健全各级技术岗位责任制和厂长或总工程师技术责任制。具体的技术管理内容如下。

① 企业必须有完整的设计资料、生产图纸及必要的制造工艺文件。不管是从外单位引

进的还是自行设计的，必须有总图、零部件图、制造技术文件等。所有图样资料上应有设计人员、审核人员的签字。总图应有厂长或总工程师的批准签字。引进的设计资料也须有复核人员和总工程师或厂长签字。

② 有必要的工艺管理机构及完善的工艺管理制度。明确焊接技术人员、检查人员及焊工的职责范围及责任。焊接产品必需的制造工艺文件应有技术负责人（主管工艺师或焊接工艺主管人员）签字，必要时应附有工艺评定试验记录或工艺评定试验报告。焊接技术人员应对焊接质量承担技术责任，焊工应对违反工艺规程及操作不当的质量事故承担责任。

③ 应建立独立的质检机构，检查人员应按制造技术文件严格执行各类检查试验，应对所检焊缝提出质量检查报告，对不符合技术要求的焊缝，应按产品技术文件监督返修和复检。检查人员应对由漏检或误检造成的质量事故承担责任。

4）企业说明书和证书

以钢结构焊接为主的企业应填写企业说明书。企业说明书可作为承揽制造任务或投标时企业能力的说明，必要时也可作为企业认证的基础文件经备查核实后作为有关部门核定制造产品范围的依据。

有关管理条例、技术法规要求按国家标准进行认证的企业，可由国家技术监督局或有关主管部门及其授权的职能机构，根据企业申请及企业说明书对企业进行考察，全面验收后授予证书。变更填发证书的基本条件时，应及时通知审批机构。证书有效期为三年，在有效期内若无重大变化或质量事故，此证书经审批机构认可，可延长使用。若供货产品上发现严重质量事故，则对企业进行中间检查，必要时可撤销其证书。

2.3.2 焊接质量评定标准

焊接质量评定标准是进行质量检验的依据，进行焊接质量评定对提高焊接质量，确保焊接结构，尤其是锅炉和压力容器等易燃易爆产品的安全运行十分重要。焊接质量评定标准分为质量控制标准和适合于焊接产品使用要求的标准。

（1）质量控制标准

质量控制标准是从保证焊接产品的制造质量角度出发，把焊后存在的所有焊接缺陷看成是对焊缝强度的削弱和对结构安全的隐患，它不考虑具体使用情况的差别，而要求把焊接缺陷尽可能地降到最低限度。

质量控制标准中所规定的具体内容，是以人们长期在生产中积累的经验为基础。以焊接产品制造质量控制为目的而制定的国家级、部级以及企业级焊接质量验收标准，都属于质量控制标准。例如，GB/T 12469—90《焊接质量保证钢熔化焊接头的要求和缺陷分级》、GB/T 12467—90《焊接质量保证一般原则》、GB/T 12468—90《焊接质量保证对企业的要求》等。

建立焊接质量控制标准的目的是确保焊接结构的质量保持在某一水平，标准内容简明，容易掌握，大都是焊接生产实践中积累的经验。采用这类标准进行质量评定后的焊接结构在使用中的安全系数大，但评定结果偏于保守，经济性较差。

（2）适合于焊接产品使用要求的标准

在役锅炉、压力容器、管道等焊接结构的定期检修中，常存在一些在质量控制标准中不允许存在的"超标缺陷"。如果将所有的"超标缺陷"一律进行返修或将锅炉或容器等判为废品，会造成过多的、不必要的返修和报废。并且在实际应用中，对使用性能无影响的缺陷进行修复，会产生更有害的缺陷。

适合于使用要求的标准（简称"合于使用"）是相对于"完美无缺"原则而言的。例如，有气孔等缺欠存在的铝合金焊接接头中，气孔缺欠并没有对接头强度产生不良的影响，如果进行返修则会导致结构强度的降低。基于这一研究，英国焊接研究所提出了"合于使用"的概念。这一概念逐渐发展成为通用的原则，其内容也逐渐得到充实。

根据质量控制标准检验合格的锅炉、压力容器、管道等可以投入使用，但按质量控制标准检验不合格的仍可以使用。因此，从适合于使用的角度出发，应对"超标缺陷"加以区别，只返修那些对锅炉、压力容器等焊接结构安全运行造成危险性的缺陷，而不构成危险的缺陷，可予以保留。这种以适于使用为目的而制定的标准称为适合于使用要求的标准。用"合于使用"的原则取代"制造标准"中对缺欠的过分要求。

适合于使用要求的标准充分考虑到存在缺陷的结构件的使用条件，以满足使用要求为目的。评定时以断裂力学为基础，得出允许存在的临界裂纹尺寸，超过临界裂纹尺寸则视为不符合使用要求，不超过临界裂纹尺寸，则认为所评定的缺陷是可以接受的，焊接结构件是安全可靠的。

（3）在役锅炉、压力容器的质量评定

锅炉、压力容器由于其特殊的工作环境，在设计、制造、安装、使用、检验、改造和维修中都要受到国家《压力容器安全技术监察规程》的监察。在役锅炉、压力容器的质量评定必须遵循国家有关标准、行业标准和专业标准。至于应采用哪一类标准来进行评定，应根据压力容器的寿命、检验周期、探伤和安全要求，经制造单位、使用单位和质量监察部门来确定。无论采用哪类标准进行评定，都必须以保证压力容器使用安全可靠为前提。

在役锅炉、压力容器安全状况分为五个等级：一级表示锅炉、压力容器处于最佳安全状态；二级表示锅炉、压力容器处于良好的安全状态；三级表示锅炉、压力容器的安全状况一般，在合格范围内；四级表示锅炉、压力容器处于在限制条件下监督运行状态；五级表示锅炉、压力容器停止使用或判废。

在役锅炉安全状况评定项目主要包括锅炉外部检验，汽包、汽水分离器、省煤器、水冷壁过热器、水循环泵、承重部件、安全附件检验等。在役压力容器安全状况评定项目主要包括外部检验，压力容器结构检查，压力容器腐蚀、减薄、变形检验，焊缝表面及内在质量检验等。

在役锅炉、压力容器如存在以下情况，可采用质量控制标准进行评定：

① 锅炉、压力容器仅存在少量"超标缺陷"；

② 期望检修的周期长一些；

③ 不具备进行可靠断裂力学计算的数据和能力；

④ 缺乏锅炉、压力容器的使用经验。

在以下情况下，可采用适合于使用要求的标准进行评定：

① 按质量控制标准修复锅炉、压力容器难度大，并有返修报废的危险，而采用适合于使用要求的标准评定，则可减少修复工作量，缩短工期；

② 有经资格认可的断裂安全分析人员；

③ 具备在现场对焊接缺陷进行综合判断的经验和能力；

④ 具有丰富的锅炉、压力容器使用经验。

2.3.3　影响焊接质量的因素

影响焊接质量的因素主要有材料（母材和填充金属）、焊接方法和工艺、应力、接头的几何形状、环境及焊后热处理等。这些因素相互影响、相互联系、相互制约，无论哪一因素如选用或操作不当，都会影响焊接质量。

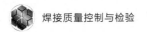

（1）材料

母材金属的化学成分、力学性能、均匀性、表面状况和厚度都会对焊缝金属的热裂、母材金属和焊缝金属的冷裂、脆性断裂、疲劳性能和层状撕裂倾向产生影响。母材金属的碳当量和强度级别越高，焊接接头的抗裂性越低，断裂韧性也越差。尤其是焊接高强度钢时，开裂问题更为突出。硬度越高也越不利于焊接质量控制，不同的金相组织具有不同的硬度，焊接热影响区的最高硬度可作为评定焊接接头抗裂性的一项指标。

母材金属板厚的变化对焊接结构的拘束度影响较大。母材板越厚，拘束度（拘束应力）越大，对焊接质量控制越不利。而且，随着板厚的增加，产生层状撕裂的倾向也加大，在层状撕裂的附近又会诱发新的裂纹。因此，母材板厚对焊接质量控制有一定的影响。

焊缝金属应与母材金属相匹配，但是焊缝金属的匹配要求取决于具体的使用条件。对化学成分和金相组织不同的构件的焊接，需要做特殊的考虑。例如，焊接碳钢与不同强度等级的低合金钢的异种钢接头时，可按两者中强度级别较低的选择焊材；焊接低合金钢与不锈钢之间的异种接头时，多数采用高镍焊条或焊丝进行焊接。

（2）焊接方法和工艺

焊接方法的选择应在保证焊接产品质量的前提下，具有较高的生产率和较低的生产成本。选择焊接方法应充分考虑产品的结构类型、母材金属的性能、接头形状和生产条件等因素。施焊过程中也应通过控制焊接工艺保证焊接质量，包括焊前准备、焊接顺序、焊接热输入及层间温度的控制等。

焊前准备包括坡口制备、接头装配、焊接区的清理及焊接材料的烘干等。为保证焊接质量，坡口准备应从材质、板厚、接头形式及采用的焊接方法进行全面考虑。压力容器装配中，错边太大会使接头产生较大的附加弯曲力矩，影响接头使用寿命。焊接区的清理是防止焊缝产生气孔和裂纹的有效措施。焊条使用前应进行烘干，烘干后的焊条一般应随烘随用。

焊前预热可以减小焊区的温度梯度、降低热影响区的冷却速度，从而降低焊接内应力，避免淬硬组织，防止冷裂纹产生，改善热影响区的塑性。焊前预热温度主要是根据被焊材料的焊接性试验结果进行确定。拘束度较高的焊件，应适当提高预热温度。当使用扩散氢含量极低的焊接材料时，可适当降低预热温度。在工作条件较差和较难施焊的工件上焊接时，可选用较低的预热温度，并在焊后进行低温热处理（150～250℃），以补偿焊前预热的不足。

选择焊接顺序时，应尽量使焊缝处于比较自由的收缩状态。焊接顺序的选择原则是先焊收缩量较大的焊缝，再焊收缩量较小的焊缝，保证焊接时焊缝能有较大的收缩自由，产生较小的残余应力，防止裂纹的产生。

在评定焊接接头的性能时，热影响区的性能是特别重要的。热影响区的宽度取决于焊接方法及其他因素。焊接热输入对某些低合金钢和不锈钢的焊接热影响区质量影响较大。铬镍奥氏体不锈钢焊接中，过高的焊接热输入会扩大近缝区敏化温度区间，并延长高温停留时间，最终导致焊接热影响区耐蚀性降低。

过大的焊接电流使焊缝形状系数变小，焊缝树枝晶对向生长，容易产生结晶裂纹。在熔化极气体保护焊和埋弧焊中，焊接电流过大，焊缝形状呈"指状"，易在焊缝凹进去的部位产生结晶裂纹。采用奥氏体钢和耐热钢合金焊条时，焊接电流过大，焊芯的电阻热增加，药皮中的组成物会提前分解，增加气孔倾向。

焊接电压过高，易产生气孔和未焊透等焊接缺陷。焊接速度过快，易形成焊缝成形不良，产生未焊透、夹渣和咬边等缺陷；焊接速度过慢，又易产生烧穿。过高的焊接热输入，会显著降低接头的强韧性。

（3）接头的几何形状

焊接接头的几何形状应尽可能不干扰应力分布，避免截面发生突变。对非等厚截面的对接焊缝，接头设计时应使两条中心线在同一条直线上，然后将较厚部分加工到与较薄部分厚度相同。制造过程中应注意组装精度，尽量避免在有应力叠加或应力集中的区域内布置焊缝。为了便于焊接和使用中的探伤及维修，所有焊缝都应有合适的焊接可操作性。

（4）焊后热处理

焊后热处理的主要作用是防止焊缝金属或热影响区冷裂纹，主要用于预热不足、防止冷裂纹形成的场合。例如，在高拘束度接头和焊接性较差的材料焊接中，必须采用焊后热处理减小淬硬性才能可靠地防止冷裂纹。对某些低合金钢特殊结构，可采用后热来降低预热温度。

焊后消氢处理是以消除扩散氢为目的，但消氢处理要求温度较高，消耗能量多，实际生产中只有对氢致裂纹倾向较为严重的厚壁焊缝才进行消氢处理。此外，焊后机械处理（如锤击、喷丸）也可以通过改善残余应力的分布来减小焊接引起的应力集中。

第3章
焊接缺欠与缺陷

焊接缺陷和缺欠的存在将影响焊接接头的质量，而接头质量又直接影响到结构件的安全使用。正确分析焊接缺陷（超标焊接缺欠），一方面能够找出缺陷产生的原因，从而在材料、工艺、结构、设备等方面采取有效措施防止缺陷，另一方面在焊接结构件的制造和使用过程中，能够正确选择焊接检验方法，及时发现缺陷，定性或定量评定焊接结构件的质量，使焊接检验达到预期的目的。

3.1 焊接缺欠与缺陷概述

3.1.1 焊接缺欠与缺陷的关系

焊接缺欠与缺陷，均表征产品不完整或有缺损。但对于焊接结构而言，基于适合于使用准则，有必要对缺欠与缺陷赋予不同的含义。在焊接接头中的不连续性、不均匀性以及其他不健全等的缺欠，统称为焊接缺欠（weld imperfection）。不符合焊接产品使用性能要求的焊接缺欠，称为焊接缺陷（weld defect）。也就是说，焊接缺陷是属于焊接缺欠中不可接受的那一种缺欠，该缺陷必须经过修复处理才能使用。换句话说，焊接缺欠的存在使焊接接头的质量下降、性能变差，超标焊接缺欠就是缺陷。

不同的焊接产品对焊接缺欠有不同的容限标准，国际焊接学会（IIW）第 V 委员会从质量管理角度提出的焊接缺欠的容限标准如图 3.1 所示。图中用于正常质量管理的质量标准为 Q_A，它是生产厂家努力的目标（也是用户的期望标准），必须按 Q_A 进行管理生产。Q_B 是根据适合于使用准则确定的反映缺欠容限的最低质量水平，只要产品质量不低于 Q_A 水平，该产品即使有缺欠，也能满足使用要求。也就是说，使具体焊接产品不符合其使用性能要求的焊接缺欠，即不符合 Q_B 水平要求的缺欠，称为焊接缺陷。

焊接缺欠，按其尺寸可分为宏观缺欠和显微缺欠。宏观缺欠是指那些肉眼可以辨认的焊接缺欠，如裂纹、气孔、夹杂和焊缝几何形状偏差等；显微缺欠主要是焊缝金属中的元素偏析、非金属夹杂物和晶间微裂纹等。

焊接结构在制作过程中，由于受到设计、工艺、材料、环境等各种因素影响，生产出的每一件产品不可能完美无缺，不可避免地会有一些焊接缺欠，缺欠的存在不同程度地影响到产品的质量和安全使用。存在焊接缺欠，即便使焊接接头的质量和性能下降，但不超过容限

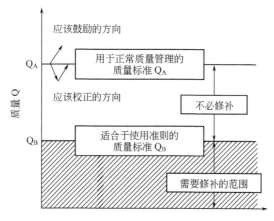

图 3.1　焊接缺欠的容限标准示意

标准，不影响设备的运行，是可以容许的，对焊接结构的运行不致产生危害。

焊接缺陷是焊接过程中或焊后在接头中产生的不符合标准要求的缺欠，或者说焊接缺陷超出了焊接缺欠的容限，是不容许的，存在焊接缺陷的产品应被判废或必须进行返修。因为焊接缺陷的存在将直接影响焊接结构件的安全使用。

在图 3.1 中，达不到 Q_A 标准的焊接产品便是有焊接缺欠的产品，达不到 Q_B 标准的焊接产品为有焊接缺陷的产品；处于 Q_A 和 Q_B 标准之间的产品就属于虽有缺欠但可使用的一般质量的产品。这里 Q_B 的质量水平便成为产品验收的最低标准。

由于各类焊接缺陷的分布形态不同，所产生的应力集中程度也不同，对结构的危害程度各不一样。也就是说焊接缺陷对每一结构，甚至每一结构中的每一构件都不相同。

例如，在锅炉和压力容器制造中，对焊接质量提出了相当严格的要求。如果焊接接头中存在某种缺陷，就可能在焊接应力和工作应力或其他环境条件（如腐蚀介质）的联合作用下逐渐扩展，深入到母材并最终导致整台容器的提前失效或破断。严重的危险性缺陷甚至会导致灾难性的事故。

按我国现行的锅炉和压力容器制造标准和规程的规定，在各种承压容器焊接接头中，不允许存在裂纹、未焊透和未熔合之类的平面缺陷，气孔、夹杂和咬边等缺陷的容限尺寸也应控制在较严格的范围内。在锅炉、压力容器、石化（石油、天然气、炼油）管线、电力管道等焊接生产中，防止各种焊接缺陷是一项很重要的任务。

3.1.2　焊接缺欠对接头质量的影响

焊接结构随着强度、韧性、耐热和耐腐蚀性等性能的提高，对焊接质量提出了更高的要求，控制焊接缺欠和防止焊接缺陷是提高焊接产品质量的关键。据统计，世界上各种焊接结构的失效事故中，除属于设计不合理、选材不当和操作上的问题之外，绝大多数焊接事故是由焊接缺陷，特别是焊接裂纹所引起的。

焊接缺欠对工程结构制造与生产的影响因素包括：

① 人员——关键要素；

② 母材和焊材——决定要素；

③ 焊接设备状况——重要要素；

④ 标准/规范的执行状况——施工管理要素；

⑤ 环境管理状况——施工管理要求。

焊接缺陷对产品质量的影响不仅给生产带来许多困难，而且可能带来灾难性的事故。由于焊接缺陷的存在减小了结构承载的有效截面积，更重要的是在缺陷周围产生了应力集中，因此，焊接缺陷对结构的承载强度、疲劳强度、脆性断裂以及抗应力腐蚀开裂都有重要的影响。

（1）对结构承载强度的影响

焊缝中出现成串或密集气孔缺陷时，由于气孔的截面较大，同时还可能伴随着焊缝力学性能的下降（如氧化等），使承载强度明显地降低。因此，成串气孔要比单个气孔危险性大。夹杂对强度的影响与其形状和尺寸有关。单个的间断小球状夹杂物并不比同样尺寸和形状的气孔危害大。直线排列的、细条状且排列方向垂直于受力方向的连续夹杂物是比较危险的。

焊接缺陷对结构的静载破坏和疲劳强度有不同程度的影响，在一般情况下，材料的破坏形式多属于塑性断裂，这时缺陷所引起的强度降低，大致与它所造成的承载截面积的减小成比例。焊接缺陷对疲劳强度的影响要比静载强度大得多。例如，焊缝内部的裂纹由于应力集中系数较大，对疲劳强度的影响较大；气孔引起的承载截面积减小 10% 时，疲劳强度的下降可达 50%。焊缝内部的球状夹杂物当其面积较小、数量较少时，对疲劳强度的影响不大，但当夹杂物形成尖锐的边缘时，对疲劳强度的影响十分明显。

咬边对疲劳强度的影响比气孔、夹杂大得多。带咬边接头在 10^6 次循环条件下的疲劳强度大约仅为致密接头的 40%，其影响程度也与负载方向有关。此外，焊缝成形不良，焊趾区及焊根处的未焊透、错边和角变形等外部缺陷都会引起应力集中，易产生疲劳裂纹而造成疲劳破坏。

夹渣或夹杂物，根据其截面积的大小成比例地降低材料的抗拉强度，但对屈服强度的影响较小。几何形状造成的不连续性缺陷，如咬边、焊缝成形不良或焊穿等不仅会降低构件的有效截面积，而且会产生应力集中。当这些缺陷与结构中的残余应力或热影响区脆化晶粒区相重叠时，会引发脆性不稳定扩展裂纹。

未熔合和未焊透比气孔和夹渣更有害。虽然当焊缝有增高量或用优于母材的焊条制成焊接接头时，未熔合和未焊透的影响可能不十分明显，事实上许多焊接结构已经工作多年，焊缝内部的未熔合和未焊透并没有造成严重事故，但是这类缺欠在一定条件下可能成为脆性断裂的引发点。

裂纹被认为是危险的焊接缺陷，易造成结构的断裂。裂纹一般产生在拉伸应力较大和热影响区粗晶组织区，在静载非脆性破坏条件下，如果塑性流动发生于裂纹失稳扩展之前，则结构中的残余拉应力将没有很大的影响，而且也不会产生脆性断裂，但是一旦裂纹失稳扩展，对焊接结构的影响就很严重了。

（2）对应力集中的影响

焊接接头中的裂纹、未熔合和未焊透比气孔和夹渣的危害大，它们不仅降低了结构的有效承载截面积，而且更重要的是产生了应力集中，有诱发脆性断裂的可能。尤其是裂纹，在其尖端存在着缺口效应，容易诱发出现三向应力状态，导致裂纹的失稳和扩展，以致造成整个结构的断裂，所以裂纹（特别是延迟裂纹）是焊接结构中最危险的缺陷。

焊接接头中的裂纹常常呈扁平状，如果加载方向垂直于裂纹的平面，则裂纹两端会引起严重的应力集中。焊缝中的气孔一般呈单个球状或条虫形，因此气孔周围应力集中并不严重。焊缝中的单一夹杂具有不同的形状，其周围的应力集中也不严重。但如果焊缝中存在密集气孔或夹杂时，在负载作用下，如果出现气孔间或夹杂间的连通，则将导致应力区的扩大和应力值的急剧上升。

焊缝的形状不良、角焊缝的凸度过大及错边、角变形等焊接接头的外部缺陷，也都会引起应力集中或产生附加应力。

　　焊缝增高量、错边和角变形等几何不连续缺欠，有些虽然为现行规范所允许，但都会在焊接接头区产生应力集中。由于接头形式的差别也会出现应力集中，在焊接结构常用的接头形式中，对接接头的应力集中程度最小，角接头、T 形接头和正面搭接接头的应力集中程度相差不多。重要结构中的 T 形接头，如动载下工作的 H 形板梁，可采用开坡口的方法使接头处应力集中程度降低；但搭接接头不能做到这一点，侧面搭接焊缝沿整个焊缝长度上的应力分布很不均匀，而且焊缝越长，不均匀度越严重，故一般钢结构设计规范规定侧面搭接焊缝的计算长度不得大于 60 倍焊脚尺寸。超过此限定值后即使增加侧面搭接焊缝的长度，也不会降低焊缝两端的应力峰值。

　　含裂纹的结构与含占同样面积的气孔的结构相比，前者的疲劳强度比后者降低 15%。对未焊透来说，随着其面积的增加疲劳强度明显下降。而且，这类平面形缺陷对疲劳强度的影响与负载方向有关。

　　（3）对结构脆性断裂的影响

　　脆性断裂是一种低应力下的破坏，而且具有突发性，事先难以发现，因此危害性较大。焊接结构经常会在有缺陷处或结构不连续处引发脆性断裂，造成灾难性的破坏。一般认为，结构中缺陷造成的应力集中越严重，脆性断裂的危险性越大。由于裂纹尖端的尖锐度比未焊透、未熔合、咬边和气孔等缺陷要尖锐得多，因此裂纹对脆性断裂的影响最大，其影响程度不仅与裂纹的尺寸、形状有关，而且与其所在的位置有关。如果裂纹位于拉应力高值区，就容易引起低应力破坏；若位于结构的应力集中区，则更危险。如果焊缝表面有缺陷，则裂纹很快在缺陷处形核。因此，焊缝的表面成形和粗糙度、焊接结构上的拐角、缺口、缝隙等都对裂纹形成和脆性断裂有很大的影响。

　　气孔和夹渣等体积类缺陷低于 5% 时，如果结构的工作温度不低于材料的塑性-脆性转变温度，对结构安全影响较小。带裂纹构件的临界温度要比含夹渣构件高得多。除用转变温度来衡量各种缺陷对脆性断裂的影响外，许多重要焊接结构都采用断裂力学作为评价的依据，因为用断裂力学可以确定断裂应力和裂纹尺寸与断裂韧度之间的关系。许多焊接结构的脆性断裂是由微裂纹引发的，在一般情况下，由于微裂纹未达到临界尺寸，结构不会在运行后立即发生断裂。但是微裂纹在装备运行期间会逐渐扩展，最后达到临界值，导致发生脆性断裂。

　　所以，在结构使用期间要进行定期检查，及时发现和监测接近临界条件的缺欠，是防止焊接结构脆性断裂的有效措施。当焊接结构承受冲击或局部发生高应变和恶劣环境影响时，容易使焊接缺陷引发脆性断裂，如疲劳载荷和应力腐蚀环境都能使裂纹等缺陷变得更尖锐，使裂纹的尺寸增大，加速达到临界值。

　　（4）对抗应力腐蚀开裂的影响

　　焊接缺陷的存在也会导致接头出现应力腐蚀疲劳断裂，应力腐蚀开裂通常总是从表面开始。如果焊缝表面有缺陷，则裂纹很快在缺陷处形核。因此，焊缝的表面粗糙度和焊接结构上的拐角、缺口、缝隙等都对应力腐蚀有很大的影响。这些外部缺陷使浸入的介质局部浓缩，加快了微区电化学过程的进行和阳极的溶解，为应力腐蚀裂纹的扩展成长提供了条件。

　　应力集中对腐蚀疲劳也有很大的影响。焊接接头应力腐蚀裂纹的扩展和腐蚀疲劳破坏，大都是从焊趾处开始，然后扩展穿透整个截面导致结构的破坏。因此，改善焊趾处的应力集中也能大大提高接头的抗腐蚀疲劳的能力。错边和角变形等焊接缺陷也能引起附加的弯曲应力，对结构的脆性破坏也有影响，并且角变形越大，破坏应力越低。

　　综上所述，焊接结构中存在焊接缺陷会明显降低结构的承载能力。焊接缺陷的存在，减小了焊接接头的有效承载面积，造成了局部应力集中。非裂纹类的应力集中源在焊接产品的工作过程中也极有可能演变成裂纹源,导致裂纹的萌生。焊接缺陷的存在甚至还会降低焊接结构的耐蚀性和疲劳寿命。所以,焊接产品的制造过程中应采取措施,防止产生焊接缺陷,在焊接产品的使用过程中应进行定期检验,以及时发现缺陷,采取修补措施,避免事故的发生。

3.2 焊接缺欠的分类及特征

3.2.1 焊接缺欠的分类

根据其性质、特征,焊接缺欠可分为不连续性缺欠(如裂纹、夹渣、气孔和未熔合等)和几何偏差缺欠两大类。国家标准 GB/T 6417.1—2005《金属熔化焊接头缺欠分类及说明》和 GB/T 6417.2—2005《金属压力焊接头缺欠分类及说明》根据缺欠的性质和特征将焊接缺欠分为六大类:第一类,裂纹;第二类,孔穴;第三类,固体夹杂;第四类,未熔合及未焊透;第五类,形状和尺寸不良;第六类,其他缺欠。每一大类中又按缺欠存在的位置及状态分为若干小类。为了方便使用和管理,标准采用缺欠代号表示各种焊接缺欠。

(1)熔焊接头的缺欠分类

国标 GB/T 6417.1—2005《金属熔化焊接头缺欠分类及说明》对于熔焊接头焊接缺欠按其性质进行了分类,共有以下六类。

1)裂纹

一种在固态下由局部断裂产生的缺欠,它可能源于冷却或应力效果。在显微镜下才能观察到的裂纹称为微裂纹。裂纹缺欠有以下几种。

① 纵向裂纹 基本与焊缝轴线相平行的裂纹,它可能位于焊缝金属、熔合区、热影响区及母材等区域。

② 横向裂纹 基本与焊缝轴线相垂直的裂纹。

③ 放射状裂纹 具有某一公共点的放射状裂纹,这种类型的小裂纹称为星形裂纹。

④ 弧坑裂纹 在焊缝弧坑处的裂纹,它可能是纵向的、横向的或放射状的。

⑤ 间断裂纹群 一群在任意方向间断分布的裂纹。

⑥ 枝状裂纹 源于同一裂纹并且连在一起的裂纹群。

横向裂纹、放射状裂纹、间断裂纹群及枝状裂纹都可能位于焊缝金属、热影响区及母材的区域。

2)孔穴

孔穴缺欠包括气孔、缩孔、微型缩孔等。

① 气孔 残留气体形成的孔穴,有以下几种。

a. 球形气孔:球形的孔穴。

b. 均布气孔:均匀分布在整个焊缝金属中的一些气孔。

c. 局部密集气孔:呈任意几何分布的一群气孔。

d. 链状气孔:与焊缝轴线平行的一串气孔。

e. 条状气孔:长度方向与焊缝轴线平行的非球形气孔。

f. 虫形气孔:因气体逸出而在焊缝金属中产生的一种管状气孔穴,其形状和位置由凝固方式和气体的来源所决定。通常该气孔成串聚集,有些虫形气孔可能暴露在焊缝表面上。

g. 表面气孔:暴露在焊缝表面的气孔。

② 缩孔　由于凝固时收缩造成的孔穴，可以分为以下几种。

a. 结晶缩孔：冷却过程中在树枝晶之间形成的长形缩孔，可能残留有气体。这种缺欠通常可在焊缝表面垂直处发现。

b. 弧坑缩孔：焊道末端的凹陷孔穴，未被后续焊道消除。

c. 末端弧坑缩孔：在焊道末端，减少焊缝横截面处的外露缩孔。

③ 微型缩孔　仅在显微镜下可以观察到的缩孔等，有以下两种。

a. 微型结晶缩孔：冷却过程中，沿晶界在树枝晶之间形成的长形缩孔。

b. 微型穿晶缩孔：凝固时，穿过晶界形成的长形缩孔。

3）固体夹杂

固体夹杂是在焊缝金属中残留的固体夹杂物，包含以下几种。

① 夹渣　残留在焊缝中的熔渣。

② 焊剂夹渣　残留在焊缝中的焊剂渣。

③ 氧化物夹杂　凝固时残留在焊缝中的金属氧化物。在某些情况下，特别是铝合金焊接时，因焊接熔池保护不良和紊流的双重影响而产生大量的氧化膜，称为皱褶缺欠。

④ 金属夹杂　残留在焊缝金属中的外来金属颗粒。这些颗粒可能是钨、铜或其他金属。夹渣、焊剂夹渣、氧化物夹杂等可能是线状的、孤立的或成簇的。

4）未熔合及未焊透

① 未熔合　焊缝金属和母材或焊缝金属各焊层之间未结合的部分称为未熔合。它可以分为侧壁未熔合、焊道间未熔合及根部未熔合等。

② 未焊透　实际熔深与公称熔深之间有明显差异。在焊缝根部的一个或两个熔合面未熔化就是根部未焊透缺欠。

5）形状和尺寸不良

焊缝的外表面形状或接头的几何形状不良包括以下各项，以及焊缝超高、角度偏差、焊脚不对称、焊缝宽度不齐、根部收缩、根部气孔、变形过大等各种缺欠。

① 咬边　母材（或前一道熔敷金属）在焊趾处因焊接而产生的不规则缺口。可分为连续咬边、间断咬边、缩沟、焊道间咬边、局部交错咬边等缺欠。

② 凸度过大　角焊缝表面上焊缝金属过高。

③ 下塌　过多的焊缝金属伸到了焊缝的根部。

④ 焊趾处形状不良　母材金属表面与靠近焊趾处焊缝表面的切面之间的夹角过小。

⑤ 焊瘤　覆盖在母材金属表面，但未与其熔合的过多熔敷金属。它可分为焊趾焊瘤及根部焊瘤等。

⑥ 错边　两个焊件表面应当平行对齐时，未达到规定的平行对齐要求而产生的偏差，它包括板材的错边及管材的错边等。

⑦ 下垂　由于重力而导致焊缝金属塌落。

⑧ 烧穿　焊接熔池塌落导致焊缝内形成的孔洞。

⑨ 未焊满　因焊接填充金属堆敷不充分，在焊缝表面产生纵向连续或间断的沟槽。

⑩ 表面不规则　焊缝表面粗糙过度。

⑪ 焊接接头不良　焊缝在引弧处局部表面不规则。它可能发生在盖面焊道及打底焊道。

⑫ 焊缝尺寸不正确　是指与预先规定的焊缝尺寸产生的偏差。包括焊缝厚度过大、焊缝宽度过大、焊缝有效厚度不足或过大等缺欠。

6）其他缺欠

其他缺欠是指以上第1）～第5）类未包含的所有其他缺欠。例如电弧擦伤、飞溅（包括钨飞溅）、表面撕裂、磨痕、凿痕、打磨过量、定位焊缺欠（例如焊道破裂或熔合、定位未达到要求就施焊等）、双面焊道错开、回火色（不锈钢焊接区产生的轻微氧化表面）、表面鳞片（焊接区严重的氧化表面）、焊剂残留物、残渣、角焊缝的根部间隙不良，以及由于凝固阶段保温时间加长使轻金属接头发热而造成的膨胀缺欠等。

（2）压焊接头的缺欠分类

国标 GB/T 6417.2—2005《金属压力焊接头缺欠分类及说明》对于压焊接头焊接缺欠按其性质进行了分类，共有以下六类。

1）裂纹

裂纹缺欠包括纵向裂纹、横向裂纹、星形裂纹、熔核边缘裂纹、结合面裂纹、热影响区裂纹、母材裂纹、焊缝区的表面裂纹以及钩状裂纹（例如对焊试件飞边区域内的裂纹，通常始于夹杂物）等。纵向裂纹及横向裂纹可能位于焊缝、热影响区、未受影响的母材区域中。

2）孔穴

孔穴缺欠包括气孔、缩孔、锻孔等。

3）固体夹杂

固体夹杂包括夹渣、氧化物夹杂、金属夹杂及铸造金属夹杂等。夹渣、氧化物夹杂缺欠，可能是孤立的或成簇的分布。

4）未熔合

接头未完全熔合，包括未焊上、熔合不足、箔片未焊合等缺欠。

5）形状和尺寸不良

形状缺欠是指与要求的接头形状有偏差。它包括咬边、飞边超限、组对不良、错边、角度偏差、变形、熔核或焊缝尺寸的缺欠，熔核熔深不足、单面烧穿、熔核或焊缝烧穿、热影响区过大、薄板间隙过大、表面缺欠、熔核不连续、焊缝错位、箔片错位及弯曲接头等缺欠。

6）其他缺欠

其他缺欠是指以上五类未包含的缺欠。例如飞溅、回火色（电焊或缝焊区域的氧化表面）、材料挤出物（从焊接区域挤出的熔化金属，包括飞溅或焊接喷溅）等缺欠。

（3）钎焊接头的缺欠分类

根据国标 GB/T 33219—2016《硬钎焊接头缺欠》的规定，在硬钎焊接头中产生的金属不连续、不致密、不规则、连接不良及形状或尺寸偏差的现象，称为缺欠。硬钎焊接头的缺欠有以下几类。

1）裂纹

硬钎焊接头的裂纹是指材料的有限分离。在应力及其他致脆因素作用下，形成新界面而产生的缝隙，具有尖锐的缺口和长宽比大的特征，主要沿二维方向扩展。裂纹可以是纵向的或横向的。裂纹可能存在于钎缝金属、钎焊界面和扩散区、热影响区以及未受影响的母材区中。

2）孔穴

包括气穴、气孔、大气窝、表面气孔、表面气泡、填充缺欠及未焊透等，这些缺欠经常伴随产生。

3）固体夹杂

固体夹杂是钎焊金属中残留的外部金属或非金属颗粒固体夹杂物，它可以分为氧化物夹杂、金属夹杂以及钎剂夹杂等。

4）结合缺欠

结合缺欠是指硬钎缝金属与母材之间没有结合或没有充分结合的部位，可分为填充缺欠和未钎透。填充缺欠是指钎缝间隙没有完全被填充，未钎透是指熔融钎料未能填满要求的接头长度区域。

5）形状和尺寸缺欠

这类缺欠包括焊瘤、形态不良、错边、角度偏差、变形、局部熔化（或熔穿）、咬边、填充金属熔蚀、凹形钎缝、表面粗糙、不完整或不规则钎角等。

6）其他缺欠

是指不属于以上五类的缺欠。它包括钎剂渗漏、飞溅、变色或氧化、母材及填充材料的过度合金化、钎剂残余物、钎焊金属过度流淌及蚀刻等。

3.2.2　外部缺欠和内部缺欠

根据焊接缺欠在焊缝中的位置，可将焊接缺欠分为外部缺欠和内部缺欠两大类。

（1）外部缺欠

外部缺欠（也称宏观缺欠）是位于焊缝金属外表面的缺欠，是指用肉眼能够观察到的明显缺陷或用低倍放大镜和检测尺等能够检测出来的缺欠。外部缺欠大多是由于操作工艺不当引起的，易造成应力集中、设备泄漏，影响焊接结构的使用寿命。因此，一旦产生外部焊接缺欠要及时铲除、修补，把焊接缺欠控制在技术要求规定的容限范围之内。

外部缺欠包括焊缝尺寸不符合要求、焊缝余高过高或过低、焊缝宽度差过大、接头过高或脱节、外部气孔、裂纹、未熔合、咬边、未焊透、烧穿、焊瘤、下塌、外部气孔、表面裂纹、弧坑、电弧擦伤和成形不良等。这些缺陷用肉眼或低倍放大镜即可观察到。

（2）内部缺欠

内部缺欠（也称微观缺欠）位于焊缝金属的内部，用肉眼看不见，与被焊构件的材质、结构形状、焊接材料及工艺等有关。焊接内部缺欠包括裂纹、气孔、夹渣、未焊透、未熔合、夹杂物等。其中危险性最大的内部缺欠是裂纹，焊接裂纹又可分为热裂纹、冷裂纹、再热裂纹和层状撕裂等。内部缺欠需要用探伤方法或破坏性试验来检验。

焊接接头常见缺欠的分类见表 3.1。

表 3.1　焊接接头常见缺欠的分类

缺欠名称	根据产生原因分类	根据形状分类
裂纹	热裂纹、冷裂纹、再热裂纹、应力腐蚀裂纹等	横向裂纹、纵向裂纹、弧坑裂纹、放射状裂纹等
气孔	氢气孔、CO 气孔、氮气孔	球形气孔、虫形气孔、条形气孔等
偏析	显微偏析、区域偏析和层状偏析	
夹杂	非金属夹杂、焊剂或熔剂夹杂、氧化物夹杂等	
其他	未熔合、未焊透、咬边、焊瘤、烧穿等	

3.2.3　焊接裂纹

裂纹是在焊接应力作用下，接头中局部区域的金属原子结合力遭到破坏所产生的缝隙。根据焊接裂纹的形态及产生原因，可分为冷裂纹（包括延迟裂纹、淬硬脆化裂纹、低塑性裂纹）、热裂纹（包括结晶裂纹、液化裂纹和多边化裂纹）、再热裂纹、层状撕裂和应力腐蚀裂纹。各种裂纹的分类及特征见表 3.2。

表 3.2 各种裂纹的分类及特征

裂纹分类		特 征	敏感温度区间	母 材	裂纹位置	裂纹走向
冷裂纹	延迟裂纹	在淬硬组织、氢和拘束应力的共同作用下而产生的具有延迟特征的裂纹	在 M_s 点以下	中、高碳钢,低、中合金钢,钛合金钢等	热影响区,少量在焊缝	沿晶或穿晶
	淬硬脆化裂纹	主要是由淬硬组织,在焊接应力作用下产生的裂纹	M_s 点附近	含碳的 NiCrMo 钢、马氏体不锈钢、工具钢	热影响区,少量在焊缝	沿晶或穿晶
	低塑性裂纹	在较低温度下,由于母材的收缩应变,超过了材料本身的塑性储备而产生的裂纹	在 400℃ 以下	铸铁、堆焊硬质合金	热影响区及焊缝	沿晶及穿晶
热裂纹	结晶裂纹	在结晶后期,由于低熔共晶形成的液态薄膜削弱了晶粒间的连接,在拉伸应力作用下发生开裂	在固相线温度以上稍高的温度(固液状态)	杂质较多的碳钢,低、中合金钢,奥氏体钢,镍基合金及铝	焊缝上,少量在热影响区	沿奥氏体晶界开裂
	多边化裂纹	已凝固的结晶前沿,在高温和应力的作用下,晶格缺陷发生移动和聚集,形成二次边界,在高温处于低塑性状态,在应力作用下产生的裂纹	固相线以下再结晶温度	纯金属及单相奥氏体合金	焊缝上,少量在热影响区	沿奥氏体晶界开裂
	液化裂纹	在焊接热循环最高温度的作用下,在热影响区和多层焊的层间发生重熔,在应力作用下产生的裂纹	固相线以下稍低温度	含 S、P、C 较多的镍铬高强钢、奥氏体钢和镍基合金等	热影响区及多层焊的层间	沿晶界开裂
再热裂纹		厚板焊接结构消除应力处理过程中,在热影响区的粗晶区存在不同程度的应力集中时,由于应力松弛所产生附加变形大于该部位的蠕变塑性,则产生再热裂纹	550~650℃	含有沉淀强化元素的高强钢、珠光体钢、奥氏体钢、镍基合金等	热影响区的粗晶区	沿晶界开裂
层状撕裂		主要是由于钢板的内部存在有分层的夹杂物(沿轧制方向),在焊接时产生的垂直与轧制方向的应力,致使在热影响区或稍远的地方,产生"台阶"式层状开裂	在 400℃ 以下	含有杂质的低合金高强度钢厚板结构	热影响区附近	沿晶或穿晶
应力腐蚀裂纹		某些焊接结构(如容器和管道等),在腐蚀介质和应力的共同作用下产生的延迟开裂	任何工作温度	碳钢、低合金钢、不锈钢、铝合金等	焊缝和热影响区	沿晶或穿晶

　　根据焊接裂纹的分布形态划分,在裂纹产生的区域上有焊缝裂纹和热影响区裂纹;在相对于焊道的方向上有纵向裂纹和横向裂纹,纵向裂纹的走向与焊缝轴线平行,横向裂纹的走向与焊缝轴线基本垂直;在裂纹的尺寸大小上有宏观裂纹和微观裂纹;在裂纹的分布上有表面裂纹、内部裂纹和弧坑裂纹;相对于焊缝垂直面的位置上有焊趾裂纹、根部裂纹、焊道下裂纹和层状撕裂等。这些焊接裂纹的分布形态如图 3.2 所示。

　　(1)冷裂纹

　　冷裂纹是焊接生产中最为普遍的一种裂纹,它是焊后冷至较低温度下产生的。对于低合金高强钢,大约在马氏体转变温度 M_s 附近,由于拘束应力、淬硬组织和扩散氢的共同作用而产生。冷裂纹主要发生在低合金钢、中合金钢、中碳和高碳钢的焊接热影响区。个别情况下,如焊接超高强钢或某些钛合金时,冷裂纹也出现在焊缝金属上。

　　冷裂纹的起源多发生在具有缺口效应的焊接热影响区或物理化学性质不均匀的氢聚集的局部地带。冷裂纹有时沿晶界扩展,有时穿晶前进,这取决于焊接接头的金相组织、应力状态和扩散氢的含量。较多的是沿晶为主兼有穿晶的混合型断裂。裂纹的分布与最大应力方向有关。纵向应力大,则出现横向冷裂纹;横向应力大,则出现纵向裂纹。

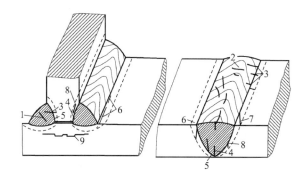

图 3.2　焊接裂纹的分布形态

1—焊缝中的纵向裂纹与弧形裂纹（多为结晶裂纹）；2—焊缝中的横向裂纹（多为延迟裂纹）；
3—熔合区附近的横向裂纹（多为延迟裂纹）；4—焊缝根部裂纹（延迟裂纹、热应力裂纹）；
5—近缝区根部裂纹（延迟裂纹）；6—焊趾处纵向裂纹（延迟裂纹）；7—焊趾处纵向裂纹（液化裂纹、再热裂纹）；
8—焊道下裂纹（延迟裂纹、液化裂纹、高温低塑性裂纹、再热裂纹）；9—层状撕裂

　　冷裂纹可以在焊后立即出现，有时却要经过一段时间，如几小时、几天甚至更长时间才出现。开始时少量出现，随时间增长逐渐增多和扩展。将这类不是在焊后立即出现的冷裂纹称为延迟裂纹，它是冷裂纹中较为常见的一种形态。

　　根据被焊钢种和结构的不同，冷裂纹也有不同的类别，大致可以分为三类：延迟裂纹、淬硬脆化裂纹（淬火裂纹）和低塑性裂纹。

　　1）延迟裂纹

　　延迟裂纹的出现有一定的孕育期（又叫潜伏期），具有延迟现象。延迟裂纹的产生决定于钢种的淬硬倾向、焊接接头的应力状态和熔敷金属中的扩散氢含量，其中扩散氢起着非常特殊的作用。根据延迟裂纹发生和分布位置的特征，可分为三类。

　　① 焊趾裂纹　起源于母材与焊缝交界的焊趾处，并有明显应力集中的部位（如咬肉处）。裂纹从表面出发，往厚度的纵深方向扩展，止于近缝区粗晶部分的边缘，一般沿纵向发展。

　　② 根部裂纹（焊根裂纹）　起源于坡口的根部间隙处，根据应力集中源的位置与母材及焊接金属的强度水平的不同，裂纹可以起源于母材的近缝区金属，在近缝区中大体平行于熔合线扩展，或再进入焊缝金属中；也可以起源于焊缝金属的根部，在焊缝中扩展。

　　③ 焊道下裂纹　产生在靠近焊道之下的热影响区内部，距熔合线 $0.1 \sim 0.2 \mathrm{mm}$ 处，该处常常组织粗大。裂纹走向大体与熔合线平行，一般不显露于焊缝表面。

　　2）淬硬脆化裂纹（淬火裂纹）

　　一些淬硬倾向很大的钢种，焊接时即使没有氢的诱发，仅在拘束应力的作用下就能导致开裂。如焊接含碳量较高的 Ni-Cr-Mo 钢、马氏体不锈钢、工具钢及异种钢等都有可能出现这种裂纹。它完全是由于冷却时发生马氏体相变而脆化造成的，与氢的关系不大，基本上没有延迟现象。焊后常立即出现，在热影响区和焊缝上都可能发生。

　　3）低塑性裂纹

　　对于某些塑性较低的材料，冷至低温时，由于收缩而引起的应变超过了材料本身所具有的塑性储备或材质变脆而产生的裂纹。例如，铸铁补焊、堆焊硬质合金和焊接高铬合金时，就容易出现这类裂纹。通常也是焊后立即产生，无延迟现象。

　　（2）热裂纹

　　热裂纹是在焊接时高温下产生的，它的特征是沿原奥氏体晶界开裂。根据所焊材料不同

（低合金高强钢、不锈钢、铸铁、铝合金等），产生热裂纹的形态、温度区间和主要原因也各有不同。根据产生的原因，热裂纹可分为结晶裂纹、液化裂纹和多边化裂纹三类。

1）结晶裂纹

结晶裂纹又称凝固裂纹，是在焊缝凝固过程的后期形成的，是焊接生产中最为常见的热裂纹之一。结晶裂纹多产生在焊缝中，呈纵向分布在焊缝中心，也有呈弧形分布在焊缝中心线两侧，而且这些弧形裂纹与焊波呈垂直分布。纵向裂纹通常较长、较深，而弧形裂纹较短、较浅。弧坑裂纹也属结晶裂纹，它产生于焊缝的收尾处。

结晶裂纹尽管形态、分布和走向有区别，但都有一个共同特点，即所有结晶裂纹都是沿一次结晶的晶界分布，特别是沿柱状晶的晶界分布。焊缝中心线两侧的弧形裂纹是在平行生长的柱状晶晶界上形成的。在焊缝中心线上的纵向裂纹则恰好是处在从焊缝两侧生成的柱状晶的汇合面上。

由于是在高温下产生的，多数结晶裂纹的断口上可以看到氧化的色彩，扫描电镜下观察结晶裂纹的断口具有典型的沿晶开裂特征，断口晶粒表面光滑。

2）液化裂纹

在母材近缝区或多层焊的前一焊道因受热作用而在液化晶界上形成的焊接裂纹称液化裂纹。液化裂纹是在高温下的沿晶断裂，如图3.3所示。

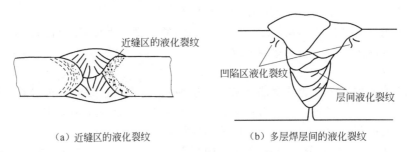

（a）近缝区的液化裂纹　　　　　　　（b）多层焊层间的液化裂纹

图3.3　液化裂纹的分布形态

近缝区上的液化裂纹多发生在母材向焊缝凸进去的部位，该处熔合线向焊缝侧凹进去而过热严重。液化裂纹多为微裂纹，尺寸很小，一般在0.5mm以下，个别达1mm。主要出现在合金元素较多的高强钢、不锈钢和耐热合金焊件中。

3）多边化裂纹

焊接时在金属多边化晶界上形成的热裂纹称为多边化裂纹。它是由于在高温时塑性很低而造成的，又称为高温低塑性裂纹。这种裂纹多发生在纯金属或单相奥氏体焊缝中，个别也出现在热影响区中。其特点是：

① 在焊缝金属中裂纹的走向与一次结晶方向并不一致，常以任意方向贯穿于树枝状结晶中；

② 裂纹多发生在重复受热的多层焊层间金属及热影响区中，其位置并不靠近熔合区；

③ 裂纹附近常伴随有再结晶晶粒出现；

④ 断口无明显的塑性变形痕迹，呈现高温低塑性开裂特征。

（3）再热裂纹

厚板焊接结构，并采用含有某些沉淀强化合金元素的钢材，在进行消除应力热处理或在一定温度下服役的过程中，在焊接热影响区粗晶区发生的裂纹称为再热裂纹。由于这种裂纹是在再次加热过程中产生的，因此称为再热裂纹，又称为"消除应力处理裂纹"。

再热裂纹多发生在低合金高强钢、珠光体耐热钢、奥氏体不锈钢和某些镍基合金的焊接热影响区粗晶区。再热裂纹的敏感温度，根据不同的钢种在 550～650℃。这种裂纹具有沿晶开裂的特点，但在本质上与结晶裂纹不同。

（4）层状撕裂

当焊接大型厚壁结构时，如果在钢板厚度方向受到较大的拉伸应力，就可能在钢板内部出现沿钢板轧制方向发展的具有阶梯状的裂纹，这种裂纹称为层状撕裂。层状撕裂常出现在 T 形接头、角接头和十字接头中，如图 3.4(a)、(b)、(c) 所示，对接接头中很少出现。但在焊趾和焊根处，由于冷裂纹的诱导也会出现层状撕裂。

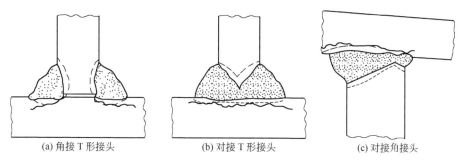

(a) 角接 T 形接头　　　　(b) 对接 T 形接头　　　　(c) 对接角接头

图 3.4　层状撕裂示意

层状撕裂不发生在焊缝上，只产生于热影响区或母材的内部，一般在钢材表面上难以发现。由焊趾或焊根冷裂纹诱发的层状撕裂，有可能在这些部位暴露于金属表面。从焊接接头断面上可以看到，层状撕裂和其他裂纹的明显不同是呈阶梯状形态，裂纹是由基本平行轧制表面的平台和大体垂直于平台的剪切壁两部分组成。

层状撕裂与母材金属的强度级别无关，主要与母材中夹杂物的数量及其分布状态有关，在撕裂平台上常发现不同种类的非金属夹杂物。当沿钢的轧制方向有较多的片状 MnS 时，层状撕裂才以阶梯状形态出现；如果是以硅酸盐夹杂物为主，层状撕裂则呈直线状；若以 Al_2O_3 夹杂物为主，层状撕裂则呈不规则的阶梯状。

层状撕裂外观上没有任何迹象，存在着隐蔽的危险性。现有的无损检测方法难以发现，即使发现，修复起来也相当困难，且成本很高。更为严重的是，发生层状撕裂的结构多为大型厚壁的重要结构，如海洋采油平台、核反应堆压力容器、潜艇外壳等。这些结构因层状撕裂而造成的事故是灾难性的，因此需在选材和施焊工艺中加以预防。

（5）应力腐蚀裂纹

焊接接头在一定温度下受腐蚀介质和拉伸应力共同作用而产生的裂纹称应力腐蚀裂纹。在石油、化工、冶金、能源和海洋工程中，许多焊接结构都是在腐蚀介质下长期工作，而这些结构焊后常存在较大的残余应力，工作过程中应力也较大，最容易产生应力腐蚀裂纹。

从宏观形态看，应力腐蚀裂纹只产生在与腐蚀介质接触的金属表面，然后由表面向内部延伸，表面多呈直线状、树枝状、龟裂状或放射状等，但都没有明显的塑性变形，裂纹走向与所受拉应力垂直。平焊缝上多为垂直焊缝的横向裂纹；而管材焊缝多为平行于焊缝的裂纹；U 形、蛇形或其他冷弯管部位，多为横向裂纹；管子与管板膨胀部位也多为横向裂纹。从微观形态看，深入金属内部的应力腐蚀裂纹呈干枯的树枝状，"根须"细长而带有分支，如图 3.5 所示。

应力腐蚀裂纹断口为典型的脆性断口。一般情况下，低碳钢、低合金钢、铝合金、α 黄铜和镍合金等多为沿晶断裂，β 黄铜呈穿晶断裂。对于奥氏体不锈钢的断裂性质，因腐蚀介

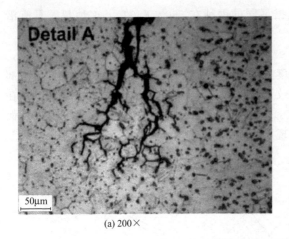 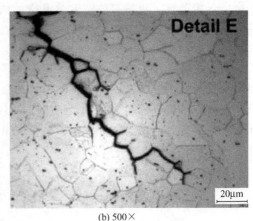

| (a) 200× | (b) 500× |

图 3.5　应力腐蚀裂纹的形态

质不同而有所不同，在硝酸和硝酸盐中为沿晶断裂，在硫化氢水溶液中呈穿晶断裂，在硫酸、亚硫酸中呈穿晶与沿晶的混合断裂，在海水、河水、碱溶液中呈穿晶或穿晶与沿晶的混合断裂。

由应力腐蚀而引起的断裂是在没有明显宏观变形、无任何征兆的情况下发生的，破坏具有突发性。裂纹往往深入到金属内部，一旦发生很难修复，有时只好整台设备报废。因此，焊接过程中必须高度重视。

3.2.4　孔穴和固体夹杂

（1）孔穴

焊接时，熔池在结晶过程中由于某些气体来不及逸出可能残存在焊缝中形成孔穴。孔穴是焊接接头中常见的缺陷，碳钢、高合金钢、有色金属焊接接头中都有可能产生孔穴。例如，焊条、焊剂烘干不足，被焊金属和焊丝表面有锈、油污或其他杂质；焊接工艺不够稳定（电弧电压偏高、焊速太大和电流太小等），以及焊接区保护不良等都会不同程度地出现孔穴。电渣焊低碳钢时，由于脱氧不足在焊缝内部也会出现孔穴。

从外部形态上看，孔穴有表面气孔，也有焊缝内部气孔；有时以单个分布，有时成堆密集；也有时贯穿整个焊缝断面，还有时弥散分布在焊缝内部。这些气孔产生的根本原因是由于高温时金属溶解了较多的气体（如氢、氮）；另外，冶金反应时又产生了相当多的气体（CO、H_2O）。这些气体在焊缝凝固过程中来不及逸出时就会产生气孔。

根据形成气孔的气体来源，焊缝中的气孔主要有氢气孔、氮气孔和 CO 气孔。由于产生气孔的气体不同，因而气孔的形态和特征也不同。

① 氢气孔　对于低碳钢和低合金钢焊接接头，大多数情况下氢气孔出现在焊缝的表面上，气孔的断面形状呈螺钉状，在焊缝的表面上形成喇叭口形，而气孔的四周有光滑的内壁。但这类气孔在特殊情况下也会出现在焊缝的内部。如焊条药皮中含有较多的结晶水，使焊缝中的含氢量过高，因而在凝固时来不及上浮而残存在焊缝内部。

铝、镁合金焊接接头的氢气孔常出现在焊缝内部。高温时，氢在熔池和焊缝金属中的溶解度很高，吸收了大量的氢气。冷却时，氢在金属中的溶解度急剧下降，而焊接熔池冷却很快，氢来不及逸出时，就会在焊缝中产生气孔。

② 氮气孔　氮气孔也较多集中在焊缝表面，但多数情况下是成堆出现，与蜂窝类似。在焊接生产中由氮引起的气孔较少。氮的来源，主要是由于焊接过程保护不良，有较多的空气侵入熔池所致。

　　③ CO 气孔　这类气孔主要是焊接碳钢时，由于冶金反应产生了大量的 CO，在结晶过程中来不及逸出而残留在焊缝内部形成的。气孔沿结晶方向分布，有些像条虫状卧在焊缝内部。

　　根据气孔的分布形态，可分为均布气孔、密集气孔和链状气孔。均布气孔在焊缝中分布均匀，密集气孔是许多气孔聚集在一起形成气孔群，链状气孔与焊缝轴线平行成串。根据气孔的形状，又分为球形气孔、长条形气孔、虫形气孔等。不同形状的气孔和缩孔在焊缝中的分布形态见表 3.3。

表 3.3　气孔的分布形态

数字序号	名　称	说　明	简　图
201	气孔	熔池中的气泡在凝固时未能逸出而残留下来所形成的孔穴	—
2011	球形气孔	近似球形的孔穴	
2012	均布气孔	大量气孔比较均匀分布在整个焊缝金属中	
2013	局部密集气孔	气孔群	
2014	链状气孔	与焊缝轴线平行成串的气孔	
2015	条形气孔	长度方向与焊缝轴线近似平行的非球形长气孔	
2016	虫形气孔	由于气孔在焊缝金属中上浮而引起的管状孔穴,其位置和形状是由凝固的形式和气孔的来源决定的,通常成群出现并呈"人"字形分布	
2017	表面气孔	暴露在焊缝表面的气孔	
202	缩孔	熔化金属在凝固过程中收缩而产生的,残留在熔核中的孔穴	

数字序号	名　称	说　明	简　图
2021	结晶缩孔	冷却过程中在焊缝中心形成的长形收缩孔穴,可能有残留气体,这种缺陷通常在垂直焊缝表面方向上出现	
2022	微缩孔	在显微镜下观察到的缩孔	—
2023	枝晶间微缩孔	显微镜下观察到的枝晶间的微缩孔	—
2024	弧坑缩孔	焊道末端的凹陷,且在后续焊道焊接之前或在后续焊道焊接过程中未被消除	

（2）固体夹杂

固体夹杂是残留在焊缝金属中的非金属固体夹杂物。使用填充焊剂、焊丝的焊接过程中,如埋弧焊,由于焊剂熔融不良容易生成熔渣。不用焊剂的 CO_2 气体保护焊中,脱氧的生成物产生熔渣,残留在多层焊焊缝金属内部也易形成夹杂。夹杂主要发生在坡口边缘和每层焊道之间非圆滑过渡的部位,在焊道形状发生突变或存在深沟的部位也容易产生夹杂。在横焊、立焊或仰焊时产生的夹杂比平焊多。

形状不同、大小不一的夹杂,尤其是呈多角形、尖角形的夹杂,不但对焊接接头的强度、塑性有很大危害,而且会造成严重的应力集中,降低接头的塑韧性,导致产生脆性破坏。特别是对于淬硬倾向较大的焊缝金属,在夹杂尖角处还易产生裂纹。根据夹杂在焊接接头中的分布,可分为焊缝根部夹渣、层间和焊缝交界面夹渣及焊缝内夹渣。

① 焊缝根部夹渣　造成焊缝根部夹渣的主要原因之一是由于坡口根部形状及坡口角度狭窄或焊条不能充分靠近根部施焊,电弧不能充分熔合坡口根部而产生的。有时坡口虽然适当,但若所用焊条很粗、而焊接电流却较小,在第一层打底焊时也会产生焊缝根部夹渣。

② 层间及焊缝交界面夹渣　层间夹渣是由于前一道焊层残留夹渣清理不好,或在坡口交界面处咬边,使部分熔渣不能上浮到熔池表面。有时由于坡口很窄,黏结在坡口处的熔渣不能上浮也会造成层间及焊缝交界面处产生夹渣。

③ 焊缝内夹渣　焊缝内夹渣是焊接过程中选材或运条不当,使焊缝内混入熔渣等造成的。

各种类型的固体夹杂在焊缝中的分布形态见表 3.4。

表 3.4　各种类型的固体夹杂在焊缝中的分布形态

数字序号	名　称	说　明	简　图
301	夹渣	残留在焊缝中的熔渣,根据其形成的情况可以分为线状(3011)、孤立(3012)和其他类型(3013)	
302	焊剂或熔剂夹渣	残留在焊缝中的焊剂或熔剂,根据其形成的情况可以分为线状(3021)、孤立(3022)和其他类型(3023)	—
303	氧化物夹杂	凝固过程中在焊缝金属中残留金属氧化物	—

数字序号	名　　称	说　　明	简　图
3031	褶皱	在某些情况下,特别是铝合金焊接时,由于对焊接熔池保护不良和熔池中紊流而产生的大量氧化膜	—
304	金属夹杂	残留在焊缝中来自外部的金属颗粒,这些颗粒可能是钨、铜和其他金属	—

3.2.5　未熔合和未焊透

（1）未熔合

未熔合是焊接时焊道与母材之间或焊道与焊道之间未能完全熔化结合的部分。熔池金属在电弧力作用下被排向尾部而形成沟槽，当电弧向前移动时，沟槽中又填进熔池金属，如果这时槽壁处的液态金属层已经凝固，填进的熔池金属的热量又不能使金属再度熔化，则形成未熔合。未熔合常出现在焊接坡口侧壁、多层焊的层间及焊缝的根部。

产生未熔合的原因是焊接热输入太低；电弧发生偏吹；坡口侧壁有锈垢和污物，焊层间清渣不彻底等。防止未熔合的主要方法是熟练掌握焊接操作技术，焊接修复时注意运条角度和边缘停留时间，使坡口边缘充分熔化以保证熔合。

多层焊时底层焊道的焊接应使焊缝呈凹形或略凸。焊前预热对防止未熔合有一定的作用，适当加大焊接电流可防止层间未熔合，适当拉长电弧也可减少表面未熔合缺陷的产生。高速焊时为防止未熔合缺陷，应设法增大熔宽或采用双弧焊等。

未熔合在焊缝中的形态特征见图 3.6(a)。

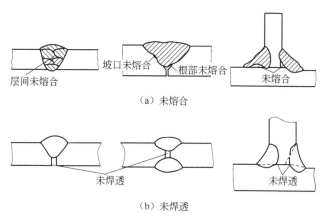

（a）未熔合

（b）未焊透

图 3.6　未熔合和未焊透

（2）未焊透

未焊透是焊接接头根部未完全熔透的现象。形成未焊透的主要原因是焊接电流太小、焊接速度过快、坡口尺寸不合适或焊丝未对准焊缝中心等。单面焊和双面焊时都可能产生未焊透缺陷。细丝短路过渡 CO_2 气体保护焊时，由于工件热输入较低也容易产生未焊透现象。未焊透在焊缝中的形态特征见图 3.6(b)。

未焊透易导致焊缝的断面积减小，降低接头力学性能，而且还会引起焊缝根部出现应力集中，甚至扩展成裂纹，引起焊缝整体开裂、破坏焊接结构。尤其在动载工作条件下，未焊透对高温疲劳强度有很大影响。

3.2.6　形状缺陷及其他缺陷

（1）形状缺陷

形状缺陷是由于焊接工艺参数选择不当或操作不合理而产生的焊缝外观缺陷。形状缺陷主要包括弧坑、咬边、烧穿、焊瘤、凹坑、下塌和疏松等。这些缺陷不仅影响焊接件的形状尺寸，降低接头的力学性能，甚至能引起接头漏水、漏气，严重影响设备的正常使用。

① 弧坑　弧坑是焊接时在收弧处产生的表面下陷现象。弧坑使焊缝的断面减小，严重削弱焊缝强度，而且经常在焊缝弧坑处产生火口裂纹。

② 咬边　咬边是焊接过程中由于熔敷金属未完全覆盖在母材的已熔化部分，在焊趾处产生的低于母材表面的沟或是由于焊接电弧把焊件边缘熔化后，没有得到焊条熔化金属的补充所留下的缺口。过深的咬边能削弱接头强度，也可能在咬边处导致结构的破坏。

③ 烧穿　烧穿是在焊缝上形成的穿透性孔洞，可能导致熔化金属向下流漏，使焊缝的连续性和致密性受到破坏。烧穿常发生在焊条电弧焊和埋弧焊时，尤其焊接薄板时常见。造成烧穿的原因，可能是焊接电流过大、焊接速度过慢、接头组装间隙太大、钝边过小等。为防止烧穿，应尽量避免焊件加热温度过高，严格控制焊接电流、焊接速度和接头间隙。必要时可以先沿焊缝进行间距较小的点固焊，然后缩短电弧进行快速焊或背面加垫板。

④ 焊瘤　焊瘤是在焊接过程中，熔化金属流溢到焊缝以外未熔化的母材金属上，在焊缝边缘上形成的与母材未熔合的堆积物。焊瘤不但影响焊缝强度，而且经常与未焊透和夹渣等其他缺陷共同存在，严重影响焊缝的质量。焊接薄板时，焊瘤与烧穿往往同时存在。因为熔池温度过高、熔深过大，使液态金属从熔塌的熔池中流出来造成烧穿。因此，焊瘤不是单独存在的焊接缺陷，而是经常和其他焊接缺陷互相联系存在。

⑤ 凹坑和下塌　凹坑是焊后在焊缝表面或背面形成的低于母材表面的低洼部分。下塌是在单面熔焊中，由于焊接工艺不当造成的焊缝金属塌落现象。

⑥ 疏松　疏松是在气焊和电弧焊时，在收弧处容易产生的缺陷。它是由于熔池温度降低，金属夹杂物过多而引起的。

常见形状缺陷在焊缝中的分布形态见表 3.5。

表 3.5　常见形状缺陷在焊缝中的分布形态

数字序号	名　　称	说　　明	简　　图
5011 5012	连续咬边 间断咬边	因焊接造成的焊趾（或焊根）外的沟槽，咬边可能是连续的或间断的	
5013	缩沟	由于焊缝金属的收缩，在根部焊道每一侧产生的浅沟槽	
502	焊缝超高	对接焊缝表面上焊缝金属过高	
503	凸度过大	角焊缝表面的焊缝金属过高	
504	下塌	穿过单层焊缝根部或多层焊时，前道熔敷金属塌落的过量焊缝金属	

数字序号	名　称	说　明	简　图
5041	局部下塌	局部塌落	—
505	焊缝表面不良	母材金属表面与靠近焊趾处焊缝表面的切面之间的角度 α 过小	
506	焊瘤	焊接过程中,熔化金属流淌到焊缝外未熔化的母材上所形成的金属瘤	
507	错边	由于两个焊件没有对正而造成中心线平行偏差	
508	角度偏差	由于两个焊件没有对正而造成的表面不平行	
509	下垂	由于重力作用造成的焊缝金属塌落,分为横缝垂直下垂(5091),平、仰焊缝下垂(5092),角焊缝下垂(5093)和边缘下垂(5094)	
510	烧穿	焊接过程中,熔化金属自坡口背面流出形成穿孔	
511	未焊满	由于填充金属不足,在焊缝表面形成的连续或断续的沟槽	
512	焊脚不对称	—	
513	焊缝宽度不齐	焊缝宽度改变过大	—
514	表面不规则	表面过分粗糙	—
515	根部收缩	由于对接焊缝根部收缩造成的浅沟槽	
516	根部气孔	在凝固瞬间,由于焊缝析出气孔而在根部形成的多孔状组织	—
517	焊缝接头不良	焊缝衔接处的局部表面不规则	

（2）其他缺陷

焊接过程中或焊后处理时还可能产生电弧擦伤、飞溅、表面撕裂、磨痕、打磨过量以及层间错位等其他缺陷。这些缺陷的产生过程比较复杂，形成原因各不相同，既有冶金因素，又有焊后机械加工操作不当的原因。表面撕裂、磨痕、打磨过量及层间错位等缺陷会影响焊缝的外观质量，缺陷周围也容易产生应力集中，造成焊接结构的破坏。

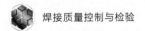

1）电弧擦伤

焊接时由于空间位置和操作不便所限制极易产生电弧擦伤，如图3.7(a) 所示。电弧擦伤多属于人为不注意产生的，偶然不慎使焊条与施焊部位表面接触引起电弧就会造成表面擦伤。

电弧擦伤的工件表面冷却速度极快，况且没有任何熔渣和气体的保护，电弧擦伤的部位易产生严重的脆化，导致裂纹及脆性破坏，缩短焊接件的使用寿命，甚至出现事故。所以焊接时，对其附近的表面一定要加以防护、注意不要引起电弧擦伤缺陷的产生。例如，热电厂风机叶片、水泥厂大窑齿轮牙断裂修复以及轴类零件的焊接时，是不允许存在电弧擦伤的。

2）飞溅

焊接时熔滴爆裂后的液体颗粒溅落到工件表面形成的附着颗粒，严重时导致形成飞溅缺陷，如图3.7(b) 所示。对于不锈钢焊接结构件，飞溅会降低抗晶间腐蚀的能力。为避免飞溅的产生，焊接时必须选用质量合格的焊条，并按规定进行烘干处理。采用碱性焊条时尽量使电弧缩短，并且避免采用飞溅严重的 CO_2 焊进行焊接，选用适当的焊接电流。对于不允许有飞溅的不锈钢件焊接时，可以在焊缝内侧覆盖一层厚涂料。

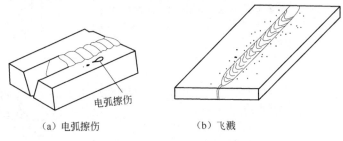

（a）电弧擦伤 （b）飞溅

图3.7 电弧擦伤与飞溅

3）表面撕裂、磨痕、打磨过量及层间错位等缺陷的特点见表3.6。

表3.6 表面撕裂、磨痕、打磨过量及层间错位等缺陷的特点

焊接缺陷	特　　点	焊接缺陷	特　　点
表面撕裂	拆除临时焊接附件时在母材表面上产生的损伤	打磨过量	打磨引起的工件或焊缝不允许的减薄
磨痕	打磨引起的局部表面损伤	层间错位	不按规定操作熔敷的焊道
凿痕	使用扁铲或其他工具铲凿金属而产生的局部损伤		

3.3　焊接缺陷评级和对产品质量的影响

焊接结构的生产朝着大型化、高温、高压、耐蚀、低温等方向发展的同时，所用钢材的强度和厚度不断提高，这就给焊接质量控制提出了新的难题，其中防止和控制焊接缺陷是提高焊接产品质量的关键。据统计，在世界上各种焊接结构的失效事故中，除少数是属于设计不合理、选材不当和操作上的问题之外，绝大多数是由焊接缺陷，特别是焊接裂纹所引起的。

3.3.1　焊接缺陷的评级

（1）评级依据

对有焊接产品设计规程或法定验收规则的产品，焊接缺陷应按这些规定，确定相应的级别。

对无产品设计规程或法定验收规则的产品,可根据表 3.7 所列因素来确定焊接缺陷的级别。

表 3.7 确定焊接缺陷级别应考虑的因素

因 素	内 容
载荷性质	静载荷;动载荷;非强度设计
服役环境	温度;湿度;介质;磨耗
产品失效后的影响	能引起爆炸或因泄漏而引起严重人身伤亡并造成产品报废;造成产品损伤且由于停机造成重大经济损失;造成产品损伤,但仍可运行
选用材料	相对产品要求有良好的强度及韧性裕度;强度裕度不大但韧性裕度充足;高强度低韧性;焊接材料的相配性
制造条件	焊接工艺方法;企业质量管理制度;构件设计中的焊接可行性;检验条件

(2) 焊接缺陷分级

焊接缺陷的分级在国家标准 GB/T 12469—90《钢熔化焊接头的要求和缺陷分级》中有明确的规定,见表 3.8。从该表中可以看出,缺欠共分四级。不同级别的缺欠分别对应着各自焊缝的级别。显然,Ⅰ级缺欠的要求是最严格,而Ⅳ级缺欠的要求最低。它们分别对应着Ⅰ级焊缝(优质的焊缝)、Ⅳ级的焊缝(最低级的焊缝)。

表 3.8 钢熔化焊接头的焊接缺陷分级

缺陷	GB/T 6417.1代号	缺陷分级 Ⅰ	Ⅱ	Ⅲ	Ⅳ
焊缝外形尺寸	—	按选用坡口由焊接工艺确定只需符合产品相关规定要求,本标准不作分级规定			
未焊满	511	不允许		≤0.2＋0.02δ 且≤1mm,每100mm 焊缝内缺陷总长≤25mm	≤0.2＋0.02δ 且≤2mm,每100mm 焊缝内缺陷总长≤25mm
根部收缩	515 5013	不允许	≤0.2＋0.02δ 且≤0.5mm	≤0.2＋0.02δ 且≤1mm	≤0.2＋0.04δ 且≤2mm
咬边①	5011 5012	不允许①		≤0.05δ 且≤0.5mm,连续长度≤100mm 且焊缝两侧咬边总长≤10%焊缝全长	≤0.1δ 且≤1mm,长度不限
裂纹	100	不允许			
弧坑裂纹	104	不允许			个别长≤5mm 的弧坑裂纹允许存在
电弧擦伤	601	不允许			个别电弧擦伤允许存在
飞溅	602	清除干净			
接头不良	517	不允许		造成缺口深度≤0.05δ 且≤0.5mm,每米焊缝不得超过一处	缺口深度≤0.1δ 且≤1mm,每米焊缝不得超过一处
焊瘤	506	不允许			
未焊透(按设计焊缝厚度为准)	402	不允许		不加垫单面焊允许值≤15%δ 且≤1.5mm,每100mm 焊缝内缺陷总长≤25mm	≤0.1δ 且≤2.0mm,每100mm 焊缝内缺陷总长≤25mm
表面夹渣	300	不允许		深≤0.1δ 长≤0.3δ 且≤10mm	深≤0.2δ 长≤0.5δ 且≤20mm
表面气孔	2017	不允许		每50mm 焊缝长度内允许直径≤0.3δ 且≤2mm 的气孔 2个,孔间距≥6 倍孔径	每50mm 焊缝长度内允许直径≤0.4δ 且≤3mm 的气孔 2个,孔间距≥6 倍孔径
角焊缝厚度不足(按设计焊缝厚度计)	—	不允许		≤0.3＋0.05δ 且≤1mm,每100mm 焊缝内缺陷总长≤25mm	≤0.3＋0.05δ 且≤2mm,每100mm 焊缝内缺陷总长≤25mm

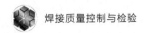

缺陷	GB/T 6417.1代号	缺 陷 分 级			
		Ⅰ	Ⅱ	Ⅲ	Ⅳ
角焊缝焊脚不对称②	512	差值≤1+0.1a		差值≤2+0.15a	差值≤2+0.2a
		a 设计焊缝有效厚度			
内部缺陷	—	GB 3323 Ⅰ级	GB 3323Ⅱ级	GB 3323Ⅱ级	不要求
		GB 11345 Ⅰ级	GB 11345Ⅱ级		

① 咬边如经修磨并平滑过渡则只按焊缝最小允许厚度值评定。

② 特定条件下要求平缓过渡时不受本规定限制，如搭接或不等厚板的对接和角接组合焊缝。

注：除表明角焊缝缺陷外，其余均为对接、角接焊缝通用。δ 为板厚。

从表 3.8 中还可以看出，裂纹、焊瘤这两种缺欠，对于四个级别的焊缝都是不允许的。在表中所列出的全部缺欠条目中，Ⅰ级缺欠标准中，有 12 条均明确写出是"不允许"的。只有这样才能严格的保证焊接质量。

3.3.2 焊接缺陷的危害

焊接缺陷对产品质量的影响主要是对结构负载强度和耐腐蚀性能的影响。由于缺陷的存在减小了结构承载的有效截面面积，更主要的是在缺陷周围产生了应力集中。因此，焊接缺陷对结构的静载强度、疲劳强度、脆性断裂以及抗应力腐蚀开裂都有重大的影响。由于各类焊接缺陷的分布形态不同，所产生的应力集中程度也不同，因而对结构的危害程度也各不一样。

（1）应力集中

焊缝中的气孔一般呈单个球状或条虫形，因此气孔周围应力集中并不严重。而焊接接头中的裂纹常常呈扁平状，如果加载方向垂直于裂纹的平面，则裂纹两端会引起严重的应力集中。焊缝中的夹杂物具有不同的形状和包含不同的材料，但其周围的应力集中也不严重。如果焊缝中存在密集气孔或夹渣时，在负载作用下，如果出现气孔间或夹渣间的连通，则将导致应力区的扩大和应力值的急剧上升。

另外，对于焊缝的形状不良、角焊缝的凸度过大及错边、角变形等焊接接头的外部缺陷，也都会引起应力集中或者产生附加应力。

（2）静载强度的影响

焊缝中出现成串或密集气孔时，由于气孔的截面较大，同时还可能伴随着焊缝力学性能的下降，使强度明显降低。因此，成串气孔要比单个气孔危险得多。夹渣对强度的影响与其形状和尺寸有关。单个小球状夹渣并不比同样尺寸和形状的气孔危害大，当夹渣呈连续的细条状且排列方向垂直于受力方向时，是比较危险的。

裂纹、未熔合和未焊透比气孔和夹渣的危害大，它们不仅降低了结构的有效承载截面积，而且更重要的是产生了应力集中，有诱发脆性断裂的可能。尤其是裂纹，在其尖端存在着缺口效应，容易出现三向应力状态，会导致裂纹的失稳和扩展，以致造成整个结构的断裂，所以裂纹是焊接结构中最危险的缺陷。

（3）疲劳强度

缺陷对疲劳强度的影响要比静载强度大得多。例如，气孔引起的承载截面减小 10% 时，疲劳强度的下降可达 50%。焊缝内的平面形缺陷（如裂纹、未熔合、未焊透）由于应力集中系数较大，因而对疲劳强度的影响较大。含裂纹的结构与占同样面积的气孔的结构相比，前者的疲劳强度比后者降低 15%。对未焊透来说，随着其面积的增加，疲劳强度明显下降。

而且，这类平面形缺陷对疲劳强度的影响与负载的方向有关。

焊缝内部的球状夹渣、气孔，当其面积较小、数量较少时，对疲劳强度的影响不大，但当夹渣形成尖锐的边缘时，则对疲劳强度的影响十分明显。

咬边对疲劳强度的影响比气孔、夹渣大得多。带咬边接头在 10^6 次循环条件下的疲劳强度大约为致密接头的 40%，其影响程度也与负载方向有关。此外，焊缝的成形不良，焊趾区及焊根处的未焊透、错边和角变形等外部缺陷都会引起应力集中，很易产生裂纹而造成疲劳破坏。

（4）脆性断裂

脆性断裂是一种低应力下的破坏，而且具有突发性，事先难以发现和加以预防，因此，危害性较大。一般认为，结构中缺陷造成的应力集中越严重，脆性断裂的危险性越大。裂纹对脆性断裂的影响最大，其影响程度不仅与裂纹的尺寸、形状有关，而且与其所在的位置有关。如果裂纹位于拉应力高值区，就容易引起低应力破坏；若位于结构的应力集中区，则更危险。

另外，错边和角变形等焊接缺陷也能引起附加的弯曲应力，对结构的脆性破坏也有影响，并且角变形越大，破坏应力越低。

（5）应力腐蚀开裂

应力腐蚀开裂通常总是从表面开始。如果焊缝表面有缺陷，则裂纹很快在缺陷处形核。因此，焊缝的表面粗糙度，焊接结构上的拐角、缺口、缝隙等都对应力腐蚀有很大的影响。这些外部缺陷使浸入的介质局部浓缩，加快了电化学过程的进行和阳极的溶解，为应力腐蚀裂纹的扩展成长提供了条件。

应力集中对腐蚀疲劳也有很大的影响。焊接接头的腐蚀疲劳破坏，大都是从焊趾处开始，然后扩展，穿透整个截面导致结构的破坏。因此，改善焊趾处的应力集中程度也能大大提高接头的抗腐蚀疲劳的能力。

焊接结构中存在焊接缺陷会明显降低结构的承载能力，甚至还会降低焊接结构的耐蚀性和疲劳寿命。所以，焊接产品的制造过程中应采取措施，防止产生焊接缺陷，在焊接产品的使用过程中应进行定期检验，以及时发现缺陷，采取修补措施，避免事故的发生。

3.3.3　焊接缺陷的产生原因及防止措施

（1）焊接缺陷的产生原因

焊接缺陷产生的原因是多方面的，对不同的缺陷，影响因素也不同。焊接缺陷的产生既有冶金的原因，又有应力和变形的作用。焊接缺陷通常出现在焊缝及其附近区域，而这些部位正是焊接结构中拉伸残余应力最大的地方。焊接缺陷产生的主要原因见表 3.9。

（2）不同焊接操作中的常见缺陷及防止措施

1）熔化焊常见缺陷及防止措施

熔化焊时，由于加热温度较高，焊缝金属发生快速冷却凝固，如果选材、接头设计、工艺参数选择、焊接操作不当，都可能引起熔化焊接头组织性能的变化，产生裂纹或其他缺陷，降低接头的使用性能。

熔化焊常见焊接缺陷的产生原因及防止措施见表 3.10。

2）堆焊常见缺陷及防止措施

由于材料、设备、工艺及操作等方面的原因，堆焊焊道有时会出现裂纹、气孔、未焊透等缺陷。堆焊工艺参数一般是在大量的工艺性试验后得出的，改变工艺参数会导致过渡合金元素、堆焊层组织性能的变化，降低抗裂性，产生裂纹或其他缺陷。因此，堆焊过程中应严格遵守工艺操作规程，随时注意工艺参数的变化并及时调整。

表 3.9　焊接缺陷产生的主要原因

类别	名　称	材料因素	结构因素	工艺因素
冷裂纹	氢致裂纹	①钢中 C 或合金元素含量高,使淬硬倾向增大 ②焊接材料含氢量较高	①焊缝附近刚度较大,如大厚度、高拘束度 ②焊缝布置在应力集中区 ③坡口形式不合适(如V形坡口拘束应力较大)	①熔合区附近冷却时间小于出现铁素体临界冷却时间,热输入过小 ②未使用低氢焊条 ③焊接材料未烘干,焊口及工件表面有水分、油污及铁锈 ④焊后未进行保温处理
	淬火裂纹	①钢中 C 或合金元素含量高,使淬硬倾向增大 ②对于多元合金的马氏体钢,焊缝中出现块状铁素体		①对冷裂倾向较大的材料,预热温度未作相应的提高 ②焊后未立即进行高温回火 ③焊条选择不合适
	层状撕裂	①焊缝中出现片状夹杂物(如硫化物、硅酸盐和氧化铝等) ②母材组织硬脆或产生时效脆化 ③钢中含硫量过多	①接头设计不合理,拘束应力过大(如 T 形填角焊、角接头和贯通接头) ②拉应力沿板厚方向作用	①热输入过大,使拘束应力增加 ②预热温度较低 ③焊根裂纹的存在导致层状撕裂的产生
热裂纹	结晶裂纹	①焊缝金属中合金元素含量高 ②焊缝金属中 P、S、C、Ni 含量较高 ③焊缝金属中 Mn/S 比例不合适	①焊缝附近的刚度较大,如大厚度、高拘束度 ②接头形式不合适,如熔深较大的对接接头和角焊缝(包括搭接接头、丁字接头和外角接焊缝)抗裂性差 ③接头附近应力集中,如密集、交叉的焊缝	①焊接热输入过大,使近缝区过热,晶粒长大,引起结晶裂纹 ②熔深与熔宽比过大 ③焊接顺序不合理,焊缝不能自由收缩
	液化裂纹	母材中的 P、S、B、Si 含量较多	①焊缝附近刚度较大,如大厚度、高拘束度 ②接头附近应力集中,如密集、交叉的焊缝	①热输入过大,使过热区晶粒粗大,晶界熔化严重 ②熔池形状不合适,凹度太大
	高温失塑裂纹	—	①焊缝附近刚度较大,如大厚度、高拘束度 ②接头附近应力集中,如密集、交叉的焊缝	热输入过大,使温度过高,容易产生裂纹
再热裂纹		①焊接材料的强度过高 ②母材中 Cr、Mo、V、B、S、P 含量较高 ③热影响区粗晶区组织未得到改善(未减少或消除马氏体组织)	①结构设计不合理造成应力集中(如对接焊缝和填角焊缝重叠) ②坡口形式不合适导致较大的拘束应力	①回火温度不够,持续时间过长 ②焊趾处咬边而导致应力集中 ③焊接次序不对使焊接应力增大 ④焊缝余高导致近缝区的应力集中
气孔		①熔渣氧化性增大时,CO 气孔倾向增加;熔渣还原性增大时,氢气孔倾向增加 ②焊件或焊接材料不清洁(有铁锈、油和水分等杂质) ③与焊条、焊剂的成分及保护气体的气氛有关 ④焊条偏心,药皮脱落	仰焊、横焊易产生气体	①当热输入不变,焊接速度增大时,增加了产生气体的倾向 ②电弧电压太高(即电弧过长) ③焊条、焊剂在使用前未烘干 ④使用交流电源易产生气体 ⑤气体保护焊时,气体流量不合适
夹渣		①焊材的脱氧、脱硫效果不好 ②渣的流动性差 ③原材料夹杂中含硫量较高及硫偏析程度较大	立焊、仰焊易产生夹渣	①电流大小不合适,熔池搅动不足 ②焊条药皮成块脱落 ③多层焊时清渣不够 ④电渣焊时焊接条件突然改变,母材熔深突然减小
未熔合		—	—	①焊接电流小或焊接速度快 ②坡口或焊道有氧化皮、熔渣及氧化物等高熔点物质 ③操作不当

续表

类别	名 称	材料因素	结构因素	工艺因素
未焊透		焊条偏心	坡口角太小,钝边太厚,间隙太小	①焊接电流小或速度太快 ②焊条角度不对或运条方法不当 ③电弧太长或电弧偏吹
形状缺陷	咬边	—	立焊、仰焊时易产生咬边	①焊接电流过大或焊接速度太慢 ②立焊、横焊和角焊电弧太长 ③焊条角度不正确或运条不当
	焊瘤	—	坡口太小	①焊接工艺不当,电压过低,焊速不合适 ②焊条角度不对或未对准焊缝 ③运条不正确
	烧穿和下塌	—	①坡口间隙过大 ②薄板或管子的焊接易产生烧穿和下塌	①电流过大,焊速太慢 ②垫板托力不足
	错边	—		①装配不正确 ②焊接夹具质量不高
	角变形	—	①与坡口形状有关,如对接 V 形坡口的角变形大于 X 形坡口 ②与板厚有关,中等板厚角变形最大,厚板、薄板的角变形较小	①焊接顺序对角变形有影响 ②热输入增加,角变形也增加 ③反变形量未控制好 ④焊接夹具质量不高
	焊缝尺寸、形状不合要求	①熔渣的熔点和黏度太高 ②熔渣的表面张力较大,不能很好地覆盖焊缝表面,使焊纹粗、焊缝高、表面不光滑	坡口不合适或装配间隙不均匀	①焊接工艺参数不合适 ②焊条角度或运条手法不当
电弧擦伤		—	—	①焊工随意在坡口外引弧 ②接地不良或电气接线不好
飞溅		①熔渣的黏度过大 ②焊条偏心	—	①焊接电流过大 ②电弧过长 ③碱性焊条的极性不合适 ④焊条药皮水分过多 ⑤焊接电源动特性、外特性不佳

表 3.10　熔化焊常见焊接缺陷的产生原因及防止措施

缺 陷	产 生 原 因	防 止 措 施
气孔	①焊条、焊剂潮湿,药皮剥落 ②填充金属与母材坡口表面油、水、锈等污物等未清理干净 ③电弧过长,熔池过大 ④焊接电流过大,焊条发红,保护作用减弱 ⑤保护气体流量小,纯度低,气体保护效果差 ⑥气焊火焰调整不合适,焊炬摆动幅度大 ⑦操作不熟练 ⑧焊接环境湿度大	①不使用药皮剥落、开裂、变质、偏心和焊芯锈蚀的焊条,焊条和焊剂应按照规程要求进行烘烤 ②根据焊接要求严格做好焊前清理工作 ③缩短电弧长度 ④选用适当的焊接工艺参数,控制焊接电流 ⑤保证气体纯度,调整适当流量 ⑥气焊时采用中性焰,加强火焰对熔池的保护 ⑦提高操作技术 ⑧采取去潮措施,改善焊接环境
夹渣	①多道焊层间清理不彻底 ②电流过小,焊接速度快,熔渣来不及浮出 ③焊条或焊炬角度不当 ④操作不熟练 ⑤坡口设计不合理,焊层形状不良	①彻底清理层间焊渣 ②选用合理的焊接电流和焊接速度 ③适当调整焊条或焊炬的倾斜角度 ④提高操作技术 ⑤合理选用坡口,改善焊层成形

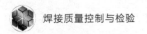

缺陷	产 生 原 因	防 止 措 施
未熔合和未焊透	①运条速度过快,焊炬角度不当,电弧偏吹 ②坡口设计不良 ③焊接电流过小,电弧过长等 ④坡口或夹层的渣、锈清理不彻底	①提高操作技术 ②选用合理的坡口形式 ③适当增加焊接电流,缩短焊接电弧 ④彻底清理坡口表面或层间锈渣等
咬边	①电流过大或电弧过长 ②焊条和焊丝的倾斜角度不合适 ③埋弧焊时电压过低	①适当增加焊接电流,缩短焊接电弧 ②调整焊条和焊丝的倾斜角度 ③提高埋弧焊电压
焊瘤和下塌	①焊接电流偏大或焊接速度太慢 ②施焊操作不熟练	①选用合适的焊接工艺参数 ②提高操作技术
错边和角度偏差	①焊件装配不好 ②焊接变形	①正确装配焊件 ②采取控制焊接变形的措施
电弧擦伤	①焊把与工件无意接触 ②焊接电缆破损 ③未按规程操作在坡口内引弧,而在母材上任意引弧	①启动焊机前,检查焊把,避免与工件短路 ②将破损焊接电缆包裹绝缘带 ③在坡口内引弧
飞溅	①焊接电流过大 ②未采取防护措施 ③CO_2气体保护焊焊接回路电感不合适	①适当减小焊接电流 ②采用涂白垩粉等措施进行防护 ③调整 CO_2 气体保护焊焊接回路的电感

堆焊常见焊接缺陷及防止措施见表 3.11。

3）点焊和缝焊常见焊接缺陷

点焊是将焊件装配成搭接接头,并压紧在两个电极之间,利用电阻热熔化母材金属,形成焊点的电阻焊方法。缝焊是将焊件装配成搭接接头或对接接头并置于两滚轮电极之间,滚轮加压焊件并转动,连续或断续送电,形成一条连续焊缝的电阻焊方法。因此,电极形状、电极压力、缝焊速度、焊点布置和脉冲参数的正确选用成为控制点焊和缝焊质量的关键。如控制不当,则会出现焊缝形状不良、电极压痕过深、局部烧穿、熔化金属强烈飞溅等缺陷。

表 3.11 堆焊常见焊接缺陷及防止措施

缺陷	产 生 原 因	防 止 措 施
堆焊层或焊件尺寸、形状不合技术要求	①堆焊工艺参数选用不当 ②焊前准备不好 ③堆焊夹具结构不良 ④堆焊操作不良	①正确选用堆焊工艺参数 ②防止变形或预变形 ③超差的过大尺寸用机械方法除去,不足尺寸可补焊
气孔	①堆焊材料选用不当 ②堆焊保护不良 ③堆焊电流过小,弧长过大,堆焊速度过快 ④工艺措施不当,如预热温度过低等	①正确选用堆焊材料和堆焊工艺 ②加强焊接过程的保护 ③铲除气孔处的金属,然后补焊
夹渣	①堆焊材料质量差 ②堆焊电流太小,堆焊速度过快 ③多层堆焊时,层间处理不好 ④熔渣或焊剂密度太大	①正确选用堆焊材料 ②调整堆焊工艺参数 ③加强层间清理 ④铲除夹渣处的金属,然后补焊
裂纹	①堆焊材料选用不当 ②堆焊层内应力大 ③堆焊工艺措施不合理 ④材料裂纹敏感性强 ⑤堆焊结构设计不合理 ⑥由其他缺陷导致的裂纹	①正确选用堆焊材料 ②调整堆焊工艺参数 ③正确设计堆焊焊件结构 ④改善堆焊操作,如改进堆焊顺序等 ⑤在裂纹两端钻止裂孔或铲除裂纹处的金属进行补焊

续表

缺陷	产 生 原 因	防 止 措 施
未熔合	①堆焊电流太小 ②堆焊速度过快,操作技术不佳 ③堆焊层间熔渣未清除干净	①正确选用堆焊工艺参数 ②铲去未熔的金属重新堆焊
稀释率过大	①基体或堆焊材料选用不当 ②堆焊工艺参数不当 ③堆焊操作技术欠佳 ④堆焊层的成分性能不符合要求	①正确匹配基体和堆焊材料 ②正确编制和执行堆焊工艺 ③提高堆焊操作水平 ④当影响耐磨、耐蚀性时,应予以报废
晶间腐蚀	①堆焊时合金元素被烧损 ②熔合比不当 ③堆焊材料、方法和工艺选用不当	①正确选用堆焊材料和工艺参数 ②铲除缺陷重新堆焊或予以报废
堆焊层耐腐蚀性差	①堆焊材料、方法和工艺参数不当 ②堆焊不当 ③保护不良 ④焊后热处理不当	①正确选用堆焊材料和方法及工艺参数 ②保护良好 ③改善焊后热处理工艺 ④铲除堆焊层重新堆焊

点焊和缝焊常见焊接缺陷及其产生原因见表 3.12。

表 3.12　点焊和缝焊常见焊接缺陷及其产生原因

缺 陷 形 貌	产 生 原 因
焊点压痕或缝焊缝痕形状不正确	①电极工作面形状不正确、磨损不均匀,或电极倾斜 ②缝焊速度太快
电极压痕过深及过热	①电极压力过大、电流过大 ②脉冲时间过长
局部烧穿或熔化金属强烈飞溅	①焊件或电极表面不干净 ②电极压力不足 ③接触面形状不正确
内部飞溅	①电流过大,压力不足 ②焊件倾斜 ③对于钢和镍铬合金钢,电极过分靠近搭接边缘
接头边缘被压坏和产生裂纹	①焊点过分靠近边缘 ②电流过大,脉冲时间较长 ③锻压力过大
焊点被拉开或撕破	装配不良,焊件过分被拉紧
未焊透或焊点核心小	①工件表面清理不好 ②接触面过大,电流过小 ③电极压力过大 ④焊有色金属时,搭接边缘太小,焊点布置不合理
焊点核心分布不对称	电极接触面的面积大小选择不当
焊透深度过大	电流过大,压力不足
缝焊接头不气密	①点距不当,电流、焊速、电极压力、脉冲时间、滚盘表面尺寸稳定性被破坏 ②上、下盘直径相差太大
径向裂纹和缩孔	①电极压力不足,脉冲时间短 ②表面清理不良,锻压迟缓
环形裂纹	电流脉冲时间过长
合金钢接头变脆	①焊接过程热循环不良 ②电流脉冲时间太短
熔化金属扩展到接头表面和接头表面发黑	①焊件或电极表面清理不够仔细 ②电极压力不足,脉冲时间过长,电流过大

3.3.4 焊接缺陷的控制与返修

焊接产品在制造过程中，不可避免地会出现不同类型的缺欠。分析焊接缺欠的产生原因，是为了防止缺陷的产生。从而有针对性地采取相应的技术措施，减少或消除焊接缺陷，以提高焊接产品的质量水平。同时，还要对已经出现的缺欠进行分析，研究解决办法及补救的措施。并且明确指出缺欠达到什么程度时，就应当判定为"缺陷"。也就是要通过理论分析与计算确定缺欠的"容限"。结合具体的焊接产品，确定 Q_A、Q_B 的质量标准，这是非常重要的工作。

（1）焊接缺欠的控制

1）气孔的控制

① 按国家标准要求，加强施工环境控制，现场建立合理的施工清洁区；严禁焊接场所有穿堂风，采取端部封堵等措施。

② 按焊接施工方案要求进行坡口清理，严格控制坡口两侧的清洁度；加强现场通风条件，控制空气潮湿度不大于 90%。

③ 加强焊工基本技能的培训，严格执行工艺规程，控制焊接电弧的合适长度。

④ 焊条电弧焊采用低氢型焊条，焊前按要求烘干焊条。

⑤ 氩弧焊控制氩气纯度（Ar≥99.99%）；按工艺评定要求，控制氩气流量，避免出现紊流。

⑥ 选择设备性能稳定且标定合格的焊接设备。

2）夹渣的控制

① 加强焊工基本技能的培训，操作中控制铁水与熔渣分离。

② 按焊接工艺文件要求，控制焊接电流。

③ 使用合适规格的焊条，加强焊接过程的层道间清理。

④ 焊接接地线应在工件中合理牢固接地，控制电弧偏吹。

3）未熔合的控制

① 加强焊工基本技能的培训，从操作上消除根部未熔合缺陷产生。

② 注意焊层之间的修整，避免出现沟槽及运条不当而导致未熔合。

③ 严格按焊接工艺文件要求，采用合理的焊接电流（或焊接热输入）。

④ 正确处理钨极的打磨角度和焊接停留时间。

4）未焊透的控制

① 加强焊接坡口质量检查，控制合理的钝边量。

② 加强装配质量检查，严把装配质量关，控制合理的装配间隙和错边量。

③ 加强焊工基本技能的培训，避免内部缺陷的错判。

④ 按焊接工艺文件要求采用合理的焊接电流（或焊接热输入）。

⑤ 使用合适规格的焊材（焊条、焊丝）。

⑥ 正确处理钨极的打磨角度。

5）错边的控制

① 加强焊接坡口的检验，控制两部件的壁厚差达到标准要求。

② 加强质量检验人员在现场对装配质量的检查，严把焊接装配质量关，控制合理的错边量。

③ 加强操作者自检，按要求进行点固焊，确保装配质量。

④ 加强装配图纸的审查，避免设计在设备、阀门与管道尺寸接口存在问题。

6) 热裂纹的控制

① 控制焊缝中硫、磷、碳等有害杂质的含量。

② 改善焊缝结晶形态，利用"愈合"作用防止热裂纹。

③ 控制焊缝形状，降低接头的刚度和拘束度，减小应力集中。

④ 采用碱性焊条和焊剂。

⑤ 焊前预热。

⑥ 控制焊接热输入。

7) 冷裂纹的控制

① 控制母材的化学成分，合理选择和匹配焊接材料。

② 选用低氢和超低氢焊接材料，严格烘干焊条或焊剂。

③ 控制焊缝形状，降低接头的刚度和拘束度，减小应力集中。

④ 正确制定焊接工艺，控制热输入。

⑤ 合理选择预热温度。

⑥ 焊后热处理（消氢处理或消应力处理）。

当产品焊接缺陷被检出来后，除对它进行评定并作出处理外，还有一项更为重要的工作，即对产生的焊接缺陷进行原因分析。找出产生焊接缺陷的内外原因，才能"对症下药"，根治焊接缺陷，特别是防止缺陷的再次发生。

了解各种焊接缺陷对结构质量的影响，对控制焊接结构的安全是十分必要的。应明确哪些焊接缺陷可能对焊接结构带来灾难性的后果，哪些焊接缺欠不会对焊接结构安全运行有大的影响。通过严格控制缺欠，可确保优质焊接工程的实现。

（2）超标缺欠的返修

① 在焊接接头或焊接产品中出现的缺欠，如果不能满足"合于使用"的最低验收标准 Q_B，就应当考虑返修。否则，就判定为废品。

② 对于影响焊接接头使用安全性的缺欠，必须进行认真的、细致的返修工作；对于符合产品安全使用要求的产品缺陷，可以不必返修。对于缺欠是否应当进行返修的决策时，必须认真地进行技术论证，并经总工程师批准。

③ 缺欠应当区分为表层缺欠与内部缺欠。表层缺欠应当根据缺欠的形状、尺寸及范围，可采用机械加工方法，有时还应配合焊接方法或表面工程技术进行返修。内部缺欠的返修，在机械加工等方式将缺欠清除干净后，主要是由焊接方法修复。

④ 返修工作前应当认真制定返修工艺方案，经过返修焊接工艺评定试验及技术论证后，由该工程项目的总工程师批准。返修工作的原则是要确保产品质量、便于施工、注意节约能源及材料。

⑤ 在返修工作开始时，清除超标缺欠必须彻底、干净，不留隐患。清除的范围应当比缺欠的部位大出 20～30mm。

⑥ 返修工作中的焊接施工，应当由有经验的高级技工或技师进行认真操作。

⑦ 返修次数不宜超过 2 次。

⑧ 经过返修的部位，应当采用该产品焊接工艺规程中规定的无损检测方法进行复检。

全世界结构钢的年消耗量为 4.5 亿～6.5 亿吨，并以每年 5%～8% 的速度增长；我国发展的速度更为迅速，近几年每年钢产量都有增长。随着合金结构钢焊接结构的使用范围不断扩大，工程结构中的焊接质量问题也日益突出，应引起人们的高度重视。

第4章
焊接质量控制

焊接作为先进制造技术的关键工艺，受到各行各业的关注并集成到产品的主寿命过程，即从设计、工艺制定、制造生产到运行服役、失效分析、维护和再循环等产品的各个阶段。焊接质量控制涉及原材料、结构设计、焊接设备及工艺装备、焊接材料、切割及坡口加工、焊接工艺及相关标准、焊接过程监控、焊后热处理和涂装、检验、环境保护、焊接结构安全运行等众多过程，在生产和运行中起着非常重要的作用，受到人们的关注。

4.1 质量控制体系的建立和运行

焊接质量体系的运转一般是通过控制焊接工艺评定与焊接工艺、焊工培训、焊接材料、焊缝返修、施焊过程、检验等基本环节来实现的。通过对这些基本环节的质量控制，可以建立一个完整的焊接质量控制体系。

4.1.1 质量控制体系与控制点

质量体系是指企业以保证和提高产品质量为目标，设置必要的管理机构，把各部门的管理和生产环节严密地控制起来，形成一个有明确任务、职责、权限，相互协调的质量管理和控制的体系。也就是说，把产品制造的全过程划分为若干个既相对独立又有机联系的控制系统、环节和控制点，使产品质量得到有效控制，并按规定的程序运转。

（1）质量控制体系

质量控制体系是整个企业管理体系的一个子体系，应符合整个企业质量管理体系的要求和运转。其中，焊接质量控制体系的主要内容包括焊接设备控制、焊接材料控制、焊接规程与工艺评定控制、焊工管理、产品焊接及焊缝返修等环节和控制点等，见表4.1。

表 4.1　焊接质量控制系统的控制环节和控制点示例

控制环节	控制点
焊接设备	①资源条件　②完好状态　③仪表周检
焊接材料	①采购　②验收或复验　③保管　④烘焙　⑤发放与回收
焊接工艺评定	①焊接性试验　②拟定焊接工艺指导书（WPS）　③试验　④工艺评定报告（PQR）

控制环节	控制点
焊接工艺	①编制工艺文件　②更改　③贯彻实施
焊工管理	①培训　②考试　③持证上岗　④业绩档案
产品施焊管理	①环境　②工艺纪律　③施焊过程与检验
焊接试板(含以批代台)	①试板制备　②切割与试样制备
焊接返修	①一、二次返修　②超次返修审批　③母材缺陷修复

质量管理体系中的质量控制环节因企业规模、产品等不同，可建立数个或数十个控制体系。例如，某企业就建立了技术文件控制、采购和材料控制、生产工艺控制、检验控制、计量和设备控制、人员培训等若干个控制系统。每个控制系统有自己的控制环节和工作程序、控制点及责任人员。

锅炉和压力容器广泛应用于国民经济建设中。目前，全国有电站锅炉几万台，工业锅炉约 30 万台，还有大量热水锅炉。锅炉和压力容器焊接质量直接关系到锅炉和压力容器的安全，焊接质量不好是造成事故的主要原因。

焊接工程结构的失效和重大事故，近年来在国内外时有发生。如锅炉的爆炸、压力容器和管道的泄漏、钢制桥梁的倒塌、船体断裂、大型吊车断裂等重大事故，很多是由于焊接质量问题造成的。因此，焊接已成为受控产品制造的关键工艺，必须对焊接结构与工程进行严格的全过程控制。

电站锅炉及承压管道的焊接质量主要靠技术和管理来保证。一台 1000t/h 锅炉的制造和安装，焊接接头有 8 万多个。任何一个焊接接头不合格都可能引起危险和事故。如果引起停炉事故，每天的损失可能高达数百万甚至上千万元。

焊接质量控制在锅炉和压力容器的生产制造中是关键的一个环节，这一环节控制不好，会造成焊接零部件的不断返工甚至使产品报废。因此，锅炉和压力容器的生产厂家应高度重视产品的焊接质量控制。焊接质量控制是一个理论性很强、同时又需要积累大量的实际生产经验的工作，从事锅炉和压力容器设计、制造的技术人员、管理人员和生产工人均应从实际出发，熟悉各种标准，不断掌握理论知识和积累实际经验，提高产品质量、避免生产事故的发生。

焊接质量控制的技术要求一般在产品图纸或技术文件中提出，可以归纳为两个方面。

① 焊接接头方面的质量要求，它与材料的焊接性密切相关；

② 产品结构几何形状和尺寸方面的质量要求，它与备料、装配、焊接操作、焊后热处理等工艺环节都有关系，其中焊接应力与变形是影响这方面质量要求的主要因素。应综合运用焊接基础知识和生产经验对焊接产品上述两个方面进行分析。生产中的质量问题错综复杂，要善于抓住主要矛盾。

1) 分析焊接接头的质量

一般都希望焊接接头的性能等于或优于母材，为此须从母材的焊接性分析入手，寻找能保证焊接接头质量的办法。首先是分析工艺焊接性，从化学冶金和热作用角度，根据产品结构特点和材料的化学成分，分析用什么焊接方法才能获得最好的焊接接头（包括焊缝金属和热影响区），产生的焊接缺陷最少。其次是根据所选焊接方法的特点，探求是否可以通过调整焊接工艺参数或采取一些特殊措施，消除可能产生的焊接缺陷。最后是分析使用焊接性，预测所选的焊接方法和工艺措施焊成的接头，其使用性能，如强度、韧性、耐蚀性、耐磨性等是否接近或超过母材的性能或是否符合设计要求。不排除重新选择焊接方法或改变某些工艺参数的方案。

2）分析焊接结构形状和尺寸

在焊接产品图样及技术文件中，常以公差等形式规定了产品几何形状以及位置和尺寸精度方面的要求。如果生产过程中备料质量和装配质量都得以保证，焊后产生结构形状和尺寸超差的原因，主要是焊后的应力与变形。为此，必须从影响焊接变形的各种因素进行分析。

（2）焊接质量控制的四要素

焊接质量是焊接产品能否满足符合设计要求的程度。焊接质量直接影响焊接产品的使用性能和寿命。所谓焊接质量控制的四要素是指焊接结构设计、材料（母材及焊接材料）、焊接工艺和焊接检验。

1）焊接结构设计

焊接产品所选用的接头类型及其计算强度应满足实际的承载能力，如刚性不足、接头的坡口形状、焊缝在焊件上的分布位置等对焊接应力和接头性能的影响。例如：薄板结构，垂直板平面方向刚性弱，应力集中，焊后易产生波浪变形；细长杆件结构，易产生弯曲或扭曲变形；单面 V 形坡口的对接接头焊后比双面 V 形坡口的对接接头角变形大，因为焊缝形状沿板厚不对称；T 形截面的焊接梁，因焊缝在截面上集中于一侧（即偏心分布），焊后产生弯曲变形等。

改变结构设计可以减少焊接应力和避免焊接变形，但必须以不影响产品的工作性能为前提，否则只能采取工艺措施去克服和消除。

2）材料（母材及焊接材料）

所选定的母材和焊接材料（焊条、焊丝、焊剂和保护气体等）的性能应符合设计要求，核查母材及焊材的牌号、规格、质量保证书等。焊接前，焊接材料应按规定要求烘干和处理（例如焊条按规定要求烘干，焊丝除油除锈、保护气体干燥处理等），焊接件的母材坡口处要符合规定要求并清除切割残渣、龟裂和污物等。对母材和焊材要有必要的理化性能检验。

3）焊接工艺

包括采用的焊接方法、工艺装备、工艺参数、装配-焊接顺序、单道焊或多道焊、直通焊或逆向分段焊、刚性固定（采用夹具）焊或反变形状态下施焊、焊前预热和焊后热处理等，都是影响焊接质量的工艺因素。所用焊机、辅助机具和检验仪器的性能应良好。正确地选择与调整、合理地利用与控制这些因素，一般能获得有利的效果。从结构和工艺两方面都难以解决的焊接应力和变形问题，并不排除采取焊后进行矫形的消极办法。只要不影响焊接结构的安全使用，又能减少制造成本，焊接时不控制、焊后再矫形也是一种可行的选择。

4）焊接检验

焊接质量检验贯穿在产品从设计到成品的整个过程中，必须确保质量检验过程中所用检验方法的合理性、检验仪器的可靠性和检验人员的技术水平。焊后的产品要运用各种检验方法检查接头的物理性能、力学性能、化学成分、金相组织、外观尺寸和焊接缺陷等。焊接缺陷的出现与坡口加工和装配质量、执行焊接工艺的严格程度以及操作者的技术水平等因素有关。

（3）质量控制点

也称质量管理点，是为保证工序处于受控状态，在一定的时间和条件下，在产品制造过程中需要重点控制的质量特性、关键部件或薄弱环节。质量控制点的设置应遵循以下的原则。

① 对产品的性能、精度、寿命、可靠性和安全性等有严重影响的关键质量特性、关键

部件或重要影响因素，应设置质量控制点。

② 对工艺有严格要求，对下道工序的工作有严重影响的关键质量特性、部位，应设质量控制点。

③ 对质量不稳定、出现不合格品多的工序或项目，应设质量控制点。

④ 对用户反馈的重要不良项目，应设质量控制点。

⑤ 对紧缺物资或可能对生产安排有严重影响的关键项目，应设质量控制点。

近年来，计算机越来越多地应用于焊接生产中。计算机辅助焊接工程的主要内容有焊接结构设计与分析、结构强度与寿命预测、焊接缺陷与故障诊断、传感器控制系统、焊接质量控制与检验、标准查询与解释、文献检索、焊接过程模拟与计算、焊接生产文件管理、焊接信息数据库等。将计算机辅助焊接工程应用于锅炉和压力容器制造中，对焊接质量控制有很大的帮助。同时，会更有利于生产管理和产品质量的提高，也是未来制造业的发展趋势。

4.1.2　质量体系的建立和文件编制

在生产企业中，不管是开展内部质量管理还是在合同条件下实行对外质量保证，都要建立起既适合本企业需要又满足外部要求的质量体系，并使之有效地运行。在建立质量体系的程序方面，质量管理和质量保证之间的主要差别在于，前者质量要素的选择由企业自己确定，后者质量要素的选择由供需双方（用户和生产厂）共同协商确定，并写入合同文件中。

4.1.2.1　质量体系的建立

质量控制体系的内容包括确定明确的质量目标、规定质量管理的职责和权限、建立质量管理系统、设置专职的管理部门、实现质量控制标准化和管理程序流程化等。

（1）质量体系建立和运转的主要标志

1）质量体系建立的主要标志

① 有完整的质量管理机构和从事焊接质量控制体系的各级质控人员，包括企业的质量管理部门，如企业质量管理办公室和质量管理部门（如技术部、质检部等）。

② 有从事焊接质量控制体系的各级质控人员，包括一定数量的焊接技术人员、一定数量的有相关合格项目的持证焊工等。这些责任人员经过考核，经企业厂长或总经理的正式任命。

③ 有一套完整的质量控制体系文件，包括质量手册、程序文件、焊接工艺文件和质检原始记录（表、卡、单）等。

2）质量体系运转的主要标志

① 焊接质量控制体系的各级质控人员上岗工作，有连续的工作记录。

② 产品在焊接制造过程中，各项质量控制见证文件应完整，签字手续齐全，内容真实可靠，经得起验证、审查。

③ 用户有关产品焊接质量方面的意见和质量信息反馈能及时处理。

④ 能定期召开产品焊接质量分析会议，有会议记录，便于产品质量的不断提高。

⑤ 出厂的产品焊接质量符合相关标准要求。

（2）质量体系的建立的几个阶段

1）组织准备阶段

① 企业领导层统一认识　建立质量体系是涉及企业内部和外部的一项全面性工作，要统一认识，统筹安排，并在企业职工中进行广泛的宣传和教育。

② 编制工作计划　质量体系是一项涉及面广而又复杂的工作，必须编制周密和详细的建立质量体系的计划。包括人员培训、宣传教育、体系分析、职能分配、文件编制、资源配

置和体系建立等详细的工作计划，并应在计划中明确各工作项目的承担部门、责任者和完成日期等。

③ 培训骨干和宣传教育　对全企业职工和各层次人员进行不同内容和不同深度的教育和培训，使各类人员熟悉和掌握所需要的标准、规程和方法。

④ 组织工作班子　从企业中选出一部分既懂专业技术又懂管理、具有较高分析能力和文字表达能力的业务骨干，组织成一个工作班子，并具体分工，从事具体的质量体系的设计和组建工作。

2）质量体系分析阶段

主要目标是提出具体的质量体系设计方案，应做的工作包括以下几方面。

① 收集资料　收集国际、国内和第三方机构发布的有关法律、法规、规程、标准、质量保证模式或文件，收集国内外著名的质量体系文件和文献等，作为本质量体系分析和建立的参考。

② 制定方针和政策　由企业领导层确定本企业的质量方针和重要质量政策，这是具体制订质量体系方案的重要依据之一。

③ 分析内外部环境　联系企业实际，分析本企业质量体系所处的环境特点，包括在合同环境下需方对本企业质量体系的要求；还要认真分析国内外的各项法律、法规和标准对质量体系的要求，以便选择建立质量体系的标准和模式。

④ 评估质量要素的重要程度　参照 GB/T 10300 和 ISO 9004 等的要求，结合企业的具体情况，对质量要素进行比较和评价，得出其质量要素与本企业产品质量的形成是否相关及相关的重要程度。

⑤ 选择质量要素　在对质量要素评估的基础上，根据质量要素对保证产品质量的重要程度、对质量保证体系的有效性和适用性以及企业实施质量要素的能力和条件选择质量要素。

⑥ 分析质量要素的相互关系　分析各要素的重要性层次和它们之间的相互关系，并做出相互关系的有关图表，供编制质量体系文件时参考。

⑦ 对分析结果进行评审　正式编制质量文件之前，要组织有关人员和专家对分析结果进行评审和修改，以便为编制质量体系文件提供尽可能正确和准确的资料。

3）编制质量体系文件阶段

① 分配质量职能　按照所选择的质量要素，逐个展开各项质量活动，并把这些活动落实到各个职能部门及有关人员，具体地分配各项质量职能。

② 编制质量体系文件明细表　详细列出需要编制或修订的质量体系文件项目，如质量手册、规章制度、管理办法、质量记录等的详细目录。提出承担编写、校对、审核和批准的人员名单和编制进度计划的具体要求。

③ 编写指导性文件　在指导性文件中应就编制质量文件的要求、内容、体例和格式等做出具体规定，以达到使文件标准化和规范化的要求。

④ 编制质量体系文件　按照文件的层次自上而下，从整体到局部，由粗到细，逐级细化地分析、规划和具体设计的过程，也是一个反复修改的渐进过程。一般是先编制质量要求，再编制各种工作程序，最后编制质量记录等。

4）质量体系的建立阶段

① 制订实施计划　结合企业实际，制订质量体系实施计划、质量管理专项计划和产品质量计划等，使质量体系的建立工作有计划、有步骤地进行。

② 发布质量文件　质量手册和质量计划等文件要由企业领导者签署发布，以增强文件

的权威性和严肃性，使有关部门明确各自的质量责任、权限和各项活动程序。

③ 建立组织机构　根据质量体系文件的要求和企业建制的实际情况，组建质量管理机构，任命经过培训、考核和资格认证的管理人员和责任人员，如质量检查、监督、测试、管理、统计和操作机构及其人员等。

④ 配置装备　根据质量手册和质量计划等文件的要求和产品特点，配置满足需要的设计和研究设备、工艺工装设备、质量控制、检验和试验设备及相应的仪器、仪表等。

⑤ 发放规范、印章、标记和图表卡片　质量体系正式运行之前，须将设计、工艺、操作、检验及试验等规程和各类专用印章、标记、标示品、记录图表卡片、报告及单据等发放到有关部门、单位和相关人员。

4.1.2.2　质量体系文件的编制

质量体系文件按其作用分为法规性文件和见证性文件两大类。这两类文件的性质不同，其编写要求、内容和格式也有所区别。

① 法规性文件　是规定质量管理工作的原则，说明质量体系的构成，明确有关部门和人员的质量职责，规定各项活动的目标、要求、内容和程序的文件，包括质量方针与政策、质量手册、质量计划及程序性文件等，是企业内部实施质量管理的规程和有关人员的行为规范。

② 见证性文件　是表明质量体系运行情况和证实其有效性的文件，这类文件多数是质量记录类型的。它记载了各质量体系要素的实施情况和产品的质量状态。

(1) 质量方针和政策性文件的编制

质量方针是企业在质量方面的宗旨和方向的高度概括的表述。为了给具体行动提供指南和对行为原则作出规定，还要制定一系列质量政策，如设计质量政策、采购政策、质量检验政策、质量奖惩政策等。制定质量方针和政策的一般程序是：管理部门提出政策草案，经领导评审后，由质量管理部门修改；修改后再经领导层评审，最后经企业最高领导层批准后执行。

(2)《质量手册》的编制

《质量手册》是一个企业的质量体系、质量政策和质量管理的重要文件，也是质量体系文件中的主要文件。在企业内部，《质量手册》是实施质量管理的基本法规。《质量手册》是企业质量保证能力的文字表述，是使用户和第三方（如锅炉和压力容器的技术监督部门）确信本企业的技术和管理能力能够保证所承制产品的质量的重要文字依据。

按其阐述的质量体系的属性，《质量手册》可分为专为企业内部使用的《质量管理手册》和企业用以满足用户合同和有关法规的《质量保证手册》两种。企业可以就同类产品编制通用的质量手册，也可以就某一种产品根据用户需要再编制补充规定。我国从事钢制压力容器生产和钢结构焊接工程施工的企业，多数以编制通用的质量管理和质量保证融为一体的质量手册为主，称为《质量保证手册》。只有用户有特殊要求时才再编制手册的补充条款。

1)《质量手册》的编制原则和要求

① 指令性　是企业内部质量管理的基本法规，未经批准不得随意修改和废除，以保证质量管理工作的连续性和体系的有效性。

② 目的性　是为实现企业质量目标而制定的，它的实施和必要的修改都有明确目的，即一定要围绕实现质量目标这一中心来修改并完善它。

③ 符合性　编制的质量手册一定要符合国家或第三方发布的有关法律、法规、规程、标准或国际公约的规定，还要满足与用户签订的合同要求。

④ 系统性　质量手册必须按产品的形成过程，对各阶段影响产品质量的技术、管理、

设备、材料、工艺和人员等因素的控制做出具体规定，并要有整体性和层次性。

⑤ 协调性　质量手册与企业内部其他管理文件之间的关系要协调统一，不能有相互矛盾或含混不清之处，否则在实践中将很难执行，会给质量管理工作带来困难。

⑥ 先进性　应尽可能采用国内外同类产品的先进标准、技术和经验，以促进企业质量管理水平的不断提高。

⑦ 可行性　在保证符合性的前提下，质量手册的内容应尽量结合本企业和产品的实际情况，充分估计在管理、技术、装备和人员素质等方面实施各项规定的能力，编制出在本企业切实可行的质量手册。

⑧ 可检查性　质量手册应就所描述的各部门、各车间、各岗位的质量职责、活动要求和时间限制等做出具体的规定，以使其不仅容易操作，而且便于检查、评价、监督和考核。

2)《质量手册》的构成和内容

根据企业的习惯和具体情况而编制，没有固定的模式。一般由封面、目录、概述、正文和补充说明等几个部分组成。

① 封面　一般要写明质量手册的标题、版本号、企业名称、文件编号和手册编号。

② 目录　由章号、章名、节号、节名和相应的页次组成，总的原则是要在手册目录中反映出构成质量体系的各项质量要素。

③ 概述　必须具备以下内容：批准页、前言、企业概况、质量方针、引用文件、术语及其缩写和手册的管理说明等。

a. 批准页中要有企业负责人批准实施质量手册的指令、签名以及发布生效和实施的日期。

b. 前言叙述质量手册的主要内容、性质、宗旨、编制依据和适用范围。

c. 企业概述主要阐述企业的性质、规模、产品类型、生产设施、技术力量、检测手段及产品的质量情况等。

d. 引用文件主要写出引用的或配合使用的有关法规和标准的名称。

e. 术语及其缩写是指手册中采用的术语。现行标准中的术语，应说明其依据的标准；无标准规定的应在这部分中给出术语的定义或说明。术语缩写可根据企业的需要编写，为适应国际交流，可以用中英文对照的写法，如 QAD 表示质量保证部门（Quality Assurance Department），WPS 表示焊接工艺规程（Welding Procedure Specification），FI 表示最终检验（Final Inspection），NDT 表示无损检验（Non-destructive Test）等。编写缩写要逐一列出原文与缩写的中英文对照，以备查用。

f. 手册的管理说明主要是就手册的发放范围、持有者资格、颁发手续、管理责任、手册密级、评审和修改控制、换版程序等做出简要的说明和原则规定。

④ 正文　一般按质量要素及其所处层次分章节编写，章节的顺序可按质量体系标准中所列各质量要素的顺序编排，也可按组织结构、质量职责和其他要素依次编排。国内不少从事压力容器焊接产品生产的企业是按照后者顺序编写的。例如：

a. 组织结构　一般用图示表述，再辅以简要的文字说明。企业组织建制图描述的是企业领导层的岗位、部门设置及两者之间的关系。质量组织结构图主要描述企业领导层与质量专职机构的隶属和工作关系。质量专职组织结构图描述本机构内部的领导岗位与其所属科、室、组之间的关系。

b. 质量职责　对从事质量工作的部门和人员的职责、权限和相互关系从制度上做出规定。在质量手册中，应就直接影响产品质量的从事质量管理、检查、监督、验证、评审等工作的部门责任人及合同环境下的供方代表等岗位，以及生产技术部门的质量职责做出比较具体的规定。

　　c. 其他质量要素　如质量环上的要素以及质量记录、质量成本、质量审核等，一般按质量环上的顺序编写，并着重规定出各要素的目标和实施时应遵守的准则、要素活动的一般程序及各要素之间的相互关系。特别是各要素之间的接口及联系更要做出具体规定，以避免出现遗漏和三不管现象。

　　⑤ 补充说明　一般把附录（如质量记录表、卡、通用规范和标准目录等）编在这里。如在实践中发现遗漏或国家修订了有关法规或合同又有新的变更，可把这些补充或变更内容编写在这一部分。

4.1.3　焊接质量体系的控制要素

　　质量体系的要素是指构成质量体系的基本单元。所谓焊接质量体系的控制，是指对焊接结构生产全过程基本单元的管理，可从管理控制的 6 个基本要素（人员、设备、材料、工艺规程、生产过程、生产环境）对焊接质量的全过程进行控制和管理。

　　（1）人员

　　优秀的焊接及相关技术人才是高质量焊接结构制造的重要保证。生产厂家应拥有相当数量的业务素质好、实践经验丰富、具有高级工程师以上技术职称的管理人员、焊接专业技术人员和一大批具有一定操作技能水平的焊接技术工人。焊接工程师是焊接工艺文件的制定者、焊接生产的指导者和焊接工艺的管理者。焊接技术人员的水平直接影响焊接工艺文件的编制质量。企业还应定期对焊接及相关技术人员进行技术培训、更新，并选送技术人员到大学攻读研究生学位。大型企业应建立自己的焊接培训中心，聘用优秀的焊接工程师和焊接技师，根据产品焊接特点，对焊工进行理论和实际技能培训，不断提高第一线焊接操作者的技能水平。

　　（2）设备

　　先进的焊接和相关设备是提高焊接结构质量和焊接生产效率的重要保证。生产厂家每年应投入一定资金采购先进的焊接设备，其中大型和关键设备要招标采购。设备要有专人管理、保养，定期维修。设备的参数仪表（如电流表、电压表等）应在有效期之内经专业部门检验、校正。保证工装、胎具、卡具的完好，并定期检查登记。

　　（3）材料

　　完善材料（包括钢材、焊接材料等）管理制度。已列入国家标准、行业标准的钢号，根据其化学成分、力学性能和焊接性能归入相应的类别、组别中。未列入国家标准、行业标准的钢号，应分别进行焊接工艺评定。国外钢材原则上按每个钢号进行焊接工艺评定，但对该钢号进行化学成分分析、力学性能和焊接性试验，经本单位焊制受压元件的实践证明，与国产某钢号相当，当某钢号已进行过焊接工艺评定时，该进口钢材可免做焊接工艺评定。

　　使用和保管好焊接材料是保证焊接质量的基本条件，设置焊接材料一级、二级库，建立焊接材料采购、入库验收与管理、保管、烘干、发放、回收制度等。

　　1）焊接材料的采购

　　① 国家标准中列出牌号的焊接材料，由供应部门按标准规定的要求进行采购和验收。

　　② 非国家标准中的焊接材料以及进口焊接材料应编制相应的采购规范。

　　③ 应对焊材供货厂家进行生产能力、技术水平的评审，确定焊接材料定点供货厂家。

　　2）焊接材料的验收与管理

　　入库的焊接材料必须有制造厂家的质保书，同时检查部门应根据相关标准按材料批号抽样复检。焊接材料复检不合格的应由供应部门和有关技术部门提出处理意见。焊接材料应存放在符合要求的专用焊接材料库房，按分类、牌号分批摆放，并作出明显的标记。焊条、焊剂发放前应按烘干规范进行烘干。焊工凭焊材领用单领取焊材，发料员应在领用单上登记焊材的检验编号和实发量（焊丝应填写盘号）。焊工完成当班任务后，必须交回剩余的焊接材料。

（4）工艺规程

建立健全严格的焊接工艺规程是焊接质量保证体系的重要内容。认真贯彻国家和国际有关法规、标准及技术条件，并根据企业的需要，制定本企业必要的焊接质量保证体系的相关技术和管理标准。焊接技术人员要编制大量的焊接工艺文件，其中焊接工艺守则、焊接工艺规程等是焊接制造与生产直接应用的法规文件。要做好新、旧标准和工艺文件的更换，以及旧标准或工艺文件和作废标准或工艺文件的回收工作，确保焊接技术人员和第一线操作者使用的标准和工艺文件是有效文件。

产品正式图纸审批后，工艺部门接到蓝图后才能进行焊接工艺准备。在市场经济形势下，由于产品交货期短，生产周期紧，常规管理不能满足生产的要求，必须实现焊接工艺准备的快速反应，即要求焊接技术人员在审查产品白图焊接工艺时，就提出新产品的焊接工艺评定项目、新材料采购计划和焊工考试项目，并立即组织有关部门实施。这样可使焊接工艺准备提前1～2个月，确保在产品投产前，各种工艺文件全部到位。

① 焊接工艺准备的内容包括：

a. 产品图纸的焊接工艺审查，焊接工艺评定试验及焊接工艺规程等工艺文件的编制；

b. 原材料和焊接材料（焊条、焊丝、焊剂、保护气体等）的采购规范编制及采购；

c. 焊工培训和考试的项目计划（项目、培训和考试）；

d. 焊接新设备、工艺装备的采购和新工装的设计与制造；

e. 新工艺、新材料工艺性试验。

② 产品图纸的焊接工艺审查　为保证产品图纸焊接工艺审查的质量，焊接技术人员须认真学习该产品设计、制造及验收方面的法规、标准及技术条件，特别是针对焊接、材料、热处理、检验方面的技术条件及法规。重点了解产品在焊接、材料、热处理、检验方面的特殊要求，在产品图纸的焊接工艺审查时，根据本单位焊接设备能力、技术人员和焊工状况、现有焊接方法及焊接生产条件，制定出产品生产的初步焊接方案，必要时，要提出焊接新工艺、新材料的工艺试验方案，焊接新设备及新工装的设计任务书。

③ 焊接工艺评定　焊接工艺评定是制定焊接工艺规程的依据。对锅炉和压力容器制造企业，要求焊接工艺评定的覆盖率达到100%。焊接工艺评定必须按产品技术条件规定的焊接工艺评定标准进行试验，不同的焊接工艺评定标准对焊接工艺评定的要求不完全相同。常用的标准有 JB 4708《钢制压力容器焊接工艺评定》、JB 4420《锅炉焊接工艺评定》等。除焊接工艺评定规程规定的检验项目（外观检查、无损探伤、力学性能等）外，还应根据产品的特殊性能要求，增加必要的检验项目。

④ 焊接工艺规程编制　焊接工艺规程（welding procedure specification，WPS）是焊接生产的指导性文件，是控制焊接质量的关键工艺文件。按照产品对应的法规，需要做焊接工艺评定的焊接接头，都要求编制该焊接接头的焊接工艺规程。每一份焊接工艺规程可以由一个或几个焊接工艺评定报告支持。焊接工艺评定合格后，编制的焊接工艺规程才能生效。

⑤ 焊工培训和考试　按照《蒸汽锅炉安全技术监察规程》、《电力工业锅炉压力容器监察规程》及《压力容器安全技术监察规程》的规定，凡从事锅炉压力容器生产制造的焊工和焊接操作者必须按照相应的考核规程进行考核，考核合格后方可从事合格项目范围内的焊接操作工作。合格焊工要建立档案，档案内容包括：焊工培训和历次考试成绩记录、所焊产品

平时考察记录、产品拍片或无损检测一次合格率、两次以上返修记录以及奖励和事故记录等。

（5）焊接生产过程控制

1）焊接生产

① 操作者按照相应焊接工艺规程的要求进行受控焊接结构（焊接接头）和产品的焊接。对于不受控焊接接头，焊工按照焊接工艺守则的要求进行焊接。焊接要求预热及层间温度控制的接头，质量检查人员对预热温度检查合格后，才能施焊。在焊接生产过程中，检查人员还应抽查层间温度是否超出规定范围。对有氢致裂纹倾向的钢材进行焊接时，如焊接过程中断，不能很快焊接或完成焊接后不能立即进行热处理时，应对焊接结构件立即进行后热处理。

新产品投产前，应向生产分厂进行关键和特殊焊接工艺的技术交底。受热面管子自动焊或机械化对接接头焊接应进行焊前试样检验，试样检验合格才能进行焊接。要确保持证焊工执行焊接工艺，明确焊接过程对质量的基本要求。

② 按热处理参数进行接头的焊后热处理。热处理设备应能自动记录实际热处理参数。对于有再热裂纹倾向的接头，热处理后还应进行无损检验，内容包括：目测检查、渗透检验 PT（penetrative test）、磁粉检验 MT（magnetic test）、超声检验 UT（ultrasonic test）和射线检验 RT（radial test），对于受控的接头都要求进行 UT 或/和 RT。在焊接接头形式和焊缝位置设计或编制产品工艺流程时，应为受控接头的 UT 和 RT 检查创造条件。由于结构或工艺原因，无法进行 UT 和 RT 检查的受控接头，为获得合格的接头内在质量，必须采取特殊的质量保证措施。

③ 按有关标准的要求进行产品试板的焊接。产品焊接试板检验合格后，才能进入下道工序。产品焊接试板应随它代表的产品同炉进行热处理。

④ 按照不一致品处理规程的规定，进行超标焊接缺陷的返修。严重缺陷的返修必须有对应的焊接工艺评定，并制定缺陷返修的焊接工艺规程，同一位置的焊接缺陷的返修不能超过两次。

2）焊接质量的可追溯性控制

可追溯性控制是焊接质量控制和管理的一个重要内容。焊接结构在产品制造和以后的运行中，如果出现质量问题，能够有线索、有资料进行焊接接头质量分析，包括焊材领用、焊前准备、施焊环境、产品试板的检查确认、施焊记录、焊工钢印标记、焊后检验记录、焊接缺陷的返修复检记录等。

要实现焊接质量的可追溯性控制，应做如下工作。

① "标记移植"。凡合格入库的产品制造用材料（如板、管、棒、锻件等）的材料标记，切割下料时，元件和余料都应做相同的材料标记，该过程称为"标记移植"。"标记移植"是生产现场管理的重要内容，移植的标记应包括：材料的名称、规格、炉批号、入库验收编号等。"标记移植"不仅可防止生产中混料，也为将来焊接结构的质量分析提供依据和方便。

② 受控焊接接头的焊接过程应有书面记录。记录内容包括：焊缝名称或编号、施焊焊工的姓名、钢印号、所用的焊接材料牌号、规格、焊接参数、返修记录、无损探伤、预热温度、后热、消氢处理和焊后热处理记录，以及焊接过程任何不正常情况的记录。这些记录将在产品档案中备案。

③ 焊工完成受控焊缝的焊接后，应在产品规定的位置打上焊工代号。

3）焊接工程质量控制点、停留点和见证点

焊接过程中实现控制点、停留点和见证点重要工序的重点控制，进一步加强了受控焊接

结构（焊接接头）的质量管理。

① 控制点　在产品制造过程中，对焊接工程质量不够稳定的重要工序和重要环节，要重点监督和检验，严格加以控制，这样的点称为控制点。例如，焊接工艺评定、产品焊接试板、焊工资格、焊接材料、焊接生产操作、焊后热处理、焊接接头检验、水压及气密性试验等，往往被列为控制点。

② 停留点　在锅炉和压力容器的生产过程中明确规定：关键焊接相关工序及关键环节未经检验合格或未见验证报告及数据不得进入下道工序，此工序称为停止点。例如，焊接材料的进厂验收、产品焊接试板、焊接接头无损探伤、水压试验等，往往被列为停止点。

③ 见证点　焊接工艺过程的质量控制中关键的控制点为见证点。例如，重要或难度大的焊接接头的焊接、焊后热处理、无损探伤、水压试验等，必须通知该产品的监检方到现场，在监检人员的监督下，该工序才能进行。有没有见证点，哪些工序为见证点，根据产品的制造技术条件确定。

4）严明焊接工艺纪律

焊接操作者在生产过程中，执行焊接工艺规程和相关工艺文件的情况称为焊接工艺纪律。为了严明焊接工艺纪律，应组织多部门对焊接生产过程不定期地进行焊接工艺纪律检查。焊接工艺纪律检查的内容包括以下几方面：

① 领用的焊接材料牌号是否正确，焊接材料的烘干、发放、回收是否符合有关规定；

② 焊接操作者是否具有对应的焊工考试合格证书；

③ 焊接操作者是否按照焊接工艺规程操作，特别注意检查预热温度、层间温度、焊接工艺参数是否符合焊接工艺规程；

④ 产品试板的焊接过程是否符合规定；

⑤ 焊接设备的电流、电压等仪表是否在有效期之内，运行是否正常。

（6）生产环境

现代化和良好的生产环境是提高产品质量的重要保证。企业要推行规范化的生产管理，做好文明办公，文明生产。焊接试验室是焊接试验和焊接工艺评定的场地，大型企业应建立焊接试验室。试验室应配置各种先进焊接试验、检验和热处理设备，并配备一定数量的业务素质好和有丰富实践经验的焊接工程师及焊接技师，能够进行材料焊接性试验和焊接工艺性试验。

4.1.4　焊接质量体系的运行

（1）焊前控制

焊前控制主要是检查被焊产品焊接接头坡口的形状、尺寸、装配间隙、错边量是否符合图纸要求，坡口及其附近的油锈、氧化皮是否按工艺要求清除干净，选用的焊材是否按规定的时间、温度烘干，焊丝表面的油锈是否除尽，焊接设备是否完好，电流、电压显示仪表是否灵敏，母材是否按规定预热，所选择的焊工和操作者是否具有所焊焊缝的合格项目，点焊焊缝是否与产品焊缝一致等。只有以上各个环节全部符合工艺要求，方可进行焊接。

（2）焊接过程中控制

焊接过程中控制主要是严格执行焊接工艺，监督焊工和操作者严格按焊接工艺卡所规定的焊接电流、焊接电压、焊条或焊丝直径、焊接层数、速度、焊接电流种类与极性、层间温度等工艺参数和操作要求（包括焊接角度、焊接顺序、运条方法、锤击焊缝等）进行焊接操作。同时，焊工在焊接过程中还要随时自检每道焊缝，发现缺陷，立即清除，重新进行焊接。

（3）焊后控制

焊后控制的目的是减小焊缝中的氢含量，降低焊接接头残余应力，改善焊接接头区域（焊缝、热影响区）的组织性能。焊后去氢处理，是指焊后将焊件加热到 250～350℃，保温时间为 2～6h，空冷，使氢从焊缝中扩散逸出，以防止延迟冷裂纹产生。

焊后热处理是将焊件整体或局部均匀加热到相变点以下温度，保温一定时间，再均匀冷却的一种热处理方法。焊后热处理的关键在于确定热处理工艺规范，其主要工艺参数是加热温度、保温时间、加热和冷却速度等。常用的焊后热处理是高温回火，对于一般低碳钢、低合金钢消除应力的回火温度一般为 600～650℃；珠光体铬钼钢、马氏体不锈钢等一般按产品技术条件规定进行焊后热处理。

1）焊缝返修

一旦产生焊接缺陷（指无损探伤不允许或超标缺陷）就要对其进行返修。同一部位的返修次数在《蒸汽锅炉安全技术监察规程》和《压力容器安全技术监察规程》中都做了明确规定，最多不得超过 3 次，因为多次焊接返修会降低焊接接头的综合性能。在有限的返修次数内控制焊缝质量是保证产品整体焊接质量的一个重要的环节。

焊缝返修的一般工作程序如下：

① 质量检验人员根据无损探伤结果，发出"焊缝返修通知单"，并反馈到工艺科；

② 工艺科的焊接责任工程师会同检验人员分析焊接缺陷产生的原因；

③ 焊接责任工程师根据缺陷产生的原因、焊缝返修工艺评定制定焊缝返修方案；

④ 确定返修焊工，根据返修方案进行返修焊接，返修焊工要求技术水平高，责任心强，并且具有所焊焊缝项目的合格资质；

⑤ 对返修好的焊缝进行外观、无损探伤等检查；

⑥ 检验科将返修情况（如返修次数、返修部位、缺陷产生的原因、检查方法及结果等）记入质量证明书内。

2）制订返修工艺方案

制订返修工艺方案是进行焊缝返修工作的一个重要步骤。返修方案的内容包括：缺陷的清除及坡口制备、焊接方法及焊接材料、返修工艺等。

① 清除缺陷和制备坡口　常用的方法是用碳弧气刨或手工砂轮进行。坡口的形状、尺寸主要取决于缺陷尺寸、性质及分布特点。所挖坡口的角度或深度应越小越好，只要将缺陷清除便于操作即可，一般缺陷靠近哪一侧就在哪侧清除。坡口制备后，应用放大镜或磁粉探伤、着色探伤等进行检验，确保坡口面无裂纹等缺陷存在。

a. 如果缺陷较深，清除到板厚的 60% 时还未清除干净，应先在清除处补焊，然后再在钢板另一面打磨清除至补焊金属后再进行焊接。

b. 如果缺陷有多处，且相互位置较近，深浅相差不大，为了不使两坡口中间金属受到返修焊接应力的影响，可将这些缺陷连接起来打磨成一个深浅均匀一致的大坡口。反之，若缺陷之间距离较远，深浅相差较大，一般按各自的状况开坡口逐个进行焊接。

c. 如果材料脆性大、焊接性差，打磨坡口前还应在裂纹两端钻止裂孔，以防止在缺陷挖制和焊接过程中裂纹扩展。

d. 对于抗裂性差或淬硬倾向严重的钢材，碳弧气刨前应预热，清除缺陷后，还要用砂轮打磨掉碳弧气刨造成的铜斑、渗碳层、淬硬层等，直至露出金属光泽。

② 焊接方法及焊接材料的选择　焊缝返修一般采用焊条电弧焊进行，若坡口宽窄深浅基本一致，尺寸较长并可处于平焊或环焊位置时，也可采用埋弧自动焊。采用焊条电弧焊返修时，对原焊条电弧焊焊缝，一般选用原焊缝焊接所用的焊条；对原自动焊焊缝，采用与母

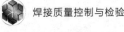

材相适应的焊条。若返修部位刚性大、坡口深、焊接条件很差时，尽管原焊缝采用的是酸性焊条，此时则需选用同一级别的碱性焊条。采用埋弧自动焊返修时，一般选用与原工艺相同的焊丝和焊剂。采用钨极氩弧焊（TIG）返修时，填充焊丝一般为与母材相类似的材料，这种方法一般用于补焊打底。

③ 返修工艺措施　焊缝返修应控制焊接热输入，采用合理的焊接顺序等工艺措施来保证返修质量。

a. 采用小直径焊条或焊丝、小电流等焊接参数，降低返修部位塑性储备的消耗；

b. 采用窄焊道、短段、多层多道、分段跳焊等，减小焊接残余应力，每层焊道的接头要尽量错开；

c. 每焊完一道后，须彻底清渣，填满弧坑，并将电弧引燃后再熄灭，起附加热处理作用；焊后立即用圆头小锤锤击焊缝，以松弛应力；打底焊缝和盖面焊缝不宜锤击，以免引起根部裂纹和表面加工硬化；

d. 加焊回火焊道，但焊后须打磨去多余的熔敷金属，使焊缝与母材圆滑过渡；

e. 须预热的材料，其层间温度不应低于预热温度，否则需加热到要求温度后方可进行焊接；

f. 要求焊后热处理的锅炉和压力容器，应在热处理前返修，否则返修后应重新进行热处理。

返修焊接完成后，应用砂轮打磨返修部位，使之圆滑过渡，然后按原焊缝要求进行同样内容的检验，如外观检验、无损探伤等。验收标准不得低于原焊缝标准，检验合格后，方可进行下道工序。否则应重新返修，在允许次数内直至合格。

4.2　焊接质量控制的实施

工程结构（例如锅炉、压力容器、桥梁、船舶等）的焊接质量要达到所要求的技术指标和质量标准，必须进行焊接质量控制和防止焊接缺陷。焊接质量控制的内容很多，影响焊接质量的因素及防止措施更复杂。根据锅炉、压力容器的生产和运行全过程，归纳起来，焊接质量控制的基本内容如图 4.1 所示。

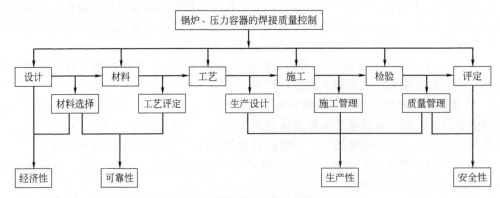

图 4.1　锅炉、压力容器焊接质量控制的基本内容

4.2.1　焊接结构设计的控制

（1）焊接结构设计的基本要求

所设计的焊接结构应满足下列基本要求。

① 实用性　焊接结构必须达到产品所要求的使用功能和预期效果。

② 可靠性　焊接结构在使用期内必须安全可靠，结构受力条件必须合理，能满足结构在强度、刚度、稳定性、耐腐蚀等方面的要求。

③ 工艺性　应该使能够焊接施工的结构，包括焊前预加工、焊后热处理、所用的金属材料具有良好的焊接性、结构具有焊接与检验的可达性等；易于实现机械化和自动化焊接。

④ 经济性　制造该焊接结构时，所消耗的原材料、能源和工时应最少，其综合成本低，尽可能使结构的外形美观。

锅炉、压力容器的焊接结构设计，应考虑有利于进行焊接质量控制，此外要注意其他因素，如经济性、可靠性和材料（母材、焊接材料）的选择等。作为焊接结构件的设计，必须考虑其具体结构形式、技术条件，此外，还应考虑材料的焊接性和焊接接头的分布。结构设计不合理是造成焊接结构破坏的主要原因。焊接接头性能与结构设计之间的关系见图 4.2。

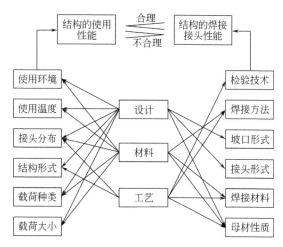

图 4.2　焊接接头性能与结构设计之间的关系

（2）焊接结构设计的原则

为了达到上述结构设计的基本要求，在焊接结构设计时应遵循以下原则。

1）合理选择和利用材料

所选用的金属材料必须同时满足使用性能和加工性能的要求，前者包括强度、韧性、耐磨性、耐腐蚀性、抗蠕变等性能；后者主要是焊接工艺性能，其次是其他冷、热加工的性能，如热切割、冷弯、热弯、切削及热处理等性能。

在结构上有特殊性能要求的部位，可采用特种金属材料，其余采用能满足一般要求的材料。对有防腐蚀要求的结构，可采用以碳钢为基体、以不锈钢为工作面的复合钢板或者在基体上堆焊耐腐蚀层；对有耐磨性要求的结构，可在工作面上堆焊耐磨合金或热喷涂耐磨合金；应充分发挥能进行焊接的异种金属结构的特点。

在划分结构的零、部件时，要考虑下料过程中合理排料的可行性，以减少边角余料，提高材料的利用率。

2）合理设计结构形式

① 根据强度和刚度要求，以最理想的受力状态确定结构的几何形状和尺寸，不必去仿效铆接、铸造、锻造的结构形式。

② 既要重视结构的整体设计，也要重视结构的细部处理。这是因为焊接结构属刚性连

接的结构，结构的整体性意味着任何部位的构造都同等重要，许多焊接结构的破坏事故起源于局部构造不合理的薄弱环节处。对于应力复杂或应力集中部位要慎重处理，如结构中的节点、断面变化部位、焊接接头形状变化处等。

③ 要有利于实现机械化和自动化焊接。应尽量采用简单、平直的结构形式，减少短而不规则的焊缝；避免采用难以弯制或冲压的具有复杂空间曲面的结构。

3）减少焊接量

尽量多选用轧制型材以减少焊缝，还可以利用冲压件代替一部分焊接件；结构形状复杂、角焊缝多且密集的部位，可用铸钢件代替；必要时可以适当增加壁厚，以减少或取消加强筋板，从而减少焊接工作量。对于角焊缝，在保证强度要求的前提下，尽可能用最小的焊脚尺寸，因为焊缝面积与焊脚高的平方成正比。对于坡口焊缝，应在保证焊透的前提下选用填充金属量最少的坡口形式。

4）合理布置焊缝

有对称轴的焊接结构，焊缝应对称地布置，或接近对称轴处，这有利于控制焊接变形；要避免焊缝交叉和密集；在结构上焊缝交叉时，使重要焊缝连续，计次要焊缝中断，这有利于重要焊缝实现自动焊，保证其焊接质量；尽可能使焊缝避开高应力部位、应力集中处、机械加工面和需变质处理的表面等。

5）施工方便

必须使结构上每条焊缝都能方便施焊和方便质量检验，焊缝周围要留有足够的焊接和质量检验的操作空间；尽量使焊缝都能在工厂中焊接，减少工地现场的焊接量；减少手工焊接的工作量，扩大自动焊接的工作量；对双面焊缝，操作方便的一面用大坡口，施焊条件差的一面用小坡口，必要时改用单面焊双面成形的接头坡口形式和焊接工艺。尽量减少仰焊或立焊的焊缝，这样的焊缝劳动条件差，不易保证质量，而且生产率低。

6）有利于生产组织与管理

大型焊接结构采用部件组装的生产方式有利于组织与管理。因此，设计大型焊接结构时，要进行合理分段。分段时，一般要综合考虑起重运输条件、焊接变形的控制、焊后热处理、机械加工、质量检验和总装配等因素。

此外，应注意结构形式对焊接质量的影响，尽量减少焊接接头的数量，焊接坡口尺寸应尽可能小，焊缝之间要保持一定距离以防止焊缝集中，保证焊接工艺的可实施性，在可能的情况下采用低匹配的焊缝，防止焊接接头强度过高而塑性、韧性不足。

不同结构形式的焊接接头，拘束度不同，反映不同的受力状态。因此，在不同的受力状态下，对材质和焊接接头的性能应有不同的要求。结构形式设计得正确与否，不仅表现在整体结构的可靠性上，还体现在焊接接头设计的合理性上。另外，在接头施焊时，接头与结构整体应匹配。焊接结构设计应注意的工艺条件如下。

① 根据结构的技术条件，找出最优的焊接方法。甚至可根据具体的结构特点分析实现焊接工艺的难易程度，改变设计方案。

② 结构设计时，必须考虑焊接工艺的可行性，各种检测的可行性，焊接变形是否易于控制，焊工操作是否方便、安全，能否保证焊接质量。

③ 选择结构形式时，要考虑减少拘束度，提高抗裂性。同时也要考虑工作条件，如介质条件、温度条件和载荷条件等对结构抗裂性的作用。在选择焊接材料时，可以选择低匹配的焊接材料和高韧性的母材及焊接材料，以提高结构的整体性能。

④ 焊接接头是整个焊接结构件的关键部分，直接关系到焊接结构的质量好坏，因此，结构设计时必须选用合理的接头形式。接头几何形状应尽可能不干扰应力分布，避免截面上

有突变的接头，特别是在疲劳工作条件下更应注意。对非等厚截面的对接焊缝，接头设计时应使两条中心线对直 [见图 4.3(a)]；把较厚部分加工到与较薄部分厚度相同 [见图 4.3(b)]；或采用堆焊使焊接区形成平滑过渡 [见图 4.3(c)]。接头的应力集中系数越高，对接头的平滑和逐渐过渡的要求就越高。

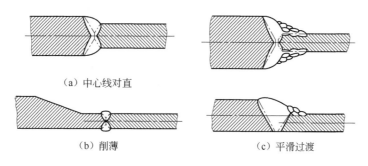

(a) 中心线对直

(b) 削薄　　　　　　　　　　(c) 平滑过渡

图 4.3　非等厚截面对接接头的形式

焊接件在制造过程中的组装精度也影响焊接接头的性能。应考虑连接板的几何形状，避免在有应力叠加或应力集中的区域布置焊缝，若不可避免，则应做特殊考虑。为了易于预热、焊接、焊后热处理以及无损探伤，对接接头最好由相同厚度的工件制成。

（3）焊接结构设计的一般程序

新产品焊接结构的设计是指从市场调研到产品定型生产的全过程。焊接结构设计的一般程序包括决策、设计、试制、定型生产和持续改进几个阶段。其中结构设计阶段的工作内容主要是根据设计任务书，对设计对象进行具体结构设计和计算以及做必要的试验，完成图样绘制和设计文件的编制等。大型复杂产品的结构设计一般又分为初步设计、技术设计和工作图设计三个工作阶段。机械产品结构设计的基本程序见表 4.2。

表 4.2　机械产品结构设计的基本程序

阶　段	工　作　程　序	工　作　内　容
初步设计	1. 总体方案设计（设计和开发输入）	①编制技术（设计）任务书 ②绘制总图（草图）、简图（草图）
	2. 研究试验	①根据提出的攻关项目及需要编制研究试验大纲，进行新材料、新结构试验 ②编写研究试验报告
	3. 初步设计和开发评审	对初步设计进行评审并记录备案
技术设计	1. 研究试验	①根据需要提出研究试验大纲，进行主要零、部件结构、材料、关键工艺试验 ②编写研究试验报告
	2. 设计计算	根据需要，进行设计计算，如零部件的结构强度、应力、电磁性能等，并编写计算书
	3. 技术经济分析	根据需要，进行技术经济分析，并编写技术经济分析报告
	4. 修正总体方案	修正并绘制总图、简图，提出技术设计说明书
	5. 主要零、部件设计	①绘制主要零部件草图 ②进行先期故障分析，并编写先期故障分析报告
	6. 提出外购件和特殊材料	编制特殊外购件清单和特殊材料清单
	7. 技术设计和开发评审	对技术设计进行评审并记录备案

阶段	工　作　程　序	工　作　内　容
工作图设计	1. 全部零、部件设计及编制设计文件	①提出全部产品工作图样、包装图样及设计文件 ②进行产品质量特性重要度分级 ③进行先期故障分析并采取措施，编写先期故障分析报告
	2. 图样及设计文件审批	按规定程序对图样及设计文件进行会签、审批，包括标准化审查、产品结构工艺性审查；如需要，进行工作图设计和开发评审并记录备案
	3. 工艺规程及工装设计	①工艺规程设计，编制工艺文件 ②必要的工装设计

① 初步设计（又称方案设计）　是根据设计任务书的要求进行的，中心任务是通过产品功能分析和方案论证确定总体设计方案，提出技术任务书和产品总图（草图）等，侧重于全局性和整体考虑。具体工作有：确定产品的基本参数及主要技术性能指标；确定总体布局及主要零部件的结构；确定各零部件的连接关系等。按需要对准备采用的新材料、新结构和新工艺等进行试验和验证。

② 技术设计　侧重于解决具体技术问题，是将初步设计确定的方案具体化。通过设计和计算进一步确定具体的构造、所用材料及基本尺寸。主要工作有：根据需要对关键零部件的结构、功能及可靠性等进行试验，为结构设计提供依据；对重要零部件进行强度、刚度、可靠性等的设计与计算，并编制出计算书；进行技术经济分析并写出分析报告；修正总体设计方案并绘制出总图，提出技术设计说明书。

③ 工作图设计（又称施工设计）　是技术设计的进一步具体化，为产品制造、安装和使用提供依据，完成全部生产所用的图样设计。主要工作有：从总装配图拆成部件图和零件图，并充分考虑加工工艺要求、标注技术条件、编写产品设计说明书等一系列技术文件。

重大产品的结构设计在每一个设计阶段末期都要进行会审，审查通过后才能进入下一个设计阶段，这样可以避免返工和造成人力、物力、时间的浪费。对于结构简单而又不重要的产品或零部件的设计，可以省略某些程序，如把初步设计和技术设计合并或省去初步设计直接进入技术设计和工作图设计。设计过程是一种创造和优化过程，各个设计阶段和步骤之间会发生相互交叉、渗透和重叠，应灵活运用设计程序。

（4）焊接结构设计的评审

焊接结构设计的评审是质量控制中重要的一环，目的是保证设计质量，使之符合计划任务书或合同书要求，设计与制造出满足用户要求的产品。设计评审工作不局限在设计阶段，它要持续到产品试制之后大批量投产之前。因为设计阶段的成果仍停留在"图纸"上，只有通过试生产，变成成品后才能对整个产品设计做出全面的评价。

评审是由不直接参与产品设计的或不直接承担设计责任的企业中各方面的专家和有丰富实践经验的专业人员组成的评审委员会组织进行。

1）设计评审的分类

① 初步设计评审　是在初步设计结束、完成总体方案设计后，对设计任务书及总图（草图）与相应简图的评审，确认任务书或合同书的要求是否得到满足，是否具备了满足设计要求的条件。

② 技术设计评审　是在完成修正总体方案及主要零部件设计后，对产品的总图（包括简图）、主要零部件（草图）及设计计算书等进行检查和评审，确认技术设计的正确性与合理性。

③ 最终设计评审　是在样机试制鉴定后，对经试制、试验、试用与鉴定所提出的设计改进方案进行检查，以及对影响整机质量的有关项目的评审。确认设计改进方案的正确性与完善程度，以及是否具备批量试制或试生产的条件。

④ 工艺方案评审　是在小批量试制开始、工艺方案设计结束后，对工艺方案进行评审。确认工艺方案设计的正确性、合理性和完整性。

上述分阶段评审可以及时发现设计中的缺陷和不足并能及时得以纠正，使结构设计正常顺利地进行。

2）设计评审的内容及评审要点

设计评审的目的是完善设计、纠正设计中的缺点和不足，提高用户对产品的信任和满意程度。可根据各设计阶段的特点和要求，确定评审的项目和内容。各类结构设计评审的对象和内容可参见表 4.3。

表 4.3　各类结构设计评审的对象和内容

评审类别	评审对象	评 审 内 容
初步设计评审	设计任务书（建议书）、总图（草图）	①满足用户要求的程度，与产品标准(国标、行业标准)的符合性 ②新技术、新结构、新材料采用的必要性与可行性 ③总体结构的合理性、工艺性、可靠性、耐用性、可维修性及安全与环境保护 ④操作方便性、人为因素及外观与造型 ⑤产品在正常使用条件和环境条件下的工作能力，自动保护能力及措施 ⑥产品技术水平与同类产品性能的对比 ⑦产品总体方案设计的正确性、先进性和经济性 ⑧实现标准化综合要求的可能性 ⑨是否符合政府的有关法令、法规、国际标准与公共惯例
技术设计评审	设计计算书、技术设计说明书、总图、主要零部件图（草图）及简图等	①设计计算的正确性和可靠性 ②主要零、部件结构的继承性、经济性、工艺性、合理性 ③特殊外购件、原材料采购供应的可行性，特殊零部件外协加工的可行性 ④设计的工艺性、装配的可行性，主要装配精度的合理性，主要参数的可检查性、可实验性 ⑤故障分析及措施 ⑥产品标准化程度的落实措施
最终设计评审	设计改进方案及设计文件	①设计改进的正确性与完善程度，以及对产品质量的影响 ②改进部分的工艺性 ③产品包装、储存、搬运的要求，储存期限的正确、合理与完善 ④各种标牌、标志合理、齐全，质量问题的可追溯性，使用说明书的正确与完善 ⑤抽样验收产品的接收和拒收准则 ⑥故障分析与措施 ⑦是否具备产品定型生产的条件
工艺方案评审	工艺方案、工序控制及检验规程	①工艺方案、工艺流程的合理性(包括技术经济分析) ②检验方法的合理性、检验手段的适应性(包括特殊检验用设备和仪器) ③工装设计及设备选型的合理性、可行性 ④工序质量控制的正确性(控制点设置及工序质量因素分析) ⑤外购件、原材料的可用性及供应的质量保证能力 ⑥工序能满足设计要求的程度

① 评审重点　应是与产品性能、可靠性、可维修性、安全性、使用寿命、成本、工艺性等相关的内容，以贯彻实施有关国家标准、法规、规程等为制约条件。

② 评审组织　设计评审工作一般由评审小组或评审委员会组织实施，由企业技术负责

人组成，成员由不直接参与评审产品开发设计的、不直接承担设计责任的企业中各方面（如设计、工艺、检验、标准化、质量、计划、财会等）的专家和有丰富实践经验的专业人员组成，也可邀请用户代表参加。

③ 评审要求　应充分发扬民主，从不同角度检查结构设计的质量及实施的可行性。评审中提出的问题与改进建议的采纳与否，其决定权在设计人员和工艺人员，但评审组有监督的责任。在评审会上，设计人员应对上次设计评审会的意见向评审组汇报改进结果，对不能采纳的意见应阐明理由。

每次评审的意见与结论应整理成设计评审报告，送主管设计部门并归档备查。

4.2.2　母材和焊接材料的质量控制

（1）焊接结构用材料

焊接结构用材料是拟定焊接工艺规程的基本依据之一，也是决定焊接接头性能的主要因素。现代焊接结构大多是以等强、等韧性和等塑性原则设计的，即对焊接接头性能的要求等同于所焊材料相应标准规定的下限值。因此，所焊材料的各项性能是评定焊接接头性能的基准。每个焊接工艺人员，除了应掌握结构材料的焊接性外，必须全面了解结构材料的力学性能以及与焊接有关的其他各项性能，如冷、热加工性能以及在各种工作条件和介质作用下的性能。

焊接结构已应用于各工业部门，在各类焊接结构中采用的结构材料已超出百余种，其中最常用的焊接钢结构材料种类见表4.4。在我国，各种焊接钢结构（包括专业用钢）材料的化学成分和力学性能都已经标准化，可查阅相关国家标准。

表 4.4　常用的焊接钢结构材料

材料类型	种类	合金系	强度等级/MPa	焊接性
结构钢	1. 碳素结构钢	低碳 C≤0.25%	315～510	良好
		中碳 C 0.25%～0.60%	450～645	尚可
		高碳 C 0.60%～1.0%	675～1080	差
	2. 低合金高强度钢 ①热轧及正火钢 ②低碳调质钢	—	—	—
		C-Mn,C-Mn-V	431～588	尚可
		C-Mn-Nb,C-Mn-Ti		
		Mn-Mo-Nb,Mn-Mo-V	510～734	尚可
		Mn-Ni-Mo		
		Mn-Mo-V-B,Mn-Mo-Nb	590～1029	尚可
		Mn-Mo-Nb-B,Ni-Cr-Mo-V		
		Mn-Cr,Ni-Mo-V-B		
	3. 超高强度钢 ①低合金超高强钢 ②中合金超高强钢 ③高合金超高强钢 　a. 沉淀硬化超高强钢 　b. 马氏体时效钢	—	—	—
		Cr-Mn-Si,Cr-Mn-Si-Ni	657～1862	较差
		Cr-Mo-V-Si	1750～2070	差
		Cr-Ni-Al	1400～2100	尚可
		Cr-Ni-Mo-Al		
		Ni-Co-Mo-Ti-Al		
		Cr-Ni-Mo-Ti-Al		

续表

材料类型	种类	合金系	强度等级/MPa	焊接性
特种结构钢	1. 耐热钢	—	—	—
	①低合金耐热钢	Cr-Mo,Cr-Mo-V,Cr-Mo-W-V	410～740	尚可
	②中合金耐热钢	Cr-Mo,Cr-Mo-V,Cr-Mo-W-V	414～833	差
	③高合金耐热钢	Cr-Ni,Cr-Ni-Ti(Nb),Cr-Ni-Mo	363～1515	尚可,差
	2. 低温钢	Mn,Ni,Mn-V,Mo-Nb	392～794	尚可
	3. 不锈钢	—	—	—
	①马氏体不锈钢	Cr	412～588	差
	②铁素体不锈钢	Cr,Cr-Al,Cr-Mo	368～451	尚可
	③奥氏体不锈钢	Cr-Ni,Cr-Ni-Ti(Mo),Cr-Mn-N	481～637	良好
	④铁素体-奥氏体双相钢	Cr-Ni-Mo,Cr-Ni-Mo-Si	538～588	尚可

当焊接接头的任一侧面要接触腐蚀介质时，应采取必要的防护措施（增加壁厚、消除应力等）。在腐蚀或浸蚀介质中，在考虑到焊后涂层所能起到的保护作用时，接头的几何形状和表面粗糙度应当保证不存在可能引起腐蚀或浸蚀的区域。当使用环境中存在腐蚀、中子辐射、高温或低温以及由于气候条件所引起的某些问题时，材料因素尤其重要。

选择母材的基本原则应是根据产品设计要求，综合考虑材料的工作性能、加工性能和经济性，使所选材料来源容易，能达到结构重量轻、易于制造和服役期内安全可靠。母材的碳当量和强度级别越高，越应重视焊接接头的抗裂性和断裂韧性。尤其是焊接高强度钢时，裂纹问题更为重要。

1）碳当量

材料的强度性能，除了决定于热处理工艺和加工工艺之外，主要取决于合金元素种类及含量多少。碳元素对焊接接头淬硬性和抗裂性的影响最强烈。碳当量越高，焊接接头的裂纹倾向越严重。

2）力学性能

母材强度级别越高，对焊接质量控制越困难。塑性越好，越有利于控制焊接质量，但要注意控制塑性变形的均匀性，如果焊接接头微区塑性变形超过材料的均匀塑性变形能力，则会产生微观裂纹，从而导致宏观裂纹。因此，要重视接头微区的塑变行为。

硬度越高，越不利于焊接质量控制，不同的金相组织具有不同的硬度，焊接热影响区的最高硬度可作为评定焊接接头抗裂性的一项指标。

3）板厚

板厚的变化对结构的拘束度影响较大，一般情况下，板材越厚，拘束度（拘束应力）越大，对焊接质量控制越不利。而且，随着板厚的增加，产生层状撕裂的倾向也加大，而且在层状撕裂的附近往往又会诱发新的裂纹。因此，板厚对焊接接头的质量有一定的影响。

4）材料的组织状态

金属材料常见的晶体结构类型有体心立方、面心立方和密排六方三种类型。晶格类型不同对焊接质量的影响直接反映在晶格结构的致密度上，晶格类型不同，致密度（晶格中原子体积总和与晶格体积之比）不同，面心立方和密排六方晶格的致密度（0.74）比体心立方晶格结构的致密度大（0.68）。致密度越小，晶格中的空隙越大，越有利于氢原子的聚集，不利于焊接质量的控制。金属材料由多晶组成，晶界中易于聚集杂质，给焊接质量控制带来困难。

金属材料的金相组织状态不同，性能也不同，淬硬组织对控制焊接质量最不利。不同显微组织对焊接质量的影响如下。

① 铁素体是体心立方晶格，其强度低（抗拉强度为 274MPa）、塑韧性高（伸长率为

50％）、硬度低（80HB）。因此抗开裂性较好，易于控制焊接质量。

② 渗碳体硬度高（700HB），脆硬、塑性相当低。这种组织的抗开裂性极差，不利于焊接质量的控制。

③ 奥氏体是碳和其他元素在 γ 铁（面心立方晶格）中的固溶体，其塑性和韧性都很好，有利于焊接质量的控制。

④ 珠光体是由铁素体和渗碳体组成的机械混合物，互相以层状排列。珠光体组织的强度较高（抗拉强度为 735MPa），塑性较差（伸长率为 10％）、硬度较高（210HB）。珠光体层片越细，硬度越高，而塑韧性较低。索氏体是层片状较细的珠光体，屈氏体是层片极细的珠光体，强度、硬度均比索氏体高，不利于焊接质量的控制。

⑤ 贝氏体是一种由铁素体和渗碳体组成的机械混合物，可分为上贝氏体和下贝氏体。高强度钢中的下贝氏体强度和韧性适中，对焊接质量控制有利。

⑥ 马氏体是碳在 α 铁中的过饱和固溶体，由于碳的固溶造成晶格畸变，因此硬度较高，塑性较差，易引起冷裂纹，难控制焊接质量。高强度钢焊缝金属形成马氏体，主要取决于碳含量，低碳马氏体强韧性好。

5）脆性倾向

当焊接接头中碳、氮杂质含量较高时，在高温下会出现脆化现象，在应力作用下易引起裂纹，对焊接质量的控制不利。有些材料被回火加热到 650℃ 左右，当回到室温时会引起"回火脆性"。

焊接热循环的作用会引起热应变，造成脆化，即热应变脆化。此外，金属材料随着温度的降低，其冲击韧性明显下降，尤其是在 0℃ 以下会发生低温脆化。因此，对于所用具体材料，必须找出其脆性转变温度。当材料的工作温度高于其脆性转变温度，才能避免材料发生低温脆性破坏。材料的各种脆化现象都对其焊接质量的控制不利。

焊接结构的选材，应根据使用性能、焊接工艺性能和经济性三个条件进行选择，具体的选材原则为：

① 在满足技术要求的前提下，应尽量选用强度级别较低的材料；

② 根据焊接结构的使用条件，尽量选用专业用钢板；

③ 在焊接工艺不能改变的条件下，尽量选择焊接性好的材料；

④ 尽量选用结构设计所确定的材料，以有利于焊接质量的控制。

（2）焊接材料

焊接结构制造中所用的焊接材料（如焊条、焊丝、焊剂、保护气体等）在质量方面应严格控制。焊材采购、入库、存放、烘焙、发放和回收等应有完整的规章制度，按相关规程设置焊材存放部门（如焊材二级库等）和管理人员。例如，用于接头全焊透或部分焊透坡口焊缝和角焊缝的焊条、焊丝-焊剂组合，应参照表 4.5～表 4.7 中规定的焊缝容许应力进行选择。焊接材料打开包装后，应妥善保存，使其焊接加工性不受影响。

表 4.5　承受静载结构的焊缝容许应力

焊缝类型	焊缝应力	容许应力	要求的焊缝强度
全焊透坡口焊缝	垂直于有效面积的拉应力	与母材相同	应采用相匹配的焊缝金属
	垂直于有效面积的压应力	与母材相同	焊缝金属强度可与相匹配的金属相等或小一级（69MPa）
	平行于焊缝轴线的拉或压应力	与母材相同	焊缝金属强度可等于或小于相配的金属强度
	有效面积上的剪应力	除母材上的剪应力不应超出母材屈服点的 40％外，容许应力为焊缝金属名义抗拉强度的 30％	

焊缝类型	焊缝应力		容许应力	要求的焊缝强度
部分焊透坡口焊缝	垂直于有效面积的压应力	接头不用于承受应力	除母材上的应力不应超出母材屈服点的60%外，容许应力为焊缝金属名义抗拉强度的50%	焊缝金属强度可等于或小于相配的金属强度
		接头用于承受应力	与母材相同	
	平行于焊缝轴线的拉或压应力		与母材相同	
	平行于焊缝轴线的剪应力		除母材上的剪应力不应超出母材屈服点的40%外，容许应力为焊缝金属名义抗拉强度的30%	
	垂直于有效面积的拉应力		除母材上的拉应力不应超出母材屈服点的60%外，容许应力为焊缝金属名义抗拉强度的30%	
角焊缝	有效面积的剪应力		容许应力为焊缝金属名义抗拉强度的30%	焊缝金属强度可等于或小于相配的金属强度
	平行于焊缝轴线的拉或压应力		与母材相同	
塞焊和槽焊缝	平行于结合面上的剪应力		除母材上的剪应力不应超出母材屈服点的40%外，容许应力为焊缝金属名义抗拉强度的30%	焊缝金属强度可等于或小于相配的金属强度

表 4.6　承受动载结构的焊缝容许应力

焊缝类型	焊缝应力		容许应力	要求的焊缝强度
全焊透坡口焊缝	垂直于有效面积的拉应力		与母材相同	应采用相匹配的焊缝金属
	垂直于有效面积的压应力		与母材相同	焊缝金属强度可与相匹配的金属相等或小一级（69MPa）
	平行于焊缝轴线的拉或压应力		与母材相同	焊缝金属强度可等于或小于相配的金属强度
	有效面积上的剪应力		除母材上的剪应力不应超出母材屈服点的36%外，容许应力为焊缝金属名义抗拉强度的27%	
部分焊透坡口焊缝	垂直于有效面积的压应力	接头不用于承受应力	除母材上的应力不应超出母材屈服点的55%外，容许应力为焊缝金属名义抗拉强度的45%	焊缝金属强度可等于或小于相配的金属强度
		接头用于承受应力	与母材相同	
	平行于焊缝轴线的拉或压应力①		与母材相同	
	平行于焊缝轴线的剪应力		除母材上的剪应力不应超出母材屈服点的36%外，容许应力为焊缝金属名义抗拉强度的27%	
	垂直于有效面积的拉应力		除母材上的拉应力不应超出母材屈服点的55%外，容许应力为焊缝金属名义抗拉强度的27%	
角焊缝	有效面积的剪应力		容许应力为焊缝金属名义抗拉强度的27%	焊缝金属强度可等于或小于相配的金属强度
	平行于焊缝轴线的拉或压应力①		与母材相同	
塞焊和槽焊缝	平行于结合面上的剪应力		除母材上的剪应力不应超出母材屈服点的36%外，容许应力为焊缝金属名义抗拉强度的27%	焊缝金属强度可等于或小于相配的金属强度

① 角焊和接头部分焊透的坡口用于组合构件连接设计时，可不考虑这些平行于焊缝轴线的构件所受拉或压应力进行设计。

表 4.7　管材结构的焊缝容许应力

焊缝类型	管材结构	应力种类	容许应力	极限状态设计法		要求的焊缝强度
				承载系数	名义强度	
全焊透坡口焊缝	纵向对接接头（纵缝）	平行于焊缝轴线的拉或压应力	与母材相同	0.9	$F_y^{①}$	焊缝金属强度可等于或小于相配的金属强度
		弯曲或扭转剪应力	母材 $0.4F_y$ 焊缝金属 $0.3F_x^{②}$	0.9 0.8	F_y $0.6F_x$	
	横向对接接头（环缝）	垂直于有效面积的压应力	与母材相同	0.9	F_y	应采用相匹配的焊缝金属
		有效面积上的剪应力		母材 0.9 焊缝金属 0.8	$0.6F_y$ $0.6F_x$	
		垂直于有效面积的拉应力		0.9	F_y	
	抗疲劳等临界载荷设计的结构中 T、Y 或 K 形连接结构中的焊接接头，一般要求全焊透焊缝	邻接焊缝的母材上的拉、压或剪应力（仅从管外施焊，无衬垫）	与母材相同或受连接几何形状的限制	与母材相同或受连接几何形状的限制		应采用相匹配的焊缝金属
		两面施焊或带衬垫的坡口焊缝有效面积上的拉、压或剪应力				
角焊缝	组合管件的纵向接头	平行于焊缝轴线的拉或压应力	与母材相同	0.9	F_y	焊缝金属强度可等于或小于相配的金属强度
		有效面积上的剪应力	$0.3F_x$	0.75	$0.6F_x$	
	T、Y 或 K 形连接结构中的环缝搭接接头及附件与管子的接头	有效焊喉上的剪应力与载荷方向无关	$0.3F_x$，或受连接几何形状的限制	0.75	$0.6F_x$	焊缝金属强度可等于或小于相配的金属强度
				或受连接几何形状的限制		
塞焊和槽焊缝		平行于结合面的剪应力	母材 $0.4F_y$ 焊缝金属 $0.3F_x$	不适用		焊缝金属强度可等于或小于相配的金属强度
部分焊透坡口焊缝	管件的纵缝	平行于焊缝轴线的拉或压应力	与母材相同	0.9	F_y	焊缝金属强度可等于或小于相配的金属强度
	传递载荷的横向和纵向接头	垂直于有效面积的压应力 — 设计不承载接头	$0.5F_x$，但邻近母材上的应力不应超过 $0.6F_y$	0.9	F_y	焊缝金属强度可等于或小于相配的金属强度
		垂直于有效面积的压应力 — 设计承载接头	与母材相同			
		有效面积上的剪应力	$0.3F_x$，但邻近母材上的应力不应超过 $0.5F_y$，剪应力不应超过 $0.4F_y$	0.75	$0.6F_x$	
		有效面积上的拉应力		母材 0.9 焊缝金属 0.8	F_y $0.6F_x$	
	T、Y 或 K 形连接结构	通过焊缝传递的载荷为有效焊喉上的应力	$0.3F_x$，或受连接几何形状的限制，但邻近母材上的应力不应超过 $0.5F_y$，剪应力不应超过 $0.4F_y$	母材 0.9 焊缝金属 0.8	F_y $0.6F_x$	应采用相匹配的焊缝金属
			或受连接几何形状的限制			

> ① F_y 为母材的屈服点。
> ② F_x 为焊缝金属分级的最小抗拉强度。

4.2.3　焊接方法和工艺的质量控制

　　焊接方法应适合母材的性能和接头的施焊位置，应通过试验确定所选择的焊接方法是否合适。适合于车间里施焊的焊接方法，可能不适于现场焊接。母材金属（如表面状况）、焊接方法和焊接材料（焊条、焊丝、焊剂和气体等）都对焊接接头的显微组织有影响。焊接材料的少许变化可能会导致焊缝金属性能和焊接质量的很大变化。焊接方法和焊前或焊后的任何冷、热加工，对焊接接头的力学性能会带来不可忽视的影响。焊接时的热输入和温度梯度是必须考虑的重要因素。

（1）焊接方法的选择

选择焊接方法应在保证焊接产品质量优良可靠的前提下，有良好的经济效益，即生产率高、成本低、劳动条件好、综合性能指标高。选择焊接方法应考虑下列因素。

1）产品结构类型

焊接产品的结构类型主要有结构件类（如桥梁、建筑、石油化工容器、造船、锅炉、金属结构件等）、机械零件类（如交通工具、各种类型的机器零件等）、半成品类（如工字钢、螺旋管、有缝钢管等）和微电子器件类（如电路板、半导体元器件等）。

结构件焊缝长，宜选用埋弧自动焊，其中短焊缝、打底焊缝宜选用焊条电弧焊。对于机械零部件产品，一般焊缝不会太长，可根据精度的不同要求，选用不同的焊接方法。一般精度和厚度的零件多用气体保护焊，重型件用电渣焊、气电焊，薄件用电阻焊。圆断面工件可选用摩擦焊，精度高的焊件可选用电子束焊。半成品件的焊缝如比较规则、又属于批量生产，可选用易于机械化、自动化的埋弧自动焊、气体保护焊、高频焊等。微电子器件接头往往要求密封、导电、精确，常选用电子束焊、激光焊、超声波焊、扩散焊及钎焊等方法。

2）母材性能

母材的物理化学、力学、冶金性能不同，将直接影响焊接方法的选择。热传导快的金属，如铜、铝及其合金等，应选择热输入较大、焊透能力强的焊接方法；电阻率大的金属宜选用电阻焊；热敏感材料应选用激光焊、超声波焊等热输入较小的焊接方法；物理性能差异较大的异种材料的连接宜选用不易形成中间脆性相的固相焊接和激光焊接；强度和塑性足够大的材料才能进行爆炸焊。

对活泼性金属宜选用惰性气体保护焊、等离子弧焊、真空电子束焊等焊接方法；对碳钢、低合金钢可选用 CO_2 或混合气体保护焊和其他电弧焊方法；钛和锆因对气体溶解度大，焊后易变脆，应选用高真空电子束焊和真空扩散焊；对沉淀硬化不锈钢，用电子束焊可以获得力学性能优良的接头；对于冶金相容性差的异种材料宜选用扩散焊、钎焊、爆炸焊等焊接方法。

3）工件厚度

由于不同焊接方法的热源各异，因而各有最适宜的焊接厚度范围，在指定的范围内，容易保证焊接质量并获得较高的生产率。

4）接头形状

接头形状和位置是根据产品使用要求和母材厚度、形状、性能等因素设计的，有搭接、角接、对接等形式。产品结构不同，接头位置可能需要立焊、平焊、仰焊、横焊、全位置焊接等。这些因素都影响焊接方法的选择。

对接接头适宜于多种焊接方法。钎焊仅适用于连接面较大的薄板搭接接头。平焊是最易施焊的位置，适宜多种焊接方法，可选用生产率高、质量好的焊接方法，如埋弧焊、熔化极气体保护焊等。对立焊接头，薄板宜用熔化极气体保护焊，中厚板宜用气电焊，厚板可采用电渣焊。

5）生产条件

技术水平、生产设备和材料消耗均影响焊接方法的选用。在满足生产需要的情况下，应尽量选用要求技术水平低、生产设备简单、便宜和材料消耗少的焊接方法，以便提高经济效益。焊条电弧焊、手工操作的气体保护焊、气焊均要求较高的操作技能，尤其是焊接压力容器等重要产品时，需要一定级别、专门培训的焊工持证上岗方能进行焊接操作。埋弧焊等自动焊方法对操作技能要求相对较低。电子束焊、激光焊、焊接机器人，由于设备精度较高，要求操作者具有更多的基础知识和较高的技术水平。

设备的复杂程度直接影响经济效益，是选择焊接方法的重要因素。焊条电弧焊设备简单、造价低、便于维护。熔化极气体保护焊，除电源外还有送丝、送气、冷却系统，设备相对比较复杂。真空电子束焊需要有专用的真空室、电子枪和高压电源，还需要 X 射线的防护装置。激光焊需要大功率激光器及专门的工装和辅助设备。

焊材消耗直接影响生产成本，在选择焊接方法时应给予充分重视。电阻对焊、点焊、缝焊除消耗电力、磨损电极外，不消耗填充材料。焊条电弧焊消耗焊条，埋弧焊消耗焊丝和焊剂，熔化极气体保护焊消耗焊丝和保护气体。非熔化极气体保护焊消耗氩、氦等惰性气体、钨极和喷嘴等。钎焊消耗钎料、钎剂等。窄间隙焊则能减少焊接材料的消耗。

（2）焊接施工的控制

为了保证焊接质量，必须在正确的焊接工艺条件下由熟练的操作者施焊。完善的焊接工艺评定和正确的材料选择，为保证锅炉、压力容器质量打下了基础。但还必须有正确的焊接工艺规程、熟练的操作者和严格的生产管理，才能使焊接质量达到最佳水平。

正确的焊接结构设计、合理的焊接工艺及可靠的焊接工艺评定，都要通过施工来实现。因此，要求施工者严格执行焊接工艺规程，以便保证焊接质量。焊接施工时应注意以下几方面。

1）焊接材料

为确保焊接质量，焊条在使用前应进行烘干（焊条说明书已申明不需或不能进行烘干的焊条例外）。通过烘干，可去除焊条药皮的吸附水分，脱水量主要取决于烘干温度及时间。一般焊条烘干不能超过 3 次，以免药皮变质及开裂而影响焊接质量。不同类型焊条的烘干温度不同，为保证焊接质量，焊条烘干温度可偏高一些，但不能无限增加。常用焊条烘干的工艺参数见表 4.8。

表 4.8　常用焊条烘干的工艺参数

焊条种类	药皮类型	焊条烘干的工艺参数			
		烘干温度 /℃	保温时间 /min	焊后允许存放 时间/h	允许重复 烘干次数/次
碳钢焊条	纤维素型	70～100	30～60	6	3
	钛型 钛钙型 钛铁矿型	70～150	30～60	8	5
	低氢型	300～350	30～60	4	3
低合金钢焊条（含高强度 钢、耐热钢、低温钢）	非低氢型	75～150	30～60	4	3
	低氢型	350～400	60～90	4（E50××）	3
				2（E55××）	
				1（E60××）	2
				0.5（E70～100××）	
铬不锈钢焊条	低氢型	300～350	30～60	4	3
	钛钙型	200～250			
奥氏体不锈钢焊条	低氢型	250～300	30～60	4	3
	钛型、钛钙型	150～250			

焊条种类	药皮类型	焊条烘干的工艺参数			
		烘干温度 /℃	保温时间 /min	焊后允许存放时间/h	允许重复烘干次数/次
堆焊焊条	钛钙型	150～250	30～60	4	3
	低氢型(碳钢芯)	300～350			
	低氢型(合金钢芯)	150～250			
	石墨型	75～150			
铸铁焊条	低氢型	300～350	30～60	4	3
	石墨型	70～120			
铜、镍及其合金焊条	钛钙型	200～250	30～60	4	3
	低氢型	300～350			
铝及铝合金焊条	盐基型	150	30～60	4	3

注：1. 在焊条使用说明书中有特殊规定时，应按说明书中的规范执行。

2. 一般情况下，大规格的焊条应选上限温度及保温时间。

烘干后的焊条最好放在焊条保温桶内，一般应随烘随用，以免再次受潮。在露天大气中存放的时间，对于低氢型焊条，一般不超过 4～8h，对于抗拉强度 590MPa 以上的低氢型高强度钢焊条应在 1.5h 以内。经过烘干的焊条超过一定时间之后，必须在使用之前进行再次烘干，以便保证焊接质量。焊条的再烘干温度如表 4.9 所示。

表 4.9　焊条的再烘干温度

焊 条 种 类	焊 条 状 态	再烘干温度与时间
高强钢用焊条	烘干后经过 4h 以上或焊条有吸湿现象	300～400℃，60min
软钢焊条	烘干后经 12h	300～400℃，60min

2）施焊因素的控制

焊接施工条件是建立在焊接工艺评定和工艺规程基础上的，它主要与材质、结构形式、接头形式、坡口形式、焊接位置、环境条件、作业条件等因素有关，施焊时要严格按照所评定的焊接工艺进行。

焊接过程中要选择符合施工标准的焊接材料，选择与所评定的工艺参数相符的参数施焊，如果有不符合焊缝质量标准的焊道，必须进行返修。

3）焊后处理

焊接接头一般来说是结构件疲劳最敏感的部位。在疲劳状态下的应力集中系数不仅取决于接头类型（对接焊缝或角接焊缝），而且也取决于接头的几何形状、接头的方向及其内部或焊缝表面的缺陷与载荷方向及大小。

由安装、操作和焊接引起的残余应力必须与设计应力一起考虑。在有脆性断裂的危险部位（与使用温度下的塑性、厚度及材料的性能有关），存在应力腐蚀危险，对几何形状稳定性有严格要求；零件有疲劳断裂危险和焊接结构不能产生足够的局部屈服时，必须进行焊后热处理，目的是减少残余应力或为了获得所需要的接头性能，或两者均有。焊后机械处理（如锤击）目的是通过改善残余应力的分布来减少由焊接引起的应力集中。应当注意，改善接头某项性能的焊后处理措施可能对同一接头的另一种性能产生不利影响。

4.2.4　通过质量管理保证焊接质量

（1）通过质量控制来保证锅炉的焊接质量

建立质量保证体系和加强质量管理有利于保证锅炉焊接质量。为了加强质量管理，国家有关部门颁布了相应的锅炉安全监察规程。为了提高质量管理水平，必须加强以下几项工作。

1）焊接技术标准的完善

焊接质量控制标准可分为控制操作标准、验收标准、使用标准及可修复标准。锅炉、压力容器的产品质量与焊接质量控制标准之间的关系如图4.4所示。在生产中首先应达到"验收标准"，然后力求达到"控制操作标准"。

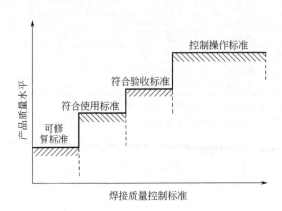

图4.4　锅炉、压力容器的产品质量与焊接
质量控制标准之间的关系

从我国现行的标准化管理体制看，在国标、部标、企业标准这三种标准的关系上，应逐步做到一级比一级技术要求更严。对焊接结构件严格的质量控制，首先要靠企业标准来保证。如果企业标准能达到国外的企业标准或其他标准的水平，就不仅能够保证焊接质量，而且能够使产品打入国际市场。

2）焊接工艺规范的制定

焊接工艺规范还包括母材焊接性评定以后焊后热处理等的评定。通过工艺规范可以确保选材的要求。施焊工艺规程、质量检验规程等明确规定后，可成为该种焊接产品制造的完整工艺规范，以便保证焊接质量。

3）重要环节的质量管理工作

① 焊接材料的管理　焊接材料入厂必须复验，对焊条要复验力学性能、化学成分，而且还应对抗裂性和工艺性能进行复验。焊条保管时应保持干燥、通风，室温应在 $10\sim25℃$。使用前应按说明书要求烘干，然后再使用。

② 焊接设备和工艺装备的管理　焊接质量的保证也取决于焊接设备和工艺装备的性能。因此，应经常对焊接设备及工艺装备进行检验和维护。

③ 焊工培训及考核　为了保证焊接质量，操作者必须持证上岗，首先要进行理论培训，使焊工系统地掌握焊接冶金、焊接应力、变形、焊接方法及工艺、焊接电源、焊接材料、缺陷防止以及焊接接头组织性能等基础知识。在此基础上进行实际操作技能培训并取得相应的资格证书，这样才能保证焊接操作者的技能水平。

④ 生产许可证制度　生产锅炉、压力容器的单位必须具备生产能力，获得生产许可证，方能组织和进行生产制造，确保焊接质量。

⑤ 加强焊接检验　在生产和制造过程中必须由生产单位的检验部门进行检验，还须由劳动局和下属锅炉检测监督站的监检人员进行检验，确保产品质量。在锅炉运行过程中同样必须严格监检，才能保证正常运行。

（2）压力容器焊接的质量保证

压力容器的焊接质量要达到所要求的技术条件和质量标准，必须健全焊接质量保证体系和质量控制。20 世纪初，由于设计、制造、检验或使用不当，压力容器恶性事故时有发生。1911 年美国机械工程师协会（ASME）组织专门委员会，制定了 ASME 压力容器标准，于 1915 年正式出版，后来又经过多次修订再版，在保证压力容器焊接质量方面起了重要的作用。

压力容器破坏事故除了因为设计和使用不当外，大多是由于焊接接头质量问题引起的，因此需特别重视与焊接有关的质量保证。质量保证体系与所采用的标准、工艺、检验方法和生产管理等密切相关。

1）压力容器的焊接标准

在有关压力容器的标准中，包括了焊接方面的技术标准。这些标准的相互关系，形成了一个完整的法规体系。压力容器的标准又与产品质量体系是一个整体，质量体系是为了保证标准中的要求能在产品生产中贯彻执行，采用哪一种标准就决定了应采用的质量保证体系。应尽量完善我国压力容器的技术标准体系，同时应吸收国际上先进的压力容器标准。

2）质量保证体系

执行质量保证职能的人员、组织机构的权力与责任应有明确的规定。这些人员与组织应有明确规定的责任、权力范围，以便发现质量保证方面的问题，并及时采取解决问题的措施，核实措施的执行情况。

3）设计要求

压力容器的设计应由设计部门及生产单位的技术部门按使用技术要求、有关的压力容器标准和法规进行。压力容器的设计人员必须经过资格审定。为了正确进行压力容器的设计，首先要搞清楚压力容器的使用条件，不仅要考虑正常操作，还要考虑特殊情况运行。

压力容器的设计在满足强度计算、正确选择材料等基础上，还要注意其他特殊要求以保证焊接质量，如焊接接头的施焊方法及其施焊位置、焊接接头分布、坡口形式及接头形式是否合理等。还要求焊接接头数量应尽量少，焊接接头应便于进行无损探伤。压力容器选材时首先应选焊接性好的材料，以保证焊接接头质量。

锅炉、压力容器的设计，应考虑有利于进行焊接质量控制，还要注意其他因素，如经济性、可靠性和材料（母材、焊接材料等）的选择等。

4）操作者和技术人员的培训与考核

为了保证焊接质量，必须在正确的焊接工艺条件下由熟练的操作者施焊。国外都对压力容器的焊接操作者进行培训和考试，只有通过压力容器焊接考试的操作者才有资格进行压力容器的焊接。我国也不例外，按照国家有关部门制定的《锅炉压力容器焊工考试规则》，焊接操作者必须考试合格后，方能上岗从事焊接生产。

此外，还要进行无损检测人员培训，持证上岗。对焊接检验人员的要求如下。

① 了解规范、技术标准和专门术语；
② 具有焊接专业知识和焊接设计的知识；
③ 能够熟练地选择结构材料；
④ 了解焊接方法和焊接工艺评定；
⑤ 懂质量管理；
⑥ 具有焊接检验的知识；
⑦ 能检测焊缝的外观；
⑧ 能够判断焊接缺陷的种类、产生原因及防止方法；

⑨ 有安全卫生知识；

⑩ 了解焊接变形及防止措施。

5）焊接生产管理

首先应检查焊前的装配情况，坡口、接头形式、装配间隙等是否符合压力容器标准。必须按经过焊接工艺评定合格的焊接工艺进行施焊和组织生产。注意焊接材料的来源、管理及保存，并对其进行复验。焊接过程中要由焊接技术人员等做好现场焊接记录。有正确的焊接工艺规程和进行严格的生产管理，才能保证焊接质量。

6）检验的管理

焊接检验人员在压力容器制造过程中必须自始至终地进行检查，必须根据相应的标准评定验收，确保焊接质量。如果有不合格的焊接接头，一定要进行返修。焊接检查的项目包括：

① 施焊前，检查工艺说明书是否规范、检查施焊方法、参加并确认施焊试验和焊工评定考试、复核所用材料（母材、焊材）等；

② 施焊中，检查打底焊、检查预热温度、检查焊接操作及施焊顺序、检查焊后热处理条件等；

③ 施焊后，检查焊缝外观、检查无损探伤报告、编写质量检查报告。

第5章
焊接质量管理与工艺规程

保证焊接质量不仅仅是要使最终的焊接接头质量满足使用要求，而且要有焊接前、焊接过程中以及焊后的系统质量管理，即质量的全面管理才能保证优质的焊接产品。一个完善的质量管理系统，应是"设计-实施-检查"成一体的质量管理。如果没有完善的工艺规程和自上而下的质量管理系统对产品的整个制造过程实施全面质量管理，对于有大量焊接工作量的造船厂、锅炉和压力容器制造厂等，是不可能保证焊接质量的。

5.1 焊接质量管理

随着科学技术的发展和国际贸易的日益扩大，不少发达国家为了保证产品质量，有效利用资源，保护用户利益，十分重视产品的质量管理。1987 年，国际标准化组织（ISO）发布了 ISO 9000—9004 关于质量管理和质量保证的标准系列。我国 1988 年发布了等效采用国际标准系列的 GB/T 10300 关于质量管理和质量保证的标准系列，自 1989 年 8 月 1 日起在全国实施。

完善的焊接质量管理是一种不允许有不合格产品的质量管理，即不准有一件产品带有规范所不允许的缺陷。为实现这一目标，必须建立一套与之相适应的、符合 GB/T 10300（ISO 9000—9004）标准系列的、完整的焊接质量管理体系，并在焊接生产实践中严格执行，以保证焊接产品的质量。

5.1.1 焊接质量管理及其含义

焊接作为一种特殊的加工工艺，有其特殊的质量要求。所谓焊接质量管理就是指在整个焊接生产过程中要满足产品的使用目的，而且制造厂家对此负有全部的责任，进行系统的全面质量管理，包括整个焊接过程涉及的各部门有目标、有计划的管理。

（1）焊接质量管理

是指从事焊接生产和施工的企业通过建立质量管理体系发挥质量管理职能，进而有效地控制焊接产品质量的全过程。实质上是指在质量方面指挥和控制组织的协调活动。焊接质量管理只是企业管理的一部分，涉及各类管理中与焊接生产和产品质量有关的部分。质量管理通常包括：质量方针和质量目标的建立、质量策划、质量控制、质量保证和质量改进。所谓"协调活动"是指上述六个方面应协调一致。焊接质量管理须以降低生产成本、保证质量达到产品的技术指标为目的，以提高商品价值为主而达到良好的外观质量。也就是说，质量管理的最终目的是保证产品质量、降低生产成本、提高产品商品价值。

（2）质量管理体系

是指在质量方面，指挥和控制组织的管理体系。质量管理体系是企业管理体系的一个重要组成部分。体系是指相互关联或相互作用的一组要素。要素是指构成体系的基本单元，可将其细化为：组织结构、程序、过程和资源。其中组织结构是指人员的职责、权限和相互关系的有序安排；资源是指人员、资金、基础设施、技术和方法、信息等，是个广义的概念。管理体系是指建立方针和目标并实现这些目标的体系。

将质量管理和管理体系的概念融合在一起，不难描述质量管理体系的含义。通常为有效地开展质量管理活动，应建立质量管理体系，即应制定质量方针和目标，并通过质量策划、质量控制、质量保证和质量改进活动等来实现质量目标。为了确保这些活动的有效性，必须对人员的职责、权限和相互关系做出有序安排，配备所需的资源，识别并管理所需的过程以及制订相应地控制程序。

（3）焊接质量管理的含义

这里的"质量"即产品满足相应的标准、规范、合同或第三方的有关规定以及满足用户使用要求的性能及品质。

要保证焊接质量，不仅仅是焊接操作的技能要好，而且焊接前各工序的质量，主要是分段和部件装配的精度也要好，再进一步向上追溯，也就是零部件尺寸的正确性和精度是重要的因素。焊接工序本身的质量管理则随着各个操作者的技能而定，此时自主质量管理占主导地位。自主质量管理的特点是以略高于操作者实际能力水平为目标，并向这一目标前进，也就是说，自主质量管理是一种通过不断改进生产技能努力实现目标的质量管理方式。

质量管理的目标可分为以下三种：

① 以降低生产成本为目的；

② 以保证最终产品质量和使用性能为目的；

③ 以提高产品价值为主而达到良好的外观质量为目的。

全面质量管理必须综合考虑产品性能、商品价值和生产成本等因素。采用统计学方法的精度质量管理，主要特点是将产品质量控制在上部界限和下部界限之间。为了保证产品质量，生产厂的检查部门要经常对产品质量管理的状况进行监督和检查，并把检查结果记录下来，这对最高经营层定期地判断生产运行情况是有帮助的。质量记录是生产厂家售后服务和一旦发生事故追溯原因所必备的资料。对于应保存的质量检查记录的种类、保管场所和保存期限，应制定出公司（或生产厂）标准。

英国管理学会曾对工程质量事故进行过统计分析（见表5.1），表明由于管理造成的质量事故占很大的比重。因此，要确保产品质量，不仅要有先进的技术和装备，还必须进行科学管理。

这里推荐下列一些质量管理的记录资料可供参考：

① 钢材成分和力学性能的原始试验记录及产品重要零件所用钢材的原始记录；

② 焊接操作者的技能和资格记录；

③ 焊接检验结果，特别是 X 射线探伤的原始检验记录；

表 5.1　造成质量事故的原因分析

原因	导致因素	所占比例/%	备注
人为差错	个人因素	12	由于个人原因占 12%
不恰当的检验方法	质量管理因素	10	由于管理原因占 88%
技术原因或错误	技术管理因素	16	
对新设计、新材料、新工艺缺乏了解、验证和鉴定		36	
计划与组织工作薄弱	生产管理因素	14	
未能预见的因素	计划管理因素	8	
其他		4	

④ 用户的监督检查结果，包括水压和气密性试验结果；

⑤ 施焊重要焊接接头的操作者名单；

⑥ 焊接方法认可试验、焊接工艺评定任务书和焊接工艺评定报告；

⑦ 各种精度质量管理和自主质量管理的资料。

锅炉和压力容器在工作中带有压力或承受一定的外压，具有潜在的危险性。因此，锅炉和压力容器的设计、制造、检验与验收必须严格按照国家标准执行。锅炉和压力容器大多采用焊接方法制造。典型的锅炉和压力容器由封头、筒体、进出料口、接管等组成，各部分以焊接形式相连。锅炉和压力容器的焊接生产是由备料（包括材料复验与矫正、放样和划线、切割和成形加工、开坡口、打磨清理等）、装配、焊接、焊后热处理、质量检验等多道工序组成，每一道工序都将在不同的程度上间接或直接地影响焊接质量。因此，制造过程中的焊接质量管理变得尤为重要。

5.1.2　ISO 9000 族标准质量管理体系简介

企业为了实现焊接工程质量管理的方针、目标，有效地开展各项质量管理活动，必须建立相应的质量管理体系。ISO 9000 族国际标准是国际上通用的质量管理体系建立和实施标准。

（1）国际标准化组织简介

国际标准化组织简称 ISO，下设 219 个技术委员会（TC）。国际标准化组织是目前世界上最大的、最权威的国际性标准化专门机构，是由各国标准化团体组成的世界性联合组织，现有成员国 100 余个，我国于 1979 年正式加入。国际标准化组织的宗旨是在世界上促进标准化及其相关活动的发展，以便于商品和服务的国际交换；在智力、科学、技术和经济领域开展合作。国际标准化组织负责除电工、电子领域以外的所有其他领域的标准化活动，主要是制订国际标准、协调世界范围的标准化工作、组织各成员国和技术委员会（TC）进行技术情报交流和合作。

（2）ISO 9000 族标准构成

ISO 9000 族标准是由国际标准化组织的质量管理与质量保证技术委员会（ISO/TC 176）所制定，国际标准化组织正式颁布的国际标准。ISO 9000 族标准于 1987 年首次发布，是开展认证认可工作、管理体系建立、管理体系审核工作的基础。主要由四部分标准构成，ISO 9000 族标准构成见表 5.2。

（3）ISO 9000 族核心标准简介

1）GB/T 1900/ISO 9000《质量管理体系　基础和术语》　该标准表述了质量管理体系

表 5.2 ISO 9000 族标准构成

第一部分 核心标准	第二部分 支持标准	第三部分 技术报告或技术规范或技术协议	第四部分 小册子
ISO 9000:2005《质量管理体系 基础和术语》；ISO 9001:2008《质量管理体系要求》；ISO 9004:2009《质量管理体系 业绩改进指南》；ISO19011:2000《质量和环境管理体系审核指南》	ISO 10012《测量管理体系》；ISO 10019《质量管理体系咨询师选择和使用指南》	ISO/TS 10005《质量计划指南》；ISO/TS 10006《项目质量管理指南》；TSO/TS 10007《技术状态管理指南》；ISO/TR 10014:1998《质量经济性管理指南》；ISO/TR 10013:2001《质量管理体系文件》；ISO/TR 10017《统计技术在 ISO 9001 中的应用指南》；ISO/TR 10018《顾客投诉》技术协议	《质量管理原则》；《选择和使用指南》；《小型组织实施指南》

的基础知识，并规定了质量管理术语。它包括质量管理体系建立的八项基本原则和十二个基础管理说明，规定了质量管理体系的术语共十类八十四个词条，是组织建立质量管理体系的理论基础和基本准则。

适用于所有需要了解质量管理体系理论知识及术语的人员。如初步建立质量管理体系的组织、质量保证体系内部审核人员，外部审核人员等。

2）ISO 9001《质量管理体系 要求》 该标准以八项质量管理原则为基础，规定了质量管理体系的要求，标准的结构采用符合管理逻辑的过程模式，形成质量管理体系各个阶段、以顾客满意为核心的过程导向。内容包括质量管理体系的要求和管理职责、资源管理、产品实现、测量、分析和改进五个方面。是质量管理体系建立与实施的主要依据标准。允许对标准内容有条件的地裁，但对剪裁的规则作出了明确的规定。

该标准的目标在于证实企业具有保证和稳定地提供满足顾客要求和适用法律法规要求产品的能力，增强顾客满意程度。是第三方认证唯一的质量管理体系要求标准。本标准规定的要求具有通用性，适用于各种类型、不同规模和提供不同产品的企业。

3）ISO 9004《质量管理体系 业绩改进指南》 该标准为企业追求更高目标、实现可持续发展，提供了业绩改进的指南，但不是 ISO 9001 的实施指南，全面、系统地应用了质量管理的八项质量管理原则。

其目标是帮助企业进行改进过程，完善质量管理体系，提高企业业绩，使企业和相关各方均受益。适用于各种类型、不同规模和提供不同产品的企业。

4）ISO 19011《质量管理体系 质量和环境管理体系审核指南》 该标准遵循不同管理体系，可以有共同管理和审核要求的原则，规定了质量管理体系审核和环境管理体系审核的要求。内容包括审核原则、审核方案的管理、审核活动、审核员能力与评价四个方面。

该标准为审核方案的管理、内部和外部质量、环境管理体系审核的实施及审核员的能力和评价提供了指南。适用于广泛的潜在使用者，包括审核员、实施质量和环境管理体系的组织、因合同原因需要对质量和环境管理体系实施审核的组织以及合格评定领域中与审核员注册及培训、管理体系认证及注册，认可或标准化有关的组织。

（4）ISO 9000 族标准与我国国家标准的关系

基于 ISO 9000 族标准的广泛使用，我国也制定相关质量标准 GB/T 1900 族标准，并与 ISO 9000 族质量管理体系四个核心标准采用。GB/T 1900 族标准与 ISO 9000 族核心标准等同采用对照见表 5.3。

表 5.3 GB/T 1900 族标准与 ISO 9000 族核心标准等同采用对照

标准号		标准名称	一般书写格式
中国	ISO		
GB/T 1900—2008	ISO 9000:2005	《质量管理体系 基础和术语》	GB/T 1900—2008/ISO 9000:2005
GB/T 19001—2008	ISO 9001:2008	《质量管理体系 要求》	GB/T 19001—2008/ISO 9001:2008
GB/T 19004—2009	ISO 9004:2009	《质量管理体系 业绩改进指南》	GB/T 19004—2009/ISO 9004:2009
GB/T 19011—2003	ISO 19011:2002	《质量管理体系 质量和环境管理体系审核指南》	GB/T 19011—2003/ISO 19011:2002

质量管理体系是指在质量方面指挥和控制组织的管理体系。其中体系是指若干有关事物相互联系、互相制约而构成的一个有机整体，具有系统性、协调性。管理体系是指建立方针和目标并实现这些目标的相互关联或相互作用的一组要素。

质量管理体系就是把影响质量的技术、人员、管理和资源等因素都综合在一起，为了达到质量目标而相互配合、努力实现。质量管理体系包括硬件和软件两个部分，企业在建立质量管理体系时，首先根据实现质量目标的需要，准备必要的条件（人员素质、试验方法、加工方法、检测设备等资源），然后通过设置组织机构，开展各项质量活动，分配、协调各项活动的职责和接口，制定各项活动的工作方法，使各项活动能经济、有效、协调地进行，从而形成企业的质量管理体系。

（5）质量管理原则

质量管理原则是 ISO/TC 176 在全面总结世界各国质量管理实践经验的基础上，科学提炼和高度概括了质量管理活动中最基本、最通用的一般性规律。质量管理原则表现为八项基本原则。

1）以顾客为关注焦点的原则　企业依存于顾客，必须及时了解顾客当前和未来的需求，满足顾客要求并争取超越顾客期望。将顾客满意或不满意信息的监控作为评价质量管理体系业绩的一种重要手段。

2）发挥领导作用的原则　质量管理的主要职责由最高管理者承担，领导者确立企业的宗旨及方向，营建实现企业目标的内部环境。对质量方针和质量目标的制定，质量管理体系的建立、完善、实施和保持承担主要责任。

3）全员参与的原则　企业全体员工是创造财富和质量保证的根本，只有强化企业全体员工的参与及培训，才能确保员工素质能够满足工作要求，并使每个员工有较强的质量意识，为企业带来收益。

4）选择合理过程方法的原则　将企业质量活动和相关的资源作为过程进行管理，可以更高效地得到期望的结果，通过对各部门的职责权限进行明确的划分、计划和协调，从而使企业有效地、有秩序地开展各项活动，保证工作顺利进行。

5）系统管理的原则　将相互的关联的过程作为系统加以识别、理解和管理，有助于企业提高实现目标的有效性和效率。实现系统化、科学化的管理，克服人治管理的弊端，在最佳工作途径下达到企业内部法制化管理，减少被动管理引起的内耗。建立计划、实施、评价、改进的循环机制，实现企业的可持续发展。

6）持续改进的原则　持续改进整体业绩应当是企业的一个永恒目标。通过质量管理工作的持续改进，提高质量管理体系的有效性，满足顾客不断变化的要求，达到顾客的满意要求。

7）基于事实的决策原则　在统计数据和信息分析的基础上，尊重客观事实，避免主观臆断，才能进行有效决策。应以预防为主，消除不合格项目产生的潜在原因，防止不合格项目的发生，从而降低成本。质量管理体系的重点是质量问题的预防，而不应依赖于事后的检验。

8）与供方互利的原则　企业与供方相互依存，保持互利的关系，可以增强双方创造价值的能力。企业应以最佳成本达到和保持所期望的质量，经济性及质量成本也是质量管理体系的重要因素。

5.1.3　焊接质量管理的主要环节

所有生产焊接产品的企业，都必须建立健全的质量管理体系。在产品设计、制造、检验、验收的全过程中，对企业的技术装备、人员素质、技术管理提出严格的要求，保证产品的合理设计与制造流程的合理安排。

全面质量管理应是全系统的，要使各管理和生产部门有目标地组成没有遗漏的全面质量管理系统。质量管理要有明确的计划，并且能迅速反馈和修正，形成科学评价的管理体制。生产单位要有生产出高质量焊接产品的技能，即技术指标、技能水平要求标准化，而且能经常起到改进和提高质量的作用。要保证焊接质量，必须具有足够的检查焊接质量的能力，能实行客观检查的体制，拥有一旦检查出质量不合格的焊接产品或零部件时，具有停止生产的权限。

焊接质量管理的主要环节有技术管理、钢材管理、焊接材料管理、焊接设备管理、焊接坡口和装配管理、焊接的检验管理、焊工和焊接检验人员的教育和培训以及焊接质量的检验等。

（1）技术管理

企业应建立完整的技术管理机构，建立健全各级技术岗位责任制的厂长或总工程师技术责任制。企业必须有完整的设计资料、正确的生产图纸和必备的制造工艺文件等，所有图样资料上应有完整的签字，引进的设计资料也必须有复核人员、总工程师或厂长的签字。

生产企业必须有完善的工艺管理制度，明确各类人员的职责范围及责任。焊接产品所需的制造工艺文件，应有技术负责人（主管工艺师或责任焊接工程师）的签字，必要时应附有工艺评定试验记录或工艺试验报告。工艺文件由企业的技术主管部门根据工艺评定试验或焊接性试验的结果，并结合生产实践经验确定。对于重要产品，还应通过产品模拟件的复核验证后再最终确定。工艺规程是企业产品生产过程中必须遵循的法规。

焊接技术人员应对工艺质量承担技术责任。焊接操作者应对违反工艺规程及操作不当造成的质量事故承担责任。企业应设立独立的质量检查机构，按制造技术条件严格执行各类检查试验，对所检焊缝提出质量检查报告。检查人员应对由漏检或误检造成的质量事故承担责任。

（2）钢材管理

检查钢材是否准确地用在设计所规定的结构部位上，这是施焊前一个重要的问题。所以要做到钢材进库-出库的记录，以及加工流程图，并应造表登记、核对轧制批号、规格、尺寸、数量及外观情况。

焊接锅炉和压力容器用钢应具有足够的强度、良好的塑性和韧性、优良的焊接性和冷加工性能、良好的耐腐蚀性等。焊接锅炉和压力容器用钢按其用途可分为结构钢、高强度钢、耐热钢、低温钢、不锈钢和抗氧化钢，其中结构钢的应用范围最广，常用于制造常温压力容器壳体、支座和接管等部件。我国生产的锅炉和压力容器用钢已经标准化，可根据产品技术要求选用。

（3）焊接材料管理

生产单位对焊接材料要严格保管，通常要有专用库房（一级库、二级库等），库房中通风要好，要除湿、干燥，不同规格型号的焊条要分类摆放，并标注明显的型号或牌号标签。焊接材料在使用前需要烘焙。由于吸潮程度与包装、仓库环境和库存时间有很大的关系，因此严格焊接材料的仓库管理，定期对焊材库存期间的情况进行检查。

当焊接材料开包进行吸潮检查发现已超过极限时，或在开包后到使用已相隔一段时间，都要按有关规程进行烘干。对于未用完的回收焊条，许可直接送回烘箱。在焊接生产中发现焊接材料有问题时，应对焊条、焊丝、焊剂等进行调查，向生产部门及时反馈，同时应将材料汇集保存，以备查验。

（4）焊接设备管理

以钢材焊接为主要制造手段的企业，必须配备必要的设备与装置并严格进行管理，这些设备和装置主要包括：

① 非露天装配场地及工作场地的装备、焊接材料烘干设备及材料清理设备；

② 组装及运输用的吊装设备；

③ 各类加工设备、机床及工具；

④ 焊接及切割设备、装置及工夹具；

⑤ 焊接辅助设备与工艺装备；

⑥ 预热与焊后热处理装备；

⑦ 检查材料与焊接接头性能的检验设备与仪器；

⑧ 必要的焊接试验装备与设施。

焊接设备、装置与工夹具的故障和损坏，直接导致焊接过程无法实现，因此应定期地对焊接设备进行检查和维修。为了便于检查，要求对各类焊机造表登记。例如，焊机的检修规定、埋弧焊机的电流和电压表的检查登记、焊机故障报表和使用时间表等。焊接设备日常检查项目见表 5.4。

表 5.4　焊接设备日常检查项目

焊机	施焊前必须检查的项目	检查内容	日期
弧焊电源	初、次级绕组绝缘与接线	绝缘可靠性	
		接线正确性	
		电网电压与铭牌是否吻合	
	焊钳	绝缘可靠性	
		导线接触是否良好	
	接地可靠性	是否接好地线	
	焊机输出地线可靠性	地线导线与焊钳电缆截面积是否正确	
	噪声与振动	是否有异常噪声与振动	
	焊接电流调节装置可靠性	是否能灵活移动铁芯或线圈	
	是否有绝缘烧损	是否有烧焦异味	

焊机	施焊前必须检查的项目	检查内容	日期
自动与半自动弧焊机	焊枪控制开关	启动、开闭动作准确性	
	电源冷却风扇	开机后是否转动,风量是否足够,是否有不规则噪声	
	噪声、振动、异味	有无异常噪声与振动,有无烧焦异味	
	电磁气阀、水流开关	动作是否正确,是否有漏水、漏气,不正常提前与滞后	
	氩与其他保护气体	管路系统连接正确性,流量是否可控,有无泄漏	
	焊丝进给系统	送丝与调速系统工作正常与否及可靠性	
	是否接地	检查接地是否可靠	
	焊接电弧稳定性	检查电弧稳定性,飞溅率是否异常	
电阻焊机	水冷系统	是否漏水,流量是否适宜	
	点焊、对焊、缝焊、凸焊机电极	表面是否清洁,电极形状是否符合要求,导电过渡处接触和导电油层状态是否良好	
	气压、液压、弹簧、凸轮、杠杆加压系统	检查加压系统工作正确性、可靠性、压力数值与加压时序正确性	
	电极连接软铜箔	接触是否良好,有1/4断裂即不得使用,应更新	

专用焊接设备操作规程、焊接设备管理制度、数控焊接与切割装置的计算机程序等焊接工艺文件,也是指导焊工、生产管理不可缺少的环节。随着焊接生产过程机械化和自动化程度的不断提高,设备管理的作用将显得越来越重要。

(5) 焊接坡口和装配管理

为保证焊接质量,国家标准制定了各种焊接方法的坡口间隙、形状和尺寸,为使焊接坡口保持在允许范围之内,要进行焊接坡口的加工精度管理。如果在焊接生产中有一部分坡口超出允许范围,应按照规定进行坡口修整,局部打磨或加工。焊接与拆除装配定位板应严格、仔细,并按工艺要求作适当的焊后修整。

焊接接头坡口处的水分、铁锈和油漆,焊前必须进行清除方可施焊。一般在焊接低碳钢时,底漆基本不影响焊接质量,可在带漆状态下施焊;但对高强度钢,采用大直径焊条平角焊时,如存在油漆则易产生气孔。在不利的气候条件下装配,应采取特殊措施。

焊接件的装配对焊接质量影响很大,大型复杂的焊接结构多采用部件组装法。部件组装法要求正确的部件划分、严格的生产管理和协调的各部件生产进度等来加以保证,还需要有较大的作业面积。焊接生产中常用的装配方式与方法见表5.5。

(6) 技术人员和焊工技能管理

企业必须拥有一定的技术力量,包括具有相应学历的各类专业技术人员和技术工人。通常配备数名焊接技术人员,并明确一名技术负责人。他们必须熟悉与企业产品相关的焊接标准与法规。焊接技术人员按技术水平分为高级工程师、工程师、助理工程师和技术员。

从事焊接操作与无损检验的人员必须经过培训和考试合格取得相应证书或持有技能资格证明。操作人员只能在证书认可资格范围内按工艺规程进行焊接操作。技能资格管理的项目,包括焊工名册(其中注明等级)、人员调动、在岗的工作情况和技能等。并且,用管理卡进行焊接技能管理,每隔一年在管理卡上记录一次。焊工要进行定期培训和焊工技能考核制度。焊工培训管理的基本程序如图5.1所示。

表 5.5 焊接生产中常用的装配方式与方法

装配方式与方法			特 点	适用范围
定位方式	划线定位装配法		按事先划好的装配线确定零、部件的相互位置,使用普通量具和通用工夹具在工作平台上实现对准定位与紧固 效率低、质量不稳定	大型的或单件生产的焊接结构
	工装定位装配法		按产品结构设计专用装配胎夹具,零件靠事先安排好的定位元件和夹紧器而完成装配 效率高、质量稳定、有互换性,但成本较高	批量生产的焊接结构
装配-焊接顺序	零件组装法	随装随焊（边装边焊）	先装若干件后接着正式施焊,再装若干件后再施焊,直至全部零件装焊完毕;在一个工件位置上,装配工和焊工交叉作业	单件小批量生产或复杂结构
		整装整焊（先装后焊）	把全部零件按图样要求装配成整体,然后转入正式焊接工序焊完全部焊缝 装配和焊接可以在不同的工作位置进行	结构简单、零件数量少的焊件
	部件组装法		将整个结构划分成若干个部件,每个部件单独装焊好后再把它们总装焊成整个结构	大型、复杂的焊接结构
装配地点	工件固定装配法		在固定的工作位置上装配完全部零、部件	大型的或重型的焊接结构
	工件移动装配法		按工艺流程工件顺着既定的工作地点移动,在每个工位上只完成部分零件的装配	流水线生产的产品

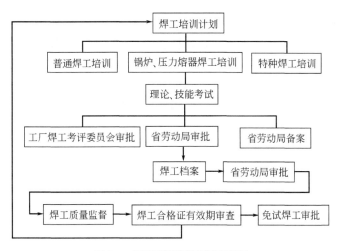

图 5.1 焊工培训管理的基本程序

（7）焊接施工管理

在焊接结构生产中,焊接是整个生产过程的核心工作,焊接的各工序都是围绕着获得符合焊接质量要求的产品而做的工作。

加强焊接现场的施工管理对焊接质量有重要的影响,特别是锅炉和压力容器生产,更应严格按焊接工艺规程进行施工。焊接施工管理,随所采用的焊接方法有所不同。一般焊接施工管理项目包括对焊接条件的查核、焊接顺序以及高强度钢的施焊管理等。焊接条件包括焊接现场的电源电压的波动、焊接操作地点的环境和焊接设备上应有的指示仪表等。焊接顺序是指板与板、板与骨架材料的焊接顺次和层次。对交错焊接头的顺序和预热焊件,必须严格

执行焊接工艺的规定。

（8）焊接检验管理

焊接检验与其他生产技术相配合，才可以提高产品的焊接质量，避免焊接质量事故的发生。因此，检验管理应是贯穿在整个生产过程中，是焊接生产过程中自始至终不可缺少的工序，是保证优质高产低消耗的重要措施。检查人员包括无损检验人员、焊接质量检验员、力学性能检验员、化学分析人员等，其中无损检验人员应持有规定的等级合格证书。在检验管理中，必须实行自检、互检、专检及产品验收的检验制度，有完善的质量管理机构，才能保证不合格的原材料不投产，不合格的零部件不组装，不合格的焊缝必须返工修整，不合格的产品不出厂等要求。

检验人员应是保证焊接产品质量的监督员，又是分析产品质量和质量事故的技术人员，所以检验人员应该是一位严格的管理员。检验结果必须存档，对不合格产品应有发生质量事故的原因和处理意见。较大的质量事故必须向上级汇报，并有上级的处理意见和处理结果。

为了保证焊接质量，除了对焊接缺陷和检测要制定相应的标准外，对焊接设备、焊接材料和检测方法，均要规范化和标准化。例如，对外观检查要规定检查项目和数值，并制定该产品的工厂标准。对焊缝内部缺陷的检验方法，应执行检测标准，如射线探伤方法标准、渗透探伤方法标准等。对不同的焊接材料，应设置规定的质量检验过程，如不锈钢焊条、碳钢焊条、低合金钢焊条等质量检验标准。

对焊接接头的力学性能，应执行焊接接头的抗拉强度，拉伸、弯曲、冲击韧性、疲劳性能和硬度等试验方法的标准。只有制定和严格执行技术检验规程，才能保证产品的整体焊接质量。

（9）焊工和检验员的教育和培训管理

目前的大部分焊接是依靠手工操作，即使是自动焊接和射线探伤，操作者的技能对焊接质量也有很大的影响。因此，不断对焊接操作者进行教育和专业培训是保证焊接质量的关键。主要内容包括教育焊工和检验员具有高度的责任心，培养成熟练的操作者，而且要教育焊工掌握新的焊接方法，检验员掌握新的检测技术、发现检测中存在的新问题和采取必要的防止措施。对操作者个人技能上存在的问题，要及时纠正和培训。

强化焊接质量管理不仅有助于产品质量的提高，而且可以推动企业的技术进步，增强产品的市场竞争力。保证焊接质量不仅仅只是焊接接头质量满足使用要求，而且要有焊接前、焊接中及焊接后的系统质量管理，即质量的全面管理才能保证优质的焊接产品。

5.2 焊接工艺规程

5.2.1 焊接工艺规程的概念

（1）何谓焊接工艺规程

焊接工艺规程（welding procedure specification，WPS）是一种经试验评定合格的、有关焊接工艺的书面文件，用于指导相关人员按相应的制造法规要求焊接制造合格的产品。换句话说，焊接工艺规程是一种指导操作者施焊产品焊缝的正式工艺文件，也是检查产品焊接质量的主要技术文件之一。

焊接工艺规程反映了产品工艺设计的基本内容，是用以指导焊接产品生产的技术规范，是企业安排生产计划，进行生产调度、技术检验、劳动组织和材料供应等工作的技术依据。

按照 ASME（美国机械工程师协会）锅炉与压力容器法规第九卷 QW-200.1 条款，对焊接工艺规程可做如下定义：焊接工艺规程是一种经评定合格的书面焊接工艺文件，以指导焊接操作者按法规的要求焊制具体产品的焊接接头。具体地说，焊接工艺规程可用来指导焊工和焊接操作者施焊产品接头，以保证焊缝质量达到规定的技术要求。

焊接工艺评定结果主要用作制定焊接工艺规程（焊接工艺指导书）的依据。焊接工艺评定合格后，一般由生产单位的焊接责任工程师提出焊接工艺评定报告，并结合实际生产情况，制定焊接工艺规程。焊接工艺规程主要用于指导焊接结构生产。

焊接工艺评定报告中的工艺参数，是制定焊接工艺规程的参考依据，有时可作略微变动，其目的是满足某一项特殊的要求。例如，如果对工件有冲击韧性的要求时，焊接热输入要严格控制，热输入应略小于焊接工艺评定报告中的规定值。

焊接工艺规程必须由生产该焊接结构的企业自行编制，不得沿用其他企业的焊接工艺规程，也不得委托其他单位编制用以指导本企业焊接生产的焊接工艺规程。因此，焊接工艺规程也是技术监督部门检查生产企业是否具有按法规要求生产焊接产品资格的证明文件之一，是企业质量保证体系中最重要的技术文件。目前已成为焊接结构生产企业认证检查中的必查项目之一。

在产品制造之前，必须制定焊接工艺规程以及相应的焊接工艺。为此，焊接工程师们提出了焊接工艺规程，在这个规程中规定了特殊应用场合有关焊接条件和工艺参数的详细内容，以确保焊接产品的质量满足使用要求和经过适当培训后焊工操作的可重复性。

焊接工艺规程的制定必须通过焊接工艺评定试验，有工艺认证记录的实际焊接条件证实其焊接工艺规程的正确性和合理性，并且在实际焊接试验条件下能够获得满足使用要求的焊接接头。正是在这个基础上，提出了焊接工艺规程。

当每个重要的焊接工艺参数的变化超出规程的评定范围时，需重新编制焊接工艺规程，并仍应有相应的工艺评定报告作为支持。

（2）焊接工艺规程的基本形式

现代焊接结构生产中使用的焊接工艺过程，有三种基本形式。

1）专用焊接工艺规程

只适用于某类焊接结构特定接头的焊接，且须经相应的焊接工艺评定加以验证。这些焊接结构的生产，大多须接受国家质量监督部门的审查，要求严格执行相关的国家标准或制造规程，如锅炉、压力容器、管道、船舶和重载钢结构等。专用焊接工艺规程必须由生产企业自行组织编制，不得借用其他生产企业类似的焊接工艺规程。这是因为，焊接工艺规程中的各项规定必须密切结合本企业的实际生产条件，也是国家质量监督部门评审企业生产资格的重要证明文件。相关企业必须重视并组织好专用焊接工艺规程的编制工作。

2）标准焊接工艺规程

是在企业积累多年的焊接生产经验的基础上，对采用标准的结构材料和焊接材料，以通用的焊接工艺方法焊接的标准接头形式和坡口形状编制的焊接工艺规程，一般不需要通过相应的焊接工艺评定加以验证。经过规定的审批程序后，可直接用于指导焊接生产。应指出，标准焊接工艺规程只有在相应的制造文件（制造法规、规程或合同文本等）允许时才能使用，并且使用单位具有足够的焊接生产经验，对焊接质量承担全部的责任。这种标准焊接工艺规程虽然由多项焊接工艺评定报告所支持，但对于超出所列范围的焊接条件和参数是不适用的。

3）通用焊接工艺规程

主要用于非承载焊接件和对接头力学性能无要求的焊件，编制依据是企业多年积累的焊接生产经验。对焊缝质量的要求主要是外形尺寸，以及焊缝外表合格标准。因此，无需经过焊接工艺评定验证，但应经规定的程序评审。编制通用焊接工艺规程的人员，应对所适用焊件的焊接工艺具有专业知识和丰富的实践经验。通用焊接工艺规程中，应明确规定其适用范围，包括构件名称、规格、结构材料种类、焊材型号或牌号、接头形式、坡口及焊缝尺寸等。通用焊接工艺规程的格式、项目和内容，与标准焊接工艺规程基本相同，只是所规定的焊接参数的范围相对较宽。

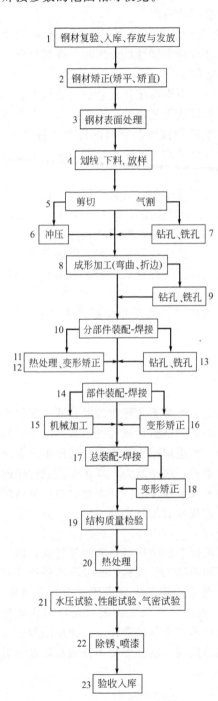

图 5.2　典型的焊接结构制造
工艺流程示意图

5.2.2　焊接工艺流程和工艺要素

（1）焊接工艺流程

焊接工艺的制定应遵循以下三个原则：

① 必须确保焊接产品的质量，焊缝不允许有超标的缺陷，接头的各项性能必须符合产品技术条件和相应标准的要求；

② 在确保焊接接头质量的前提下尽可能提高焊接效率，最大限度地降低生产成本，获取最高的经济效益；

③ 焊接工艺过程较复杂，影响接头质量的工艺参数繁多，焊接工艺的正确性和合理性必须通过相应的试验（所谓焊接工艺评定）加以验证。

焊接结构制造工艺取决于产品的结构形式。从原材料进厂复验入库到产品最终检验合格出厂，其基本的加工工艺包括：钢材矫正、钢材的表面预处理、划线下料或数控切割机下料、冲压、成形、坡口加工、部件装配焊接、机械加工、总装焊接、热处理、无损检测、气密性及性能试验、成品后处理、包装入库等。

典型的焊接结构制造工艺流程见图 5.2。对制造工艺过程各工序的技术要求应在产品或部件的综合工艺卡或工艺流程卡中加以说明，以保证各工序的加工质量。

（2）焊接工艺方案的确定

焊接工艺方案是根据产品设计要求、生产类型和生产厂家的生产能力，提出工艺准备工作的具体任务和实施措施的指导性文件。工艺方案是经过工艺过程分析，对生产中的重大技术问题有了解决的办法和意见后，进行综合归纳和整理，就形成能指导产品生产的方案。其主要内容有：

① 规定关键质量问题的解决原则和方法，包括关键零部件的加工方法；

② 提出工艺试验课题和工艺装备的配置，提出专用工装的设计原则和设计要求；

③ 规定生产组织形式和工艺路线的安排原则和意见；

④ 决定工艺规程制定原则、形式和繁简程度。

对产品制造中的重大技术问题，在工艺方案中应有明确的解决措施和规定。工艺方案一经审批，即成为编制各种工艺文件的依据。

焊接工艺过程设计的主要内容包括：

① 确定焊接结构各零、部件的加工方法、相应的工艺参数及工艺措施；

② 确定总体焊接结构合理的生产过程，包括各工序的工步顺序；

③ 决定每一加工工序所需用的设备、工艺装备及其型号规格，对非标准设备提出设计要求；

④ 计算产品的工艺定额，包括金属材料、辅助材料、填充材料的消耗定额和劳动消耗定额，进而决定各工序所需工人数量及其技术等级，以及各种动力的消耗等。

工艺设计的结果是编制出一套指导与管理生产用的工艺文件，包括工艺方案、焊接产品零、部件工艺流程和工艺规程等。工艺流程是在焊接工艺方案审查之后制定的，应对产品结构及其技术要求进行深入分析，熟悉产品从原材料到成品整个制造过程中的工艺方法，研究和解决加工制造中可能出现的技术难题。

综合工艺过程分析的结果，提出制造产品的工艺原则和主要技术措施，对重大问题做出明确规定。工艺过程分析与拟定工艺方案可以平行交叉进行，方案可能不止一个，须经论证比较后选出最佳方案。把经审批的工艺方案进行具体化，编写出用于管理与指导生产的工艺文件，其中最主要的是工艺规程。

（3）焊接工艺要素

从广义上讲，焊接工艺要素应包括对接头组织性能和致密性起决定性作用的所有工艺因素。除了焊接方法和工艺参数以外，焊接工艺要素还应考虑以下几项：

① 焊接接头的形式与拘束度；

② 焊前加工、坡口制备和装配；

③ 母材的种类和规格；

④ 焊接材料；

⑤ 焊前预热、层间温度和低温后热处理；

⑥ 焊后热处理；

⑦ 焊接热输入；

⑧ 操作工艺技能；

⑨ 焊后检查。

这些焊接工艺要素都应在焊接工艺评定中加以考虑，并在焊接工艺规程中做出明确的规定。

5.2.3　焊接工艺规程的内容

一份完整的焊接工艺规程，应当列出为完成符合质量要求的焊缝所必需的全部焊接工艺参数，除了规定直接影响焊缝力学性能的重要工艺参数外，还应规定可能影响焊缝质量和外形的次要工艺参数。

焊接工艺规程中描述的焊接变量包括：焊接方法、母材（包括母材厚度或管子直径）、焊接材料、焊接类型（坡口、焊缝类型）、焊接位置、保护气体、预热及焊后热处理、工艺参数（极性、焊接电流、焊接电压、焊接速度、填丝速度、焊条或焊丝直径、焊接顺序等）、焊接方向（向上或向下）、衬垫（板材、焊剂、气体等）。

（1）焊前准备

产品制造中的放样、下料应按有关的工艺要求进行，坡口形式、尺寸、公差及表面质量应符合有关标准或技术条件要求。当产品技术条件中要求对母材进行焊前处理时，应按确定

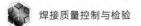

的工艺规程进行。

（2）组装与焊接

产品的组装必须严格遵循焊接工艺规程。参加组装点固的焊工应是按有关标准考试合格并取得相应资格的焊工。在生产现场，要有必要的技术资料。要仔细地焊接或拆除装配定位板。工艺规程中应包括焊接方法、焊接填充材料、辅助材料、重要的工艺参数及施焊措施。根据工艺要求，可以进行适当的焊后修整。

（3）焊后热处理

当产品技术条件中要求进行焊后热处理时，如消除应力热处理、消氢处理等，应按产品的热处理工艺进行。

（4）焊接修复

对有缺陷的部位进行焊接修复时，要根据有关标准、规程认真制订修复程序及修复工艺，并严格遵照执行。

（5）产品检验与验收

检验应按有关的标准、规则进行。检验结果不合格，应按有关规定进行复验，复验不合格，则产品不合格。检验与产品的制造密切相关，检验应贯穿于整个制造过程。焊接检验的有关内容见图5.3。产品的验收规则应按产品的技术条件及合同要求制定。产品的验收要严格按验收规则进行。

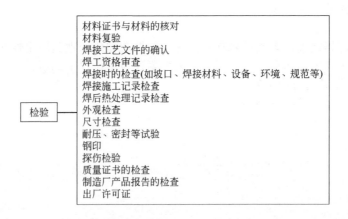

检验 —— 材料证书与材料的核对
材料复验
焊接工艺文件的确认
焊工资格审查
焊接时的检查(如坡口、焊接材料、设备、环境、规范等)
焊接施工记录检查
焊后热处理记录检查
外观检查
尺寸检查
耐压、密封等试验
钢印
探伤检验
质量证书的检查
制造厂产品报告的检查
出厂许可证

图 5.3　焊接检验的有关内容

5.2.4　焊接工艺规程的编制及有效性

工艺方案只规定了产品制造中解决重大技术问题的指导原则，要具体实施，须编制成能指导工人操作和用于生产管理的各种技术文件，常称为工艺文件，如产品零、部件明细表、部件工艺线路表、工艺流程图、工艺规程及专用工艺装备设计任务书等。其中最重要的是焊接工艺规程的编制，它是规定产品或零、部件制造工艺过程、操作方法和质量管理的重要工艺文件。

工艺规程必须包括下列内容：规定产品或零、部件制造工艺的具体过程、质量要求和操作方法；指定加工用的设备和装备；给出产品的材料（母材、焊材等）、劳动和动力消耗定额；确定工人的数量和技术等级等。

焊接工艺规程文件应由企业的技术主管部门根据焊接工艺评定试验的结果并结合实践经验确定。对于重要产品，还应通过产品模拟件的复核验证之后最终确定。编制焊接工艺规程是主管工艺人员主要工作内容之一。

（1）焊接工艺规程的编制程序

① 对于企业首次投入的新产品，应先编制焊接工艺方案，提出必要的焊接工艺评定项目；评定合格后，根据焊接工艺评定报告，编制证实的焊接工艺规程。

② 对于结构形状同类型，而结构材料和相匹配的焊接材料类别不同的焊接结构，在产品施工图纸批准生效后，提出必须进行的焊接工艺评定项目；根据该工艺评定报告编制相应的焊接工艺规程。

③ 企业为提高生产效率，改进产品质量和降低制造成本，计划采用新工艺、新材料和新设备，应先提出相关的焊接试验研究项目和焊接工艺评定项目，根据该试验研究报告和工艺评定报告编制相对应的焊接工艺规程。

④ 对于不要求作焊接工艺评定的焊接件，可按产品制造技术条件或图纸规定的技术要求，直接编制焊接工艺规程。

焊接工艺规程原则上是以焊接件的接头形式为单位编制的。例如，在压力容器的焊接生产中，筒体的纵缝、环缝、接管焊缝、人孔加强板焊缝等，都应分别编制焊接工艺规程。如果某些焊接接头需采用两种以上焊接工艺方法制成，这些焊接接头的焊接工艺规程应以相对应的两份以上的焊接工艺评定报告为依据。

（2）工艺规程的文件形式

为了便于生产和管理，工艺规程有各种文件形式，表 5.6 列出了常用的几种，可根据生产类型、产品复杂程度和企业生产条件等选用。

表 5.6　工艺规程常用文件形式

文件形式	特　点	适用范围
工艺过程卡片	以工序为单位，简要说明产品或零、部件的加工或装配过程	单件小批量生产的产品
工艺卡片	按产品或零、部件的某一工艺阶段编制，以工序为单元详细说明各工序名称、内容、工艺参数、操作要求及所用设备与工装	适于各种批量生产的产品
工序卡片	在工艺卡片的基础上，针对某一工序编制，比工艺卡片更详尽，规定了操作步骤、每一工序内容、设备、工艺参数、定额等，常附有工序简图	大批量生产的产品和单件小批量生产中的关键工序
工艺守则	按某一专业工种而编制的基本操作规程，具有通用性	单件、小批量、多品种生产

为了标准化，便于企业管理和操作者使用，文件应有统一格式。某些行业因产品制造工艺复杂或有特殊要求，统一格式难以表述，可以在行业范围或企业内部建立统一格式，限在本行业范围内使用。

（3）编写工艺规程的基本要求

编写工艺规程不是简单地填写表格，而是一种创造性的设计过程。必须把工艺方案的原则具体化，同时要解决工艺方案中尚未解决的具体施工问题。例如，确定详细的加工顺序，规定设备的型号规格，明确工艺步骤、加工余量，确定工艺参数、材料消耗、定额等，是一件很细致的工作。现在已逐渐用计算机进行编制。

编制工艺规程时，除了必须考虑基本的设计原则外，还应达到下述要求：

① 工艺规程的编制应做到正确、完整、统一和清晰；

② 工艺规程的格式、填写方法、使用的名词术语和符号均应符合有关标准规定，计量单位全部采用法定计量单位；

③ 同一产品的各种工艺规程应协调一致，不得互相矛盾，结构特征和工艺特征相似的零、部件，尽量设计具有通用性的工艺规程；

④ 每一栏目中填写的技术内容应简要、明确，文字规范化、字体端正，排列整齐；难以用文字说明的工序或工步内容，应绘制示意图并标明技术要求。

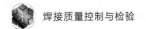

（4）编写工艺规程的方法和步骤

应根据产品的生产性质、类型和产品的复杂程度确定该产品应具备的工艺文件种类。国家标准或行业标准中对必备的和酌情自定的文件做了规定。例如，单件和小批量生产的简单产品，编制工艺过程卡和关键工艺的工艺卡片即可；复杂产品需要有工艺方案、工艺路线表、工艺过程卡片、工艺卡片和关键工序的工序卡片等。大批量生产则要求工艺文件齐全完整，内容要求详尽而具体。

工艺文件类型确定后即可按相应的格式进行编写，一般的编写过程如下。

① 熟悉与掌握编写工艺规程所需的技术资料　除了设计依据、工艺方案和工艺流程图外，还应汇集有关工艺标准、加工设备和工艺装备的技术资料以及国内外同类产品的相关工艺资料。

② 确定毛坯形式及其制造方法　制定关键零件的毛坯制造方法，焊接结构多用板材和型材，要确定其下料方法（如剪切、气割、锯割、冲裁等）；有时要用到铸件、锻件或冲压件，要确定相应的铸造或锻压的方法。

③ 确定较详细的工艺过程　根据加工方法确定各工序中工步的操作内容和顺序，提出工序的技术要求、检验方法和验收标准。

④ 确定工艺材料、设备和工艺参数　包括：

a. 确定焊接材料和辅助材料，标明它们的牌号和规格等；

b. 选定加工或检验用的设备、工具或工艺装备，注明其型号、规格或代号；

c. 确定各工艺条件和参数，熔焊时的工艺条件包括预热、层间温度、单道焊或多道焊等；工艺参数包括焊接电流、焊接电压、焊接速度、焊丝直径等；

d. 计算与确定工艺定额，包括材料（母材、焊材及其他辅助材料等）的消耗定额、劳动定额（工时或产量定额）和动力（电、水、压缩空气等）消耗定额等。

在编制工艺规程中需要使用非标准设备或工装时，须提出非标准设备或专用工装设计任务书及外购件明细表等文件。

（5）焊接工艺规程的有效性

焊接工艺规程是指导焊工按相应技术标准或法规要求焊制产品的重要工艺文件，也是证明一个企业具有按国家标准或法规制造合格产品能力的重要文件之一。

工艺规程编制完成后，应按规定的程序审批，必须经过总工程师签字确认。对于重要的焊接结构或有特殊要求的产品，焊接工艺规程还要经技术监督部门或用户代表签字认可。最终确定的工艺规程是产品生产中必须遵循的法则。

焊接工艺规程应作为质量文件加以严格管理，并分发到有关生产班组、机台、检查站，以便使焊工、生产管理人员和检查人员遵照执行。

焊接工艺规程原则上长期有效，即使有关的国家标准、监督规程及 ASME 法规修改再版，已有的焊接工艺规程继续有效。而新的焊接工艺规程则应按最新版本的有关标准和法规的要求编制。

5.3　常用焊接方法的工艺规程

5.3.1　焊接方法和代号

焊接方法的种类很多，传统意义上是将焊接方法划分为三大类，即熔焊（Fusion welding）、压焊（Pressure welding）和钎焊（Brazing and soldering）；也有的分为熔化焊和非熔化焊（固相焊）。根据不同的加热方式、工艺特点等将每一大类方法再细分为若干小类。典型的焊接方法和代号见表 5.7。焊接结构件生产中应用最多的焊接方法是熔焊中的焊条电弧焊、埋弧焊、熔化极气体保护焊、钨极氩弧焊等。

表 5.7　典型的焊接方法和代号

焊接方法	代号	焊接方法	代号
电弧焊	1	气焊	3
焊条电弧焊	111	氧-燃气焊	31
埋弧焊	12	氧-乙炔焊	311
埋弧自动焊	121	氧-丙烷焊	312
熔化极惰性气体保护焊（MIG）	131	压焊	4
熔化极活性气体保护焊（MAG）	135	摩擦焊	42
钨极惰性气体保护焊（TIG）	141	爆炸焊	441
等离子弧焊	15	其他焊接方法	7
电阻焊	2	铝热焊	71
点焊	21	电渣焊	72
缝焊	22	激光焊	751
凸焊	23	电子束焊	76
闪光焊	24	螺柱焊	78
电阻对焊	25	钎焊	9

5.3.2　焊条电弧焊工艺规程要点

焊条电弧焊是利用电弧产生的热量熔化被焊金属的一种手工操作的焊接方法。由于它所需的设备简单、操作灵活，对不同位置的各种焊缝均能方便地进行焊接。目前，焊条电弧焊是锅炉、压力容器、船舶和电力管道焊接中使用最广泛的一种焊接方法。

1）接头设计

焊条电弧焊常用的接头形式有对接、搭接、角接和 T 形接头。选择接头形式时，主要依据产品结构，并综合考虑受力条件、加工成本等因素。其中对接接头在各种焊接结构中应用最为广泛，是一种比较理想的接头形式。对接接头与搭接接头相比，具有受力均匀、节省填充金属等优点，但对接接头对下料尺寸和组装要求比较严格。T 形接头的焊缝单向承载能力较差，但能够承受各种方向的力和力矩，在船体结构中应用较多。角接头的焊缝承载能力差，一般不用于重要的焊条电弧焊结构。搭接接头易于装配，但焊缝承载能力差，一般用于厚度小于 12mm 的钢板，其搭接长度一般为钢板厚度的 3～5 倍。

焊条电弧焊的坡口形式应根据焊件的结构形式、厚度和技术要求选用，常用的坡口形式包括：I 形（对接不开坡口）、V 形、X 形、Y 形、双 Y 形、U 形坡口等。对接接头单面坡口和双面坡口的接头形式见图 5.4。角接头和 T 形接头的组合形式见图 5.5。

对接接头板厚为 1～6mm 时用 I 形坡口，采用单面焊或双面焊即可保证焊透；对接接头板厚超过 3mm 时，为保证焊缝的有效厚度或充分焊透，改善焊缝成形，可加工成 V 形、X 形、U 形等坡口形式。

在板厚相同时，双面坡口比单面坡口、U 形坡口比 V 形坡口消耗焊条少，焊接变形小。尤其是随着板厚的增加，这些优点更加突出。但 U 形坡口加工比较困难，加工费用较高，

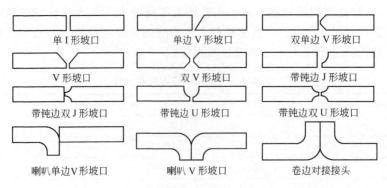

图 5.4　对接接头单面坡口和双面坡口的接头形式

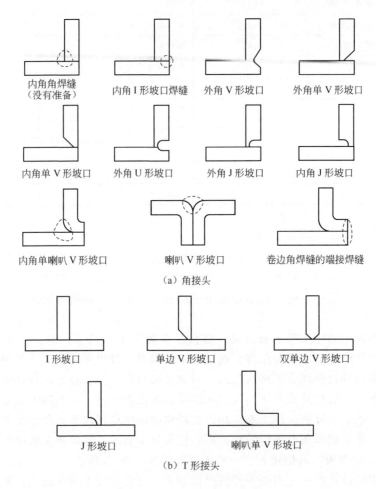

（a）角接头

（b）T 形接头

图 5.5　角接头和 T 形接头的组合形式

一般用于比较重要的焊接结构。

焊条电弧焊板材对接焊缝和角焊缝试件的焊接位置如图 5.6 所示。

2）焊条选用

焊条电弧焊时主要根据母材性能、焊接接头的力学性能和工作条件选择焊条。一般碳钢和低合金结构钢的焊接主要是按"等强匹配"原则选择焊条的强度级别。对于普通焊接结构，一般选用酸性焊条，重要的焊接结构选用碱性焊条。

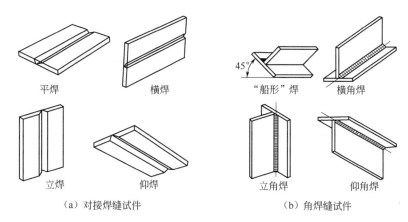

（a）对接焊缝试件　　　　　　　　　　（b）角焊缝试件

图 5.6　板材焊接位置

　　根据被焊材料性能、焊缝质量要求及施工条件等确定焊条类型之后，焊条直径选择主要考虑工件厚度、接头形式、施焊条件等。平板对接焊时板厚与焊条直径之间的关系见表 5.8。搭接、T 形接头因散热比对接接头快，应适当增大焊条直径。仰焊、立焊、横焊时，为防止熔池金属下淌，应适当减小焊条直径。对于多层焊时第一层打底焊缝，为防止烧穿和充分熔透，可选用较小的焊条直径。

表 5.8　平板对接焊时板厚与焊条直径之间的关系　　　　　　　　　　mm

焊件厚度	2	3	4～5	6～12	>12
焊条直径	2	3.2	3.2～4.0	4.0～5.0	5.0～6.0

　　焊条类型决定焊接电流种类和极性。低氢钠型焊条必须采用直流反接，低氢钾型焊条可采用直流反接或交流。酸性焊条（如焊条牌号末位数字为 1～5）一般采用交流，也可采用直流。碱性焊条（如焊条牌号末位数字为 7）时选用直流电源，焊条牌号末位数字为 6 的碱性焊条可选用交直两用电源。

　　焊条使用前应烘干。烘干焊条可去除因受潮而存留在药皮中的水分，减少熔池及焊缝中的氢，防止气孔和冷裂纹的产生。烘干焊条要严格按照规定的烘干条件进行。烘干温度过高，药皮中某些成分会分解，降低机械保护的效果；烘干温度过低或烘干时间不够，受潮药皮的水分去除不彻底，仍会产生气孔和冷裂纹。

　　3）焊接工艺

　　① 起焊　焊条电弧焊焊缝起焊时，由于母材温度低，容易出现施焊焊道窄而高，甚至未焊透等缺陷。克服这些缺陷的起焊操作工艺有：一是将焊接电弧有意提高，对工件进行预热，等工件预热到一定温度后再压低电弧，进入正常焊接状态；二是对于重要工件、重要焊缝，在条件允许的情况下采用引弧板，将质量不稳定的焊缝部分引到焊件之外的引弧板上，焊后去除。

　　② 焊接电流　焊条电弧焊时，焊接电流越大，生产率越高。因此，在条件允许的情况下尽量选用较大的焊接电流，但过高的焊接电流会造成工件烧穿、焊条发热发红、药皮脱落、焊缝成形变坏、咬边和焊接接头区晶粒粗大等缺陷。焊接电流过小会产生未焊透、夹渣等缺陷。焊接电流大小与焊条直径、焊接位置和施焊方式有关，应严格控制在焊接工艺规程要求的范围内。

　　低碳钢、低合金钢用酸性焊条平板对接焊接电流的选用见表 5.9。焊接位置改变时焊接电流应作适当调节，立焊、横焊时焊接电流减小 10%～15%，仰焊时应减小 15%～20%。用碱性焊条时，焊接电流也应适当减小。

表 5.9　低碳钢、低合金钢用酸性焊条平板对接焊接电流的选用

焊条直径/mm	1.6	2.0	2.5	3.2	4.0	5.0	5.8
焊接电流 /A	25～40	40～60	50～80	100～130	160～210	200～270	260～300

　　焊条电弧焊使用的焊接电流种类有交流和直流两种。直流焊接电源的电弧稳定性好，可以降低焊缝中含氢量，但成本稍高一些。使用酸性焊条时可选用交流焊接电源，使用碱性焊条时选用直流焊接电源。

　　选用直流焊接电源时要根据焊缝要求和焊条性质确定电源极性。工件为负、焊条为正时称为反极性连接；工件为正、焊条为负时称为正极性连接。用碱性低氢型焊条施焊时，采用反极性连接，因为反极性可以增加母材的熔化量、提高电弧稳定性、减少焊缝中的含氢量。用交流弧焊机时，不存在正反接的问题。

　　对焊机的极性有怀疑时，可用下述方法鉴别焊机的极性：

　　a. 使用直流电压表确定极性；

　　b. 使用碱性低氢型焊条（E4315、E5015）试焊，若焊接过程中电弧稳定、燃烧正常、飞溅小，与焊条相接端为正极；

　　c. 将直流弧焊机的两个输出端放在食盐水中，如果其中一端有大量气泡析出，该端为负极。

　　③ 焊接电压　焊条型号确定后，焊条电弧焊条件下焊接电压的大小取决于焊接电弧长度，所以焊接电压的选择，主要是通过弧长来控制。弧长大于焊条直径的称为长弧焊，弧长小于焊条直径的称为短弧焊。焊接电压增大，焊缝宽度增加，熔深减小，电弧稳定性变差，飞溅增大。常用的焊接电压为 22～26V。

　　电弧越长，焊接电压越高，焊缝越宽；但电弧太长，则电弧挺度不足，飘忽不定，熔滴过渡时容易产生飞溅，对电弧中的熔滴和熔池金属保护不良，导致焊缝产生气孔；而电弧太短，熔滴向熔池过渡时容易产生短路，导致熄弧，使电弧不稳定，从而影响焊缝质量。因此，焊接时应使电弧长度保持在适当范围内。一般情况下应尽量采用短弧焊。

　　④ 焊接速度　焊接速度是指焊条在焊缝轴线方向的移动速度，它影响焊接热输入、焊缝成形和焊接生产率。焊接速度过快会造成焊缝变窄，焊道凹凸不平，容易产生咬边及焊缝波纹变尖；焊接速度过慢会使焊缝变宽，余高增加，效率降低。焊接速度的大小应根据热输入、焊接电流与焊接电压综合考虑确定。对于焊条电弧焊，焊接速度和焊接电压一般不做具体数值规定，焊接操作者可以根据焊缝成形等因素灵活掌握。

　　焊条电弧焊时，在保证焊缝具有所要求的尺寸和外形、保证熔合良好的前提下，焊接速度由操作者根据实际情况灵活掌握。通常焊接电流大、间隙大、坡口角度小时，焊接速度大；反之，则焊接速度小。

　　⑤ 焊缝层数　厚板的焊接，一般要开坡口并采用多层焊或多层多道焊。多层焊和多层多道焊接头的显微组织较细，前一焊道对后一焊道起预热作用，而后一焊道对前一焊道有焊后热处理作用。因此，接头的塑性、韧性和综合力学性能较好。特别是对于易淬火钢（如低碳调质钢），后焊道对前焊道的回火作用，可以改善接头的组织和性能。

　　对于低合金高强钢等钢种，焊缝层数对接头性能有明显影响。焊缝层数少、每层焊缝的熔敷金属厚度太大时，由于组织粗化，将导致焊接接头的塑、韧性下降。因此，焊条电弧焊时应控制每层焊道厚度不能大于 4～5mm。

⑥ 收尾　焊条电弧焊时，由于电弧吹力，使熔池呈凹坑状，液面低于已凝固的金属，若焊接结束时立即拉断电弧会留下弧坑。弧坑处由于保护不好易产生弧口裂纹和气孔，而且造成焊缝断面减小，影响焊缝强度和表面质量。因此，一般是在焊缝收尾处稍加停留，使焊条熔化金属填满弧坑，然后再拉断电弧，或焊到焊缝收尾处回焊一段后再熄弧。

4）焊接质量检验

焊后必须对焊接接头质量进行检验。对焊缝表面缺陷，可采用外观检查、渗透探伤和磁粉探伤等方法进行检查。对焊缝内部缺陷，可采用射线探伤、超声波探伤等无损探伤方法进行检查。焊缝质量的合格等级，由产品技术要求或产品质量标准确定。对于不合格的焊接接头，允许返修。在返修焊接前，必须将影响返修质量的焊接缺陷彻底清除。为了保证焊接产品质量，应按产品要求严格限制返修次数。

5）辅助工具

① 焊条保温筒　焊条保温筒是焊接操作者现场必备的辅具。将已烘干的焊条放置在保温筒内供现场使用，起到干燥、防潮、防雨淋等作用，能够避免使用过程中焊条药皮的含水率上升，这对于低氢型焊条的施焊尤为重要。焊条从烘干箱取出后，应立即放入焊条保温筒内送到施工现场。

② 其他工具　如尖锤、钢丝刷、扁錾、手锤等。主要用来清理焊接工件上的熔渣、锈蚀和氧化物等，常用的有尖形锤和钳工手锤。扁錾用以开一般小坡口及清除焊接缺陷等。在排烟情况不好的场所焊接作业时，应配备烟雾吸尘器或排风扇等辅助器具。此外，还应配备钢丝钳、旋具、扳手、验电笔等，供操作者维护焊接设备和排除一般故障用。

5.3.3　埋弧焊工艺规程要点

埋弧自动焊是利用熔化电极在颗粒状焊剂下产生电弧熔化母材实现焊接的一种方法。焊剂的作用与焊条药皮相似，熔融焊剂产生的渣和气能有效地保护电弧和熔池。埋弧焊适用于低碳钢、低合金钢、不锈钢、耐热合金等中厚板及大厚度板的焊接和堆焊，广泛应用于锅炉及压力容器制造、造船与化工装备生产等。

1）坡口形式

埋弧焊的坡口形式与尺寸可参照 GB 986—88 确定。当钢板厚度小于 14mm 时可不开坡口，当板厚为 12～44mm 时开 V 形坡口或 U 形坡口；当板厚大于 44mm 时开双 V 形或双 U 形坡口。

坡口可用刨边机、车床、气割机等设备加工。加工后的坡口尺寸及表面粗糙度必须符合设计图纸或工艺文件的规定。

2）焊接工艺

埋弧焊工艺包括焊前准备与装配、选用与母材匹配的焊丝与焊剂、选择正确的焊接工艺参数及焊后热处理等。

① 焊前准备　焊前应将坡口以及坡口两侧 20～50mm 区域内的铁锈、氧化皮、油污、水分等清理干净。对于小型焊件，坡口及其附近的氧化皮及铁锈可用砂布、钢丝刷、角向磨光机打磨；对于大型焊件，通常采用喷砂、抛丸等方法处理。油污及水分一般用氧-乙炔火焰烘烤。

表面处理完之后要求对焊件进行装配。埋弧自动焊焊件的装配要求较高，必须保证间隙均匀、高低平整且不错边。定位焊缝采用焊条电弧焊或气体保护焊进行焊接，定位焊缝原则上应采用与母材等强的焊条施焊，且应平整，无气孔、夹渣等缺陷，长度一般应大于30mm。埋弧焊定位焊缝长度与焊件厚度的关系见表 5.10。

表 5.10 埋弧焊定位焊缝长度与焊件厚度的关系

焊件厚度/mm	定位焊缝长度/mm	备 注
≤3	40～50	300mm 内一处
3～25	50～70	300～350mm 内一处
≥25	70～90	350～400mm 内一处

定位焊后应及时将焊道上的渣壳清理干净，同时还必须检查有无裂纹等缺陷。如果发现裂纹缺陷，应彻底铲除该段焊缝，重新施焊。

平直焊缝两端加装的引弧板与熄弧板，焊后须割除，使焊件上的焊缝截面尺寸保持稳定，并打磨掉引弧板和收弧板位置处的缺陷。引弧板和熄弧板应采用与焊件相同的材料，其厚度也应与焊件相同，以便正反两面都可使用，长度一般为 100～150mm，宽度为 75～100mm。

② 焊接材料 为获得高质量的焊接接头，应根据被焊钢材的类别及对焊接接头性能的要求选择焊丝，并选择适当的焊剂相配合。一般情况下，对低碳钢、低合金高强钢的焊接，应选用与母材强度相匹配的焊丝；对耐热钢、不锈钢的焊接，应选用与母材成分相匹配的焊丝；堆焊时应根据对堆焊层的使用性能要求，选择与合金系统成分相近的焊丝并选用合适的焊剂。

埋弧焊焊剂粒度的选择应根据焊接电流、焊剂类型、焊接速度、坡口形式综合考虑。细颗粒适用于大电流、低速焊；粗颗粒透气性好，抗锈蚀能力强，适用于表面有油锈钢材的焊接。

目前市售的焊丝一般有防锈铜镀层。使用前应注意去除焊丝表面的油污，以防止氢气孔。如果所用的焊剂无防锈铜镀层，焊前还应去除焊丝表面的油及铁锈等。焊剂使用前应按要求烘干，酸性焊剂应在 250℃下烘干，保温 1～2h。限用直流的高氟焊剂必须在 300～400℃下烘干，保温 2h，烘干后应立即使用。

③ 焊接电流 是决定焊缝熔深的主要因素。其他条件不变时，焊接电流增大，焊缝的熔深 H 及余高 a 均增加，而焊缝的宽度变化不大。正常情况下，焊接电流与熔深成正比关系：$H = k_m I$（k_m 为电流系数，决定于电流种类、极性及焊丝直径等）。因此，焊接电流应根据熔深要求选定。增大焊接电流可提高生产率，但焊接电流过大时，焊接热影响区宽度增大，并易产生过热组织，从而使接头韧性降低；此外电流过大还易导致咬边、焊瘤或烧穿等缺陷。焊接电流过小时，易产生未熔合、未焊透、夹渣等缺陷，使焊缝成形变坏。

表 5.11 给出了埋弧焊条件下的电流系数（k_m）值。不同焊丝直径时焊接电流的取值范围见表 5.12。

表 5.11 埋弧焊条件下的电流系数（k_m）值

焊丝直径/mm	电流种类	焊剂-焊剂组合	k_m/(mm/100A)	
			T形焊缝及开坡口的对接焊缝	堆焊及不开坡口的对接焊缝
5	交流	HJ431-H08A	1.5	1.1
2	交流	HJ431-H08A	2.0	1.0
5	直流正接	HJ431-H08A	1.75	1.1
5	直流正接	HJ431-H08A	1.25	1.0
5	交流	HJ430-H08A	1.55	1.15

表 5.12　不同焊丝直径时焊接电流的取值范围

焊条直径/mm	1.0	1.6	2.0	2.5	3.0	4.0	4.8	5.5	6.0	8.0	9.0
焊接电流 /A	100~350	115~500	125~600	150~700	220~1000	340~1100	400~1300	500~1400	600~1600	1000~2500	1500~4000

埋弧焊采用直流反接时,熔敷速度稍低,熔深较大。一般情况下都采用直流反接。采用直流正接时,熔敷速度比直流反接高 30%~50%,但熔深较浅,降低了熔合比。直流正接适合于堆焊。母材的热裂纹倾向较大时,为了防止热裂,也可采用直流正接。采用交流进行焊接时,熔深处于直流正接与直流反接之间。

焊正面焊缝时,可采用焊剂垫或临时工艺垫板,以防止烧穿或焊漏,工艺参数必须保证使熔深大于工件厚度的 60%~70%。焊背面焊缝前应首先用电弧气刨挑焊根,采用与正面相同或稍小的工艺参数进行焊接。

④ 焊接电压　对熔深的影响很小,主要影响熔宽,随着焊接电压的增大,熔宽增大,而熔深及余高略有减小。为保证电弧的稳定燃烧及合适的焊缝成形系数,焊接电压应与焊接电流保持适当的关系。焊接电流增大时,应适当提高焊接电压,与每一焊接电流对应的焊接电压的变化范围不超过 10V。

焊接电压除对焊缝成形有影响外,还会改变熔敷金属的化学成分。当焊接电压增加时,焊剂的熔化量增加,熔渣和液态金属重量间的比值增大,过渡到熔敷金属中的合金元素会有所增加。

⑤ 焊接速度　对熔深及熔宽均有明显的影响。焊接速度增大时,熔深、熔宽均减小。因此,为了保证焊透,提高焊接速度时,应同时增大焊接电流及电压。但电流过大、焊接速度过高时,易引起咬边等缺陷。因此焊接速度不能过高。

单面埋弧自动焊的工艺参数见表 5.13。

表 5.13　单面埋弧自动焊的工艺参数

板 厚 /mm	装配间隙 /mm	焊丝直径 /mm	焊接电流 /A	焊接电压/V		焊接速度 /(cm/min)	备 注
				交 流	直 流		
3	2	3	380~420	27~29	—	78.3	①在龙门架的焊剂铜衬垫上成形 ②采用 HJ431
4	2~3	4	450~500	29~31	—	68	
5	2~3	4	520~560	31~33	—	63	
6	3	4	550~600	33~35	—	63	
7	3	4	640~680	35~37	—	58	
8	3~4	4	680~720	35~37	—	53.3	
9	3~4	4	720~780	36~38	—	46	
10	4	4	780~820	38~40	—	46	
12	5	4	850~900	39~41	—	38	
10	3~4	5	700~750	34~36	32~34	50	①在焊剂垫上成形 ②采用 HJ431
12	4~5	5	750~800	36~40	34~36	45	
14	4~5	5	850~900	36~40	34~36	42	
16	5~6	5	900~950	38~42	36~38	33	
18	5~6	5	950~1000	40~44	36~40	28	
20	5~6	5	950~1000	40~44	46~40	25	

⑥ 焊丝直径及干伸长度　埋弧焊电流一定时，焊丝直径越细，熔深越大，焊缝成形系数减小。然而对于一定的焊丝直径，使用的电流范围不宜过大，否则将使焊丝因电阻热过大而发红，影响焊丝的性能及焊接过程的稳定性。焊丝干伸长度越大，焊丝熔化量增大，余高增大，而熔深略有减小。

3）辅助工装

埋弧焊与一些辅助工装同时使用才能达到良好的施焊效果。常用的埋弧焊辅助工装主要有工件操纵装置、焊机变位装置、焊缝成形装置及焊剂回收装置等。

① 工件操纵装置　用来旋转、倾斜、翻转及升降工件，使焊缝处于水平或船形焊位置，以改善焊接质量、提高生产率和优化劳动条件。工件操纵装置主要有变位机、回转台、翻转机及滚轮架等几种。图5.7是埋弧焊典型的工件变位机及滚轮架结构示意。

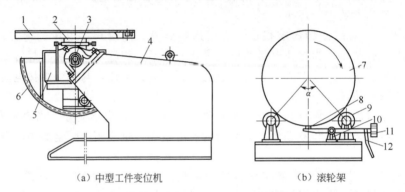

（a）中型工件变位机　　　　　　（b）滚轮架

图 5.7　埋弧焊典型的工件变位机及滚轮架结构示意

1—工作台；2—回转主轴；3—倾斜轴；4—机座；5—回转机构；6—倾斜大齿轮；

7—焊件；8—紫铜或石墨滑块；9—滚轮；10—滑块支架；11—配重；12—地线

② 焊机变位装置　焊机变位装置主要是将焊机机头准确无误地送到待焊位置，以一定的速度沿预定的轨迹移动焊接机头进行焊接。焊机变位装置与工件操作装置配套使用，可以完成纵缝、环缝等的焊接。常用的焊机变位装置有平台式、悬臂式、伸缩式、龙门式。

③ 焊接衬垫　衬垫是一种焊缝成形装置，焊接过程中加在焊缝的背面。主要用于防止铁水及熔渣下淌，保证焊缝背面成形，防止焊漏或烧穿。埋弧焊常用的衬垫有焊剂垫、焊剂铜衬垫、临时工艺衬垫等几种。

a. 焊剂垫　焊剂垫有自重式及气压式两种。自重式焊剂垫，利用工件的自重使焊剂与工件紧密贴合，而气压式通常借助于气囊，利用气压使焊剂与工件紧密贴合。

b. 焊剂铜衬垫　大型工件直焊缝通常采用铜衬垫，铜衬垫上开有一个成形槽，以保证背面成形。焊件之间需留有一定的间隙，使焊剂均匀填入成形槽中，保护背面焊缝。焊接过程中利用汽缸带动压紧装置将焊件均匀压紧在铜衬垫上。铜衬垫的两侧通常各配有一块同样长度的水冷铜块，用于冷却铜衬垫。

c. 临时工艺衬垫　埋弧自动焊的临时工艺垫板通常采用薄钢带，也可采用石棉绳或石棉板。

4）埋弧焊操作的工艺要点

① 掌握埋弧自动焊机的外部结构以及各旋钮、开关的使用方法；掌握操作程序以及操作过程中保持工艺参数稳定的技术；掌握通过工艺参数的调整控制焊缝形状的技术。

② 掌握埋弧自动焊机的维护和保养方法以及常见故障的排除方法；掌握对焊丝、焊剂、焊件进行焊前准备的技术，并根据焊件材质、厚度能正确地选择和调整工艺参数。

③ 在进行埋弧自动焊时，焊接筒体的外环焊缝或纵焊缝时，其操作位置都比较高，要防止摔伤和碰伤。焊接筒体或其他形式的焊件时，由于焊件尺寸较大、质量大，在吊装过程中，装夹要牢、动作要稳。焊件放置在滚轮架上时，应仔细调节，将焊件的重心调到两个滚轮中心至焊件中心连线交角允许的范围内。若焊件筒体由于制造误差带锥度时，应采用限位滚轮，防止筒体轴向滑动。

④ 埋弧自动焊是由多人联合操作，每次焊接时要由两三个人同时进行，1 人操作焊接、1 人添加焊剂、1 人负责清渣（或后两者由同一人负责）。所以，操作时应互相密切配合，并服从操纵焊接的焊工指挥。

⑤ 应尽量安排在室内进行，如果由于焊件大、笨重、移动不便等，必须在室外进行焊接时，在风速大于 1m/s、相对湿度大于 90％ 及雨雪天，应停止焊接。当焊件温度低于 0℃ 时，在始焊处 10～30mm 范围内应先预热至 15～50℃，然后再开始焊接。

⑥ 应注意防火和防毒。埋弧自动焊时，由于采用大电流，一旦短路极易造成火灾，因此要特别注意电缆的绝缘橡皮不要破损，电缆插头的连接要牢固；埋弧自动焊有些牌号的焊剂在熔化时会产生有害气体，会使人产生头痛等反应，尤其在容器内部进行埋弧自动焊时，要特别注意，现场通风要好。

5.3.4　钨极氩弧焊工艺规程要点

惰性气体保护焊是利用惰性气体（大多是氩气）作为保护介质，以高熔点钨极或燃烧于焊丝与工件间的电弧作为热源的电弧焊。分为钨极氩弧焊和熔化极氩弧焊（通称为氩弧焊），可用手工操作，也可通过机械自动操作。锅炉和压力容器焊接中，主要采用的是钨极氩弧焊（TIG），用于管板焊接、管子焊接和打底焊等。

从生产率考虑，钨极氩弧焊所焊接的板材厚度范围以 3mm 以下为宜。钨极氩弧焊可焊接材料的厚度和应用范围见表 5.14。

表 5.14　钨极氩弧焊可焊接材料的厚度和应用范围

被焊材料	厚度 /mm	保护气体纯度要求 /％	电流种类	操作方式
钛及钛合金	0.5 以上 2 以上	99.98	直流正接（DCSP）	手工 自动
镁及镁合金	0.5～1.5 0.5 以上	99.9	交流（AC）或直流反接（DCRP）	手工 自动
铝及铝合金	0.5～2 0.5 以上	99.9	交流（AC）或直流反接（DCRP）	手工 自动
铜及铜合金	0.5 以上 3 以上	99.7	直流正接（DCSP）或交流（AC）	手工 自动
不锈钢、耐热钢	0.1 以上 0.5 以上	99.7	直流正接（DCSP）或交流（AC）	手工 自动

对接、搭接、T 形接头和角接头等在任何位置（全位置）只要结构上具有可达性均能用钨极氩弧焊进行焊接。薄板（≤2mm）的卷边接头，搭接的点焊接头均可以焊接，而且无需填充金属。表 5.15 是钨极氩弧焊焊件厚度的适用范围，以 3mm 以下的薄板焊接最为适宜。薄壁产品包括箱盒、箱格、隔膜、壳体、蒙皮、喷气发动机叶片、散热片、鳍片、管接头、电子器件的封装等，均可采用钨极氩弧焊生产。

钨极氩弧焊特别适用于对接头质量要求较高的场合。某些厚壁重要构件，如压力容器、管道、汽轮机转子等，对接焊缝的根部熔透焊道、全位置焊道或其他结构窄间隙焊缝的打底

表 5.15　钨极氩弧焊焊件厚度的适用范围

厚度/mm	0.13	0.4	1.6	3	4	6	10	15	20	25	50	100
不开坡口单道焊	√√	√√	√√	√√								
开坡口单道焊			√√	√√	√√							
开坡口多层焊				√√	√√	√√	√√	√	√	√	√	√

注：√√—适合；√—也可用。

焊道，为了保证底层焊接质量，往往采用钨极氩弧焊打底。

手工钨极氩弧焊适用于结构形状复杂的焊件、难以接近的部位或间断短焊缝，自动钨极氩弧焊适于长焊缝，包括纵缝、环缝和曲线焊缝。钨极氩弧焊由于具有一系列的优点，获得了越来越广泛的应用，成为在航空航天、原子能、石油化工、电力、机械制造、船舶制造、交通运输、轻工和纺织机械等工业部门中的一种重要的焊接方法。

① 接头设计　首先要考虑焊接接头的坡口应能允许电弧、保护气体与填充金属达到接头底部，以保证良好的工艺性能。钨极氩弧焊常用的接头形式包括对接、搭接、角接、T 形接头、卷边接头及端接等，后两种适用于薄板焊接。

坡口形式及尺寸根据材料、板厚等确定。板厚小于 3mm 时，可不开坡口；板厚为3～12mm 时，开 U 形、V 形或 J 形坡口；厚度大于 12mm 的金属材料，采用双面 U 形或 X 形坡口；V 形坡口对接接头的坡口角度，碳钢、低合金钢和不锈钢约为 60°；U 形坡口的单边侧壁夹角，碳钢、低合金钢和不锈钢为 7°～9°。

② 坡口加工和装配　钨极氩弧焊对材料表面质量要求很高，为了保证焊接质量，焊前必须清理工件坡口及坡口两侧 20mm 范围内的氧化膜、油污及水分。否则在焊接过程中将影响电弧稳定性，并可能导致气孔、夹杂、未熔合等缺陷。

坡口清理要求是：坡口面及清理区段的金属表面不得留有油、脂、漆、机械润滑剂及氧化物等有害异物；灰尘、油、脂可用挥发性脱脂剂或无毒溶剂擦洗，油漆和其他不溶于脱脂剂的材料可用三氯甲烷、碱性清洗剂或专用化合物清洗；坡口部位不得存在夹层和其他缺陷。

钨极氩弧焊制造的产品多为薄壁结构，控制焊接变形和保证熔透而不烧穿是技术关键。对装配的要求是严格控制装配间隙和错边量，尽可能使接头处在刚性固定下施焊。自动钨极氩弧焊对装配质量的要求比手工钨极氩弧焊更严格。

薄板（≤1mm）对接不加填充金属钨极氩弧焊，一般是单面焊背面成形，沿缝不留装配间隙（或间隙＜0.15mm），不能出现错边，常借助装配夹具实现。手工钨极氩弧焊装配后允许用定位焊临时固定，板越薄，焊点越密。自动钨极氩弧焊不能用定位焊，接头背面可使用铜衬板在夹紧状态进行焊接。铜衬板的压块位于焊缝两侧，沿焊缝均匀分布，板越薄，压块应越多越密。

③ 母材和焊接材料　焊接结构用母材应符合国家有关标准的规定，有特殊要求时可由设计、制造和使用单位三方协商确定。焊接之前必须清楚母材的化学成分和力学性能，作为选择填充金属、预热、后热及制定工艺参数的重要依据。当采用正常焊接工艺出现意外缺陷时，如未熔透、大量气孔或产生裂纹等，需查明母材材质或焊接材料匹配是否合适。

惰性保护气体可用 Ar、He 或 Ar-He 混合气体。在特殊应用场合，可添加氢或氮（各约 5%，限于焊接不锈钢、镍铜合金和镍基合金）。焊接用气体的纯度应符合国家标准的相应规定，氩气流量一般为 5～10L/min，氦气流量应高于氩气。

不同材料氩弧焊时保护气体的保护特点见表 5.16。

表 5.16　不同材料氩弧焊时保护气体的保护特点

材料	焊接类型	保护气体	特点
铝和镁	手工钨极氩弧焊	Ar Ar-He	引弧性、净化作用、焊缝质量都较好，气体消耗量低 可提高焊接速度
	自动钨极氩弧焊	Ar-He He（直流正接）	焊缝质量较好，流量比纯氩气时的低 与氩-氦相比，熔深大，焊速高
碳钢	手工钨极氩弧焊	Ar	容易控制熔池，特别在全位置焊接时
	自动钨极氩弧焊	He	比氩的焊速高
	钨极点焊	Ar	一般可延长电极寿命，点焊轮廓较好，引弧容易，比氦的流量低
不锈钢	手工钨极氩弧焊	Ar	焊薄件（不大于 2mm）时可控制熔深
	自动钨极氩弧焊	Ar Ar-He Ar-H$_2$（H$_2$<35%） Ar-H$_2$-He He	焊薄件时可很好地控制熔深 热输入较高，对较厚件焊速可能高些 防止咬边，在低电流下能焊出需要的焊缝成形，要求流量低 高速焊管作业中的最佳选择 可提供最高的热输入与最深的熔深
铜镍与铜镍合金	钨极氩弧焊	Ar Ar-He He	容易控制薄件熔池、熔深与焊道成形 高的热输入，以补偿大厚度的导热性 焊大厚度金属时热输入量大
钛	钨极氩弧焊	Ar He	低流量能降低紊流与空气对焊缝的污染，改善热影响区性能 大厚度手工焊时熔深较大（背面需加保护气体，以保护背面焊缝不受污染）
硅青铜	钨极氩弧焊	Ar	减少这种"热脆"金属的裂纹倾向
铝青铜	钨极氩弧焊	Ar	母材的熔深较浅

钨极氩弧焊采用的填充金属，一般可与母材的化学成分相近。不过，从耐腐蚀性、强度及表面形状考虑，填充金属的成分也可不同于母材。

一般选用熔化极气体保护焊用焊丝或焊接用钢丝。焊接低碳钢及低合金高强钢时一般按照"等强匹配"原则选择焊丝；焊接铜、铝、不锈钢时一般按照"等成分匹配"原则选择焊丝。焊接异种金属时，如果两种金属的组织性能不同，选用焊丝时应考虑抗裂性及碳的扩散问题；如果两种金属的组织相同，而力学性能不同，最好选用成分介于两者之间的焊丝。选用的填充金属应符合以下相应规定：

a. 焊接碳钢、低合金钢用 Mn、Si 合金化的填充金属，并应符合 GB 1300—77《焊接用钢丝》的规定；

b. 焊接不锈钢及高镍合金的填充金属应用 Ti 来控制气孔，用 Mn、Nb、Mo 或其组合来控制裂纹；

c. 焊接铜及铜合金的填充金属应符合 GB/T 9460—2008《铜及铜合金焊丝》的规定；

d. 焊接铝及铝合金的填充焊丝应符合 GB/T 10858—2008《铝及铝合金焊丝》的规定。

在没有相应标准时，可由供需双方商定。填充金属应保存在清洁干燥的仓库内。

④ 工艺及参数　当焊接接头设计、母材及焊接材料确定之后，应通过工艺性试验或焊接工艺评定来确定工艺参数。焊接工艺参数主要包括：焊丝直径、焊接电流、焊接电压、焊接速度、气体流量等。

焊接铝、钛、镁及其合金，以及焊接带氧化膜的铜及铜合金时一般采用交流电源；正极性直流电源可以焊接几乎所有的黑色金属，反极性直流电源则很少被采用；电磁脉冲技术可以控制和改善电弧形态和焊道成形，改善熔深、结晶条件、晶粒尺寸及特殊位置的焊缝成形。

钨极氩弧焊时，根据生产条件和对焊缝的要求，可选择短路引弧（需加引弧板）、借助于高频发生器高频引弧、在钨极与工件之间瞬间加一高电压造成电离的脉冲引弧、点焊时的诱导引弧等各种引弧方法。

在相同的弧长条件下，采用氦气比氩气能产生更高的电弧电压，两者相差约 4V。因此，采用氦气保护可获得更大的熔深。电极端头的几何形状也影响电弧电压的大小，在钨极尖端到工件距离相同的条件下，较尖的锥形电极的焊接电压要高一些。可根据具体产品及电源类型选择焊接电压的控制方法，但无论采用哪种方法都应控制焊接电压保持相对稳定。碳钢钨极氩弧焊的工艺参数见表 5.17。

表 5.17　碳钢钨极氩弧焊的工艺参数

材料厚度/mm	1.5～3.0	3.0～6.0	6.0～12
接头设计	直边对接	V 形坡口	X 形坡口
焊接电流/A	50～100	70～120	90～150
极性	直流正接	直流正接	直流正接
焊接电压/V	12	12	12
钨极种类	钍钨极	钍钨极	钍钨极
电极尺寸/mm	2.4	2.4	3.2
填充金属尺寸/mm	1.6～2.5	2.5～3.2	2.5～3.2
保护气体流量/(L/min)	Ar 8～12	Ar 8～12	Ar 10～14
背面保护气体流量/(L/min)	Ar 2～4	Ar 2～4	Ar 2～4
喷嘴尺寸/mm	8～10	8～10	10～12
喷嘴到工件距离 /mm	≤12	≤12	≤12
最低预热温度/℃	15	15	15
最高层间温度/℃	250	250	250

电弧熔透深度通常与焊接速度成反比。金属的导热性、焊接结构件的厚度和尺寸是控制焊接速度的主要考虑因素。改变焊接速度可保持恒定电弧熔透力所要求的恒定热量。焊接铝及其合金等高热导率金属时，为了减小工件变形，应采用比母材热导率高的焊接速度。焊接有热裂倾向的合金时不能采用较高的焊接速度；在非平焊位置时，应适当提高焊接速度，以获得较小的熔池。

无论是手工还是自动钨极氩弧焊，焊接过程的一般程序是：

a. 起弧前通过焊枪向始焊点提前 1.5～4s 输送保护气，以驱赶管内和焊接区的空气；

b. 熄弧后应滞后一定时间（5～15s）停气，保护尚未冷却的钨极与熔池；焊枪须待停气后才离开终焊处，从而保证焊缝始末端的质量；

c. 接通焊接电源的同时，即启动引弧装置；电弧引燃后即进入焊接，焊枪的移动和焊丝的送进同时协调地进行；

d. 自动接通、切断引弧和稳弧电路，控制电源的通断；

e. 焊接将结束时，焊接电流应能自动地衰减，直至电弧熄灭，以消除和防止弧坑裂纹，这对于环缝焊接及热裂纹敏感的材料尤其重要；

f. 用水冷式焊枪时，送水与送气应同步进行。

手工和自动钨极氩弧焊的控制程序，焊接时分别由操作者和焊机的控制系统配合完成。

⑤ 质量检验　钨极氩弧焊的焊缝表面不再经过修整，一般直接进行检验。目测检查可以检查所有影响外观焊接质量的因素，如坡口加工、坡口清理和装配，以及整个焊缝表面可看到的情况，如焊缝外观尺寸、熔宽、表面气孔、咬边与表面裂纹等。常用的其他焊缝检验方法有：渗液法、磁粉法、超声波法、涡流法及射线法等。焊接检验方法主要取决于对产品焊接接头质量水平的要求。焊接检验规程必须有检验工艺与验收标准，以保证产品的焊接质量。

5.3.5　熔化极气体保护焊工艺规程要点

(1) MIG/MAG 工艺规程要点

用氩气或富氩气体作为保护介质，采用连续送进的焊丝与燃烧于焊丝与工件间的电弧作为热源的电弧焊。

1) 适用范围

① 适用的材料　熔化极氩弧焊几乎可焊接所有的黑色金属和有色金属，从焊丝供应以及制造成本考虑，特别适于焊接铝、铜、钛及其合金等有色金属中厚板，也适于不锈钢、耐热钢和低合金钢的焊接。

② 焊接位置　熔化极氩弧焊适应性好，可以进行任何接头位置的焊接。其中以平焊位置和横焊位置的焊接效率最高，其他焊接位置的效率也比焊条电弧焊高。

③ 既可焊接薄板又可焊接中等厚度和大厚度的板材　可用于平焊、横焊、立焊及全位置焊接，焊接厚度最薄为 1mm，最大厚度不受限制。

2) 焊接设备

熔化极氩弧焊设备由弧焊电源、控制箱、送丝机构、焊炬、水冷系统及供气系统组成。自动熔化极氩弧焊设备还配有行走小车或悬臂梁等，送丝机构及焊炬一般安装在小车上或悬臂梁的机头上。

控制箱中装有焊接时序控制电路，主要是控制焊丝的自动送进、提前送气、滞后停气、引弧、电流通断、电流衰减、冷却水流的通断及焊丝的送进等。对于自动焊机，还要控制小车的行走机构。

熔化极氩弧焊设备的气路系统由气瓶、减压阀、流量计、软管及气阀等组成。利用混合气体进行焊接时，要求将两种或三种气体用配比器按照一定的配比混合好，然后输送至软管中。采用双层保护气体焊接钛、镁等活泼金属时，如果两层保护气体具有不同的成分，应采用两套供气系统。水路系统通以冷却水，用于冷却焊炬及电缆，通常水路中设有水压开关。当水压太低或断水时，水压开关将断开控制系统电源，使焊机停止工作，保护焊接设备不被损坏。

MIG/MAG 送丝系统的核心是送丝机构，通常由动力部分（电动机）、传动部分（减速器）和执行部分（送丝轮）等组成。国内有专业厂家单独生产可与各种半自动熔化极气体保护焊电源配套使用的送丝机构。表 5.18 给出了部分国产熔化极气体保护焊送丝机的型号及适用范围。

送丝软管一般用弹簧钢丝绕制，或用四氟乙烯或尼龙材料等制成。前者适用于不锈钢、碳钢、低合金钢等的焊接，后者适用于铝及铝合金等有色金属的焊接。应合理选用送丝软管内径，以减小送丝阻力。

表 5.18　部分国产熔化极气体保护焊送丝机的型号及适用范围

型号	适用范围	送丝直径 /mm			送丝速度 /(m/min)
		钢实芯焊丝	铝实芯焊丝	药芯焊丝	
S86A 系列	CO$_2$ 焊	0.8～2.0	—	3.2（最大）	1.7～21
SDY-15S	CO$_2$ 焊/MIG/MAG	0.8, 1.0, 1.2, 1.6	1.2, 1.6, 2.0, 2.4	1.2, 1.6, 2.0, 2.4	1.5～16
HG 系列	CO$_2$ 焊	1.0, 1.2, 1.6, 2.0	—	—	1～15
SS-HB	CO$_2$ 焊	1.0, 1.2, 1.6, 2.0	—	—	1～15
NT 系列	CO$_2$ 焊/MIG/MAG	0.8, 1.0, 1.2, 1.6	—	—	1.5～18
S-52A	CO$_2$ 焊/MIG/MAG	0.8～1.6	—	—	2.5～18.4
S-52D（双主动轮）	CO$_2$ 焊/MIG/MAG	—	0.8～2.0	—	1.8～19
S-54D（四主动轮）	CO$_2$ 焊/MIG/MAG	—	0.8～2.0	—	1.8～19

3）焊接工艺及参数

MIG/MAG 的工艺参数主要有：焊丝直径、焊接电流、焊接电压、焊接速度、焊丝伸出长度、保护气体的种类及流量、电源极性、焊枪倾角、焊接方向及喷嘴高度等。焊丝直径根据工件厚度、施焊位置选择。表 5.19 给出了直径为 0.8～2.0mm 焊丝的适用范围。

表 5.19　直径为 0.8～2.0mm 焊丝的适用范围

焊丝直径 /mm	可焊工件厚度 /mm	施焊位置	熔滴过渡形式
0.5～0.8	0.4～3.2	全位置（平焊、横焊、立焊）	短路过渡
	2.5～4.0	水平	射滴过渡
	—	—	脉冲射滴过渡
1.0～1.4	2～8	全位置、单面焊双面成形	短路过渡
	2～12	水平、单面焊双面成形	射滴过渡（CO$_2$ 焊）
	＞6	水平	射流过渡（MAG）
	2～9	全位置（平焊、横焊、立焊）	脉冲射滴过渡
1.6	3～12	全位置（平焊、横焊、立焊）	短路过渡
	＞8	水平	射滴过渡（CO$_2$ 焊）
	＞8	水平	射流过渡（MAG）
	＞3	全位置（平焊、横焊、立焊）	脉冲射滴过渡（MAG）
2.0～5.0	＞10	水平	射滴过渡（CO$_2$ 焊）
	＞10	水平	射流过渡（MAG）
	＞6	水平	脉冲射滴过渡（MAG）

熔化极氩弧焊一般采用与母材成分相近的焊丝。在平焊位置焊接大厚度板时，可采用直径为 2.0～5.0mm 的焊丝，这时焊接电流可增大到 500～1000A。这种粗丝大电流焊的优点是熔透能力强、焊层道数少、焊接生产率高、焊接变形小。薄板（厚度 2mm 以下铝材、3mm 以下的不锈钢）或全位置焊接可选用脉冲喷射过渡或短路过渡进行焊接，厚板通常选用喷射过渡或亚射流过渡（后者仅适用于铝及铝合金）进行焊接。图 5.8 示出了不同直径的铝焊丝和不锈钢焊丝的 MIG 焊熔滴过渡形式及电流范围。

焊接时常用的几种混合气体的工艺特点及应用范围见表 5.20。

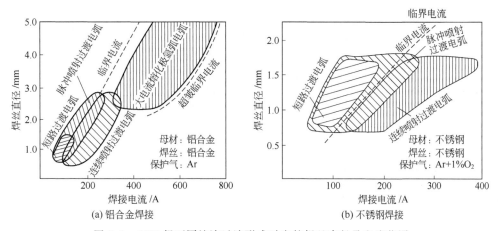

图 5.8　MIG 焊不同熔滴过渡形式对应的焊丝直径及电流范围

表 5.20　常用的几种混合气体的工艺特点及应用范围

被焊材料	保护气体	化学性质	焊接方法	工艺特点及应用范围
铝及其合金	Ar+(20~90)%He Ar+(10~75)%He	惰性	MIG TIG	射流及脉冲射流过渡;电弧稳定,温度高,飞溅小,熔透能力大,焊缝成形好,气孔敏感性小;随着氦含量的增大,飞溅增大;适用于焊接厚铝板
	Ar+2%CO₂	弱氧化性	MIG	可简化焊前清理工作,电弧稳定,飞溅小,抗气孔能力强,焊缝力学性能好
不锈钢及高强度钢	Ar+(1~2)%CO₂	弱氧化性	MIG	提高熔池的氧化性,降低焊缝金属的焊氢量,克服指状熔深问题及阴极飘移现象,改善焊缝成形,可有效防止气孔、咬边等缺陷;用于射流电弧、脉冲射流电弧
	Ar+5%CO₂+2%O₂	弱氧化性	MIG	提高了氧化性,熔透能力大,焊缝成形较好,但焊缝可能会增碳;用于射流电弧、脉冲射流电弧及短路电弧
碳钢及低合金钢	Ar+(1~5)%O₂ 或 Ar+20%O₂	氧化性	MIG	降低射流过渡临界电流值,提高熔池的氧化性,克服阴极飘移及指状熔深现象,改善焊缝成形;可有效防止氮气孔及氢气孔,提高焊缝的塑性及抗冷裂能力,用于对焊缝性能要求较高的场合;宜采用射流过渡
	Ar+(20~30)%CO₂	氧化性	MIG	可采用各种多渡形式,飞溅小,电弧燃烧稳定,焊缝成形较好,有一定的氧化性,克服了纯氩保护时阴极漂移及金属黏稠现象,防止指状熔深;焊缝力学性能优于纯氩作保护气体时的焊缝
	Ar+15%CO₂+5%O₂	氧化性	MIG	可采用各种过渡形式,飞溅小,电弧稳定,成形好,有良好的焊接质量,焊缝断面形状及熔深较理想;该成分的气体是焊接低碳钢及低合金钢的最佳混合气体
铜及其合金	Ar+20%N₂	惰性	MIG	可形成稳定的射流过渡;电弧温度比纯氩电弧的温度高,热功率提高,可降低预热温度,但飞溅较大,焊缝表面较粗糙
	Ar+(50~70)%He	惰性	MIG	采用射流过渡及短路过渡;热功率提高,可降低预热温度
镍基合金	Ar+(15~20)%He	惰性	MIG TIG	提高热功率,改善熔池金属的润湿性,改善焊缝成形
	Ar+60%He	惰性	TIG	提高热功率,改善金属的流动性,抑制或消除焊缝中的 CO 气孔;焊缝美观,钨极损耗小、寿命长

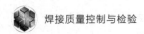

被焊材料	保护气体	化学性质	焊接方法	工艺特点及应用范围
钛锆及其合金	Ar+25%He	惰性	MIG TIG	可采用射流过渡、脉冲射流过渡及短路过渡,提高热功率,改善熔池金属的润湿性

注:1. 表中的气体混合比为参考数据,焊接时可视具体的工艺要求进行调整。

2. 焊接低碳钢、低合金钢及不锈钢时,不必采用高纯 Ar,可用粗 Ar(一般含有 $2\%O_2+0.2\%N_2$)与 O_2 或 CO_2 配合即可。

3. 焊接钛、锆及镍时,应采用高纯 Ar。

（2）CO_2 气体保护焊的工艺规程要点

CO_2 气体保护焊是利用 CO_2 作保护气体的熔化极气体保护焊,是以燃烧于工件与焊丝间的电弧作热源的一种焊接方法。CO_2 气体保护焊是明弧操作、便于监控、有利于实现焊接过程机械化及自动化。

1）材料

CO_2 气体保护焊用材料包括母材、焊丝和保护气体。母材的化学成分和力学性能应符合国家标准的规定,并有质量合格证明书。对质量合格证明书或对母材质量有怀疑时,须经理化性能检验合格后方可使用。

CO_2 气体保护焊用焊丝应符合国家标准《二氧化碳气体保护焊用钢焊丝》的规定,并有质量合格证明书。为了防止气孔、减小飞溅和保证焊缝的力学性能,CO_2 气体保护焊必须采用含有 Mn、Si 等脱氧元素的焊丝。供低碳钢和低合金结构钢焊接用的焊丝,含碳量都较低,同时含有 Si、Mn,以及 Ti、Al、Cr、Mo 等合金元素。应根据母材的化学成分和对焊接接头力学性能的要求,合理选用焊丝。

CO_2 气体保护焊用保护气体的纯度应不低于 99.5%（体积分数）,其含水不超过 0.005%（质量分数）。对于瓶装 CO_2 气体,当瓶内气体压力低于 1MPa 时应停止使用。

2）焊接设备

CO_2 半自动焊机及附属装备包括:焊枪（包括水冷系统）、送丝机构（包括焊丝盘及送丝软管）、焊接控制装置、焊接电源、保护气体气路系统和连接电缆等。所用焊机应符合国家标准《半自动二氧化碳弧焊机》相关标准的规定。

CO_2 自动焊机及附属装备包括:焊枪（包括水冷系统）、送丝机构（包括焊丝盘）、焊接控制装置、焊接电源、行走机构或工件运行机构、保护气体气路系统和连接电缆等。自动焊机应符合国家标准《电焊机基本技术要求》的有关规定。

CO_2 气体保护焊应根据产品技术要求确定焊接电流和实际负载持续率,选用具有合适额定电流的焊机。焊接设备应由专人维护,定期检修。焊接生产过程中如出现故障,立即停机检修。

3）接头准备及装配

焊接坡口可以剪切、刨边和气割加工。焊接装配前应仔细清除焊丝及被焊工件坡口附近的油、锈和水分。点固焊缝处应特别注意,该处积水易出现气孔,焊前应用气体火焰预热一下,以便去除水分。为了防锈,许多钢板表面涂有油漆。这些油漆不一定都要去除,看对焊接质量有无影响。有影响的油漆要去除,没有影响的涂料（如底漆）可以不去除。

装配的目的是防止焊接变形和维持预定的坡口。装配质量对焊接质量有很大影响,一般小尺寸的规则零件采用夹具装配;大尺寸的焊接件一般采用点固焊缝进行装配。点固焊缝对焊接质量影响很大,所以要特别引起重视。

点固方法可以采用接触焊、细丝 CO_2 气体保护焊或焊条电弧焊,但禁止使用薄药皮焊条，因为易生成气孔。使用焊接夹具时，应注意磁偏吹现象。所以，夹具的材质、形状、位置及焊接方向等均应注意。点固焊缝的位置也很重要，点固焊缝应分布在焊缝的背面。如果不可能的话，可焊一段短焊缝，焊接时此处就不要再焊了。点固焊缝的间距根据母材厚度决定，一般在 $200\sim500$mm。点固焊缝的长度一般为 $30\sim50$mm。

4）焊接工艺

CO_2 气体保护焊时，必须根据焊接位置、接头形式和焊接生产率要求等选择合适的焊接辅助工装。对焊接设备及辅助工装严格进行检查，确保电路、水路、气路及机械装置的正常运行。自动、半自动 CO_2 气体保护焊的工艺参数，与焊接接头形式、板厚、焊接位置、施工条件等因素有关。

CO_2 气体保护焊的焊接电流大小要与电弧电压相匹配。不同直径焊丝常用的焊接电流范围见表 5.21。

表 5.21 CO_2 焊不同直径焊丝常用的焊接电流范围

焊丝直径/mm	焊接电流/A	电弧形式	电弧电压/V
0.5	$30\sim60$	短弧	$16\sim18$
0.6	$30\sim70$	短弧	$17\sim19$
0.8	$50\sim100$	短弧	$18\sim21$
1.0	$70\sim120$	短弧	$18\sim22$
1.2	$90\sim150$	短弧	$19\sim23$
1.2	$160\sim350$	长弧	$25\sim35$
1.6	$140\sim200$	短弧	$20\sim24$
1.6	$200\sim500$	长弧	$26\sim40$
2.0	$200\sim600$	短弧和长弧	$27\sim36$
2.5	$300\sim700$	长弧	$28\sim42$
3.0	$500\sim800$	长弧	$32\sim44$

以 250A 为界限，把焊接电流范围划分为两个区域。小于 250A 的电流值，主要用于直径为 $0.5\sim1.6$mm 焊丝短路过渡的全位置焊接。由于熔深小，特别适合焊接薄板结构。如果工艺参数选择适当，飞溅不大、焊缝成形美观。短路过渡 CO_2 焊通常采用直流反接，电弧稳定，飞溅小，熔深大。但在堆焊及焊补铸件时，应采用直流正接，因为正接时焊丝为阴极，热量大，焊丝熔化速度快，生产率高。

对于平焊位置的施焊，若焊枪喷嘴不需要伸进坡口，则坡口角度应选下限值。焊丝、坡口及焊道周围 $10\sim20$mm 范围必须保持清洁，不得有影响焊接质量的铁锈、油污、水和涂料等杂物。应根据焊接工艺评定的试验结果编制具体产品的焊接工艺规程，确定焊前预热、层间温度和焊接工艺参数，以及是否进行焊后热处理和热处理工艺等。焊接工艺评定的内容和要求，可根据国家标准、产品技术要求或供需双方协商的结果由制造厂拟定，并经制造厂技术负责部门批准后执行。

CO_2 气体保护焊时必须根据被焊工件的焊接结构特点，选择合理的焊接顺序。立焊时可采用向下立焊，焊接过程中应注意防止未熔合、咬边等缺陷。

5）焊接操作工艺要点

① 定位焊缝应有足够的强度，一般定位焊缝的长度和间距见表 5.22，如果发现定位焊缝有夹渣、气孔和裂纹等缺陷，应将缺陷部分除尽后再补焊。

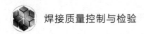

表 5.22　CO₂ 焊定位焊缝的长度和间距　　　　　　　　　　　　　　　mm

钢板厚度	定位焊缝长度	定位焊缝间距
<2	8～12	50～70
2～6	12～20	70～200
>6	20～50	200～500

② 操作时保持一定的焊丝伸出长度，不要忽高忽低。

③ 焊枪需摆动时，摆速和摆宽应合适，不得破坏 CO_2 气体的正常保护，保护气体应有足够大的流量并保持层流，及时清除附在导电嘴和喷嘴上的飞溅物，确保良好的保护效果。

④ 焊接区域的风速应限制在 1.0m/s 以下，否则应采用挡风装置。

⑤ 填满弧坑，否则易产生火口裂纹；对于重要焊缝，在焊缝两端应设置尺寸合适的引弧板和引出板；在不能使用引弧板和引出板时，应防止在引弧处和收弧处产生焊接缺陷；断弧后，需待焊缝金属凝固后方可停止送气或撤走焊枪。

⑥ 操作时如发现送丝不均匀、导电嘴孔径磨损等影响焊接过程稳定的情况时，应停止施焊，排除故障；经常清理送丝软管内的污物，送丝软管的曲率半径不得小于 150mm。

CO_2 气体保护焊主要用于焊接低碳钢及低合金钢。此外，还用于耐磨零件的堆焊等。CO_2 气体保护焊在车辆制造、工程机械、造船、石化、电力、冶金、建筑等部门得到了广泛的应用，已经发展成为一种常用的熔化焊工艺方法。

第6章
焊接工艺评定

在锅炉、压力容器等钢结构制造中，焊接工艺评定已成为相应法规或规程中强制性执行的条款，这样就使焊接工艺评定具有更重要的意义。如何正确理解焊接工艺评定的实质、内容、试验程序、评定结果及适用范围，合理和合法地执行相关标准，既保证产品的焊接质量，又能简化评定程序和试验工作量，节省人力物力，这是企业进行焊接质量管理的重要环节，也是焊接工程师需要熟悉和掌握的一项重要任务。

6.1 焊接工艺评定的目的和影响因素

6.1.1 焊接工艺评定简介

（1）焊接工艺评定的定义

焊接工艺评定是为验证所拟定焊接工艺的正确性而进行的试验过程及结果评价。为了保证焊接构件的制造质量，针对焊接构件上的每种焊接接头，都要制定合理的焊接工艺，并且在产品正式焊接前进行模拟实际焊接生产条件的验证性试验及质量检测。焊接工艺评定的目标就是要确定焊接工艺在产品生产过程中的可实施性，选用的焊接方法和焊接材料的正确性，焊接工艺措施的有效性，焊接规范参数的合理性，焊接质量无损检测方法的可靠性，焊接接头力学性能满足设计要求的符合性，最终达到焊接工艺的合理优化。

（2）焊接工艺评定的目的

焊接工艺评定是通过对焊接接头的力学性能或其他性能的试验证实焊接工艺规程的正确性和合理性的一种程序。生产厂家应按国家有关标准、监督规程或国际通用的法规，自行组织并完成焊接工艺评定工作。

焊接工艺评定试验不同于以科学研究和技术开发为目的而进行的试验，焊接工艺评定的目的主要有两个：一是为了验证焊接产品制造之前所拟定的焊接工艺是否正确；二是评定即使所拟定的焊接工艺是合格的，但焊接结构生产单位是否能够制造出符合技术条件要求的焊接产品。

也就是说，焊接工艺评定的目的除了验证焊接工艺规程的正确性外，更重要的是评定制造单位的能力。所谓焊接工艺评定，就是按照拟定的焊接工艺（包括接头形式、焊接材料、焊接方法、焊接参数等），依据相关规程和标准，试验测定和评定拟定的焊接接头是否具有

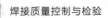

所要求的性能。焊接工艺评定的目的在于检验、评定拟定的焊接工艺的正确性、是否合理、是否能满足产品设计和标准规定，评定制造单位是否有能力焊接出符合要求的焊接产品，为制定焊接工艺提供可靠依据。

人们对焊接工艺评定的目的有两种不同的观点，即验证所拟定的焊接工艺的正确性，以及验证所拟定的焊接工艺的正确性同时评定施焊单位的能力。

上述观点涉及以下两种不确定因素：

① 制造单位编制的焊接工艺规程是否正确；

② 制造单位是否具备必要的能力。

由于存在"是"或"否"这样的不确定性，各国压力容器建造规范或标准都要求在压力容器焊接开始之前，通过焊接工艺评定试验对这种不确定性做出评判。若结果是"是"，则允许进行焊接，否则便不能。

美国 ASME 规范认为，焊接工艺评定的目的是确定拟建造的焊件满足对预定应用场合提出的各项性能要求的能力。焊件是具体制造单位焊接制成的，确定焊件是否具有要求的性能，就是评定制造单位能否生产出满足要求的焊件的能力。

焊接工艺既包括由金属焊接性试验或根据相关的资料所拟定的工艺，同时也包括已经评定合格，但由于特殊原因需要改变一个或几个焊接条件的工艺。为了保证锅炉、压力容器的焊接质量，对这些工艺条件都必须进行工艺评定，因为它是没有经过实际焊接条件检验的工艺。如果在施焊前不进行焊接工艺评定，那么焊后即使经无损探伤合格的焊缝，其焊接接头的使用性能未必一定能够满足质量要求，这就使压力容器产品的安全性大大降低。

焊接工艺评定在很大程度上能反映出制造单位所具有的施工条件和能力。焊接工艺评定所进行的各种试验，是结合锅炉和压力容器的特点和技术条件，结合制造单位具体条件进行的焊接工艺验证性试验。因此，只要试验合格，经过焊接工艺评定的焊接工艺是可靠的，并能够满足锅炉和压力容器焊接的需要。

焊接工艺评定还用以证明施焊单位是否能够焊制出符合相关法规、标准、技术条件所要求的焊接接头。在焊接工艺评定中明确规定：对于焊接工艺评定的试件，要由制造单位操作技能熟练的焊接操作者施焊。一项评定合格的焊接工艺由于施焊单位的变更有可能成为不合格的工艺，这是因为各个制造单位在技术水平上有差异，设备条件及工作状态不同，生产经验等方面也存在差别所致。

6.1.2　焊接工艺评定的特点

焊接工艺评定试验与金属焊接性试验、产品焊接试板试验、焊工操作技能评定试验相比，有相同之处，也有不同之处，主要的特点如下。

① 焊接工艺评定与金属焊接性试验不同，焊接工艺评定主要是验证或检验所制定或拟定的焊接工艺是否正确；而金属焊接性试验主要用于证明某些材料在焊接时可能出现的焊接问题或困难，有时也用于制定某些材料的焊接工艺。

② 焊接工艺评定与焊接产品试板试验不同，焊接工艺评定是在施工之前所进行的施工准备过程，不是在焊接施工过程中进行的。而产品焊接试板试验则是在焊接结构生产过程中进行，这种试板的焊接是与产品的焊接同步进行的。

③ 焊接工艺评定与焊工操作技能评定试验不同，焊接工艺评定试件的焊接由操作技能熟练的焊工施焊，没有操作因素对工艺评定的不利影响。焊接工艺评定的目标是焊接工艺，目的是评定焊接工艺的正确性；而焊工操作技能评定试板的焊接，则是由申请参加考试的焊工施焊。这些焊工的操作技能参差不齐，焊工操作技能影响试板的焊接质量，

因此也影响评定结果。焊工操作技能评定试验评定的目标是焊工，用以考核焊工的操作技能的高低。

④ 锅炉和压力容器的焊接工艺评定是见证性试验，进行评定时需要见证（witness），也就是在焊接工艺评定时应有官方、第三方检验人员或用户的检验人员同时在场方可进行评定。制造单位在进行工艺评定前，必须通知授权的检验人员到场，否则无效。

焊接工艺评定应以可靠的钢材焊接性能试验为依据，并在产品焊接之前完成。焊接工艺的评定过程是：拟定焊接工艺指导书、根据相关标准的规定施焊试件、检验试件和试样、测定焊接接头是否具有所要求的使用性能、提出焊接工艺评定报告，从而验证施焊单位拟定的焊接工艺的正确性。

焊接工艺评定所用的设备、仪表应处于正常工作状态，钢材、焊接材料必须符合相应标准，由本单位技能熟练的焊接操作人员焊接试件。

评定对接焊缝焊接工艺时，采用对接焊缝试件；评定角焊缝焊接工艺时，采用角焊缝试件。对接焊缝试件评定合格的焊接工艺也适用于角焊缝；评定组合焊缝（角焊缝加对接焊缝）焊接工艺时，根据焊件的焊透要求确定采用组合焊缝试件、对接焊缝试件或角焊缝试件。焊接工艺评定的试件形式如图 6.1 所示。

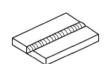 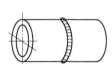  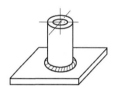

（a）板材对接焊缝试件　（b）管材对接焊缝试件　（c）板材角焊缝试件　（d）管与板角焊缝试件
　　　　　　　　　　　　　　　　　　　　　　　　　和组合焊缝试件　　　和组合焊缝试件

图 6.1　焊接工艺评定的试件形式

焊接工艺评定是评定焊接工艺正确与否的一项科学试验，是保证焊接质量的前提和基础。从事焊接结构生产的制造厂，应按照国家标准和有关行业标准的规定，进行焊接工艺评定，以评定合格的记录作为焊接工艺规程的编制依据。

根据几十年积累的生产经验，国际焊接工程界逐步形成了一套焊接工艺评定规则。美国机械工程师学会（ASME）锅炉与压力容器委员会于 1940 年组织编写了世界上第一部《焊接与钎焊工艺评定及焊工与钎焊工技能考核标准》，并于 1962 年做了重大修改和补充，成为美国 ASME 锅炉与压力容器法规的第九卷，强制性地在美国和加拿大锅炉压力容器制造行业中贯彻执行。后来被许多工业国所沿用而成为世界公认的权威性的标准。

美国 ASME 锅炉与压力容器法规包含世界上较科学、较合理和较系统的焊接工艺评定标准。几十年的生产经验表明，美国 ASME 锅炉与压力容器法规对焊接工艺评定的要求和规定，是控制锅炉与压力容器产品焊接质量行之有效的程序和方法。

我国原劳动部颁发的《蒸汽锅炉安全技术监察规程》和《压力容器安全技术监察规程》，自 1987 年起都增加了有关焊接工艺评定的规定。明确说明："采用焊接方法制造、安装、修理和改造锅炉受压元件时，施焊单位应制定焊接工艺指导书并进行焊接工艺评定，符合要求后才能用于生产。"

每个锅炉与压力容器制造厂都必须按照上述安全技术监察规程在产品投产之前，完成必需的焊接工艺评定工作，使焊接工艺评定成为锅炉与压力容器制造厂技术准备工作中一项不可缺少的内容。这也是原劳动部监察机构对制造厂进行安全技术检查中必须检查的项目，以证实其焊接工艺评定报告的合法性和正确性。

美国 ASME 锅炉与压力容器法规明确规定，每个承担锅炉和压力容器生产任务的制造厂必须具备两个先决条件：

① 应当制定出能指导焊工焊制产品焊缝的焊接工艺规程；

② 必须按相关标准通过焊接试板和试样的检验，证明按该焊接工艺规程焊接的接头符合产品设计要求。

焊接工艺评定报告应由企业管理者或管理者代表审查签字，以此保证该企业完成的焊接工艺评定程序的合法性以及试验结果的可靠性。

6.1.3 重要因素、补加因素和次要因素

焊接工艺评定的必要性和影响因素是由焊接工艺重要参数的变化决定的。各种焊接工艺参数按其对焊接工艺评定的重要影响，可以分为重要因素、补加因素和次要因素三类。

① 重要因素（也称"基本因素"），是指明显影响焊接接头抗拉强度和弯曲性能的焊接工艺因素，如焊接方法、母材金属的类别号、填充金属分类号、预热和焊后热处理等工艺参数的变化。

② 补加因素（也称"附加重要因素"），是指明显影响焊接接头冲击韧性的焊接工艺因素，如焊接方法、向上立焊还是向下立焊、焊接热输入、预热温度和焊后热处理的变化。当规定进行冲击试验时，需增加补加因素。

③ 次要因素（也称"非重要因素"），是指对要求测定的力学性能无明显影响的焊接工艺因素，如接头的形式、背面清根或清理方法等。

这三类因素是相对而言的，如当需要做冲击韧性试验时，补加因素就变成了基本因素。所谓基本因素、补加因素、次要因素，也是相对于某种焊接方法而言的。有的参数对于这种焊接方法是基本因素，而对于另一种焊接方法可能成为次要因素，甚至对第 3 种焊接方法可能成为根本不需要考虑的参数。

所有的焊接工艺参数可以按接头形式、母材金属、填充金属、焊接位置、预热、焊后热处理、所用气体、电特性和操作技术分成九大类，并分别对常用的焊接方法以表格形式列出工艺评定中应考虑的重要因素、补加因素和次要因素。

各种焊接方法的焊接工艺评定重要因素和补加因素见表 6.1。

表 6.1　各种焊接方法的焊接工艺评定重要因素和补加因素

类别	焊接条件	重要因素						补加因素					
		气焊	焊条电弧焊	埋弧焊	熔化极气体保护焊	钨极气体保护焊	电渣焊	气焊	焊条电弧焊	埋弧焊	熔化极气体保护焊	钨极气体保护焊	电渣焊
填充材料	1. 焊条型号、牌号	—	△	—	—	—	—	—	—	—	—	—	—
	2. 当焊条牌号中仅第三位数字改变时，用非低氢型药皮焊条代替低氢型药皮焊条								△				
	3. 焊条的直径改为大于 6mm								△				
	4. 焊丝型号、牌号	△	—	△	△	△	—	—	—	—	—	—	—
	5. 焊剂型号、牌号；混合焊剂的混合比例	—	—	△	—	△	—	—	—	—	—	—	—
	6. 添加或取消附加的填充金属；附加填充金属的数量	—	—	△	△	△	—	—	—	—	—	—	—

类别	焊接条件	重要因素						补加因素					
		气焊	焊条电弧焊	埋弧焊	熔化极气体保护焊	钨极气体保护焊	电渣焊	气焊	焊条电弧焊	埋弧焊	熔化极气体保护焊	钨极气体保护焊	电渣焊
填充材料	7. 实心焊丝改为药芯焊丝,或反之	—	—	—	△	—	—	—	—	—	—	—	—
	8. 添加或取消预置填充金属;预置填充金属的化学成分范围	—	—	—	—	△	—	—	—	—	—	—	—
	9. 增加或取消填充金属	—	—	—	—	△	—	—	—	—	—	—	—
	10. 丝极改为板极或反之,丝极或板极牌号	—	—	—	—	—	△	—	—	—	—	—	—
	11. 熔嘴改为非熔嘴或反之,熔嘴牌号	—	—	—	—	—	△	—	—	—	—	—	—
焊接位置	从评定合格的焊接位置改变为向上立焊	—	—	—	—	—	—	—	△	—	△	△	—
预热	1. 预热温度比评定合格值降低50℃以上	—	△	△	△	△	—	—	—	—	—	—	—
	2. 最高层间温度比评定合格值高50℃以上	—	—	—	—	—	—	—	△	△	△	△	—
气体	1. 可燃气体的种类	△	—	—	—	—	—	—	—	—	—	—	—
	2. 保护气体种类;混合保护气体配比	—	—	—	△	—	—	—	—	—	—	△	—
	3. 从单一的保护气体改用混合保护气体,或取消保护气体	—	—	—	△	—	—	—	—	—	—	△	—
电特性	1. 电流种类或极性	—	—	—	—	—	—	—	△	△	△	△	—
	2. 增加热输入或单位长度焊道的熔敷金属体积超过评定合格值(若焊后热处理细化了晶粒,则不必测定热输入或熔敷金属体积)	—	—	—	—	—	—	—	△	△		△	—
	3. 电流值或电压值超过评定合格值15%	—	—	—	—	—	△	—	—	—	—	—	—
操作技术	1. 焊丝摆动幅度、频率和两端停留时间	—	—	—	—	—	—	—	—	—	△	△	—
	2. 由每面多道焊改为每面单道焊	—	—	—	—	—	—	—	△	△	△	△	—
	3. 单丝焊改为多丝焊,或反之	—	—	—	—	—	△	—	—	△	△	△	—
	4. 电(钨)极摆动幅度、频率和两端停留时间	—	—	—	—	—	—	—	—	—	—	△	—
	5. 增加或取消非金属或非熔化的金属成形滑块	—	—	—	—	—	△	—	—	—	—	—	—

注：符号△表示对该焊接方法为重要因素或补加因素。

6.2　焊接工艺评定规则及一般程序

6.2.1　焊接工艺评定规则

各种标准的工艺评定规则因产品类型不同而有差别,但基本上是对评定的条件、何种情况需进行评定和评定结果的适用（或替代）范围等做出规定。

（1）一般规则

锅炉、压力容器品种较多，生产条件也各不相同。在焊接工艺评定时，必须注意以下一些规则。

① 改变焊接方法，需重新评定。

② 当同一种焊缝使用两种或两种以上焊接方法（或焊接工艺）时，可按每种焊接方法（或焊接工艺）分别进行评定；也可使用两种或两种以上焊接方法（或焊接工艺）焊接试件，进行组合评定。组合评定合格后用于焊件时，可以采用其中一种或几种焊接方法（或焊接工艺），但要保证每一种焊接方法（或焊接工艺）所熔敷的焊缝金属厚度都在已评定的各自有效范围内。

③ 为了减少焊接工艺评定数量，可根据母材的化学成分、力学性能和焊接性能对钢材进行分类，见表6.2。

表 6.2 根据母材的化学成分、力学性能和焊接性能对钢材的分类

类别号	组别号	钢号	相应标准号
I	I-1	Q235A,Q235AF(A_3F,AY_3F)	GB 912,GB 3274
		Q235AF(A_3,AY_3)	GB 912,GB 3274
		Q235B,Q235C	GB 912,GB 3274
	I-2	20HP	GB 6653
		20R	GB 6654
		10	GB 8163,GB 6479
		20G	GB 6479
		20,25	GB 8163,GB 9948,JB 755
II	II-1	16Mn	GB 6479,JB 755
		16MnR	GB 6654,GB 5681
		16MnRC	GB 6655
	II-2	15MnV	GB 6479
		15MnVR	GB 6654
		15MnVRC	GB 6655
		20MnMo	JB 755
III	III-1	15MnVNR,20MnMo	GB 6654
	III-2	18MnMoNbR	GB 6654
		15MnMoV	JB 755
		20MnMoNb	JB 755
IV	IV-1	12CrMo	GB 6579,GB 9948
		15CrMo	GB 6479,JB 755,GB 9948
		15CrMoR	—
	IV-2	12Cr1MoV	JB 755
	IV-3	12Cr2Mo	GB 6479
		12Cr2Mo1R	—
		12Cr2Mo1	JB 755

类别号	组别号	钢号	相应标准号
V	V-1	1Cr5Mo	GB 6479,JB 755
VI	VI-1	16MnD	JB 755
		16MnDR	GB 3531
	VI-2	09Mn2VD	JB 755
		09Mn2VDR	GB 3531
	VI-3	06MnNbDR	GB 3531
VII	VII-1	1Cr18Ni9Ti	JB 755
		0Cr19Ni9	GB 4237
		0Cr18Ni9Ti	GB 2270
		0Cr18Ni11Ti	GB 4237
		00Cr18Ni10	GB 2270
		00Cr19Ni11	GB 4237
	VII-2	0Cr17Ni12Mo2	GB 4237
		0Cr19Ni13Mo3	GB 4237
		0Cr18Ni12Mo2Ti	GB 2270
		0Cr18Ni12Mo3Ti	GB 2270
		00Cr17Ni14Mo2	GB 4237,GB 2270
		00Cr19Ni13Mo3	GB 4237,GB 2270
VIII	VIII-1	0Cr13,1Cr13,1Cr17Ni2	GB 4237,GB 2270
		1Cr17,0Cr17Ti,1Cr17Ti,1Cr25Ti	JB 755

a. 一种母材评定合格的焊接工艺可以用于同组别号的其他母材。

b. 在同类别号中，高组别号母材的评定适用于该组别号母材与低组别号母材所组成的焊接接头。

c. 当不同类别号的母材组成焊接接头时，即使母材各自都已评定合格，其焊接接头仍需重新评定。但类别号为Ⅱ、组别号为Ⅵ-1 的同钢号母材的评定适用于该类别号或该组别号母材与类别号为Ⅰ的母材所组成的焊接接头。

④ 试件的焊后热处理应与焊件在制造过程中的焊后热处理基本相同。在消除应力热处理时，试件保温时间不得少于焊件在制造过程中累计保温时间的 80%。改变焊后热处理类别，需重新评定。焊后热处理类别为：

a. 铬镍不锈钢分为不热处理和热处理（固溶或稳定化）；

b. 除铬镍不锈钢外，分为不热处理、消除应力热处理、正火、正火加回火、淬火加回火。

⑤ 采用焊缝试件按照相应的标准评定合格的焊接工艺，不仅适合于具有相同厚度的工件母材和焊缝金属，而且适用于一定厚度范围内的其他工件母材和焊缝金属。因为厚度在一定范围内冷却速度相差不大，对焊缝金属的组织性能影响不大（其他条件不变），因而能够保证焊接接头的使用性能。评定合格的焊接工艺，对焊缝金属和母材厚度都有一定的适用范围。

评定合格的对接焊缝试件的焊接工艺适用于焊件的母材厚度和焊缝金属厚度的有效范围

见表 6.3。

表 6.3　焊接工艺适用于焊件的母材厚度和焊缝金属厚度的有效范围　　　　mm

试件母材厚度 T	适用于焊件母材厚度的有效范围	
	最小值	最大值
$1.5 \leqslant T < 8$	1.5	$2T$,而且不大于 12
$T \geqslant 8$	$0.75T$	$1.5T$
试件焊缝金属厚度 t	适用于焊件焊缝金属厚度的有效范围	
	最小值	最大值
$1.5 \leqslant t < 8$	不限	$2t$,而且不大于 12
$t \geqslant 8$	不限	$1.5t$

当采用两种或两种以上焊接方法（或焊接工艺）焊接的试件评定合格后，适用于焊件的厚度有效范围，不得以每种焊接方法（或焊接工艺）评定后所适用的最大厚度进行叠加。当试件采用表 6.4 所列焊接条件时，焊件的最大厚度需按表 6.4 确定。

表 6.4　焊接工艺适用于焊件的最大厚度

序号	试件的焊接条件	适用于焊件的最大厚度	
		母材	焊缝金属
1	除气焊外,试件经超过临界温度的焊后处理	$1.1T$	—
2	试件为单道焊或多道焊时,若其中任一焊道的厚度大于 13mm	$1.1T$	—
3	气焊	T	—
4	电渣焊	$1.1T$	—
5	当试件厚度大于 150mm 时,若采用焊条电弧焊、埋弧焊、熔化极气体保护焊（熔滴呈短路过渡者除外）、钨极气体保护焊的多道焊	$1.3T$	$1.3t$
6	短路过渡的熔化极气体保护焊	$1.1T$	—

⑥ 对于返修焊、补焊和打底焊，当试件母材厚度不小于 40mm 时，评定合格的焊接工艺所适用的焊件母材的厚度有效范围的最大值不限。

⑦ 对接焊缝试件评定合格的焊接工艺适用于不等厚对接焊缝焊件，但厚边和薄边母材的厚度都应在已评定的有效范围内。

⑧ 对接焊缝试件或角焊缝试件评定合格的焊接工艺用于焊件角焊缝时，焊件厚度的有效范围不限。

⑨ 板材对接焊缝试件评定合格的焊接工艺适用于管材的对接焊缝，反之亦然；板材角焊缝试件评定合格的焊接工艺适用于管与板的角焊缝，反之亦然。

⑩ 当组合焊缝焊件为全焊透时，可采用与焊件接头的坡口形式和尺寸类同的对接焊缝试件进行评定；也可采用组合焊缝试件加对接焊缝试件（后者的坡口形式和尺寸不限定）进行评定。此时，对接焊缝试件的重要因素和补加因素应与焊件的组合焊缝相同。当组合焊缝焊件不要求全焊透时，若坡口深度大于焊件中较薄母材厚度的一半，按对接焊缝对待；若坡口深度小于或等于焊件中较薄母材厚度的一半，按角焊缝对待。

⑪ 当变更任何一个重要因素时，都需要重新进行焊接工艺评定。当增加或变更任何一个补加因素时，可按增加或变更的补加因素增焊冲击韧性试件进行试验。当变更次要因素时，不需重新进行焊接工艺评定，但需重新编制焊接工艺指导书。

（2）耐蚀层堆焊的评定规则

① 对各种堆焊方法，凡下述工艺条件或参数发生变化的，需重新评定：

a. 改变或增加焊接方法、变更电流种类或极性；

b. 基体钢材类别号为Ⅳ时，改变组别号、改变基体钢材的类别号；

c. 除横焊、立焊或仰焊位置的评定适用于平焊位置外，改变评定合格的焊接位置；

d. 预热温度比评定范围下限降低 50℃ 以上或层间温度超过评定范围的最大值；

e. 改变焊后热处理类别、焊后热处理温度下的保温时间比评定最长保温时间延长 25％ 或更多；

f. 多层堆焊变更为单层堆焊、单层堆焊变更为多层堆焊。

② 对于焊条电弧焊，除上述规定外，在下述情况下也需重新评定：

a. 变更焊条型号或牌号（焊条牌号中第三位数字除外）；

b. 当堆焊第一层焊道时，变更焊条直径或第一层施焊电流比已评定范围的上限值增加 10％ 以上。

③ 对于埋弧焊、熔化极气体保护焊或钨极氩弧焊堆焊，除上述规定外，属下述情况变化的也需重新评定：

a. 变更焊丝（或钢带）、焊剂或混合焊剂的混合比例；

b. 变更同一熔池上的焊丝根数、添加或取消附加的填充金属；

c. 增加或取消焊丝的摆动，焊丝或附加的填充金属横截面积的变化超过 10％；

d. 焊接热输入或单位长度焊道内熔敷金属体积比评定范围的上限值增加 10％ 以上；

e. 变更保护气体种类、保护气体混合配比，取消保护气体或保护气体流量比评定范围下限值降低 10％ 以上。

6.2.2 焊接工艺评定的一般程序

锅炉和压力容器焊接结构生产中，焊接工艺评定过程如图 6.2 所示。各生产单位产品质量管理机构不尽相同，工艺评定程序会有一定差别。下面是焊接工艺评定的一般程序。

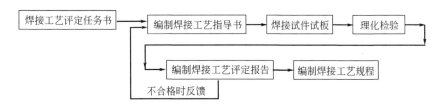

图 6.2 焊接工艺评定过程示意图

（1）焊接工艺评定立项

由生产单位的设计或工艺技术管理部门根据新产品结构、材料、接头形式、所采用的焊接方法和钢板厚度范围，以及产品在生产过程中因结构、材料或焊接工艺的重大改变，需重新编制焊接工艺规程时，提出需要焊接工艺评定的项目。

（2）下达焊接工艺评定任务书

所提出的焊接工艺评定项目经过一定的审批程序后，即可根据有关法规和产品的技术要求编制焊接工艺评定任务书。任务书的主要内容包括：产品订货号、接头形式、母材钢号与规格、对接头性能的要求、检验项目和合格标准。焊接工艺评定任务书的推荐格式见表 6.5。

表 6.5　焊接工艺评定任务书推荐格式

任务来源											

产品名称			产品令号	
部(组)件名称			部(组)件图号	
零件名称			焊接方法	

被评接头	母材钢号		母材类组别		规格		接头形式	

母材力学性能

	钢号	试件规格	屈服强度/MPa	抗拉强度/MPa	伸长率/%	断面收缩率/%	冷弯角/(°)	冲击吸收功/J	硬度	其他	标准
产品											
试件											

评定标准

试件无损检查项目　外观　□MT[①]　□PT　□RT　□UT

试件理化性能试验项目

项目	拉伸		弯曲			冲击	金相		硬度	化学分析	其他
	接头	焊缝	面弯	背弯	侧弯		宏观	微观			
试样数量											

补充试验项目(不作考核)

性能试验合格标准(按试件母材)

要求完成日期:

制订		日期		校对		日期	

① 焊缝无损检验代号。

（3）编制焊接工艺指导书

又称为焊接工艺规程,由焊接工程师按照焊接工艺评定任务书提出的条件和技术要求进行编制,焊接工艺指导书（焊接工艺规程）的推荐格式见表 6.6。

表 6.6 焊接工艺指导书推荐格式

单位名称＿＿＿＿＿＿＿＿＿＿＿＿＿ 批准人签字＿＿＿＿＿＿＿＿＿＿＿＿＿

焊接工艺指导书编号＿＿＿＿＿＿＿＿＿＿日期＿＿＿＿＿＿＿＿＿焊接工艺评定报告编号＿＿＿＿＿＿＿＿＿

焊接方法＿＿＿＿＿＿＿＿＿机械化程度（手工、半自动、自动）＿＿＿＿＿＿＿＿＿＿＿

焊接接头：

坡口形式＿＿＿＿＿＿＿＿＿＿＿

垫板（材料及规格）＿＿＿＿＿＿＿＿＿＿

其他＿＿＿＿＿＿＿＿＿＿

应当用简图、施工图、焊缝代号或文字说明接头形式、坡口尺寸、焊缝层次和焊接顺序

母材：

类别号＿＿＿＿＿＿＿＿组别号＿＿＿＿＿＿＿＿与类别号＿＿＿＿＿＿＿组别号＿＿＿＿＿＿＿相焊

或标准号＿＿＿＿＿＿＿钢号＿＿＿＿＿＿＿与标准号＿＿＿＿＿＿钢号＿＿＿＿＿＿＿相焊

厚度范围：

母材：对接焊缝＿＿＿＿＿＿＿＿＿角焊缝＿＿＿＿＿＿＿＿＿

管子直径、壁厚范围：对接焊缝＿＿＿＿＿＿＿＿角焊缝＿＿＿＿＿＿＿组合焊缝＿＿＿＿＿＿＿

焊缝金属＿＿＿＿＿＿＿＿＿＿＿＿＿＿＿

其他

焊接材料：

焊条类别＿＿＿＿＿＿＿＿＿其他＿＿＿＿＿＿＿＿＿

焊条标准＿＿＿＿＿＿＿＿＿牌号＿＿＿＿＿＿＿＿＿

填充金属尺寸＿＿＿＿＿＿＿＿＿＿＿

焊丝、焊剂牌号＿＿＿＿＿＿＿＿＿＿＿

焊剂商标名称＿＿＿＿＿＿＿＿＿＿＿＿＿

焊条（焊丝）、熔敷金属化学成分（质量分数）　　　　％

C	Si	Mn	P	S	Cr	Ni	Mo	V	Ti

注：对每一种母材与焊接材料的组合均需分别填表。

焊接位置：

对接焊缝的位置＿＿＿＿＿＿＿＿＿＿＿＿

焊接方向：向上＿＿＿＿＿＿＿向下＿＿＿＿＿＿＿

角焊缝位置＿＿＿＿＿＿＿＿＿＿＿＿＿＿

焊后热处理：

加热温度＿＿＿＿＿＿＿＿℃　升温速度＿＿＿＿＿＿＿＿

保温时间＿＿＿＿＿＿＿＿冷却方式＿＿＿＿＿＿＿＿

预热：

预热温度（允许最低值）＿＿＿＿＿＿＿＿＿℃

层间温度（允许最高值）＿＿＿＿＿＿＿＿＿℃

保持预热时间＿＿＿＿＿＿＿＿＿

加热方式＿＿＿＿＿＿＿＿＿＿＿＿＿

气体：

保护气体＿＿＿＿＿＿＿＿＿＿＿

混合气体组成＿＿＿＿＿＿＿＿＿＿

流量＿＿＿＿＿＿＿＿＿＿

电特性：

电流种类＿＿＿＿＿＿＿＿＿极性＿＿＿＿＿＿＿＿＿

焊接电流范围（A）＿＿＿＿＿＿＿＿电弧电压（V）＿＿＿＿＿＿＿＿

（应当对每种规格的焊条所焊位置和厚度分别记录电流和电压范围，这些数据列入下表中）

焊缝层次	焊接方法	填充金属		焊接电流		电弧电压范围/V	焊接速度/(cm/min)	热输入
		牌号	直径/mm	极性	电流/A			

钨极规格及类型(钍钨极或铈钨极)_____

熔化极气体保护焊熔滴过渡形式(喷射过渡、短路过渡等)_____

焊丝送进速度范围_____

_____

技术措施:

摆动焊或不摆动焊_____

摆动参数_____

喷嘴尺寸_____

焊前清理或层间清理_____

背面清根方法_____

导电嘴至工件距离(每面)_____

多道焊或单道焊(每面)_____

多丝焊或单丝焊_____

锤击_____

其他(环境温度、相对湿度)_____

编制		日期		审核		日期	

(4) 编制焊接工艺评定试验执行计划

计划内容包括为完成所列焊接工艺评定试验的全部工作,如试件备料、坡口加工、试件组焊、焊后热处理、无损检测和理化检验等的计划进度、费用预算、负责单位、协作单位分工及要求等。

(5) 试件的准备和焊接

试验计划经批准后即按焊接工艺指导书,领料、加工试件、组装试件、焊材烘干和焊接。试件的焊接应由考试合格的熟练焊工,按焊接工艺指导书规定的各种工艺参数施焊。焊接全过程在焊接工程师监督下进行,并记录焊接工艺参数的实测数据。如试件要求焊后热处理,则应记录焊后热处理过程的实际温度和保温时间。

(6) 焊接试件的检验

试件焊完后先进行外观检查,再进行无损探伤,最后进行焊接接头的力学性能试验,如检验不合格,则分析原因,重新编制焊接工艺指导书(修改工艺或参数),重焊试件。

(7) 编写焊接工艺评定报告

所要求评定的项目经检验全部合格后,即可编写焊接工艺评定报告。工艺评定报告内容大体分成两大部分:第一部分是记录焊接工艺评定试验的条件,包括试件材料牌号、类别号、接头形式、焊接位置、焊接材料、保护气体、预热温度、焊后热处理制度、焊接热输入(焊接电流、电弧电压、焊接速度)等;第二部分是记录各项检验结果,其中包括拉伸、弯曲、冲击、硬度、宏观金相、无损检验和化学成分分析结果等。

焊接工艺评定报告由完成该项评定试验的焊接工程师填写并签字,内容必须真实完整。焊接工艺评定报告推荐格式见表6.7。

除了上述焊接工艺评定的一般程序外,实际评定中还应考虑下列问题。

① 对于产品上每种需要评定的焊缝,由焊接工程师根据产品设计要求提出"焊接工艺评定任务书",经焊接责任工程师审核,总工程师批准后下达执行;焊接工艺评定任务书包括:材料、简图、检验项目、焊接方法等内容。

② 由焊接工程师根据"焊接工艺评定任务书"编制"焊接工艺指导书"(也称焊接工艺说明书),经焊接责任工程师审核后,由焊接试验室组织实施。焊接工艺说明书包括:产品尺寸简图、焊接材料、焊接工艺参数等内容。

表 6.7　焊接工艺评定报告推荐格式

单位名称＿＿＿＿＿＿＿＿＿＿＿＿＿＿　批准人签字＿＿＿＿＿＿＿＿＿＿＿＿＿＿

焊接工艺评定报告编号＿＿＿＿＿＿＿＿＿＿＿＿＿　日期＿＿＿＿＿＿＿＿＿＿＿　焊接工艺书编号＿＿＿＿＿＿＿＿＿＿＿＿＿

焊接方法＿＿＿＿＿＿＿＿＿＿＿＿＿　机械化程度（手工、半自动、自动）＿＿＿＿＿＿＿＿＿＿＿＿＿

接头：

用简图画出坡口形式、尺寸、垫板、焊缝层次和顺序等

母材： 钢材标准号＿＿＿＿＿＿＿＿＿＿＿＿＿＿＿＿＿＿＿ 钢号＿＿＿＿＿＿＿＿＿＿＿＿＿＿＿＿＿＿＿＿＿＿ 类、组别号＿＿＿＿＿＿＿＿＿＿＿＿＿　与类、组别号 ＿＿＿＿＿＿＿相焊 厚度＿＿＿＿＿＿＿＿＿＿＿ 直径＿＿＿＿＿＿＿＿＿＿＿ 其他＿＿＿＿＿＿＿＿＿＿＿	焊后热处理： 温度＿＿＿＿＿＿＿＿＿＿＿＿＿＿＿＿＿＿ 保温时间＿＿＿＿＿＿＿＿＿＿＿＿＿＿＿ 气体＿＿＿＿＿＿＿＿＿＿＿＿＿＿＿＿＿ 气体种类＿＿＿＿＿＿＿＿＿＿＿＿＿＿＿ 混合气体成分＿＿＿＿＿＿＿＿＿＿＿＿
填充金属： 焊条标准＿＿＿＿＿＿＿＿＿＿＿＿＿＿＿ 焊条牌号＿＿＿＿＿＿＿＿＿＿＿＿＿＿＿＿＿＿＿＿＿ 焊丝钢号、尺寸＿＿＿＿＿＿＿＿＿＿＿＿ 焊剂牌号＿＿＿＿＿＿＿＿＿＿＿＿ 其他＿＿＿＿＿＿＿＿＿＿＿＿＿＿＿＿＿	电特性： 电流种类＿＿＿＿＿＿＿＿＿＿＿＿＿＿＿ 极性＿＿＿＿＿＿＿＿＿＿＿＿＿＿＿＿＿ 焊接电流（A）＿＿＿＿＿＿＿电压（V）＿＿＿＿＿＿＿ 其他＿＿＿＿＿＿＿＿＿＿＿＿＿＿＿＿＿
焊接位置： 对接焊缝位置＿＿＿＿＿＿＿＿＿方向（向上、向下）角焊 缝位置＿＿＿＿＿＿＿＿＿＿＿＿＿＿＿＿＿ 预热： 预热温度（℃）＿＿＿＿＿＿＿＿＿＿＿＿＿ 层间温度（℃）＿＿＿＿＿＿＿＿＿＿＿＿＿ 其他＿＿＿＿＿＿＿＿＿＿＿＿＿＿＿＿＿	技术措施： 焊接速度＿＿＿＿＿＿＿＿＿＿＿＿＿＿＿ 摆动或不摆动＿＿＿＿＿＿＿＿＿＿＿＿＿ 摆动参数＿＿＿＿＿＿＿＿＿＿＿＿＿＿＿ 多道焊或单道焊（每面）＿＿＿＿＿＿＿＿＿ 单丝焊或多丝焊＿＿＿＿＿＿＿＿＿＿＿＿＿ 其他＿＿＿＿＿＿＿＿＿＿＿＿＿＿＿＿＿

焊缝外观检查：

＿＿＿＿＿＿＿＿＿＿＿＿＿＿＿＿＿＿＿＿＿＿＿

＿＿＿＿＿＿＿＿＿＿＿＿＿＿＿＿＿＿＿＿＿＿＿

＿＿＿＿＿＿＿＿＿＿＿＿＿＿＿＿＿＿＿＿＿＿＿

无损检测：

着色探伤（标准号、结果）＿＿＿＿＿＿＿＿＿＿＿＿＿＿超声波探伤（标准号、结果）＿＿＿＿＿＿＿＿＿＿＿＿＿

磁粉探伤（标准号、结果）＿＿＿＿＿＿＿＿＿＿＿＿＿＿射线探伤（标准号、结果）＿＿＿＿＿＿＿＿＿＿＿＿＿

其他＿＿＿＿＿＿＿＿＿＿＿＿＿＿＿＿＿＿＿＿＿＿＿

		拉　伸　试　验			报告编号：	
试样号	宽	厚	面积	断裂载荷	抗拉强度/MPa	断裂特点和部位

	弯　曲　试　验		报告编号：
试样编号及规格	试样类型	弯轴直径	试验结果

	冲　击　试　验		报告编号：	
试样号	缺口位置	缺口形式	试验温度	冲击吸收功/J

角焊缝试验和组合焊缝试验

检验结果：

焊透＿＿＿＿＿＿＿＿＿＿＿未焊透＿＿＿＿＿＿＿＿＿＿＿

裂纹类型和性质：（表面）＿＿＿＿＿＿＿＿＿＿＿（金相）＿＿＿＿＿＿＿＿＿＿＿

两焊脚尺寸差＿＿＿＿＿＿＿＿＿＿＿＿＿＿＿＿＿＿＿＿＿＿＿＿＿＿＿＿＿＿＿＿＿＿＿＿

其他检验：

检查方法(标准、结果)＿＿＿＿＿＿＿＿＿＿＿＿＿＿＿＿＿＿＿＿＿＿＿＿＿＿＿＿＿＿＿＿

焊缝金属化学成分分析(结果)＿＿＿＿＿＿＿＿＿＿＿＿＿＿＿＿＿＿＿＿＿＿＿＿＿＿＿＿

其他＿＿

结论：本评定按 GB×××—×× 规定焊接试件检验试样，测定性能，确认试验记录正确，评定结果（合格、不合格）＿＿＿＿＿＿＿＿＿＿＿

施 焊	（签字）	焊接时间	标记
填 表	（签字）	日期	
审 核	（签字）	日期	

③ 根据焊接工艺指导书，在技术人员、检验人员监督下，由技术熟练的焊工焊接评定试件，评定试件不允许返修。

④ 对焊接评定试件进行外观检查、无损探伤、力学性能试验等检验。

⑤ 按照焊接工艺指导书的规定汇总试验数据，填写"焊接工艺评定报告"，内容包括重要因素、补加因素和各项检测结果。

⑥ 焊接工艺评定报告经焊接责任工程师审核后，经检验、工艺科长会签再由总工程师批准生效，作为制定焊接工艺规程的依据。如果评定不合格，应修改焊接工艺评定指导书重新评定，直到评定合格。

⑦ 经评定合格的焊接工艺指导书可直接用于生产，也可以根据焊接工艺指导书、焊接工艺评定报告结合实际生产条件，制定焊接工艺规程（卡），指导焊接生产。

⑧ 焊接工艺评定工作和相关试验必须在制造厂内进行，所编制的焊接工艺规程只适用于该制造厂。

6.2.3 焊接工艺评定依据

焊接结构生产企业可按所生产的产品类型，分别遵照相关的国家标准、行业标准、制造规程，或国际通用制造法规的规定完成焊接工艺评定工作。常用的相关标准和规程如下：

① GB/T 19866—2005 《焊接工艺规程及评定的一般原则》；

② GB/T 19868.1—2005 《基于试验焊接材料的工艺评定》；

③ GB/T 19868.2—2005 《基于焊接经验的工艺评定》；

④ GB/T 19868.3—2005 《基于标准焊接规程的工艺评定》；

⑤ GB/T 19868.4—2005 《基于预生产焊接试验的工艺评定》；

⑥ GB/T 19869.1—2005 《钢、镍及镍合金的焊接工艺评定》；

⑦《压力容器安全技术监察规程》；

⑧ JB 4708—2000《钢制压力容器焊接工艺评定》；

⑨《蒸汽锅炉安全技术监察规程》；

⑩《钢质海船入级与建造规范》，第 6 分册，第 8 篇；

⑪ JGJ 81—2002《建筑钢结构焊接技术规程》；

⑫ ASME《锅炉与压力容器法规》，2007 第Ⅸ卷《焊接与钎焊技术评定》；

⑬ AWS B2.1—2005《焊接工艺评定和焊工技能考核》。

6.2.4 焊接工艺指导书的编制

制造单位的焊接工程人员根据锅炉和压力容器结构、图纸和技术条件，通过所用金属材料焊接性试验，参考有关焊接技术资料或根据生产经验拟定一套焊接工艺，并依据焊接工艺评定任务书编制出焊接工艺指导书（WPS），也称焊接工艺规程。从焊接角度出发，对于任何一个焊接结构，如更换新材料、新工艺或新结构，在此之前必须做相应的焊接工艺评定或焊接性试验。

但是，具体到某个制造单位，是否一定要做焊接性试验，应对具体情况做具体分析。对于强度较低、刚度不大的材料，可借鉴外单位的试验而定。即使对强度稍高的材料，如果掌握了详尽的有关焊接性能的试验报告，对其又确信无疑，或者有关标准和规范已经对该材料作了详尽的阐述或规定时，可不必自己重做试验。但是，首次应用的材料或新材料又没有详尽的试验报告或对已有的报告又怀疑时，就应进行焊接性试验。

为了全面考虑影响焊接质量的因素，焊接工艺评定试验前应归纳出各项影响因素，如材料、板厚、焊接位置、焊接方法、管子直径与壁厚、焊接材料、坡口形式等分类归纳，确定出相应的焊接接头类型，进行焊接工艺评定。然后对每一种类型的焊接接头编制相应的焊接工艺指导书。焊接工艺指导书（或焊接工艺规程）的内容如下：

① 对焊接工艺评定任务书进行编号并标明日期；

② 对焊接工艺评定报告进行编号；

③ 指明焊接方法和自动化等级（手工、机械化、自动），注明是否自动焊接；

④ 母材的钢号、分类号、焊接材料（焊条、焊丝、焊剂、钨极等）的型号（或牌号）和规格；

⑤ 焊接接头形式、坡口形式及尺寸、预留间隙、焊道层次、施焊顺序及有无垫板等；

⑥ 母材的厚度适应范围及管子的直径；

⑦ 熔敷金属的化学成分；

⑧ 焊缝所处的位置及焊接方向；

⑨ 焊前预热温度、层间温度的控制及焊后是否需进行热处理及热处理规范等；

⑩ 多层焊缝每层是否用相同的焊接方法和焊接材料，焊接材料的型号（或牌号）和规格，焊接电流种类、极性和焊接电流范围、电弧电压范围、焊接速度范围、自动焊或半自动焊的导电嘴至工件的距离、喷嘴尺寸及喷嘴与工件的角度、保护气体种类、气体衬垫和保护气体的成分和流量、施焊和操作技术（如焊条有无摆动、摆动方式、清根方法和有无锤击等）；

⑪ 焊接设备及相关仪表、仪器等；

⑫ 对所评定产品焊接接头性能的要求，包括强度、塑性、冲击韧性及其他性能（耐腐蚀性、耐磨性、硬度）等；

⑬ 操作人员、编制人和审批人的签名和日期等。

有关焊接工艺评定任务书和焊接工艺指导书（或焊接工艺规程）的格式，相关标准（如JB 4708）中推荐了相应的表格，省、市、地方劳动和社会保障部门也推荐了相应的表格。有时为了特殊需要，根据焊接工艺评定所涉及的内容可自行设计相应表格编制焊接工艺规程。

6.3 焊接工艺评定内容及注意事项

6.3.1 焊接工艺评定的内容

（1）焊接工艺评定报告的内容

一份完整的焊接工艺评定报告应记录评定试验时所使用的全部重要参数。焊接工艺评定报告和焊接工艺规程的格式，可由有关部门或制造厂自行确定，但必须标明影响焊接件质量的重要因素、补加因素（指接头性能有冲击韧性要求时）和次要因素。焊接工艺评定报告的内容包括下列各部分：

① 焊接工艺评定报告编号及相对应的焊接工艺规程编号；

② 评定项目名称；

③ 评定试验采用的焊接方法、焊接位置；

④ 所依据的产品技术标准编号；

⑤ 试板的坡口形式、实际的坡口尺寸；

⑥ 试板焊接接头的焊接顺序和焊缝的层次；

⑦ 试板母材金属的牌号、规格、类别号，如采用非标准材料，应列出实际的化学成分化验结果和力学性能的实测数据；

⑧ 焊接试板所用的焊接材料，列出型号（或牌号）、规格以及该批焊材入厂复验结果，包括化学成分和力学性能；

⑨ 工艺评定试板焊前实际的预热温度、层间温度和后热温度等；

⑩ 试板焊后热处理的实际加热温度和保温时间，对于合金钢应记录实际的升温和冷却速度；

⑪ 焊接参数，记录试板焊接过程中实际使用的焊接电流、电弧电压、焊接速度；对于熔化极气体保护焊、埋弧焊和电渣焊，应记录实测的送丝速度；电流种类和极性应清楚表明，如采用脉冲电流，应记录脉冲电流的各参数；

⑫ 操作技术参数，凡是在试板焊接中加以监控或检测的参数都应记录，其他参数可不做记录；

⑬ 力学性能检测结果，应注明检验报告的编号、试样编号、试样形式，实测的接头强度性能、塑性、抗弯性能和冲击韧性数据；

⑭ 其他性能的检验结果，角焊缝宏观检查结果，或耐腐蚀性检验结果、硬度测定结果等；

⑮ 工艺评定结论；

⑯ 编制、校对、审核人员签名；

⑰ 企业管理者代表批准，以示对工艺评定报告的正确性和合法性负责。

对于评定中不合格的项目，应找出原因并纠正后重新进行评定。最后应将所有的文件，如焊接工艺评定任务书、焊接工艺评定报告、施焊记录、各项检测试验报告等存档，以备调用。

焊接工艺评定的试件、试样等必须保留，以备锅炉和压力容器取证、检验和换证工作中调用，以免被认为制造单位弄虚作假。试件、试样等的保留时间由当地劳动部门规定。

（2）国内焊接工艺评定标准主要内容对比

焊接钢结构的焊接工艺评定基本上可分成两大类：一类是锅炉与压力容器的焊接工艺评定；另一类是钢结构的焊接工艺评定。由于这两类焊接结构的工况条件差异较大，对焊接工艺评定的试验项目也提出了不同的要求。

我国现行的焊接工艺评定标准主要有：钢制压力容器焊接工艺评定（JB 4708）、锅炉焊接工艺评定（JB 4420）、钢制件熔化焊工艺评定（JB/T 6963）。这三个焊接工艺评定标准主要内容的对比和变化如下。

① 涉及的焊接方法　不同焊接工艺评定标准涉及的焊接方法见表 6.8。

② 涉及的母材　不同焊接工艺评定标准涉及的母材见表 6.9。

表 6.8　不同焊接工艺评定标准涉及的焊接方法

钢制压力容器焊接工艺评定(JB 4708)	锅炉焊接工艺评定(JB 4420)	钢制件熔化焊工艺评定(JB/T 6963)
气焊、焊条电弧焊、埋弧焊、熔化极气体保护焊、钨极气体保护焊、电渣焊	焊条电弧焊、埋弧焊、气体保护焊、电渣焊、气焊、堆焊、螺柱焊	气焊、焊条电弧焊、埋弧焊、熔化极气体保护焊、非熔化极气体保护焊、等离子弧焊、气电立焊、电渣焊、电子束焊

表 6.9　不同焊接工艺评定标准涉及的母材

钢制压力容器焊接工艺评定(JB 4708)	锅炉焊接工艺评定(JB 4420)	钢制件熔化焊工艺评定(JB/T 6963)
①母材按化学成分、力学性能和焊接性能分类分组 ②除下列规定外,改变母材组别号需重新评定 ③组别号Ⅲ-1母材的评定适用于组别号Ⅱ-1的母材 ④在同类别号中,高组别号母材的评定适用于低组别号母材的评定,适用于该组别号母材与低组别号母材所组成的焊接接头 ⑤当不同类别号的母材组成焊接接头时,即使母材各自都已评定合格,其焊接接头仍需重新评定;但类别号为Ⅱ、组别号为Ⅵ-1的同钢号母材的评定适用于该类别号,或该组别号母材上类别号为Ⅰ的母材所组成的焊接接头	①板材、管材、锻件按化学成分、力学性能分类 ②铸件与化学成分相同的板材、管材或锻件的评定不能相互取代 ③母材类别号与原评定母材不同,应重新评定 ④同组别母材不必重评,同类别中高组别母材的评定适用于低组别母材 ⑤未列入本标准的钢材应重新评定 ⑥与本标准所列某一钢材类同且符合压力容器用钢标准的钢材,可不必重评 ⑦由两种类别或两种组别母材组成的异种钢焊接接头,即使两种母材的焊接工艺均已各自评定合格,该异种钢接头焊接工艺仍需重新评定	①母材按化学成分、力学性能划分为不同的类别和组号 ②在其他主要因素相同条件下,某一钢材的工艺评定可代表同一类组号中其他钢材的工艺评定 ③不同类号-组号钢材之间的异种材料焊接工艺评定,必须采用相应类号-组号的钢材组合进行,尽管各类组号钢材自身的工艺评定已经通过 ④对于P-1、P-3、P-4、P-5类钢材,除小孔效应等离子弧焊外,较高类组号钢材的工艺评定,可代表该类组号钢材与较低类组号钢材之间的工艺评定 ⑤未列入本标准的低合金钢和中合金钢,应单独作工艺评定

③ 填充金属　不同焊接工艺评定标准涉及的填充金属见表 6.10。

表 6.10　不同焊接工艺评定标准涉及的填充金属

钢制压力容器焊接工艺评定(JB 4708)	锅炉焊接工艺评定(JB 4420)	钢制件熔化焊工艺评定(JB/T 6963)
①焊条电弧焊时,改变焊条牌号(第三位数字除外),用非低氢型药皮焊条代替低氢型药皮焊条为附加重要因素 ②气焊、埋弧焊、气体保护焊、电渣焊时改变焊丝牌号 ③埋弧焊、电渣焊时,改变焊剂牌号和混合焊剂的混合比例 ④埋弧焊、气体保护焊时,添加或取消附加的填充金属及改变附加填充金属的数量和化学成分范围 ⑤电渣焊时,由丝极改为板极或反之 ⑥熔嘴电渣焊时,熔嘴改为非熔嘴或反之,或改变熔嘴钢号 ⑦气体保护焊时,实心焊丝改为药芯焊丝或反之	①碳素钢和低合金结构钢焊条按强度分类,低合金耐热钢和奥氏体钢焊条,按熔敷金属化学成分分类 ②任一类焊条均需单独评定,同类焊条中低氢焊条代替非低氢焊条应重新评定 ③焊丝、焊剂按牌号分类,任一种牌号焊丝或焊剂均需单独评定,不带"高"或"特"焊丝的评定可取代带"高"或"特"焊丝的评定 ④气体保护焊时,改变保护气体种类或混合气体中某一组分气体的容积比,增加或取消背面保护气体 ⑤国外焊接材料应重新评定	①焊条电弧焊时,按焊缝金属的化学成分、抗拉强度划分类组号,通过某一类组号焊条的工艺评定,可代表同一类组号其他焊条的工艺评定 ②所有其他焊接方法,其工艺评定结果只适用于同一型号或钢号的焊材,包括焊丝、焊棒、药芯焊丝、焊剂及其配组 ③对于有冲击韧性要求的接头,改变焊条型号第三、四位数字,为附加重要因素 ④电渣焊时,丝极改为板极或反之,熔嘴改为非熔嘴或反之 ⑤气体保护焊时,由实心焊丝改为药芯焊丝或反之 ⑥钨极惰性气体保护焊、等离子弧焊时,增加或删去填充金属 ⑦电子束焊时,增加或删去还原剂或填充金属

④ 预热及焊后热处理　不同焊接工艺评定标准涉及的预热及焊后热处理见表 6.11。

表 6.11　不同焊接工艺评定标准涉及的预热及焊后热处理

钢制压力容器焊接工艺评定（JB 4708）	锅炉焊接工艺评定（JB 4420）	钢制件熔化焊工艺评定（JB/T 6963）
①预热温度比评定合格值低 50℃ 以上 ②最高层间温度比评定合格值高 50℃ 以上 ③改变焊后热处理类别需重新评定，焊后热处理分为不热处理、消除应力处理、正火、正火加回火、淬火加回火、铬镍不锈钢热处理、固溶处理和稳定化处理 ④试件消除应力处理时，试件保温时间不得少于焊件在制造过程中累计保温时间的 80%	①采用预热的焊接工艺经评定合格后，如取消消热应重新评定 ②预热温度的最低值比原评定时降低 50℃ 以上应重新评定 ③焊后热处理的焊接工艺经评定合格后，如取消焊后热处理，应重新评定 ④改变焊后热处理类别，应重新评定 ⑤焊后热处理分类为：退火、正火、正火+回火、调质；奥氏体钢焊后热处理：固溶处理、稳定化处理 ⑥试件保温时间不少于生产中焊件热处理总保温时间的 80%，允许将生产中的多次热处理循环，合并为一次热处理循环 ⑦堆焊时，预热温度最低值比原评定温度降低 50℃ 以上或层间温度最大值比原评定温度增加 50℃ 以上应重新评定 ⑧堆焊件总热处理时间比原评定时增加 25% 以上应重新评定	①最低预热温度比原评定温度低 50℃ 以上的焊接工艺必须重新评定 ②对接头有冲击韧性要求时，最高层间温度比评定温度高 50℃ 以上的焊接工艺必须重新评定 ③下列焊后热处理的改变应重新评定 a. 焊后不热处理 b. 退火（消除应力处理），加热温度低于下临界点 c. 正火，加热温度高于上临界点 d. 正火+回火，或淬火+回火 e. 加热温度在上下临界点之间的热处理 ④奥氏体不锈钢和奥氏体+铁素体不锈钢焊后热处理形式，固溶处理或稳定化处理 ⑤对接头有冲击韧性要求的焊接工艺，改变焊后热处理的温度范围和时间范围，应重新评定 ⑥评定试件热处理的保温时间不得低于产品制造过程中累计保温时间的 80%，但可在一次热周期中完成

⑤ 焊接工艺参数　不同焊接工艺评定标准涉及的焊接工艺参数（特别是焊接热输入）要求见表 6.12。

表 6.12　不同焊接工艺评定标准涉及的焊接工艺参数

钢制压力容器焊接工艺评定（JB 4708）	锅炉焊接工艺评定（JB 4420）	钢制件熔化焊工艺评定（JB/T 6963）
①对接头有冲击韧性要求时，焊条电弧焊、埋弧焊、气体保护焊电流种类或极性的改变，增加热输入或单位长度焊道的熔敷金属体积超过评定合格值为附加重要因素 ②电渣焊时，电流值或电压值超过评定合格值的 15% 为重要因素 ③手工堆焊耐蚀层的首层时，变更焊条直径或首层施焊电流比评定范围的上限值增加 10% 以上为重要因素 ④对于埋弧堆焊和气体保护堆焊，焊丝或附加填充金属横截面积的变化超过原评定的 10%，或单位长度焊道内熔敷金属体积比评定合格范围上限值增加 10% 以上需重新评定	①熔化极气体保护焊时，从短路过渡改为非短路过渡或反之，应重新评定 ②电渣焊时，电流或电压值比原评定值变化±15% 以上，应重新评定 ③焊条电弧焊、埋弧焊、气体保护焊时，电流种类或极性改变为附加重要因素，焊接热输入超过原评定范围也为附加重要因素 ④焊条电弧焊、埋弧焊和气体保护焊堆焊时，电流种类和极性的改变应重新评定 ⑤焊条电弧焊堆焊耐磨层或耐蚀层时，首层堆焊焊条直径与原评定焊条直径不同，或首层堆焊电流比原评定规定值增加 10% 以上 ⑥螺柱焊时，电流种类或极性的改变，电流值比原评定值变化 10% 以上，电压超过原评定的范围，电弧燃烧时间比原评定值变化±0.1s 以上	①熔化极气体保护焊时，熔滴过渡方式从粗滴过渡、喷射过渡或脉冲过渡改为短路过渡或反之，应重新评定 ②电渣焊时，改变电压或电流值±15% 以上，为重要参数 ③对接头有冲击韧性要求时，对焊条电弧焊、埋弧焊、气电立焊、等离子弧焊、气体保护焊的电流种类、直流电源极性的改变和热输入增加，需重新评定 ④电子束焊时，改变脉冲时间，改变电子束流 ±5% 以上，改变电子束电压±2% 以上，改变焊接速度±2%，改变电子枪-工件距离 ±5% 以上，均需重新评定 ⑤焊接调质钢时，热输入超过评定上限值需重新评定

⑥ 其他参数 不同焊接工艺评定标准涉及的其他焊接参数要求见表6.13。

表 6.13 不同焊接工艺评定标准涉及的其他焊接参数要求

钢制压力容器焊接工艺评定(JB 4708)	锅炉焊接工艺评定(JB 4420)	钢制件熔化焊工艺评定(JB/T 6963)
①电渣焊时,由单丝焊改为多丝焊或反之,电极摆动幅度、频率和两端停留时间增加或取消非金属或非熔化金属成形滑块均为重要因素 ②对接头有冲击韧性要求时,埋弧焊和气体保护焊改变焊丝(电极)摆动幅度、频率和两端停留时间为附加重要因素;由单丝焊改为多丝焊或反之,应重新评定 ③焊条电弧焊和气体保护焊,当对接头有冲击韧性要求时,焊接位置从评定合格的位置改为向上立焊,为附加重要因素 ④耐蚀层堆焊时,从评定合格的位置改成另一种焊接位置,但横焊、立焊和仰焊位置的评定适用于平焊位置 ⑤埋弧焊和气体保护焊堆焊时增加或取消焊丝的摆动,需重新评定	①电渣焊时,电极的摆动幅度、频率和在两端的停留时间超过原评定的范围,应重新评定 ②电渣焊时,由单丝焊改为多丝焊或反之,应重新评定 ③当对接头有冲击韧性要求时,焊条电弧焊和气体保护焊焊接位置从评定合格的位置改为向上立焊,应重新评定 ④埋弧焊和气体保护焊时,下列因素的变化应重新评定 a. 焊丝(电极)摆动幅度、频率和在两端的停留时间超过原评定的范围 b. 每面多道焊改为每面单道焊 c. 由单丝焊改为多丝焊或反之 ⑤焊条电弧焊、埋弧焊和气体保护焊堆焊位置从评定合格的位置改变为其他焊接位置,或由多层堆焊改为单层焊或反之,应重新评定 ⑥螺柱焊时,焊枪型号与原评定焊枪不同,提升高度比原评定值变化±0.8mm以上,应重新评定	①电渣焊和电子束焊时,改变摆动频率、摆动宽度或改变停留时间,应重新评定 ②电子束焊时,改变下列因素应重新评定 a. 改变电子枪角度 b. 改变焊接设备型号 c. 真空焊时,增加绝对压力值 d. 改变阴极丝的形状和尺寸 e. 增设清洗焊道 f. 改变单面焊为双面焊或反之 ③当对接头有冲击韧性要求时,埋弧焊、气体保护焊改变摆动频率、摆动宽度或停留时间,电渣焊、气电立焊和其他机械化焊接方法由单丝改为多丝或反之,等离子弧焊由熔入型改为小孔型或反之,均应重新评定 ④焊条电弧焊、气体保护焊和等离子弧焊,从某种焊接位置改为向上立焊位置,应重新评定

⑦ 工艺评定厚度适用范围 不同焊接工艺评定标准涉及的被评定工件厚度适用范围见表6.14。

表 6.14 不同焊接工艺评定标准涉及的被评定工件厚度适用范围

钢制压力容器焊接工艺评定(JB 4708)			锅炉焊接工艺评定(JB 4420)			钢制件熔化焊工艺评定(JB/T 6963)	
试件母材厚度 T/mm	焊件母材厚度适用范围/mm		试件母材厚度 T/mm	焊件母材厚度适用范围/mm		试件母材厚度 t/mm	焊件厚度 T 适用范围/mm
	最小值	最大值		最小值	最大值		
$1.5{\leqslant}T<8$	1.5	$2T$ 且不大于 12	$1.5{\leqslant}T<8$	1.5	$2T$ 且不大于 12	<1.5	$t<T<2t$
$T{\geqslant}8$	$0.75T$	$1.5T$	$T{\geqslant}8$	$0.75T$	$1.5T$	1.5~10	$1.5<T<2t$
试件焊缝金属厚度 t/mm	焊件焊缝金属厚度适用范围/mm		试件焊缝金属厚度 t/mm	焊件焊缝金属厚度适用范围/mm		>10~200	$0.5<T<2t$ $T_{max}{\leqslant}200$
	最小值	最大值		最小值	最大值	>200	$0.5t<T<1.1t$
$1.5{\leqslant}t<8$	1.5	$2t$ 且不大于 12	$1.5{\leqslant}t<8$	不限	$2t$ 且不大于 12		
$t{\geqslant}8$	$0.75t$	$1.5t$	$t{\geqslant}8$	不限	$1.5t$		

钢制压力容器焊接工艺评定(JB 4708)	锅炉焊接工艺评定(JB 4420)	钢制件熔化焊工艺评定(JB/T 6963)
①如试件的焊接条件属于下列情况之一者,焊件最大适用厚度另有规定 a. 试件经超过临界温度的焊后热处理 b. 试件单道焊或多道焊时其中任一焊道的厚度大于13mm c. 试件用电渣焊和短路过渡熔化极气体保护焊,焊件最大适用厚度为1.1T d. 当试件厚度大于150mm时,对于焊条电弧焊、埋弧焊、熔化极气体保护焊(短路过渡除外)和钨极氩弧焊多道焊,母材和焊缝金属最大适用厚度分别为1.3T和1.3t e. 气焊试件的焊件最大适用厚度为T ②当采用两种或两种以上焊接方法(或焊接工艺)焊接的试件评定合格后,焊件厚度的有效适用范围不得以每种焊接方法(或焊接工艺)评定后所适用的最大厚度进行叠加 ③对于补焊和打底焊,当试件母材厚度不小于40mm时,评定合格的焊接工艺所适用的焊件母材最大厚度不限 ④对接焊缝试件评定合格的焊接工艺适用于不等厚对接焊缝焊件,但厚边和薄边母材的厚度都应在所评定的有效范围内 ⑤对接焊缝试件或角焊缝试件评定合格的焊接工艺用于角焊缝焊件时,焊件适用厚度范围不限 ⑥板材对接焊缝试件评定合格的焊接工艺适用于管材对接焊缝,反之也可 ⑦当组合焊缝焊件为全焊透时,可采用坡口形式和尺寸类同的对接焊缝试件评定;当组合焊缝焊件不全焊透时,如坡口深度大于焊件中较薄母材厚度的一半,按对接焊缝评定;如坡口深度小于或等于较薄母材厚度的一半,按角焊缝评定	①如焊件厚度大于200mm,并采用多道焊工艺,焊件母材和焊缝金属厚度适用范围相应为1.3T和1.3t ②如试件焊接条件属于下列情况之一,焊件最大适用厚度另作规定 a. 当单道焊焊道厚度或多道焊任一焊道厚度大于13mm时 b. 采用电渣焊或短路过渡气体保护焊时,或试件经高于临界温度的焊后热处理时,焊件最大适用厚度为1.1T c. 当采用气焊时,焊件最大适用厚度为T ③T形接头对接焊缝试件的厚度适用范围与对接接头焊缝相同 ④对于管子/管板角焊缝,如焊件的管壁厚度小于评定试件管壁厚度,应重新评定 ⑤当对接头有冲击韧性要求时,焊条电弧焊、埋弧焊、气体保护焊工艺评定厚度适用范围的最小值,当T小于8mm时,为0.5T;当T≥8mm时为T和16mm取较小值 ⑥堆焊层试件厚度适用范围的最小值为最小堆焊层厚度	①属于下列情况之一者,焊件适用最大厚度为1.1t a. 焊接方法为氧-乙炔焊或短路过渡熔化极气体保护焊 b. 电渣焊或单道焊 c. 多道焊时每道焊道厚度＞13mm d. 焊后热处理温度超过上临界转变温度 ②当对接头有冲击韧性要求时,焊件最小适用厚度为:t≤6mm时,$T_{min}=0.5t$;t＞6mm时,$T_{min}=t$和16mm取其中较小值 ③角焊缝工艺评定试件厚度适用于任意厚度的焊件,但工艺评定试件焊脚尺寸与焊件焊脚尺寸适用范围按如下规定 试件焊脚尺寸K/mm ≤20 ＞20 焊脚尺寸适用范围/mm 0.75K～1.5K

6.3.2 工艺评定试件检验项目

锅炉与压力容器焊接工艺评定试验,可按产品的接头形式分别以全焊透开坡口对接接头、局部焊透开坡口对接接头和角接接头来完成。特殊形式的接头,如耐腐蚀、耐磨堆焊、衬里层接头等,按专门条款的规定执行。全焊透和局部焊透开坡口对接接头工艺评定试板尺寸、坡口形式及尺寸如图6.3所示。

当采用评定焊缝坡口形状和尺寸为重要参数的焊接方法时,试件的坡口形状和尺寸应符合产品图样或焊接工艺指导书的规定。不锈复合钢板焊接工艺评定试板的形状、坡口形式和

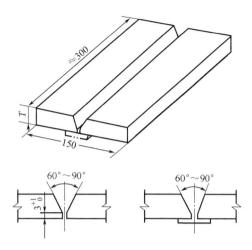

图 6.3　全焊透和局部焊透开坡口对接接头工艺评定试板尺寸及坡口形式

尺寸如图 6.4 所示。

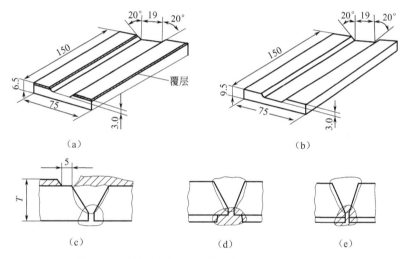

图 6.4　不锈复合钢板焊接工艺评定试板尺寸及坡口形式

（1）焊接工艺评定试件

1）钢制压力容器焊接工艺评定（JB 4708）试件

① 对接焊缝试件的检验项目包括：外观检查、无损探伤和力学性能试验。力学性能试验项目有：拉伸、弯曲（面弯、背弯、侧弯）和冲击（当有要求时）。力学性能试验的试样类别和数量取决于试件母材的厚度。

a. 当试件采用两种或两种以上焊接方法焊成时，拉伸和弯曲试样的受拉面应包括每种焊接方法焊接的焊缝金属。当要求做冲击试验时，每种焊接方法的焊缝区及热影响区都要做冲击试验。

b. 一根管子对接接头全截面试样，可以代替两个板状接头试样。当试件两侧母材或焊缝和母材之间的弯曲性能有显著差别时，可改用纵向弯曲试验代替横向弯曲试验。

c. 当试样厚度大于 10mm 时，可以用 4 个侧弯试样代替 2 个面弯和 2 个背弯试样。

d. 当焊缝两侧母材钢号不同时，两侧热影响区应各取 3 个冲击试样。

② 角焊缝试件的检验项目，包括外观检查和宏观金相检查。

　　a. 板材角焊缝试样，试件两端各舍去 25mm，沿试件横向等分切取 5 个试样，每块试样取一个面进行宏观金相检验。

　　b. 管/板角焊缝试样，将试件等分切取 4 个试样，焊缝起始端和收弧点应位于试样焊缝的中部，每块试样取一个面进行宏观金相检查。

　　③ 组合焊缝试件的检验项目，包括外观检查和宏观金相检查，取样数量与角焊缝试件相同。

　　④ 耐蚀层堆焊试件的检验项目，包括渗透检验、弯曲试验和化学成分分析。

　　a. 渗透检验合格后在试件上切取 4 个侧弯试样，平行和垂直于焊接方向各取 2 个。试样厚度至少应包括堆焊层全部、熔合区和热影响区。

　　b. 化学成分分析试样应在规定的堆焊层最小厚度上钻取，取样深度最大为 0.5mm。

　　2）锅炉焊接工艺评定（JB 4420）试件

　　① 对接焊缝的检验项目，包括外观检查、射线检查、力学性能试验。力学性能试验项目包括拉伸、弯曲、冲击试验。

　　a. 当试件厚度小于 20mm 但不小于 10mm 时，可用 4 个侧弯代替 2 个面弯和 2 个背弯试样。

　　b. 厚度 10mm 以上筒体纵缝工艺评定力学性能试验中应包括全焊缝金属拉伸试验，其取样数量当试件厚度不大于 70mm 时为 1 个，大于 70mm 时为 2 个。

　　c. 低合金耐热钢，当试件厚度大于 16mm 时，应在外观检查后进行磁粉检验。

　　d. 要求附加金相检验时，可做宏观或宏观＋微观检验，根据产品要求而定。

　　② T 形接头焊缝的力学性能试验可用对接焊缝试件检验，取样数量与对接焊缝相同。当 T 形接头要求附加磁粉检验和超声波检验时，应在外观检查后进行。金相检验采用宏观或宏观＋微观检验，根据产品要求而定。

　　③ 角焊缝检验项目，包括外观检查、宏观金相检查、宏观检验。试样数量：板材角焊缝时 5 个，管材角焊缝时 4 个，管/板角焊缝时 10 个，膜式壁板/管角焊缝时 4 个。

　　④ 堆焊层检验项目

　　a. 耐磨堆焊层检验包括：外观检查、着色检验、宏观金相检验、硬度试验、化学分析；其中，宏观检验 1 个试样，硬度试验 3 个试样，化学分析 1 个试样。

　　b. 耐蚀堆焊层检验包括：外观检查、着色检验、侧弯试验、化学分析；其中侧弯试验 3 个试样，化学分析 1 个试样。

　　3）钢制件熔化焊工艺评定（JB/T 6963）试件

　　① 对接焊缝的检验项目包括：力学性能试验，接头拉伸、弯曲（正弯、背弯、侧弯）、冲击试验（当要求时）。

　　a. 对接焊缝试件两侧母材或母材与焊缝之间的伸长率差异较大，可取纵向弯曲试样代替横向弯曲试样。

　　b. 当要求做冲击试验时，不同批号母材相焊的对接接头热影响区冲击试样应从两种母材上各取 3 个。

　　② 角焊缝试件检验项目，包括宏观金相检验和断口检验。宏观金相检验取 1 个试样，断口检验取 2 个试样。

　　（2）评定合格标准

　　1）钢制压力容器焊接工艺评定合格标准（JB 4708）

　　① 对接焊缝拉伸试验合格标准：

　　a. 当试件母材为同钢号时，每个试样的抗拉强度应不低于母材钢号标准规定的下限值；

b. 当试件母材为两种钢号时，每个试样的抗拉强度应不低于两种钢号标准规定的较低下限值；

c. 当采用两个或多个试样时，每个试样的抗拉强度都应符合上述规定。

② 对接焊缝弯曲试验合格标准：弯曲试样的弯轴直径 D 和弯曲角度要求见表 6.15。

表 6.15　弯曲试样的弯轴直径 D 和弯曲角度要求（JB 4708）

焊缝形式	钢种	弯曲直径 D	支座间距/mm	弯曲角度/(°)
双面焊	碳钢、奥氏体钢	$3t$	$5.2t$	180
	其他低合金钢、合金钢	$3t$	$5.2t$	100
单面焊	碳钢、奥氏体钢	$3t$	$5.2t$	90
	其他低合金钢、合金钢	$3t$	$5.2t$	50

注：t 为试样厚度，mm。

试样弯曲到规定的角度后，其拉伸面上出现长度大于 1.5mm 的任一横向（沿试样宽度方向）裂纹或缺陷，或长度大于 3mm 的任一纵向（沿试样长度方向）裂纹或缺陷，则评定为不合格，试样的棱角开裂一般不计，但夹渣或其他焊接缺陷引起的棱角开裂应计入。

③ 冲击试验合格标准：每个区三个试样的冲击吸收功平均值应不低于母材标准规定值，并至多允许有一个试样的冲击吸收功低于规定值，但不得低于规定值的 70%。

④ 角焊缝宏观金相检验合格标准：

a. 焊缝根部应焊透、焊缝金属和热影响区不得有裂纹和未熔合；

b. 角焊缝两焊脚尺寸之差不大于 3mm。

⑤ 角焊缝和组合焊缝外观检查合格的标准试件接头表面不得有裂纹和未熔合。

⑥ 耐蚀层堆焊弯曲试验合格标准：耐蚀层堆焊弯曲试样的弯轴直径 D 和弯曲角度要求见表 6.16。

表 6.16　耐蚀层堆焊弯曲试样的弯轴直径 D 和弯曲角度要求

试样厚度 t/mm	弯轴直径 D/mm	支座间距/mm	弯曲角/(°)
10	40	63	180
<10	$4t$	$6t+3$	180

试样弯曲试验后在拉伸面上的堆焊层不得有超过 1.5mm 长度的任一裂纹和缺陷，在熔合线上不得有超过 3mm 长度的任一裂纹或缺陷。

⑦ 堆焊层化学分析合格标准按产品技术条件的规定。

2）锅炉焊接工艺评定合格标准（JB 4420）

① 评定试件的外观检查合格标准。

a. 焊缝和热影响区不允许有裂纹、未熔合、夹渣、弧坑和气孔。

b. 对咬边的要求，锅筒、集箱、封头、管板拼接焊缝工艺评定试件焊缝不允许有咬边，管子对接焊缝工艺评定试件焊缝咬边深度不大于 0.5mm，咬边总长度不大于管子周长的 20%（或 40mm），取两者中较小值；其他受压元件，咬边深度不大于 0.5mm。

c. 堆焊层表面平整，没有裂纹、气孔和凹坑。

② 无损检验。

a. 对接焊缝射线检验焊缝质量Ⅱ级为合格。

b. 对接焊缝磁粉检验合格标准：不允许有任何裂纹和成排气孔；缺陷显示不超过Ⅱ级。

c. 大口径管角焊缝试件超声波检验不超过 JB 3144 规定的判废条件。

d. 堆焊层超声波检验合格标准：堆焊层和熔合面均不允许有裂纹；堆焊层缺陷当量小于 1.5mm，横孔；熔合面缺陷当量小于直径 10mm，平底孔。

e. 堆焊层着色检验合格标准：不允许有表面裂纹。

③ 力学性能试验。

a. 对接焊缝拉伸试验合格标准：

• 同种钢接头拉强度不低于母材抗拉强度规定值的下限，异种钢接头不低于强度较低一侧母材抗拉强度规定值的下限；

• 全焊缝金属的抗拉强度和屈服点不低于母材抗拉强度和屈服点规定值的下限，如母材抗拉强度规定值的下限大于 490MPa 且焊缝金属的屈服点大于母材屈服点规定值的下限，则允许焊缝金属的抗拉强度比母材抗拉强度规定值的下限低 19.6MPa，全焊缝金属的伸长率不小于母材伸长率下限的 80%。

b. 对接焊缝和堆焊层弯曲试验合格标准：弯轴直径为 $3t$，支点间距为 $5.2t$，弯曲角度要求见表 6.17。

表 6.17 对接焊缝和堆焊层弯曲试验合格标准

钢　　种	碳钢和奥氏体钢		低合金钢和低合金耐热钢	
	单面焊	双面焊	单面焊	双面焊
弯曲角/(°)	90	180	50	100

当试样弯曲到规定角度后，焊缝拉伸面上所允许的裂纹或缺陷长度为：沿试样宽度方向不大于 0.5mm，沿试样长度方向不大于 3mm，试样棱边开裂不计，但确因夹渣或其他缺陷引起的棱角开裂长度应计入。

c. 对接焊缝冲击试验合格标准：每一部位 3 个试样冲击韧性的平均值不低于母材冲击韧性规定值的下限，且至多只允许 1 个试样的冲击韧性低于规定值但不应低于规定值下限的 70%。

④ 金相检验合格标准。

a. 对接焊缝宏观金相检验合格标准为不允许有疏松、未熔合、未焊透和裂纹。

b. 对接焊缝微观金相检验合格标准为不允许有过烧组织、淬硬马氏体组织和显微裂纹。

c. 角焊缝宏观金相检验合格标准为：

• T 形接头和管/板角焊缝，焊缝根部不允许有未熔合、裂纹；

• 膜式壁角焊缝、焊缝和热影响区不允许有裂纹，角焊缝厚度应大于 1.25δ（δ 为鳍片厚度），未焊透不大于 0.4δ，直径 2mm 及以上的非贯穿性气孔不超过 1 个。

d. 堆焊层宏观金相检验合格标准为堆焊层和母材不允许有裂纹、未熔合或其他线状缺陷。

⑤ 断口检查合格标准（参照 GB 1814）：应无裂纹、未熔合及超容限的气孔和夹渣。

⑥ 硬度试验合格标准：3 个试样硬度的平均值不低于产品技术条件的规定值，只允许 1 个试样低于规定值。

⑦ 堆焊层化学分析合格标准：分析结果应满足产品技术条件的规定。

⑧ 螺柱焊缝锤击试验和折弯试验合格标准：5 个试验螺柱焊缝均不应有裂纹；螺柱焊缝拉伸试验或扭转试验的断裂强度或转矩应符合产品技术条件的规定。

3）钢制件熔化焊工艺评定合格标准（JB/T 6963）

① 对接试件的力学性能合格标准。

a. 对接接头拉伸试验的抗拉强度不得低于母材的最低规定值，异种钢接头强度大于较低母材的最低规定值或产品设计技术条件规定值。

b. 对接接头弯曲试验合格标准为：弯曲轴直径为 $4t$，弯曲角 $180°$；试样弯曲到 $180°$ 后，在焊缝和热影响区不得有长度大于 3.0mm 的裂口，试样棱角处的开裂，只要不属夹渣或内部缺陷引起，则不予考虑。

c. 冲击试样的冲击吸收功，不得低于相关标准或产品技术条件规定值。冲击试验的试验温度可按产品的使用温度或按产品技术条件的规定。

② 角焊缝检验的合格标准。

a. 宏观检验试样不得有肉眼可见的未熔合和裂纹。

b. 断口试验试件在折断面上各缺陷长度之和不得超过受检焊缝长度的 30%。

③ 力学性能试验复试。如力学性能试验时出现某一试样不合格，允许取 2 倍试样复试，同时应符合下列条件之一。

a. 试样抗拉强度低于最低规定值，但大于最低规定值的 90% 并确认由母材缺陷所引起。

b. 弯曲试样弯曲角度低于合格标准，其原因属非焊接缺陷所引起。

c. 3 个冲击试样中，有一个试样的冲击吸收功低于要求值，但 3 个试样冲击功的平均值大于要求值。

6.3.3 压力容器焊接工艺评定试样制备

钢制压力容器焊接工艺评定母材、焊接材料、坡口和试件的焊接必须符合焊接工艺指导书的要求。焊接试件的数量和尺寸应满足制备试样的要求。

（1）对接焊缝和角焊缝试件尺寸

对接试件厚度应充分考虑适用于焊件厚度的有效范围。工艺评定板材角焊缝试件的尺寸见表 6.18 和图 6.5。管与板角焊缝的试件尺寸见图 6.6。

表 6.18 工艺评定板材角焊缝试件的尺寸　　　　　　　　　　　　　　　mm

翼板厚度 T_1	腹板厚度 T_2
≤3	T_1
>3	≤T_1,但不小于 3

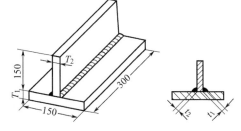

图 6.5 板材角焊缝试件及试样

（注：焊脚等于 T_2，且不大于 20mm）

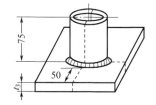

图 6.6 管与板角焊缝试件及试样

（注：最大焊脚等于管壁厚度）

（2）组合焊缝试件尺寸

板材组合焊缝试件的尺寸见表 6.19 和图 6.7。管与板组合焊缝试件的尺寸见表 6.20 和图 6.8。

（3）耐蚀层堆焊试件尺寸

当焊件基体的厚度等于或大于 25mm 时，试件基体的厚度不得小于 25mm；当焊件基体

表 6.19　板材组合焊缝试件的尺寸　　　　　　　　　　　　　　　　　　　mm

翼板厚度 T_3	腹板厚度 T_4	适用于焊件母材厚度的有效范围
<20	$\leqslant T_3$	翼板和腹板厚度均小于 20
$\geqslant 20$	$\leqslant T_3$,且$\geqslant 20$	翼板和腹板的厚度中任一或全都大于或等于 20

表 6.20　管与板组合焊缝试件的尺寸　　　　　　　　　　　　　　　　　　mm

试件管壁厚度	试件板厚度	适用于焊件母材厚度的有效范围
<20	<20	管壁厚度和板厚度均小于 20
<20	$\geqslant 20$	管壁厚度小于 20,板厚度等于或大于 20
$\geqslant 20$	$\geqslant 20$	管壁厚度和板厚度均大于或等于 20

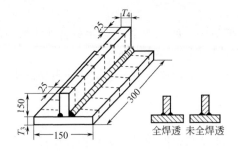

图 6.7　板材组合焊缝试件及试样

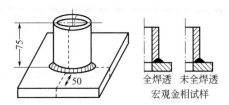

图 6.8　管与板组合焊缝试件及试样

厚度小于 25mm 时，试件基体厚度应等于或小于焊件基体厚度。

（4）对接焊缝试件的力学性能试验

1）拉伸试样要求

对接焊缝力学性能试验的试样类别和数量应符合表 6.21 的规定。当试件采用两种或两种以上焊接方法（或焊接工艺）时：

表 6.21　对接焊缝力学性能试验的试样类别和数量

试件母材的厚度 T/mm	试样的类别和数量 /个					
	拉力试验	弯曲试验			冲击试验	
	拉力试样	面弯试样	背弯试样	侧弯试样	焊缝区试样	热影响区试样
$1.5 \leqslant T < 10$	2	2	2	—	3	3
$10 \leqslant T < 20$	2	2	2	3	3	3
$T \geqslant 20$	2	—	—	4	3	3

注：1. 一根管接头全截面试样可以代替两个板形试样。

2. 当试件焊缝两侧的母材之间或焊缝金属和母材之间的弯曲性能有显著差别时，可改用纵向弯曲试验代替横向弯曲试验。

3. 可以用 4 个横向侧弯试样代替 2 个面弯和 2 个背弯试样。

4. 当焊缝两侧母材的钢号不同时，每侧热影响区都应取 3 个冲击试样。

① 拉伸试样和弯曲试样的受拉面应包括每一种焊接方法（或焊接工艺）的焊缝金属；

② 当规定做冲击试验时，对每一种焊接方法（或焊接工艺）的焊缝区和热影响区都要做冲击试验。

力学性能试件经外观检查和无损探伤合格后，允许避开缺陷制取试样，板材对接焊缝试件取样位置见图 6.9。管与板角焊缝、管与管角焊缝的焊接位置见图 6.10。

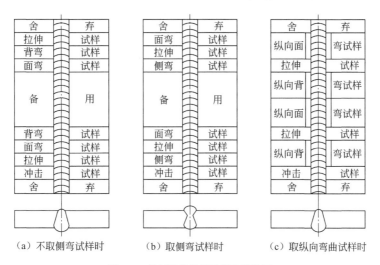

图 6.9　板材对接焊缝试件取样位置

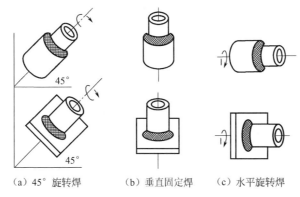

（a）45°旋转焊　　　（b）垂直固定焊　　（c）水平旋转焊

图 6.10　管与板角焊缝、管与管角焊缝的焊接位置

力学性能拉伸试样的切取、制备和试验按国标有关规定执行，合格指标为：

① 试样母材为同种钢号时，每个试样的抗拉强度应不低于母材钢号标准规定值的下限；

② 试样母材为两种钢号时，每个试样的抗拉强度应不低于两种钢号标准规定值的较低值；

③ 当采用两个或多个试样时，每个试样的抗拉强度都应符合上述相应规定。

2）弯曲试样要求

弯曲试样的焊缝余高应以机械加工方法去除，面弯、背弯试样的拉伸面应平齐且保留焊缝两侧中至少一侧的母材原始表面。弯曲试样的焊缝中心线应对准弯轴轴线。侧弯试验时，若试样表面存在缺陷，以缺陷较严重一侧作为拉伸面。

3）冲击试样要求

冲击试样应垂直于焊缝轴线，缺口轴线垂直于母材表面，取样位置见图 6.11。焊缝区冲击试样的缺口轴线需位于焊缝中心线上；热影响区冲击试样的缺口轴线至试样轴线与熔合线交点的距离大于零，且应尽可能多地通过热影响区。

6.3.4　PQR 与 WPS 的重要作用

焊接是锅炉、压力容器制造中的一种重要加工方法。焊接质量的优劣直接影响锅炉、压

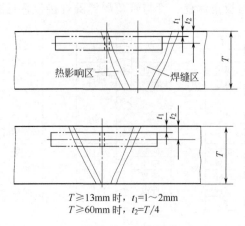

$T \geqslant 13\text{mm}$ 时，$t_1 = 1 \sim 2\text{mm}$
$T \geqslant 60\text{mm}$ 时，$t_2 = T/4$

图 6.11　焊接冲击试样取样位置

力容器的质量、安全运行和寿命，因为是带压工作，质量稍有问题就会带来隐患，给国家和人民生命财产带来潜在的巨大威胁。国内外有关资料表明，在锅炉、压力容器的失效事故中，焊缝是主要的失效源，而制造质量的优劣是事故的重要原因。

我国早在 20 世纪 70 年代，即由通用机械研究所负责，制定了焊接工艺评定标准《钢制压力容器焊接工艺评定》（JB 3964），并引进国外先进焊接管理标准《焊接工艺规程》（welding procedure specification，WPS）和《焊接工艺评定报告》（welding procedure qualification report，WPQR）。

PQR 和 WPS 自引进以来，已是锅炉、压力容器及压力管道制造、安装、维修中必不可少的技术文件，是评定制造、安装、维修单位焊接技术水平（资格）的依据。由于其科学、合理、严格，也为管道、钢结构、储罐制造、安装等生产部门采用。PQR 和 WPS，前者是后者的编制依据。我国焊接生产、工程安装中已广泛编制焊接工艺规程（WPS），用于指导生产。

工程安装中，大型设备、容器现场制作、安装，分段制作的塔、容器、设备的现场组对、压力管道安装等，施工单位都须提交合格的 PQR 和 WPS。审查 PQR 和 WPS，并检查WPS 的贯彻执行，是监理工程师控制焊接质量的一项重要内容。

工程结构焊接质量的形成，始于设计图纸，终于工程投用。只有当焊接构件（容器、管道、钢结构等）按设计要求，经合理的焊接工艺、严格的检查，最后通过系统试验和考核合格后，才能说焊接质量是合格的或优良的。这个过程中合理的焊接工艺和严格的检查是施工监理中焊接质量控制的关键。

严格的检查，从母材、焊材到焊接接头以致整个焊接结构，包括化学成分分析、力学性能、无损检测和变形测量、焊缝外观检查、内在质量分析等，在焊接工艺规程、焊接工艺评定报告以及有关标准、规程中都有明确规定，必须认真执行。合理的焊接工艺包括硬件和软件。硬件有：合格的焊工和性能良好的焊接设备、检验仪器以及必需的工装、量具等。软件则是正确的 WPS。编制 WPS 的依据是合格的 PQR。我国有关行业标准都对 PQR 有明确规定，其中以压力容器制造最为严格。

企业应按产品相应的技术规程（或技术条件）及工艺评定标准的规定设计工艺评定试验内容。工艺评定的试验条件必须与产品生产条件一致，工艺评定试验要使用与实际生产相同的钢材及焊接材料。为了减小试验结果的人为因素影响，工艺评定试验应由技术熟练的焊工施焊。

进行工艺评定试验时，必须考虑：焊接方法、钢材的种类及规格、焊接材料（包括焊条、焊丝及填充材料、焊剂、保护气体等）、预热和焊后热处理。在某些条件下还应考虑：电流的种类和极性、层间温度、多层焊和单层焊、热输入、焊丝摆动频率及幅度、接头形式及焊接位置等。

焊接工艺评定试验要根据有关的标准及规程进行，如理化分析标准、力学性能标准、无损检验标准等。

PQR 和 WPS 的重要性是很明确的。我国许多大型制造、安装企业通过了 ISO 9002 认证，他们承担的制造、安装工程都有质量保证体系，结构件的焊接均有 WPS 和依据的 PQR，应该说队伍素质是比较高的。但是也有一些单位成了"例行公事"。

例如，某单位在施工时，为应付检查，先编制了焊接工艺，而 PQR 作依据。这种焊接工艺实际上是无效的，当发现后又补做了 PQR，这种做法是不符合焊接工艺评定程序的。应当杜绝这类情况发生在施工现场。

因此，为了确保焊接质量，应采取如下有效措施：

① 焊接专业人员必须发挥技术主导作用，审核 PQR 与 WPS 必须是有经验的焊接专业人员；

② 定期举办焊接施工、检验人员培训班；

③ 定期更新过时的 PQR 与 WPS。焊接技术、施工方法发展很快，新钢种不断涌现，施工单位应定期对库存的 PQR 与 WPS 进行清理，对不适应施工要求的予以废除或封存，有的需要补做试验进行修订，有的则要重新进行评定；

④ 有关认证机构严格把关。

6.3.5 焊接工艺评定应注意的问题

焊接工艺评定是在钢材焊接性能试验基础上，结合锅炉、压力容器结构的特点、技术条件，在制造单位具体条件下的焊接工艺验证性试验。还用以证明施焊单位是否有能力焊制出符合有关法规、标准、技术条件要求的焊接接头，因此焊接工艺评定应在本单位进行。

国标给出的焊接工艺评定是通用性标准，对于特殊结构和特殊使用条件（如低温、耐腐蚀等）的锅炉和压力容器的焊接工艺评定，施焊单位在执行国家标准时，应考虑特殊技术要求并做出相应的规定。

焊接工艺评定是锅炉和压力容器焊接质量管理的重要环节之一，但保证锅炉和压力容器焊接质量只做焊接工艺评定是不够的，还必须做好焊工考试、材料管理及产品焊接整个过程中的一系列的质量管理工作。

对于焊工考试与焊接工艺评定的关系，只要焊工考试的焊接方法、母材钢号、试件类别、焊接材料在产品焊接工艺评定有效范围内，其产品的焊接工艺评定就能用于焊工考试的焊接工艺评定。否则须另行指导焊工考试。

应注意编制焊接工艺（卡）与焊接工艺评定的关系。焊接工艺评定是在产品制造前进行的，只有其评定合格后，才可编制焊接工艺（卡）。焊接工艺评定是编制焊接工艺（卡）的依据。焊接工艺评定只考虑影响焊接接头力学性能的工艺因素，而未考虑焊接变形、焊接应力等因素。焊接工艺（卡）的制订除依据焊接工艺评定外，还须结合工厂实际情况，考虑劳动生产率、技术素质、设备等因素，使之具有先进性、合理性、完整性。焊接工艺评定是技术文件，要编号存档，而焊接工艺（卡）则是与产品图纸一起下放到生产车间，具体指导生产。

焊接工艺评定工作在执行中也存在以下一些问题。

1）地点与时效

有些大型企业施工队伍分散在全国各地，焊接工艺评定在总部的焊接试验室进行。分散在各地的施工人员素质有较大的差异，有时现场焊接条件达不到焊接工艺评定的要求；还有的 PQR 是数年前完成的。对这些早年完成的 PQR 应作出适当处理，对不适用的 PQR 要重新补做。如果是 U 形缺口冲击试样，必须补作 V 形缺口冲击试样。

2）覆盖面不足

有的（WPS）依据的（PQR），从钢材种类到厚度范围都不能覆盖，却用于指导焊接生产。这种"焊接工艺"，如果没有 PQR 的支持，就不能使用，应重新按标准进行评定。

3）PQR 和 WPS 编制不规范

有的多层多道焊缝，WPS 中填写不清，只标层数，没有道数，正反面焊道不明确，焊接材料的规格、烘干、领用时间、日期都没有注明，焊接工艺参数也不是实地记录，签字、盖章也不规范。

因此，进行焊接工艺评定要明确焊接试验的基本程序，以相关国家标准为准绳，按规定选取评定项目，编制焊接工艺评定任务书和焊接工艺指导书，按要求准备及加工试件，做好试验记录，完成符合标准的焊接工艺评定报告，还要加强对焊接工艺评定报告、试样的档案管理等工作。

焊接工艺文件的管理，对焊接质量管理体系的各个环节起重要作用。焊接工艺文件一般包括：焊接工艺规程、通用焊接工艺和专用焊接工艺等。焊接工艺文件的管理应明确有无编制依据，能否满足基本要求以及编制、会签和审批程序及权限。

4）焊接工艺评定报告的管理

焊接工艺评定报告是企业质量控制和保证的重要证明文件，是国家技术监督部门和用户对企业质量系统评审和产品质量监督中的必检项目，也是焊接生产企业获取国内外生产许可和质量认证的重要先决条件之一。因此，焊接工艺评定报告应严格管理，从评定报告的格式、填写、审批程序、复制、归档、修改以及到外部评审等，每一个企业都应建立完善的管理制度。

在焊接工艺评定中，要真实而完整地记录整个试验过程，如焊接工艺评定试验的条件、试板的检验结果以及其他产品技术条件所要求的检验项目的检测结果。焊接工艺评定报告应按企业制定的工艺文件编号制度统一编号，注明报告填写日期。评定报告应由完成该项评定试验的焊接工程师填写，并在报告的最后一行签名以示负责。为保证评定报告的完整性和正确性，评定报告应经企业总工程师审核，最后由企业负责人审批签名，以代表企业对报告的真实性和合法性负责。为了体现评定报告的真实性，通常将评定试板的力学性能、宏观金相检验等报告原件作为焊接工艺评定报告的附件一并归档备查。

焊接工艺评定报告经审批后，由企业负责工艺评定的单位复印 2 份，一份交企业质量管理部门，供技术监督机构或用户对企业进行质保体系评审时核查；另一份交焊接工艺部门，作为编制焊接工艺规程的依据。工艺评定报告的原件存在企业的档案部门。

焊接工艺评定报告一经审批，原则上不准修改，这不仅是因为工艺评定报告是企业的重要质保文件，而且是一份真实反映焊接工艺评定试验全过程的记录报告。当焊接工艺评定标准或法规本身有关条款作出修改时，允许对已经审批的评定报告做必要的补遗。补遗报告也应经企业管理者或管理者代表签证。

焊接工艺评定报告是一个企业的内部文件，只适用于本企业作为其他焊接工艺文件的编制依据，供企业内部的焊接工艺人员使用，不准任意复制。

6.3.6　焊接工艺评定的合法性及有效性

（1）焊接工艺评定报告的合法性

焊接结构生产企业必须严格按照焊接工艺评定标准或有关法规的要求，完成焊接工艺评定试验。企业必须根据自身的生产能力和工艺装备，由本企业的工艺部门和人员编制工艺评定任务书和焊接工艺指导书，并按标准或法规的要求，利用企业现有的焊接设备和考试合格的焊工完成焊接工艺评定试验。

相关法规不允许企业将焊接工艺评定试验委托外单位去完成，也不允许企业借用外单位的焊接工艺评定报告编制用于本企业焊接生产的焊接工艺规程。因此，每一家企业都必须保证本企业的焊接工艺评定报告的合法性。企业的管理者须为完成所规定的焊接工艺评定试验建立必要的条件。很难设想，一家没有能力自行完成相应的焊接工艺评定试验的企业，能够生产出质量完全符合标准或法规要求的产品。由此可见，焊接工艺评定试验也是考核企业焊接生产能力和质量控制有效性的重要手段。

焊接工艺评定报告所记录的数据和检验结果必须是真实的，是采用经校验合格的仪器、仪表和检测设备测量结果的记录，不允许对试验数据和检测结果进行修改，更不允许编造检验结果。企业管理者有责任采取有效的管理和监督措施，杜绝有关人员的违法行为。企业负责人在工艺评定报告上签字，这就意味着他对报告所列全部数据的真实性和合法性负完全的责任。

（2）焊接工艺评定报告的有效性

焊接工艺评定报告经企业负责人签字后只说明该文件在企业内部已完成审批程序，可以在企业内部作为编制焊接工艺规程的依据，但不能作为企业质量认证的证明文件。只有当该企业的焊接工艺评定报告经技术监督部门代表签字认可后，才真正具有法律效力。例如，企业向美国 ASME 总部申请锅炉与压力容器制造许可证时，该企业的焊接工艺评定报告需经美国锅炉与压力容器检验师（国家管理局授权的检验师）签字认可，才真正有效。

焊接工艺评定报告一经上述人员签字认可，就具有长期的有效性。

应指出，焊接工艺评定报告的长期有效性是以完全符合法规的要求为前提的。也就是说，焊接工艺规程的任一重要参数，都必须在法规评定规则所允许的范围内。一旦焊接工艺规程的某一重要参数超过所评定的范围，原所依据的焊接工艺评定报告即告失效，必须重新进行焊接工艺评定。

（3）焊接工艺评定及工艺规程的局限性

焊接工艺评定报告及其所支持的焊接工艺规程，是焊接结构生产企业确保产品焊接质量的重要手段，但绝不应理解为是唯一的手段。制造和生产大、中型焊接结构的企业，只用焊接工艺规程指导焊工以求焊制出质量完全符合产品技术要求或制造法规要求的产品是远远不够的。

焊接工艺规程是以填表方式用简略的数字和技术术语阐明该种接头焊接所必需的重要焊接工艺参数和次要参数，即使将法规所规定的 37 个工艺参数全部填满，也不能说已包括了焊接工艺的全部内容。

为使操作者能持续稳定地焊制质量符合法规要求的产品，应当补充编制一些必要的焊接工艺文件，如焊接工艺守则、操作守则、产品部件的制造技术要求或焊接技术要求。焊接工艺守则一般分为两大类：一类是阐明焊接工艺方法要素及典型工艺参数的工艺守则，如焊条电弧焊工艺守则、CO_2 气体保护焊工艺守则、埋弧自动焊工艺守则、钨极氩弧焊工艺守则等；另一类是详细规定各种材料焊接工艺要求的守则，如碳钢焊接工艺守则、低合金钢焊接工艺守则、不锈钢焊接工艺守则、铝及铝合金焊接工艺守则等。编写完善的焊接工艺守则是一种比焊接工艺规程内容更详细的焊接工艺文件，也是焊工必须遵照执行的通用焊接技术要求。

焊接产品或产品部件的制造技术条件是一种内容更广泛、适用范围更大的重要工艺文件，是针对该种产品的整个制造工艺过程，并结合产品特殊的运行条件而提出的各种技术要求、工艺措施、检验手段和合格标准。对于从事焊接产品或部件制造的所有技术人员、生产管理人员和技术工人都具有普遍的指导意义，同时也是编制焊接工艺规程的重要依据文件之一。

(4) 焊接工艺评定报告与工艺规程的关系

对于锅炉和压力容器产品来说，每一份焊接工艺规程都必须由相对应的焊接工艺评定报告所支持（也就是编制的依据）。由于焊接工艺规程的内容包括了焊接工艺的重要参数和次要参数，不论重要参数还是次要参数发生改变，都需重新编制焊接工艺规程；而焊接工艺评定报告只有当重要参数改变时，才需重新进行焊接工艺评定。因此，一份焊接工艺评定报告可以支持若干份焊接工艺规程。

例如，一份在平焊位置完成的焊接工艺评定报告，可以同时支持在横焊、立焊和仰焊位置的焊接工艺规程，只要其所有的重要参数在所评定的范围之内。其他次要因素的变化也可采取相同的办法处理。

反之，一份焊接工艺规程可能需要多份焊接工艺评定报告的支持。例如，一条厚壁容器的焊缝采用两种不同的焊接方法焊成，打底焊缝采用 CO_2 气体保护焊，填充层和盖面层采用埋弧焊，该焊接工艺规程应由两份相应评定厚度的 CO_2 气体保护焊以及埋弧焊的焊接工艺评定报告所支持。某些采用组合焊工艺的焊接接头甚至需要 3 份或 4 份焊接工艺评定报告。

采用组合焊工艺完成的接头，焊接工艺规程也可以一份焊接工艺评定报告为依据，按产品接头焊接工艺所规定的每种焊接方法所焊制的焊缝厚度焊制评定试板，所切取的接头拉伸和弯曲试样，应能基本反映各种焊接方法所焊焊缝部分的性能。另一种做法是，对组合焊工艺所使用的每种焊接方法，单独焊制一副试板，试板的厚度至少为 12mm，这些试板的工艺评定报告，可用于相对应的焊接方法和焊缝厚度，包括根部焊道。

采用组合焊工艺焊接的接头焊接工艺评定报告，也可以按每种焊接方法或工艺所评定的焊缝厚度，分别支持只采用一种焊接方法或工艺所焊接头的焊接工艺规程，条件是其他所有重要参数完全相同或在所评定的范围之内。

为了减少焊接工艺评定的数量、避免不必要的重复，ASME 锅炉与压力容器法规将化学成分、焊接性和力学性能相近的材料归入一类。属于同一类的材料，在编制焊接工艺规程时，可以借用其他同类材料的焊接工艺评定报告，只要所采用的所有其他焊接工艺重要参数在已评定的范围之内。因此，如果使用 ASME 法规材料，可省略大量重复的焊接工艺评定试验。例如，按钢号计算，归入第 1 类第 1 组的钢材就有 80 余种之多。而且，焊接工艺评定报告不受钢材形状的限制，采用板材完成的焊接工艺评定试验，也适用于管材、型材、锻件和铸件。

这里应强调指出，上述材料分类原则是以法规认可的材料为前提的，列入 ASME 法规的所有材料都经过全面的鉴定，并在实际生产中应用多年，确认性能符合锅炉与压力容器制造要求。因此，同类材料焊接工艺评定报告的相互借用具有充分的基础。

我国现行的锅炉与压力容器焊接工艺评定标准也对钢材作了相似的分类，但缺乏充分的、系统的试验数据和生产经验的积累。因此，有必要谨慎对待国产钢种的焊接工艺评定报告在同类钢种内的适用性问题。

对于母材厚度不同的焊接接头，如符合下列条件，开坡口焊缝的焊接工艺评定报告同样有效：

① 较薄部件的厚度在所评定的范围之内；

② 较厚部件的厚度，如对于不要求缺口冲击韧性的材料，部件的最大厚度不受限制，但工艺评定试板厚度应大于 6mm；对于要求缺口冲击韧性的材料，较厚部件的厚度应在所评定的范围之内，但如工艺评定试板的厚度大于 38mm，则其最大厚度不受限制。

这就是说，开坡口对接焊缝的焊接工艺评定报告可适用于同类材料不同厚度的产品接头，作为编制焊接工艺规程的依据。

（5）正确理解和贯彻工艺评定标准

焊接结构生产企业应致力于全面正确地理解工艺评定标准的实质，认真贯彻执行。既要使焊接工艺评定成为控制产品焊接质量的有效手段，不流于形式，又要吃透标准条款，灵活掌握，在标准允许的范围内经济合理地完成焊接工艺评定工作，特别是要避免重复不必要的工艺评定项目。

应严格工艺评定立项的审核和批准程序。当准备采用焊接新工艺或修改原工艺的重要参数时，应做仔细的经济分析，防止不考虑企业的经济效益，盲目采用新工艺或新材料。例如，产品设计结构决定必须采用新材料和新工艺时，应首先完成相应的材料焊接性试验和工艺性试验，并在此基础上拟定焊接工艺评定任务书，并完成焊接工艺评定试验。在焊接低合金钢、高合金钢和特种材料的焊接结构时，应慎重利用标准所允许的壁厚适应范围，在某些情况下，应适当缩小母材壁厚的适用范围，以确保焊接工艺规程的可靠性和接头的各项性能。

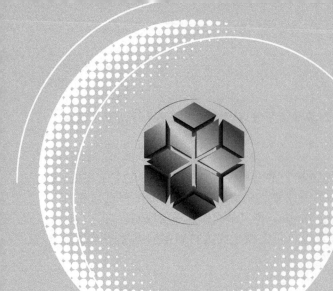

第7章
焊接质量检验

质量检验是始终贯穿在焊前、焊接过程中和焊后保证和控制焊接质量的重要手段。焊前检验的目的是以预防为主，积极作好施焊前的各项准备工作，最大限度地避免或减少焊接缺陷的产生。焊接过程中检验的目的是及时发现焊接缺陷，提示应对措施和进行有效的修复，保证焊接结构件在制造过程中的质量。除了前两个阶段的检验项目外，还须对产品进行焊后质量检验，以确保焊件质量完全符合技术文件要求。

7.1 焊接质量检验的依据和内容

焊接质量检验方法的分类见图7.1。焊接质量检验分为破坏性检验、非破坏性检验两大类。每大类又有具体的检验方法，如图7.1所示。重要的焊接结构（件）的产品验收，必须采用不破坏其原有形状、不改变或不影响其使用性能的检测方法来保证产品的安全性和可靠性。

7.1.1 焊接质量检验的依据

焊接生产中必须按施工图纸、技术标准、检验文件和订货合同规定的方法进行检验。

① 施工图纸 焊接加工的产品应按图纸的规定进行，图纸规定了原材料、焊缝位置、坡口形状和尺寸及焊缝的检验要求。

② 技术标准 包括有关的技术条件，它规定了焊接产品的质量要求和质量检验方法，是从事检验工作的指导性文件。

③ 检验文件 包括规程和检验工艺等，具体规定了检验方法和检验程序，指导现场人员进行工作。此外，还包括检查工程中收集的检验单据：包括检验报告、不良品处理单、更改通知单（如图纸更改、工艺更改、材料代用、追加或改变检验要求）等所使用的书面通知。

④ 订货合同 用户对产品焊接质量的要求在合同中有明确标定的，也可以作为图纸和技术文件的补充规定。

焊接质量的检验可分为三个阶段，即焊前、焊接过程中和焊后成品检验。焊前检验主要是检查技术文件是否完整齐全，并符合各项标准、法规的要求；原材料的质量验收；焊接设备是否完好、可靠以及焊工操作水平、资格的认可等。焊接过程中检验主要包括焊接设备的

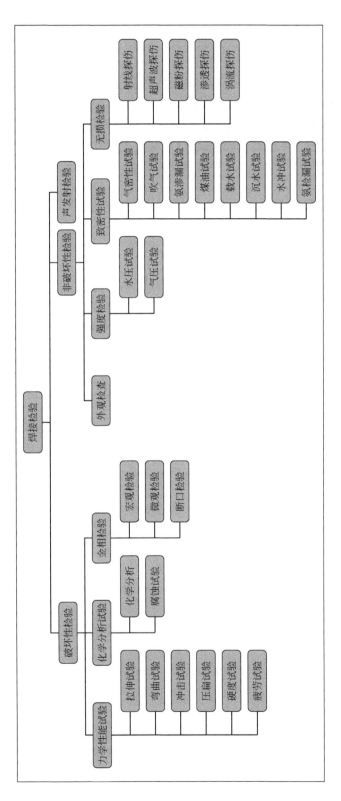

图 7.1　焊接检验方法的分类

运行情况、焊接工艺执行情况的检查等。焊后成品检验是焊接检验的最后一个环节，是鉴别产品质量的主要依据。成品检验的方法和内容主要包括外观检验、焊缝的无损探伤、耐压及致密性试验等。

7.1.2　焊缝外观形状尺寸检验

外观检验焊缝是一种常用的检验方法，是用肉眼或借助样板，或用低倍放大镜（不大于5倍）观察焊件外形尺寸的检验方法。焊缝外观形状尺寸检验包括直接和间接外观检验。直接外观检验是用眼睛直接观察焊缝的形状尺寸，检验过程中可采用适当的照明，利用反光镜调节照射角度和观察角度，或借助于低倍放大镜进行观察；间接外观检验必须借助于工业内窥镜等工具进行观察，用于眼睛不能接近被焊结构件，如直径较小的管子及焊制的小直径容器的内表面焊缝等。

焊缝外观检验主要通过目视方法检查焊缝表面的缺陷和借助检测工具检查焊缝尺寸的偏差。

（1）焊缝的目视检验

1）目视检验的方法

① 直接目视检验。也称近距离目视检验，是用眼睛直接观察和分辨焊缝的形貌。主要是观察焊缝外形是否均匀，各焊道之间是否平滑过渡等。目视检验过程中可采用适当的照明设施，利用反光镜调节照射角度和观察角度，或借助于低倍放大镜观察焊件，以提高眼睛发现和分辨焊接缺陷的能力。

② 远距离目视检验。主要用于眼睛不能接近被检验的物体，而必须借助于望远镜、内孔管道镜（窥视镜）、照相机等辅助设施进行观察的场合。

2）目视检验的程序

目视检验工作较简单、直观、方便、效率高。应对焊接结构的所有可见焊缝进行目视检验。对于焊接结构庞大、焊缝种类或形式较多的焊接结构，为避免目视检验的遗漏，可按焊缝的种类或形式等分为区、块、段逐次检查。

3）目视检验的项目

焊接工作结束后，要及时清理焊渣和飞溅物，然后按表7.1中的项目进行检验。

对于点焊、缝焊的工艺撕裂试样也要进行目视检验。目视检验若发现裂纹、夹渣、气孔、焊瘤、咬边等不允许存在的缺陷，应清除、补焊、修磨，使焊缝表面质量符合要求。

（2）焊缝外形尺寸的检验

焊缝外形尺寸的检验是按产品图纸标注尺寸或技术标准规定的尺寸对实物进行测量检查。一般选择焊缝尺寸正常部位、尺寸变化的过渡部位和尺寸异常变化的部位进行测量检查，然后相互比较，找出焊缝外形尺寸变化的规律，与标准规定的尺寸对比，从而判断焊缝外形尺寸是否符合要求。

焊缝外形尺寸检验时，被检验的焊接接头应清理干净，不应有焊接熔渣和其他覆盖层。在测量焊缝外形尺寸时可采用标准样板和量规。焊缝外观检验用的量规如图7.2所示，焊缝外观检验万能量规的用法如图7.3所示。

1）对接焊缝外形尺寸的检验

对接焊缝的外形尺寸包括：焊缝余高 h、焊缝宽度 c、焊缝边缘直线度 f、焊缝宽度差和焊缝面凹凸度等。焊缝的余高 h、焊缝宽度 c 是重点检查的外形尺寸，如图7.4所示。对低合金高强度钢做焊缝外观检查时，常需进行两次，即焊后检查一次，经过 $15\sim30$ 天以后再检查一次，检查是否产生了延迟裂纹。对未填满的弧坑应特别仔细检查，以发现可能出现

表 7.1　焊缝目视检验的项目

序号	检验项目	检验部位	质量要求	备注
1	清理	所有焊缝及其边缘	无熔渣、飞溅及阻碍外观检查的附着物	—
2	几何形状	焊缝与母材连接处	焊缝完整不得有漏焊,连接处应圆滑过渡	可用测量尺
		焊缝形状和尺寸急剧变化的部位	焊缝高低、宽窄及结晶鱼鳞波纹应均匀变化	
3	焊接缺陷	①整条焊缝和热影响区附近 ②重点检查焊缝的接头部位,收弧部位及形状和尺寸突变的部位	①无裂纹、夹渣、焊瘤、烧穿等缺陷 ②气孔、咬边应符合有关标准规定	①接头部位易产生焊瘤、咬边等缺陷 ②收弧部位易产生弧坑裂纹、夹渣和气孔等缺陷
4	缺陷补焊	装配拉筋板拆除部位	无缺肉及遗留焊疤	
		母材引弧部位	无表面气孔、裂纹、夹渣、疏松等缺陷	
		母材机械划伤部位	划伤部位不应有明显棱角和沟槽,伤痕深度不超过有关标准的规定	

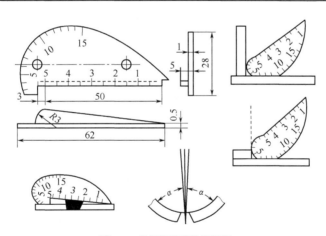

图 7.2　焊缝外观检验用量规

的弧坑裂纹。

熔化焊钢结构焊缝宽度与余高允许范围见表 7.2。焊缝边缘直线度见表 7.3。

表 7.2　熔化焊钢结构焊缝宽度与余高允许范围

焊接方法	焊缝形式	焊缝宽度 c/mm		焊缝余高 h/mm
		最大值 C_{max}	最小值 C_{min}	
埋弧焊	Ⅰ型焊缝	$b+8$	$b+28$	0～3
	非Ⅰ型焊缝	$g+4$	$g+14$	
焊条电弧焊及气体保护焊	Ⅰ型焊缝	$b+4$	$b+8$	平焊:0～3 其余:0～4
	非Ⅰ型焊缝	$g+4$	$g+8$	

注：1. 表中 b 值为实际装配值。

　　2. g 值为装配后坡口面处的最大间隙。

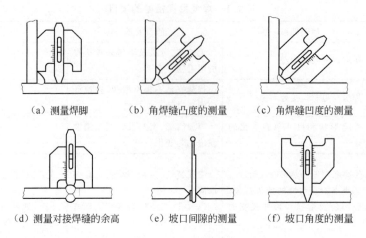

（a）测量焊脚　　　　　（b）角焊缝凸度的测量　　　　　（c）角焊缝凹度的测量

（d）测量对接焊缝的余高　　　（e）坡口间隙的测量　　　（f）坡口角度的测量

图 7.3　焊缝外观检验万能量规的用法

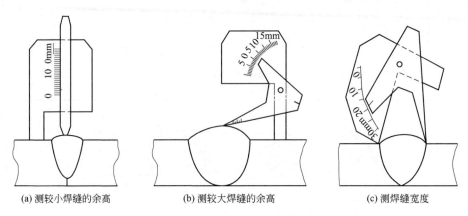

（a）测较小焊缝的余高　　　　（b）测较大焊缝的余高　　　　（c）测焊缝宽度

图 7.4　用焊接检验尺检测焊缝余高和焊缝宽度

表 7.3　焊缝边缘直线度

焊接方法	焊缝边缘直线度 f/mm	测量条件
埋弧焊	$\leqslant 4$	任意 300mm 长度的连续焊缝
焊条电弧焊及气体保护焊	$\leqslant 3$	

2）角焊缝外形尺寸的检验

角焊缝外形尺寸包括：焊脚、焊脚尺寸、凹凸度和焊缝边缘直线度等。大多数情况下，角焊缝计算厚度不能进行实际测定，需要通过焊脚尺寸进行计算。角焊缝外形尺寸示意如图 7.5 所示。焊脚尺寸的确定可参见图 7.6。

复杂形状角焊缝的焊缝表面几何形状很不规则，焊缝尺寸不能直接测定，只能用作图法确定。其步骤是先用检查尺测出角焊缝两侧的焊脚大小，再根据焊缝外表面的凹凸情况，测量一至两个凹点到两侧直角面表面的距离，作出角焊缝截面图。然后在角焊缝横截面中画出最大等腰直角三角形，测得直角三角形直角边的边长，就是该角焊缝的焊脚尺寸。

CO_2 气体保护焊角焊缝焊脚尺寸要求见表 7.4。

焊缝的外观检验在一定程度上有利于分析发现内部缺陷。例如，焊缝表面有咬边和焊瘤时，其内部则常常伴随有未焊透；焊缝表面有气孔，则意味着内部可能不致密，有气孔和夹

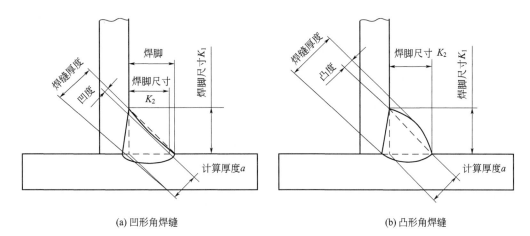

(a) 凹形角焊缝　　　　　　　　　　　(b) 凸形角焊缝

图 7.5　角焊缝的尺寸示意

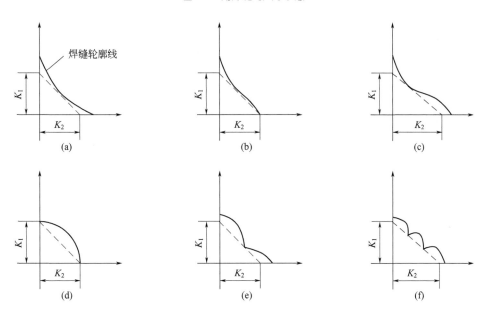

图 7.6　焊脚尺寸 K_1、K_2 的确定

表 7.4　CO_2 气体保护焊角焊缝焊脚尺寸要求　　　　　　　　　　mm

焊缝形式	K_1	δ	K_{min}
	$0.25\delta < K_1 \leqslant 10$	5～12 12～25 25～40 40～50	3 4 6 8
	—	3～4.5 4.5～12	2 3

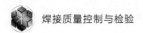

焊缝形式	K_1	δ	$K_{\min}$
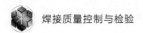	$0.25\delta < K_1 \leqslant 10$	—	—

注：δ 为较薄板的厚度。

渣等。另外，通过外观检验可以判断焊接工艺是否合理，如电流过小或运条过快，则焊道外表面会隆起和高低不平，电流过大则弧坑过大和咬边严重。多层焊时，要特别重视根部焊道的外观检验，对于有可能发生延迟裂纹的钢材，除焊后检查外，隔一定时间（15～30 天）还要进行复查。有再热裂纹倾向的钢材，最终热处理后也必须再次检验。

7.1.3 焊缝内在缺陷的检验

焊缝内在缺陷常用的检验方法有射线检验、超声波探伤、磁粉探伤、渗透探伤和声发射探伤等。射线检验和超声波探伤主要检验焊缝内部的焊接缺陷，磁粉探伤和渗透探伤主要检验焊缝表面或贯穿表面的缺陷，声发射探伤属于动态状况下的焊缝质量检测方法。各种检验方法的特点及适用范围见表 7.5。其中射线检验可采用不同能量的射线，如 X 射线、γ 射线和高能射线等，采用这些射线检验焊件的厚度也不相同，见表 7.6。

表 7.5　各种检验方法的特点及适用范围

检验方法		检验缺陷	可检验焊件厚度	灵敏度	检验条件	适用材料
射线检验	X 射线	内部裂纹、未焊透、气孔及夹渣等	0.1～60mm	能检验尺寸大于焊缝厚度1%～2%的缺陷	焊接接头表面不需加工，正反两个面都必须是可接近的	适用于一般金属和非金属焊件，不适用于锻件及轧制或拉制的型材
	γ 射线		1.0～150mm	较 X 射线低，一般约为焊缝厚度的3%		
	高能射线		25～600mm	较 X、γ 射线高，一般可达到小于焊缝厚度的1%		
超声波探伤		内部裂纹、未焊透、气孔及夹渣等	焊接厚度上几乎不受限制，下限一般为 8～10mm，最小可达 2mm	能检验出直径大于1mm的气孔、夹渣；检验裂纹时灵敏度较高，检验表面及近表面的缺陷时灵敏度较低	表面一般需加工至 $Ra6.3～1.6\mu m$，以保证同探头有良好的声耦合，但平整而仅有薄氧化层者也可探伤；如采用浸液或水层耦合法则可检验表面粗糙的工件，可检验钢材厚度为 1～1.5mm	适用于管材、棒材和锻件焊缝的探伤检验
磁粉探伤		表面及近表面缺陷（如微细裂纹、未焊透及气孔等），被检验表面最好与磁场正交	表面及近表面	与磁场强度大小和磁粉质量有关	工件表面粗糙度小则探伤灵敏度高，如有紧贴的氧化皮及薄层油漆，仍可探伤检验，对工件的形状无严格限制	限于铁磁性材料
渗透探伤		贯穿表面的缺陷（如微细裂纹、气孔等）	表面	缺陷宽度小于0.01mm、深度小于 0.03～0.04mm 者检验不出	工件表面粗糙度小则探伤灵敏度高，对工件的形状无严格限制，但要求完全去除油污及其他附着物	适用于各种金属和非金属焊件

表7.6 不同能量射线检验焊件的厚度

射线种类	能源类别	焊件厚度/mm	射线种类	能源类别	焊件厚度/mm
X射线	50kV	0.1～0.6	高能射线	1MV 静电加速器	25～130
				2MV 静电加速器	25～230
				24MV 电子感应加速器	60～600
	100kV	1.0～5.0	γ射线	镭	60～150
	150kV	≤25		钴	60～150
	250kV	≤60		铱192	1.0～65

实际应用中,由于焊接结构使用的环境、条件不同,对质量的要求也不一样,焊缝检验所需要的方法及所要求达到的质量等级也不同。常用焊接结构的检验方法及焊缝质量等级见表7.7。

表7.7 常用焊接结构的检验方法及焊缝质量等级

焊接结构类型	实 例				焊缝质量等级
	名称	工作条件	接头形式	检验方法	
核容器、航空航天器件、化工设备中的重要构件	核工业用储运六氟化铀、三氟化氯、氟化氢等容器	工作压力:40Pa～1.6MPa 工作温度:-196～200℃	对接	外观检验、射线探伤、液压试验、气压试验或气密性试验、真空密封性试验	Ⅰ级
锅炉、压力容器、球罐、化工机械、采油平台、潜水器、起重机械等	钢制球形储罐	工作压力≤4MPa	对接、角接	外观检验、射线或超声波探伤、磁粉或渗透探伤、液压试验、气压试验或气密性试验	Ⅱ级
船体、公路钢桥、液化气钢瓶等	海洋船壳体	—	对接、角接	外观检验、射线或超声波探伤、致密性试验	Ⅲ级
一般不重要结构	钢制门窗	—	对接、角接、搭接	外观检验	Ⅵ级

7.1.4 焊接成品的密封性检验

锅炉、压力容器、管道及储罐等焊接结构件焊完后,要求对焊缝进行致密性检验。检验方法有煤油试验、水压试验、气压试验等。

(1)致密性检验

① 煤油试验 煤油试验适用于敞开的容器和储存液体的储器以及同类其他产品的密封性检验。试验时在便于观察和焊补的一面,涂以白垩粉,待干,然后在焊缝另一面涂以煤油,试验过程中涂两三次。持续15min～3h。涂油后立即开始观察白垩粉一侧,如在规定时间内,焊缝表面未出现油斑和油带,即定为合格。碳钢和低合金钢作煤油试验所需时间推荐值见表7.8。

表7.8 碳钢和低合金钢作煤油试验所需时间推荐值

板厚/mm	时间/min	备 注
≤5	20	
5～10	35	当煤油透漏为其他位置时,煤油作用时间可适当增加
10～15	45	
>15	60	

② 载水试验　适用于不受压的容器或敞口焊接储器的密封性试验。试验时，仔细清理容器焊缝表面，并用压缩空气吹净、吹干。在气温不低于0℃的条件下，在容器内灌入温度不低于5℃的净水，然后观察焊缝，其持续时间不得少于1h。在试验时间内，焊缝不出现水流、水滴状渗出，焊缝及热影响区表面无"出汗"现象，即为合格。

③ 冲水试验　适用于难以进行水压试验和载水试验的大型容器。试验时，用出口直径不小于15mm的消防水带往焊缝上冲水。水射流方向与焊缝所在表面夹角不小于70°。试验水压应不小于0.1MPa，以造成水在被喷射面上的反射水环直径不小于400mm。试验时的气温应高于0℃、水温高于5℃。对垂直焊缝应自上而下进行检查，冲水同时对焊缝另一面进行观察。

④ 沉水试验　只适用于小型焊接容器，如汽车油箱等的密封性检验。试验时将工件沉入水中深20～40mm处，然后试件内充满压缩空气，观察焊缝处有无气泡出现，出现气泡处即为焊接缺陷存在的位置。

⑤ 吹起试验　用压缩空气流吹焊缝，压缩空气压力不小于0.4MPa，喷嘴与焊缝距离不大于30mm，且垂直对准焊缝，在焊缝另一面涂以100g/L的肥皂液，观察肥皂液一侧是否出现肥皂泡来发现缺陷。

⑥ 氨气试验　适用于可封闭的容器或构件。试验时，在焊缝上贴以浸透5%硝酸银（汞）水溶液的试纸（其宽度比焊缝宽度大20mm）。在焊件内部充入含10%（体积含量）氨气的混合压缩空气（其压力按焊件的技术条件制定），保压3～5min，以试纸上不出现黑色斑点为合格。对于致密性要求较高的焊缝，检查时，将容器抽真空，然后喷射氨气或在容器内通入微量氨气，由专用氨气质谱检漏仪进行检漏。

（2）耐压试验

焊接容器的耐压检验法有水压试验和气压试验。水压试验是以水为介质进行压力试验。水压试验可用于容器的密封性检验和强度试验。

当对管道进行水压试验时，宜用阀门将管道分成几段，依次进行试验。为了检查强度，试验压力比工作压力大几倍或相当于材料屈服极限的压力值。试验时应注意观察应变仪，防止超过屈服点。试验后的焊接试件必须经过退火处理，以消除因试验而引起的残余压力，然后依次进行试验。

气压试验一般用于低压容器和管道的检验，气压试验比水压试验更为灵敏和迅速。由于试验后产品不用排水处理，因此气压试验特别适用于排水困难的容器和管道。气压试验的危险性比水压试验大。

水压和气压试验方法及要求见表7.9。

表7.9　水压和气压试验方法及要求

试验方法	试验要求	结果分析与判定
水压试验	用水泵加压试验 ① 待容器内灌满水，堵塞容器上的所有孔 ② 根据技术条件规定，试验压力为工作压力的1.5倍 ③ 一般在无损探伤和热处理后进行试压 ④ 加压后距焊缝20mm处，用小铁锤轻轻锤击	在试验压力下保持5min后，检查容器的每条焊缝是否有渗水现象，如无渗水表明合格

试验方法	试验要求	结果分析与判定
气压试验	① 气压试验用于低压容器和管道的检验 ② 试验要在隔离场所进行 ③ 在输气管道上要设置一个储气罐,储气罐的气体出入口均装有气阀,以保证进气稳定;在产品入口端管道上需安装安全阀、工作压力计和监控压力计 ④ 所用气体应是干燥、洁净的空气、氮气或其他惰性气体,气温不低于 15℃ ⑤ 当试验压力达到规定值(一般为产品工作压力的 $1.25 \sim 1.5$ 倍)时,关闭气阀门,停止加压 ⑥ 施压下的产品不得敲击、振动和修补焊接缺陷 ⑦ 低温下试验时,要采取防冰冻的措施	停止加压后,涂肥皂水检漏或检验工作压力表数值变化,如没有发现漏气或压力表数值稳定,则为合格

7.2　焊接接头的无损检验

无损检测方法用以测定焊缝的内部缺陷。通过无损检测可以对焊缝内部的裂纹、气孔、夹渣、未焊透等缺陷较准确地检查出来,而对焊接接头的组织和性能没有任何损伤,是目前常用的焊接检验方法。

按照 GB/T 14693—2008《焊缝无损检测符号》的规定,我国无损检测方法的字母代号见表 7.10。针对焊缝常用的检测方法是射线检验、超声检验、磁粉检验、渗透检验等。

表 7.10　焊缝无损检测方法的代号

检测方法	射线	超声波	磁粉	渗透	涡流	声发射	泄露	目视	测厚
代号	RT	UT	MT	PT	ET	AET 或 AT	LT	VT	TM

常用焊接质量检验标准如下:
① 钢的弧焊接头缺陷质量分级指南（GB/T 19418—2003/ISO 5717:1992）。
② 金属熔化焊焊接接头射线照相质量分级（GB/T 3323—2005）。
③ 金属管道熔化焊环向对接接头射线照相质量分级（GB/T 12605—2008）。
④ 钢焊缝手工超声波探伤结果的分级（GB/T 11345—2013）。
⑤ 钢制管道环向焊缝对接接头超声波检测结果的质量分级（GB/T 15830—2008）。
⑥ 二氧化碳气体保护焊质量评定标准（JB/T 9186—1999）。
⑦ 磁粉检验缺欠磁痕的分级（JB/T 6061—2007）。
⑧ 焊缝渗透检测缺欠迹痕的分级（JB/T 6062—2007）。
⑨ 钎缝外观质量评定标准（JB/T 6966—1993）。

7.2.1　射线检验（RT）

射线检验是利用射线可穿透物质和在物质中具有衰减的特性来发现缺陷的检验方法。根据所用射线种类,可分为 X 射线、γ 射线和高能射线检验。根据显示缺陷的方法,又分为电离法、荧光屏观察法、照相法和工业电视法。但目前应用较多、灵敏度高、能识别小缺陷的理想方法是照相法。

（1）射线检验的操作步骤
射线照相检验焊接产品的主要操作步骤如下。
① 确定产品检查的要求　对工艺性稳定的批量产品,根据其重要性可以抽查 5%、

10％、20％、40％，抽查焊缝位置应在可能或经常出现缺陷的位置、危险断面与应力集中部位。对制造工艺不稳定而且重要的产品，应对所有焊缝做100％的检查。

② 照相胶片的选用 射线检验用胶片要求反差高，清晰度高。胶片按银盐颗粒度由小到大的顺序，分为Ⅰ、Ⅱ、Ⅲ三种。若要缩短曝光时间，则需提高射线透照的底片质量，使用号数较小的胶片。胶片一般要求放在湿度不超过8％、温度为17℃的干燥箱内，避免受潮、受热和受压，同时要防止氨、硫化氢和酸等腐蚀气体的损害。

③ 增感屏的选用 使用增感屏，可以减少曝光时间，提高检验速度。焊缝检验中常用金属增感屏，增感屏要求厚度均匀，杂质少，增感效果好；表面平整光滑，无划伤、褶皱及污物；有一定的刚性，不易损伤。金属增感屏有前后屏之分，前屏较薄，后屏较厚。金属增感屏的选用见表7.11。

表 7.11　金属增感屏的选用

射线种类	增感屏材料	前屏厚度/mm	后屏厚度/mm
＜120kV	铅	—	≥0.10
120～250kV	铅	0.025～0.125	≥0.10
250～500kV	铅	0.05～0.16	≥0.10
1～3MeV	铅	1.00～1.60	1.00～1.60
3～8MeV	铅、铜	1.00～1.60	1.00～1.60
8～35MeV	铅、钨	1.00～1.60	1.00～1.60
Ir192	铅	0.05～0.16	≥0.16
Co60	铅、铜、钢	0.50～2.00	0.25～1.00

④ 像质计的选用 像质计是用来检查透照技术和胶片处理质量的。像质计的选用列于表7.12。

表 7.12　像质计的选用

要求达到的像质指数	线直径/mm	透照厚度/mm		
		A 级	AB 级	B 级
16	0.100	—	—	≤6
15	0.125	—	≤6	>6～8
14	0.160	≤6	>6～8	>8～10
13	0.200	>6～8	>8～12	>10～16
12	0.250	>8～10	>12～16	>16～25
11	0.320	>10～16	>16～20	>25～32
10	0.400	>16～25	>20～25	>32～40
9	0.500	>25～32	>25～32	>40～50
8	0.630	>32～40	>32～50	>50～80
7	0.800	>40～60	>50～80	>80～150
6	1.000	>60～80	>80～120	>150～200
5	1.250	>80～150	>120～150	—
4	1.600	>150～170	>150～200	—
3	2.000	>170～180	—	—
2	2.500	>180～190	—	—
1	3.200	>190～200	—	—

⑤ 焦点和焦距的选用 γ射线的焦点，是指射线源的大小。X射线探伤所指的焦点，是指X光管内阳极靶上发出的X射线范围。随着X光管阳极结构的不同，其焦点有方形及圆形两大类。减小焦点尺寸，增加焦点至工件缺陷的距离和减少底片到工件缺陷的距离，可以提高影像的清晰度。焦距是指焦点到暗盒之间的距离。在选定射线源后，改变焦距便能提高清晰度。通常采用的焦距为400~700mm。

⑥ 底片上缺陷的识别 在曝光工艺和暗室处理都正确选择的条件下，射线拍摄的照片上便能够正确反映接头的内部缺陷，如裂纹、气孔、夹渣、未熔合和未焊透等，从而对缺陷性质、大小、数量及位置进行识别。常见焊接缺陷的影像特征见表7.13。

表7.13 常见焊接缺陷的影像特征

缺陷种类	缺陷影像特征
气孔	多数为圆形、椭圆形黑点，其中心处黑度较大，也有针状、柱状气孔；其分布情况不一，有密集的、单个和链状的
夹渣	形状不规则，有点、条块等，黑度不均匀；一般条状夹渣都与焊缝平行，或与未焊透、未熔合混合出现
未焊透	在底片上呈现规则的、甚至直线状的黑色线条，常伴有气孔或夹渣；在V、X形坡口的焊缝中，根部未焊透出现在焊缝中间，K形坡口则偏离焊缝中心
未熔合	坡口未熔合影像一般一侧平直，另一侧有弯曲，黑度淡而均匀，时常伴有夹渣；层间未熔合影像不规则，且不易分辨
裂纹	一般呈直线或略有锯齿状的细纹，轮廓分明，两端尖细，中部稍宽，有时呈现树枝状影像
夹钨	在底片上呈现圆形或不规则的亮斑点，且轮廓清晰

（2）检验结果评定

根据 GB/T 3323—2005《钢熔化焊对接接头射线照相和质量分级》，焊接缺陷评定分为Ⅰ、Ⅱ、Ⅲ、Ⅳ级。其中焊缝内无裂纹、未熔合、未焊透和条状夹渣为Ⅰ级。焊缝内无裂纹、未熔合和未焊透为Ⅱ级。焊缝内无裂纹、未熔合以及双面焊和加垫板的单面焊中的未焊透为Ⅲ级，不加垫板的单面焊中的未焊透允许长度按条状夹渣长度的Ⅲ级评定。焊缝缺陷超过Ⅲ级者为Ⅳ级。

长宽比小于或等于3的缺陷定义为圆形缺陷。圆形缺陷的评定区域尺寸及等效点数见表7.14。圆形缺陷的分级见表7.15。长宽比大于3的缺陷定义为条状夹渣。条状夹渣的分级见表7.16。在圆形缺陷评定区域内，同时存在圆形缺陷和条状夹渣（或未焊透）时，应各自进行评级，将级别之和减1作为最终的质量等级。

表7.14 圆形缺陷的评定区域尺寸及等效点数

母材厚度 δ/mm	≤25		25~100		>100	
评定区域尺寸/mm	10×10		10×20		10×30	

圆形缺陷的等效点数						
缺陷长径/mm	≤1	1~2	2~3	3~4	4~6	6~8	>8
点数	1	2	3	6	10	15	25

不计点数的圆形缺陷尺寸		
母材厚度 δ/mm	≤25	25~50	>50
缺陷长径/mm	≤0.5	≤0.7	≤1.4%δ

表 7.15　圆形缺陷的分级

评定区域/mm		10×10		10×20		10×30	
母材厚度 δ/mm		≤10	10~15	15~25	25~50	50~100	>100
质量等级	Ⅰ	允许缺陷点数的上限值	1	2	3	4	5	6
	Ⅱ		3	6	9	12	15	18
	Ⅲ		6	12	18	24	30	36
	Ⅳ	点数超出Ⅲ级者					

注：当圆形缺陷长径大于 δ/2 时，评定为Ⅳ级。评定区域应选在缺陷最严重的部位。

表 7.16　条状夹渣的分级

质量等级	母材厚度 δ/mm	单个夹渣的最大长度/mm	条状夹渣的总长度/mm
Ⅱ	δ≤12	4	在任意直线上，相邻两夹渣间距不超过 6L 的任一组夹渣，其累计长度在 12δ 焊缝长度内不超过 δ
	12<δ<60	δ/3	
	≥60	20	
Ⅲ	δ≤9	6	在任意直线上，相邻两夹渣间距不超过 3L 的任一组夹渣，其累计长度在 6δ 焊缝长度内不超过 δ
	9<δ<45	2δ/3	
	≥45	30	
Ⅳ	大于Ⅲ级者		

注：1. L 为该组夹渣中最长者的长度。

2. 长宽比大于 3 的长气孔的评级与条状夹渣相同。

3. 当被检焊缝长度小于 12δ（Ⅱ级）或 6δ（Ⅲ级）时，可按比例进行折算。当折算的条状夹渣总长度小于单个条状夹渣的长度时，以单个条状夹渣的长度为允许值。

（3）安全防护

由于射线对人体是有危害的，尤其是长期接受高剂量射线照射后，人体组织会受到一定程度的生理损伤而引起病变。因此，射线检验时一定要注意采取安全防护措施。

① 屏蔽防护　是指在人与射线源之间设置一定厚度的防护材料。当射线贯穿防护材料时，其透过射线强度减弱而引起剂量水平的下降，当降低到人体的最高允许剂量以下时，人身安全就得到保证。屏蔽材料应根据放射源的能量、材料的防护性能以及有关的防护标准规定进行选择。

② 距离防护　是指采用远距离操作的方法达到防护的目的。距离射线源越近，射线强度越大；距离越远，射线强度越弱。因此，对于某一射线源，通过对照射场各个方位的实际测量，得出该检验场所的安全距离。在安全距离之外操作可以避免发生射线伤害。

③ 时间防护　是指控制操作人员与射线的接触时间。时间防护法要求操作者在一天之中的某一段时间内受到的剂量达到最高允许剂量值时，应立即停止工作，剩余工作由另一操作者进行。时间防护只有在既无任何屏蔽遮挡，又必须在离射线源很近的地方操作时采用。

7.2.2　超声检验（UT）

超声检验也称超声波探伤，是利用超声波探测焊接接头表面和内部缺陷的检测方法。探伤时常用脉冲反射法超声波探伤。它是利用焊缝中的缺陷与正常组织具有不同的声阻抗和声波在不同声阻抗的异质界面上会产生反射的原理来发现缺陷的。探伤过程中，由探头中的压电换能器发射脉冲超声波，通过声耦合介质（水、油、甘油或糨糊等）传播到焊件中，遇到缺陷后产生反射波，经换能器转换成电信号，放大后显示在荧光屏上或打印在纸带上。根据探头位置和声波的传播时间（在荧光屏上回波位置）可找出缺陷位置，观察反射波的波幅，可近似评估缺陷的大小。

（1）探伤装置的选用

① 探伤仪　超声波探伤仪的作用是产生电振荡并激励探头发射超声波，同时将探头送回的电信号进行放大，通过一定的方式显示出来，从而判断被探工件内部有无缺陷以及获得缺陷位置和大小等信息。按缺陷显示方式有 A 型、B 型和 C 型探伤仪。目前在工业探伤中应用最广泛的是 A 型脉冲反射式超声波探伤仪。

超声波探伤仪通常是根据工件的结构形状、加工工艺和技术要求来选择，具体原则如下：

a. 对定位要求较高时，应选用水平线性误差小的探伤仪；

b. 对定量要求较高时，应选用垂直线性好、衰减器精度高的探伤仪；

c. 对大型工件探伤应选用灵敏度余量高、信噪比高、功率大的探伤仪；

d. 为有效发现表面缺陷和区分相邻缺陷，应选择盲区小、分辨力好的探伤仪；

e. 对于在生产现场进行产品探伤，则需要选用质量小、荧光屏亮度好、抗干扰能力强的携带式探伤仪。

② 探头　探头在超声波探伤中起着将电能转化为超声能（发射超声波）和将超声能转换为电能（接受超声波）的作用。探头的形式有很多种，根据在被探材料中传播的波形可以分为直立的纵波探头（简称直探头）和斜角的横波、表面波、板波探头（简称斜探头）；根据探头与被探材料的耦合方式，可以分为直接接触式探头和液浸探头；根据工作的频谱，探头可以分为宽频谱的脉冲波探头和窄频谱的连续波探头。

探头应根据工件可能产生缺陷的部位及方向、工件的几何形状和探测面情况进行选择。焊缝通常选用斜探头横波探伤；对于锻件、中厚钢板，应采用纵波直探头直接接触法进行探测，使声束尽量与缺陷反射面垂直；管材、棒材一般采用液浸聚焦探头进行探测；薄板（厚度小于 6mm）的探伤则较多选用板波斜探头；平行于探测面的近表面缺陷则宜选用分割式双探头进行检测。

探头圆晶片尺寸一般为 $\phi 10 \sim 20mm$。探伤面积大时或探测厚度较大的工件时，宜选用大晶片；探测小型工件时，为了提高缺陷定位和定量精度，宜选用大晶片；探伤表面不平整、曲率较大的工件时，为了减小耦合损失，宜选用小晶片探头。

③ 试块　试块分为标准试块和对比试块。标准试块的形状、尺寸和材质由权威机构统一规定，主要用于测试和校验探伤仪和探头性能，也可用于调整探测范围和确定探伤灵敏度。对比试块主要用于调整探测范围，确定探伤灵敏度和评价缺陷大小，它是对工件进行评价和判废的依据。

（2）超声波探伤的操作步骤

焊缝超声探伤一般安排两人同时工作，由于超声检验通常要当即给出检验结果，因此至少应有一名Ⅱ级探伤人员担任主探。探伤人员应在探伤前了解工件和焊接工艺情况，以便根据材质和工艺特征，预先清楚可能出现的缺陷及分布规律。同时，向焊接操作人员了解在焊接过程中偶然出现的一些问题及修补等详细情况，可有助于对可疑信号的分析和判断。

① 工件准备　主要包括探伤面的选择、表面准备和探头移动区的确定等。探伤面应根据检验等级选择。超声波检验等级分为 A、B、C 三级，其中 A 级最低，C 级最高，B 级处于 A 和 C 级之间；其难度系数按 A、B、C 逐渐增高。A 级检验适用于普通钢结构；B 级检验适用于压力容器；C 级检验适用于核容器与管道。各检验级别的探伤面和探头角度见图 7.7 和表 7.17。焊缝侧的探伤面应平整、光滑，清除飞溅物、氧化皮、凹坑及锈蚀等，表面

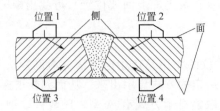

图 7.7 探伤面和探头角度

表 7.17 探伤面及探头折射角的选择

板厚/mm	探伤面			探伤方法	探头折射角
	A	B	C		
<25	单面单侧			直射法及一次反射法	70°
>25～50	—	单面双侧(1 和 2 或 3 和 4) 或双面单侧(1 和 3 或 2 和 4)		直射法	70°或 60°
>50～100					45°或 60° 45°和 60° 45°和 70°并用
>100	双面双侧				45°和 60°并用

粗糙度不应超过 $6.3\mu m$。

② 探伤频率选择 超声波探伤频率一般在 $0.5\sim10MHz$。探伤频率高、灵敏度和分辨力高、指向性好，可以有利于探伤。但如果探伤频率过高，近场区长度大，衰减大，则对探伤造成不利影响。因此，探伤频率的选择应在保证灵敏度的前提下，尽可能选用较低的频率。对于晶粒较细的锻件、轧制型材、板材和焊件等，一般选用较高的频率，常用 $2.5\sim5.0MHz$；对于晶粒较粗的铸件、奥氏体钢等，宜选用较低的频率，常用 $0.5\sim2.5MHz$。

③ 调节仪器 仪器调节主要有两项内容：一是探伤范围的调节，探伤范围的选择以尽量扩大示波屏的观察视野为原则，一般受检工件最大探测距离的反射信号位置应不小于刻度范围的 2/3；二是灵敏度的调整，为了扫查需要，探伤灵敏度要高于起始灵敏度，一般应提高 6～12dB。调节灵敏度的常用方法有试块调节法和工件底波调节法。试块调节法是根据工件对灵敏度的要求，选择相应的试块，通过调整探伤仪有关控制灵敏度的旋钮，把试块上人工缺欠的反射波调到规定的高度。工件底波调节法，是以被检工件底面的反射波为基准来调整灵敏度。

④ 修正操作 修正操作是指因校准试样与工件表面状态不一致或材质不同而造成耦合损耗差异或衰减损失。为了给予补偿，要找出差异而采取的一些实际测量步骤。

⑤ 粗探伤和精探伤 粗探伤以发现缺陷为主要目的。主要包括纵向缺陷的探测，横向缺陷的探测，其他取向缺陷的探测以及鉴别结构的假信号等。精探伤主要以发现的缺陷为核心，进一步明确测定缺陷的有关参数（如缺陷的位置、尺寸、形状及取向等），并包含对可疑部位更细致的鉴别工作。

（3）探伤结果评定

超声波探伤结果评定内容包括对缺陷反射波幅的评定、指示长度的评定、密集程度的评定及缺陷性质的评定，然后根据评定结果给出受检焊缝的质量等级。但是，焊缝超声探伤有其特殊性，有些评定项目并不规定等级概念，而往往与验收标准联系在一起，直接给出合格与否的结论。

根据 GB 11345—89《钢焊缝手工超声波探伤方法和探伤结果分级》中的规定，超过评定线的信号应注意它是否具有裂纹等危害性缺陷特征。如有怀疑时，应采取改变探头角度、增加探伤面、观察动态波形、结合结构工艺特征作出判定。如对波形不能准确判断时，应辅以其他检验作综合判定。

最大反射波幅超过定量线的缺陷应测定其指示长度，其值小于 10mm 时，按 5mm 计，相邻两缺陷各向间距小于 8mm 时，两缺陷指示长度之和作为单个缺陷的指示长度。最大反射波幅位于定量线以上的缺陷，根据其指示长度按表 7.18 规定进行评级。

表 7.18 焊接缺陷的等级分类

检验等级		A	B		C	
板厚/mm		8～50	8～300		8～300	
评定等级	Ⅰ	$\frac{2}{3}\delta$，最小 12	$\frac{1}{3}\delta$	最小 10 最大 30	$\frac{1}{3}\delta$	最小 10 最大 30
	Ⅱ	$\frac{3}{4}\delta$，最小 12	$\frac{2}{3}\delta$	最小 12 最大 50	$\frac{1}{2}\delta$	最小 10 最大 30
	Ⅲ	$<\delta$，最小 20	$\frac{3}{4}\delta$	最小 16 最大 75	$\frac{2}{3}\delta$	最小 12 最大 50
	Ⅳ	超过Ⅲ级者				

注：1. δ 为坡口加工侧母材的板厚，母材板厚不同时，以较薄的板厚为准。

2. 对于管座角焊缝，δ 为焊缝截面中心线高度。

最大反射波幅不超过评定线的缺陷，均评为Ⅰ级；最大反射波幅超过评定线的缺陷，检验者判定为裂纹等危害性缺陷时，无论其波幅和尺寸如何，均评定为Ⅳ级；反射波幅位于定量线与评定线之间区域的非裂纹性缺陷，均评为Ⅰ级；反射波幅位于判废线以上区域的缺陷，无论其指示长度如何，均评为Ⅳ级。不合格的缺陷，应进行返修，返修区域修补后，返修部位及补焊受影响的区域，应按原来的探伤条件进行复验，复验部位的缺陷也按上述方法评定。

7.2.3 磁粉检验（MT）

也称磁粉探伤，是利用强磁场中，铁磁场材料表层缺陷产生的漏磁场吸附磁粉的现象而进行的无损检验方法。对于铁磁材质焊件，表面或近表层出现缺陷时，一旦被强磁化，就会有部分磁力线外溢形成漏磁场，对施加到焊件表面的磁粉产生吸附，显示出缺陷痕迹。根据磁粉痕迹（简称磁痕）来判定缺陷的位置、取向和大小。

磁粉探伤方法可检测铁磁性材料的表面和近表面缺陷。磁粉探伤对表面缺陷灵敏度最高，表面以下的缺陷随深度的增加，灵敏度迅速降低。磁粉探伤方法操作简单，缺陷显现直观，结果可靠，能检测焊接结构表面和近表面的裂纹、折叠、夹层、夹渣、冷隔、白点等缺陷。磁粉探伤适用于施焊前坡口面的检验、焊接过程中焊道表面检验、焊缝成形表面检验、焊后经热处理和压力试验后的表面检验等。

（1）磁化方法

对工件进行磁化时，应根据各种磁粉探伤设备的特性、工件的磁特性、形状、尺寸、表面状态、缺陷性质等，确定合适的磁场方向和磁场强度，然后选定磁化方法和磁化电流等参数。磁粉探伤时常用的磁化方法有通电法、触头法、中心导体法、线圈法、磁轭法等。各种磁化方法的特点及应用见表 7.19。

表 7.19　各种磁化方法的特点及应用

磁化方法	优　点	缺　点	适用工件
通电法	迅速易行;通电处有完整的环状磁场;对于表面和近表面缺陷有较高的灵敏度;简单或复杂的工件通常都可在一次或多次通电后检测完;完整的磁路有助于使材料剩磁特性达到最大值	接触不良时会产生放电火花,对于长工件应分段磁化,不能用长时间通电来完成	实心、较小的铸锻件及机加工件
	在较短时间内可对大面积表面进行检测	需要专门的直流电源供给大电流	大型铸、锻件
	通过两端接触可使全长被周向磁化	有效磁场限制在外表面,不能用于内表面检测;端部必须有利于导电,并在规定电流下发生过热	管状工件,如管子和空心轴
触头法	通过触头位置的摆放,可使周向磁场指向焊缝区域,使用半波整流电流和干磁粉检测表面和近表面缺陷的灵敏度高,柔性电缆和电流装置可携带到探伤现场	一次只能探测较小面积,接触不好时,会产生电弧火花;使用干磁粉时,工件表面必须干燥	焊缝
	可对全部表面进行探伤,可将坏状磁场集中在易于产生缺陷的区域,探伤设备可携带到工件不易搬动处;对不易检测出来的近表面缺陷,使用半波整流和干磁粉法进行检测,灵敏度很高	大面积检测时需要多向通电,时间较长;接触不好可能产生电弧火花;使用干磁粉时工件表面需干燥	大型铸、锻件
中心导体法	工件不能通电,消除了产生电弧的可能性;在导体周围所有表面上均产生坏状磁场;理想情况下可使用剩磁法;可将多个环状工件一起进行探伤,以减少用电量	导体尺寸必须满足电流要求的大小;理想情况下,导体应处于孔的中心;大直径工件需要反复磁化	有孔、能让导体通过的复杂工件,如空心圆柱体、齿轮和大型螺母等
	工件不直接通电;可以检测内、外表面;工件的全长都可以周向磁化	对大直径和管壁很厚的工件,外表面的灵敏度比内表面有所下降	管状工件,如管子和空心轴等
	对于检测内表面的缺陷有较好的灵敏度	壁厚大时,外表面的灵敏度比内表面有所下降	大型阀门壳体等
线圈法	所有纵向表面均能被纵向磁化,可以有效地发现横向缺陷	由于线圈位置的改变,需要进行多次通电磁化	长度尺寸为主的工件,如曲轴
	用缠绕电缆可方便获得纵向磁场	由于工件外形的改变,需要进行多次磁化	大型铸、锻件或轴类工件
	方便、迅速,可用剩磁法;工件不直接通电;可以对比较复杂的工件进行探伤	工件端部灵敏度因磁场泄磁有所下降;在长径比较小的工件上,为使端部效应减至最小,需要有断断电路	各种各样的小型工件
磁轭法	不直接通电,携带方便;只要取向合适,可发现任何位置的缺陷	探伤所需要的时间较长;由于缺陷取向不定,必须有规则地变换磁轭位置	检测大面积表面缺陷
	不直接通电,对表面缺陷灵敏度高;携带方便;干、湿磁粉均可使用;在某些情况下可以通交流电,可作为退磁器	工件几何形状复杂,探伤困难;近表面缺陷的探伤灵敏度不高	需要局部检测的复杂工件

（2）磁化设备

磁粉探伤机分为固定式、移动式和携带式三类,进行磁粉探伤时,可根据探伤现场、工件大小和需要发现工件表面缺陷的深浅程度进行选择。为验证被检工件是否达到所要求的探伤灵敏度,应采用灵敏度试片。在灵敏度试片上刻有人工缺陷,能用磁粉显示,显示的磁痕直观,使用简便。用它可以考查磁化方法与参数、磁粉和磁悬液性能、操作方法正确与否等综合指标。灵敏度试片有 A、B、C 三种类型。常用灵敏度试片见表 7.20。

表 7.20　常用灵敏度试片

型号	厚度/mm	人工缺陷槽深/mm	主要用途
A-15/100	100	15	检查探伤装置、磁粉、磁悬液综合性能及磁场方向、探伤有效范围等
A-30/100	100	30	
A-60/100	100	60	
B	孔径 $\phi1.0$	孔深分别为 1、2、3、4 四种	检查探伤装置、磁粉、磁悬液综合性能
C	0.05	0.008	几何尺寸小,可用于狭小部位,作用同 A 型试片

磁粉在探伤过程中的作用是能被缺陷所形成的漏磁场所吸引,堆积成肉眼可见的图像。在磁粉探伤中,磁粉的磁性、粒度、颜色、悬浮性等对工件表面的磁痕显示有很大的影响。磁粉的磁性用磁性称量仪来测定。磁粉的称量值大于 7g 时可以使用。磁粉应有高的导磁性和低的顽磁性。这样的磁粉对漏磁场有较高的灵敏度,去掉外加磁场时,剩磁又很小。球形磁粉具有很高的流动性和很好的吸附性,狭长、锯齿状的磁粉具有很好的吸附性但流动性差,使用时,两种形状的磁粉应混合使用。磁粉的粒度不低于 200 目。

（3）操作步骤

磁粉探伤操作包括预处理、磁化、施加磁粉和观察磁痕等。

① 预处理　用溶剂等把试件表面的油脂、涂料及铁锈等去掉,以免妨碍磁粉附着在缺陷上。用干磁粉时还应使试件表面干燥。组装的部件要将各部件拆开后进行探伤。

② 磁化　选定适当的磁化方法和磁化电流值。然后接通电源,对试件进行磁化操作。

③ 施加磁粉　磁粉是一种磁性强的微细铁粉（Fe_3O_4 和 Fe_2O_3）,通常有黑色的 Fe_3O_4、棕色的 Fe_2O_3 和灰白色的纯铁三种。另外还有荧光磁粉,它是一种磁粉上附着一层荧光物质而制成,它在紫外线照射下发出黄绿色或橘红色的荧光。探伤时,根据试样表面颜色及状态等可分别选用,以取得最好的对比度为准则。例如,表面具有金属光泽的工件,选用黑色磁粉或红色磁粉为好;色泽较暗的工件,宜选用白色磁粉,经发黑、发蓝的零件及零件内孔、内壁等难以观察的部位,选用荧光磁粉比较合适。

磁粉的喷撒分为干式和湿式两种。干式磁粉的施加是在空气中分散地撒在试件上,而湿式喷撒将磁粉调匀在水或油中作为磁悬液来使用的。磁悬液有油悬液、水悬液和荧光磁悬液。磁悬液在使用过程中应保持清洁,不允许混有杂物,当磁悬液被污染或浓度不符合要求时,应及时重新配制。常用磁悬液的配方见表 7.21。

④ 观察磁痕　用非荧光磁粉探伤时,在光线明亮的地方,用自然日光和灯光进行观察;用荧光磁粉探伤时,则在暗室等暗处用紫外线灯进行观察。注意不是所有的磁痕都是缺陷,形成磁痕的原因很多,应对磁痕进行分析判断,把假磁痕排除掉,有时还需用其他探伤方法（如渗透探伤法）重新探伤进行验证。

（4）探伤结果评定

磁粉探伤是根据磁痕的形状和大小进行评定和质量等级分类的。JB/T 6061—2007《无损检测　焊缝磁粉检测》根据缺陷磁痕的形态,将缺陷的磁痕分为圆形和线形两种。凡长轴与短轴之比小于 3 的缺陷磁痕称为圆形磁痕;长轴与短轴之比大于或等于 3 的称线形磁痕。然后根据缺陷磁痕的类型、长度、间距以及缺陷性质分为 Ⅰ、Ⅱ、Ⅲ 和 Ⅳ 共四个等级,其中 Ⅰ 级质量最高,Ⅳ 级质量最低。焊缝磁粉检验缺陷磁痕分级标准见表 7.22。

表 7.21　常用磁悬液的配方

类型	序号	材料名称	比例 /%	磁粉含量/(g/L)
油悬液	1	灯用煤油	100	15～35
	2	灯用煤油 变压器油	50 50	20～30
	3	变压器油	100	15～35
	4	灯用煤油 10 号机械油	50 50	15～35
水悬液	5	乳化剂 10g，三乙醇胺 5g，亚硝胺 5g，消泡剂 1g，水 1000mL	—	1～2g
	6	肥皂 4g，亚硝酸钠 5～15g，水 1000mL	—	10～15g

表 7.22　焊缝磁粉检验缺陷磁痕分级标准

质量等级			Ⅰ	Ⅱ	Ⅲ	Ⅳ
不考虑的最大缺陷迹痕长度			≤0.3	≤1.0	≤1.5	≤5
缺陷迹痕类型	线形	裂纹	不允许	不允许	不允许	不允许
		未焊透	不允许	不允许	允许存在的单个缺陷迹痕长度≤0.15δ，且≤2.5mm，100mm 焊缝长度范围内允许存在缺陷迹痕的总长度≤25mm	允许存在的单个缺陷迹痕长度≤0.2δ，且≤3.5mm，100mm 焊缝长度范围内允许存在缺陷迹痕的总长度≤25mm
		夹渣或气孔	不允许	允许存在的单个缺陷迹痕长度≤0.3δ，且≤4mm，相邻两缺陷迹痕的间距应不小于其中较大缺陷迹痕长度的 6 倍	允许存在的单个缺陷迹痕长度≤0.3δ，且≤10mm，相邻两缺陷迹痕的间距应不小于其中较大缺陷迹痕长度的 6 倍	允许存在的单个缺陷迹痕长度≤0.3δ，且≤20mm，相邻两缺陷迹痕的间距应不小于其中较大缺陷迹痕长度的 6 倍
	圆形	夹渣或气孔	不允许	任意 50mm 焊缝长度范围内允许存在长度≤0.15δ，且≤2mm 的缺陷迹痕 2 个；缺陷迹痕的间距应不小于其中较大缺陷迹痕长度的 6 倍	任意 50mm 焊缝长度范围内允许存在长度≤0.3δ，且≤3mm 的缺陷迹痕 2 个；缺陷迹痕的间距应不小于其中较大缺陷迹痕长度的 6 倍	任意 50mm 焊缝长度范围内允许存在长度≤0.4δ，且≤4mm 的缺陷迹痕 2 个；缺陷迹痕的间距应不小于其中较大缺陷迹痕长度的 6 倍

注：δ 为焊缝母材的厚度，当焊缝两侧的母材厚度不相等时，取其中较小的厚度值作为 δ。

当出现在同一条焊缝上不同类型或不同性质的缺陷时，可选用不同的等级进行评定，也可选用相同的等级进行评定。评定为不合格的缺陷，在不违背焊接工艺规定的情况下，允许进行返修。返修后的检验和质量评定与返修前相同。

探伤完毕后，根据需要，应对工件进行退磁、除去磁粉和防锈处理。

（5）安全操作规程

磁粉探伤是带电作业，操作时必须穿上绝缘鞋，同时还要注意以下几点：

① 操作前认真检查电气设备、元件及电源导线的接触和绝缘等，确认完好才能操作；

② 室内应保持干燥清洁，连接电线和导电板的螺栓必须牢固可靠；

③ 零件在电极头之间必须紧固，夹持或拿下零件时，必须停电；

④ 充电、充磁时，电源不准超过允许负荷，在进行上述工作或启闭总电源开关时，操作者应站在绝缘垫上；

⑤ 干粉探伤时要戴上口罩；

⑥ 荧光磁粉探伤时，应避免紫外线灯直接照射眼睛；

⑦ 防止探伤装置和电缆漏电，避免引起触电事故；

⑧ 浇注油悬液时，不许抽烟，不许明火靠近；

⑨ 触头或工件表面上由于接触电阻发热会引起烧伤。

7.2.4　渗透检验（PT）

也称渗透探伤，是以物理学中液体对固体的润湿能力和毛细现象为基础，先将含有染料且具有高渗透能力的液体渗透剂，涂敷到被检工件表面，由于液体的润湿作用和毛细作用，渗透液便渗入表面开口缺陷中，然后去除表面多余渗透剂，再涂一层吸附力很强的显像剂，将缺陷中的渗透剂吸附到工件表面上来，在显像剂上便显像出缺陷的迹痕，观察迹痕，对缺陷进行评定。

渗透探伤作为一种表面缺陷探伤方法，可以应用于金属和非金属材料的探伤，如钢铁材料、有色金属、陶瓷材料和塑料等表面开口缺陷都可以采用渗透探伤进行检验。形状复杂的部件采用一次渗透探伤可做到全面检验。渗透探伤不需要大型的设备，操作简单，尤其适用于现场各种部件表面开口缺陷的检测，如坡口表面、焊缝表面、焊接过程中焊道表面、热处理和压力实验后的表面都可以采用渗透探伤方法进行检验。

（1）渗透探伤方法

渗透探伤方法按渗透剂种类可分为荧光渗透探伤和着色渗透探伤，其中荧光渗透探伤包括水洗型（FA）、后乳化型（FB）和溶剂去除型（FC）荧光渗透探伤；着色渗透探伤也包括水洗型（VA）、后乳化型（VB）和溶剂去除型（VC）着色渗透探伤。按显像方法，渗透探伤可分为干式显像法（C）、湿式显像法（W 或 S）和无显像剂显像法（A）。各种渗透探伤方法的特点及应用范围见表 7.23。

表 7.23　各种渗透探伤方法的特点及应用范围

类　别		特点和应用范围
荧光法	水洗型荧光	零件表面上多余的荧光渗透液可直接用水清洗掉；在紫外线等下有明亮的荧光，易于水洗，检查速度快，广泛应用于中、小型零件的批量检查
	后乳化型荧光	零件上的荧光渗透液要用乳化剂乳化处理后，方能用水洗掉；有极明亮的荧光，灵敏度高于其他方法，适用于质量要求高的零件
	溶剂去除型荧光	零件表面上多余的荧光渗透液用溶剂清洗，检验成本比较高，一般情况下采用
着色法	水洗型着色	与水洗型荧光相似，不需要紫外线灯
	后乳化型着色	与后乳化型荧光相似，不需要紫外线光源
	溶剂去除型着色	一般装在喷罐内使用，便于携带，广泛用于焊缝、大型工件的局部检查，高空及野外和其他没有水电的场所

渗透探伤方法应根据焊接缺陷的性质、被检验焊件以及被检表面粗糙度等进行选择，见表 7.24。

表 7.24　渗透探伤方法的选择

条件		渗透剂	显像剂
根据缺陷选定	宽深比大的缺陷	后乳化型荧光粉渗透剂	湿式或快干式,缺陷较长也可用干式
	深度在 10μm 以下的缺陷		
	深度在 30μm 左右的缺陷	水洗型、溶剂去除型荧光或着色渗透剂	湿式、快干式、干式（仅适于荧光法）
	深度在 30μm 以上的缺陷		
	密集缺陷及缺陷表面形状的观察	水洗、后乳化型荧光渗透剂	干式显像

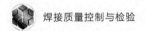

续表

条件		渗透剂	显像剂
按被检工件选择	批量小工件的探伤	水洗、后乳化型荧光渗透剂	湿式、干式
	少量而不定期的工件	溶剂去除型荧光或着色渗透剂	快干式显像
	大型工件及构件的局部探伤		
根据表面粗糙度选择	螺纹等的根部	水洗型荧光或着色渗透剂	湿式、快干式、干式（仅适于荧光粉）
	铸、锻件等粗糙表面（Ra_{max} 为 300μm 左右）		
	机加工表面（Ra_{max} 为 5～100μm）	水洗、溶剂去除型荧光或着色渗透剂	干式（仅适于荧光法）、湿式、快干式显像剂
	打磨、抛光表面（Ra_{max} 为 0.1～6μm）	后乳化型荧光渗透剂	
	焊波及其他较平缓的凸凹表面	水洗、溶剂去除型荧光或着色渗透剂	
根据设备选择	无法得到较暗的条件	水洗、溶剂去除型着色渗透剂	湿式、快干式
	无电源及水源的场合	溶剂去除型着色渗透剂	快干式
	高空作业、携带困难		

（2）基本操作过程

渗透探伤主要包括六个基本操作过程。

① 预处理　对受检表面及附近 30mm 范围内进行清理，去除表面的熔渣、氧化皮、锈蚀、油污等，再用清洗剂清洗干净，使工件表面充分干燥。

② 渗透　首先将试件浸渍于渗透液中或者用喷雾器或刷子把渗透液涂在试件表面，并保证足够的渗透时间（一般为 15～30min）。如果试件表面有缺陷时，渗透液就深入缺陷。若对细小的缺陷进行检验，可将焊件预热到 40～50℃，然后进行渗透。渗透探伤常用着色渗透剂成分见表 7.25，荧光渗透剂见表 7.26。

表 7.25　渗透探伤常用着色渗透剂成分（体积比）

项　目	1 号	2 号	3 号	4 号
乳百灵	10%	10%	10%	10%
苯馏分	70%	60%	—	—
170～200℃蒸馏汽油	20%	—	20%	30%
丙酮	—	—	50%	30%
苯甲酸甲酯	—	—	20%	20%
变压器油	—	—	—	10%
170～200℃蒸馏汽油	—	30%	—	—
蜡红	20g/L	20g/L	—	100g/L
玫瑰红	—	—	80g/L	—

表 7.26　渗透探伤常用荧光渗透剂

	基本物质	活化剂	发光颜色	最大发光波长/nm	激光发光波长/nm
固体渗透剂	CaS	Mn	绿色	510	420
	CaS	Ni	红色	780	420
	CaS	Ni	蓝色	475	420
	ZnS	Mn	黄绿色	555	420
	ZnS	Cu	蓝绿色	535	420
	配方(体积比)			发光颜色	发光波长/nm
液体渗透剂	25%石油＋25%航空油＋50%煤油			天蓝色	460
	变压器油与煤油成1:2混合后加5%鱼油			鲜明天蓝色	50
	变压器油与煤油成1:2混合后加5%鱼油和0.11%的蒽油			玫瑰色	600
	苯甲酸甲酯70%＋甲苯、丙酮、正己烷10%混合后加增白3%(重量)			乳白色	—

③ 乳化　使用乳化型渗透剂时，在渗透后清洗前用浸浴、刷涂方法将乳化剂涂在受检表面。乳化剂的停留时间根据受检表面的粗糙度确定，一般为 1～5min。常用乳化剂配方见表 7.27。

表 7.27　常用乳化剂配方

编号	成分	比例	备注
1	乳化剂 工业乙醇 工业丙酮	50% 40% 10%	—
2	乳化剂 油酸 丙酮	60% 5% 35%	必须配用 50～60℃热水冲洗
3	乳化剂 工业乙醇	120g/100mL 100%	加热互溶成膏状物即可使用

④ 清洗　待渗透液充分地渗透到缺陷内之后，用水或清洗剂把试件表面的渗透液洗掉。所用清洗剂有水、乳化剂及有机溶剂，如酒精和丙酮等。

⑤ 显像　把显像剂喷洒或涂敷在试件表面上，使残留在缺陷中的渗透液吸出，表面上形成放大的黄绿色荧光或红色的显示痕迹。渗透探伤所用显像剂见表 7.28。

表 7.28　渗透探伤所用显像剂

类型	成分
干式显像剂	氧化锌、氧化钛、高岭土粉末
湿式显像剂	氧化锌、氧化钛、高岭土粉末和火棉胶
快干式显像剂	粉末加挥发性有机溶剂

⑥ 观察　对着色法，用肉眼直接观察，对细小缺陷可借助 3～10 倍放大镜观察，对荧光法，则借助紫外线光源的照射，使荧光物发光后才能观察。荧光渗透液的显示痕迹在紫外线照射下呈黄绿色，着色渗透液的显示痕迹在自然光下呈红色。

（3）结果评定

渗透探伤是根据缺陷显示迹痕的形状和大小进行评定和质量等级分类的。JB/T 6062—2007《无损检测　焊缝渗透检测》根据缺陷迹痕的形态，可以分为圆形和线形两类，凡长轴与短轴之比小于 3 的缺陷迹痕属圆形迹痕，长轴与短轴之比大于或等于 3 的称线形迹痕。然后根据缺陷显示迹痕的类型、长度、间距和缺陷性质进行等级评定。

当在同一条焊缝上出现不同类型或不同性质的缺陷时，可选用不同的等级进行评定，评定为不合格的缺陷，在不违背焊接工艺规定的情况下，允许进行返修，返修后的检验和质量评定与返修前相同。

7.3　焊接接头力学性能试验

焊接接头力学性能主要通过拉伸、弯曲、冲击和硬度等试验方法进行检验。大多数焊接接头力学性能试验用试样制备、试验条件及试验要求等都有相应的国家标准。焊接接头力学性能试验方法及不锈钢晶间腐蚀试验的标准代号见表 7.29。

表 7.29　焊接接头力学性能试验方法和晶间腐蚀试验的标准代号

标准名称	标准代号	主要内容	适用范围
焊接接头力学性能试验取样方法	GB/T 2649—1989	焊接接头拉伸、冲击、弯曲、压扁、硬度及点焊剪切等试验的取样方法	熔焊及压焊接头
焊接接头拉伸试验方法	GB/T 2651—2008 (ISO 4136:2001)	焊接接头横向拉伸试验和点焊接头剪切试验方法，分别测定接头的抗拉强度和抗剪负荷	熔焊及压焊对接接头
焊缝及熔敷金属拉伸试验方法	GB/T 2652—2008 (ISO 5178:2001)	焊缝及熔敷金属的拉伸试验方法，测定其拉伸强度和塑性	采用焊条或填充焊丝的熔焊
焊接接头冲击试验方法	GB/T 2650—2008 (ISO 9016:2001)	焊接接头的夏比冲击试验方法，测定试样的冲击吸收功	熔焊及压焊对接接头
焊接接头弯曲及压扁试验方法	GB/T 2653—2008 (ISO 5173:2000)	焊接接头横向正弯及背弯试验、横向侧弯试验、纵向正弯及背弯试验、管材压扁试验，检验接头拉伸面上的塑性及缺陷	熔焊及压焊对接接头
焊接接头应变时效敏感性试验方法	GB/T 2655—1989	用夏比冲击试验测定焊接接头的应变时效敏感性	熔焊对接接头
焊接接头硬度试验	GB/T 2654—2008	用硬度计测定焊接接头的宏观和显微硬度	熔焊及压焊对接接头
焊接接头的不锈钢晶间腐蚀试验	GB/T 4334—2008	通过不同的试剂对不锈钢焊接接头晶间腐蚀倾向进行评定	熔焊对接接头

7.3.1　拉伸试验

（1）焊接接头拉伸试验（GB/T 2651—2008）

焊接接头拉伸试验样坯可以从焊接试件上垂直于焊缝轴线截取，机械加工后，焊缝轴线应位于试样平行长度的中心。样坯截取位置、方法及数量应按 GB/T 2649—89 中的规定。

对每个试验试样应进行标记，以确定在被截试件中的位置。采用机械加工或磨削方法制备试样，试验长度内，表面不应有横向刀痕或刻痕。试样表面应去除焊缝余高，保持与母材原始表面齐平。

接头拉伸试样的形状分为板形、整管和圆形三种。平板和管状接头拉伸试验的试样形状尺寸见图 7.8 和表 7.30。小直径管焊接试件全断面整管拉伸试样见图 7.9。焊接接头圆棒拉伸及短时高温试样的尺寸见图 7.10 和表 7.31。

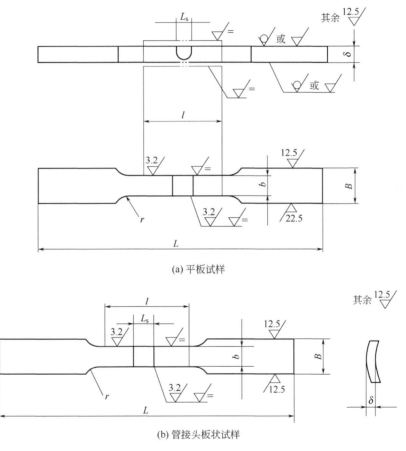

(a) 平板试样

(b) 管接头板状试样

图 7.8　平板和管状接头拉伸试验的试样形状尺寸

表 7.30　板状拉伸试样的尺寸　　　　　　　　　　　　　　　　　mm

总　长		L	根据试验仪器确定
夹持部分宽度		B	$b+12$
平行部分宽度	板	b	$\geqslant 25$
	管	b	12（当 $D \leqslant 76$） 20（当 $D > 76$）
			当 $D \leqslant 38$，取整管拉伸
平行部分长度		l	$> L_s + 60$ 或 $L_s + 12$
过渡圆弧		r	25

注：L_s 为加工后焊缝的最大宽度；D 为管子外径。

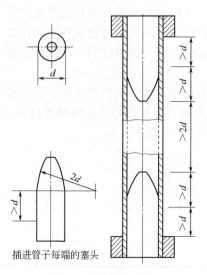

图 7.9　整管拉伸试样

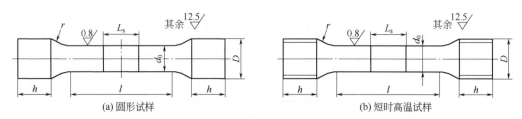

图 7.10　焊接接头圆棒拉伸及短时高温试样的尺寸

表 7.31　焊接接头圆棒拉伸及短时高温试样的尺寸　　　　mm

d_0	D	l	h	r_{min}	图号
10 ± 0.2	由试验机结构确定	L_s+2D	由试验机结构定	4	图 7.8(a)
5 ± 0.1	M12×1.75	30		5	图 7.8(b)

试验仪器及试验条件应符合 GB/T 228—2002《金属材料室温拉伸试验方法》规定,测定焊接接头的抗拉强度,然后根据相应标准或产品技术条件对试验结果进行评定。

(2) 焊缝及熔敷金属拉伸试验 (GB/T 2652—2008)

焊缝及熔敷金属拉伸试样应从焊缝及熔敷金属上纵向截取。加工完成后,试样的平行长度应全部由焊缝金属组成。为确保试样在接头中的正确定位,试样两端的接头横截面可做宏观腐蚀。

试验要求取样所采用的机械加工或热加工方法不得对试样性能产生影响。对于钢件,厚度超过 8mm 时,不得采用剪切方法,当采用热切割或可能影响切割面性能的其他切割方法从焊件或试件上截取试样时,应确保所有切割面距离试样的表面至少 8mm 以上,平行于焊件或试件的原始表面的切割,不应采用热切割方法。

焊缝及熔敷金属拉伸试样的形状有单肩、双肩和带螺纹三种,如图 7.11 所示。焊缝及熔敷金属拉伸试样的尺寸见表 7.32。

试验所涉及的试验设备、试样尺寸测定、试验程序和性能测定等应符合 GB/T 228—2010《金属材料拉伸试验》,高温拉伸试样应符合 GB/T 4338—2006《金属材料高温拉伸试验方法》的规定。应根据相应的标准或产品技术条件对试验结果进行评定。

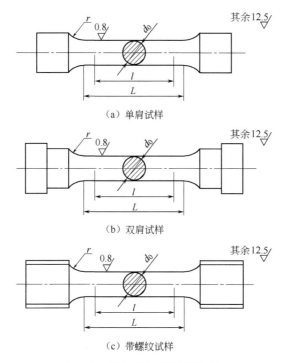

（a）单肩试样

（b）双肩试样

（c）带螺纹试样

图 7.11　焊缝及熔敷金属拉伸试样

表 7.32　焊缝及熔敷金属拉伸试样的尺寸　　　　　　　　mm

	一般尺寸		短试样		长试样	
d_0	r_{min}		l	L	l	L
	单、双肩	带螺纹				
3 ± 0.05	2	2				
6 ± 0.1	3	3.5	$5d_0$	$l+d_0$	$10d_0$	$l+d_0$
10 ± 0.2	4	5				

注：1. 试样直径 d_0 在 l 长度内的波动不得超过 0.01mm（当 $d_0<5$mm）、0.02mm（当 5mm$\leqslant d_0<10$mm）、0.05mm（当 $d_0=10$mm）。

2. 试样头部尺寸根据试验仪器的夹具结构而定。

7.3.2　弯曲及压扁试验

（1）弯曲试验

焊接接头弯曲试样应符合 GB/T 2649—89 的规定。横弯试样应垂直于焊缝轴线截取，加工后焊缝中心线应位于试件长度的中心。纵弯试样应平行于焊缝轴线截取，加工后焊缝中心线应位于试样宽度中心。每个试样打印标记，以记录在被截试件中的准确位置。试验长度范围内，试样表面不能有横向刀痕或刻痕，整个长度上应有恒定形状的横截面。焊缝的正、背表面均应用机械方法修整，使之与母材的原始表面齐平。

弯曲试验时，将试样放在两个平行的支撑辊子上，在跨距中间位置、垂直于试样表面施加集中载荷，试样发生缓慢连续弯曲，如图 7.12 所示。当弯曲角达到使用标准中规定的数值时，完成试验。检查试样拉伸面上出现的裂纹或焊接缺陷的位置和尺寸。

（2）压扁试验

压扁试验的目的是测定管子对接接头的塑性。管子的压扁试验有环缝压扁和纵缝压扁，

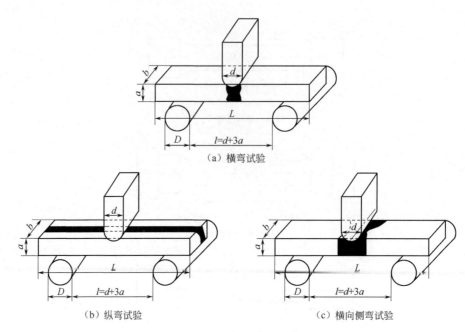

（a）横弯试验

（b）纵弯试验　　　　　　　　　　（c）横向侧弯试验

图 7.12　焊接接头弯曲试验

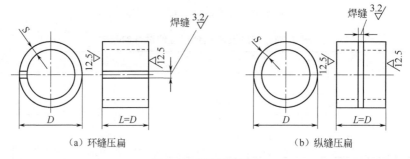

（a）环缝压扁　　　　　　　　　　（b）纵缝压扁

图 7.13　压扁试样尺寸

试样尺寸见图 7.13。环、纵焊缝管接头压扁试验见图 7.14，环焊缝应位于加压中心线上，纵焊缝应位于作用力相垂直的半径平面内。当管接头外壁距离压至 H 值时（见图 7.14），检查焊缝拉伸部位有无裂纹或焊接缺陷，按相应标准或产品技术条件进行评定。

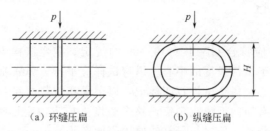

（a）环缝压扁　　　　　　　　　　（b）纵缝压扁

图 7.14　压扁试验

两压板间距离 H 按下式计算：

$$H=\frac{(1+e)S}{e+S/D}$$

式中　S——管壁厚，mm；

D——管外径，mm；

e——单位伸长的变形系数，由产品参数规定。

7.3.3　冲击试验（GB/T 2650—2008）

焊接接头冲击试样尺寸为 $10mm \times 10mm \times 55mm$，开 V 形缺口。试样缺口底部应光滑，不能有与缺口轴线平行的明显划痕。也可以采用带有 U 形缺口的试样进行冲击试验。采用机械加工或磨削方法制备试样，试样号一般标记在试样的端面、侧面或缺口背面距端面 $15mm$ 以内。试样缺口处如有肉眼可见的气孔、夹杂、裂纹等缺陷则不能进行试验。

试样缺口可开在焊缝、熔合区或热影响区。试样的缺口轴线应垂直焊缝表面。开在焊缝、熔合区和热影响区上的缺口位置如图 7.15 所示。开在热影响区的缺口轴线试样纵轴与熔合区交点的距离 t 由产品技术条件规定。

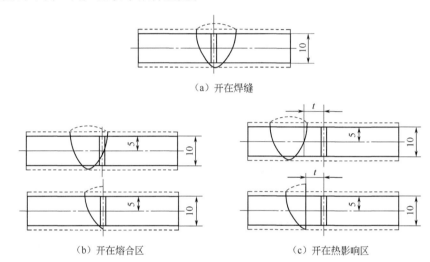

（a）开在焊缝

（b）开在熔合区　　　　　　　　　　　（c）开在热影响区

图 7.15　冲击试样开缺口的位置

焊接接头冲击试验应参照 GB/T 2650—2008 规定进行，试验应符合 GB/T 229—2007《金属材料夏比摆锤冲击试验方法》的要求。根据所使用技术条件的要求，试验结果用冲击吸收功（J）表示，也可用冲击韧性（J/cm^2）表示。当用 V 形缺口试样时，分别用 A_{kV} 或 a_{kV} 表示；采用 U 形缺口试样时，相应用 A_{kU} 或 a_{kU} 表示。然后根据相应的标准或产品技术条件对试验结果进行评定。

7.4　焊接接头金相检验

7.4.1　金相试样制备

（1）试样的截取

焊接接头的金相试样应包括焊缝、热影响区和母材三部分。试样的形状尺寸一般根据焊接结构件的特点和焊接接头的形式进行确定，应从便于金相分析和保持试样上储存尽可能多的信息两方面考虑。金相试样不论是在试板上还是直接在焊接结构件上取样，都要保证取样过程不能有任何变形、受热和使接头内部缺陷扩展和失真的情况。

试样的切取可以采用手工锯割、机械加工、砂轮切割、专用金相切割和线切割等方法。对于硬度在 350HBS 以下的焊接件，可按取样要求，选择不影响被检验表面的部分在虎台钳上夹紧，然后用钢锯将需要的部分锯割下来。采用锯削、车削、铣削、刨削等机械加工手段都可以截取焊接接头试样，适用于加工截面较大的焊接件。砂轮切割机切割面积大，切出的截面比较平整光滑，使用也比较方便，但只能进行直线切割。

专用金相切割机主要用于切割硬度很高的金属。电火花线切割适用于截取各种软、硬金属材料焊件，切割后试样精度高，切割面平整，光洁度高，几乎无变形。切割面的变质层很薄，可以用砂轮机稍加磨削予以消除。

（2）试样的镶嵌

对于很小、很薄或形状特殊的焊接件，截取金相试样后难以进行磨制，可以采用机械工具夹持或对试样进行镶嵌。镶嵌分为冷镶嵌和热镶嵌两种。冷镶嵌是在室温下使镶嵌用环氧塑料固化，适用于不宜受压的软材料或金相组织对温度变化非常敏感以及熔点较低的材料。冷镶法采用的环氧塑料由环氧树脂加硬化剂组成，硬化剂主要是胺类化合物，通常硬化剂用量约占10%。环氧塑料中还可以加入增韧剂或填料（如氧化铝粉）以提高其韧性和硬度。

热镶嵌是将试样和镶嵌用热固性塑料（胶木粉或电木粉）或热塑性塑料（聚乙烯聚合树脂、醋酸纤维树脂）一起放在专门的镶嵌机模具内加热加压成形，冷却后脱模而成。热固性塑料加热温度在110~150℃，热塑性塑料加热温度则更高，达到140~165℃。热镶嵌加热温度、压力及保温时间均不能过低或过高，否则试样容易造成疏松、气泡、裂纹等缺陷。胶木粉镶样不透明，具有各种颜色，比较硬，不易倒角，但抗酸、抗碱腐蚀能力差。聚乙烯镶样为半透明或透明的，抗酸碱能力强，但质地较软。

（3）试样的磨制和抛光

为得到一个金相检验用平面，采用砂纸对试样进行磨制。根据砂纸磨料的粗细，分为粗磨和细磨。粗磨的方式很多，主要是在砂布或砂纸上进行，一般粗磨2~4道，每换一道砂纸必须消除前一道砂纸的痕迹，垂直转换90°再进行下一道磨制。细磨是在金相砂纸上磨制，先从粗颗粒号砂纸开始，向细颗粒号顺序磨制。同样每磨制一道转90°去除前一道磨痕，最后的磨痕为轻细并且有规则的朝向同一方向，不能出现紊乱磨痕，更不能有粗大划痕。在光线明亮处，可以观察到磨面的均匀程度以及磨纹的状况。

经过金相砂纸细磨后的试样待检验表面，仍然存在轻度的表面加工损伤层，必须对磨面进行抛光。金相试样的抛光分为机械抛光、电解抛光和化学抛光。机械抛光的目的是要尽快把磨制工序留下的损伤层除去。机械抛光一般分两步进行，一是粗抛，以最大抛光速率除去磨制时的损伤层；二是精抛，除去粗抛所产生的表面损伤，使抛光损伤减到最小程度。

电解抛光是利用金属与电解液之间通过直流电流时发生的电解化学过程为基础的。一定密度电流通过电路时，试样为阳极，表面发生选择性的溶解，原来的粗糙表面被逐渐整平达到与机械抛光相同的结果。主要用于低碳低合金钢、不锈钢焊接接头以及铝、铜、钛、镍基合金等焊接接头。

化学抛光是依靠化学溶解作用得到光滑的抛光表面。在溶解过程中，表层产生氧化膜。经过化学试剂抛光的金属表面，虽然平滑，仍然有起伏形，但已能观察到金属的组织形态。尤其在现场，只要能把金属组织形态观察清楚，不用再进行浸蚀。低碳低合金钢、不锈钢-钢、铝-钢焊接接头及钛合金焊接接头采用化学抛光都能够获得良好的结果。焊接接头的化学抛光对某些焊接结构的现场非破坏性金相检查尤为适用。

（4）试样的显示

焊接接头金相试样组织常用的显示方法有化学试剂法和电解浸蚀法。化学试剂法是将抛光好的试样磨面在化学试剂中腐蚀一定时间，从而显示出试样的组织。对于纯金属和单相合金焊接接头试样，经过化学试剂腐蚀作用后，首先溶去了抛光时造成的表面变形层，显示出晶界及各晶粒的位向。

电解浸蚀法是在直流电的作用下，试样作为阳极，有一定电流通过时，试样表面与电解液发生选择性的溶解，达到显示金属表面组织作用。电解浸蚀主要适用于抗腐蚀性强、难以用化学试剂法进行组织显示的材料。对于抗腐蚀性较强的材料，如果采用化学试剂显示，消耗时间长，效果差；如果采取加热化学显示剂的措施，又将对劳动环境造成严重污染。因此对于抗腐蚀性较强的焊接接头试样（如不锈钢和镍基合金），宜采用电解浸蚀法，消耗时间短，显示效果好。

异种材料接头的显微组织分析较为困难，其显微组织的显示是分析工作的技术关键。不同的母材金属及焊缝金属对同一种浸蚀剂表现出完全不同的腐蚀行为，很难同时显示出熔合线两侧的不同组织。浸蚀异种材料焊接接头组织最好采用不同的化学浸蚀剂或化学浸蚀和电解浸蚀相结合。典型异种金属焊接接头金相组织的显示方法见表 7.33。

表 7.33　典型异种金属焊接接头金相组织的显示方法

接头材料	显示剂和显示次序	备　　注
不锈钢＋钢	方法一 ①10g 铬酸酐（CrO_3）＋100mL 水溶液,电解腐蚀:电压 6V,电流密度 0.05～0.1A/cm^2,时间 30～50s ②4％硝酸酒精溶液,或 5g 氯化铁＋2mL 盐酸＋100mL 酒精溶液 方法二 50mL 水＋50mL 盐酸＋5mL 硝酸溶液（加热至出现水蒸气为止）	浸蚀奥氏体钢部分 浸蚀碳素钢和低合金钢部分 碳钢和不锈钢同时浸蚀
铜＋不锈钢	①8％氯化铜氨水溶液 ②10g 铬酸酐（CrO_3）＋100mL 水溶液,电解腐蚀:电压 6V,电流密度 0.05～0.1A/cm^2,时间 30～50s	浸蚀铜部分 浸蚀奥氏体不锈钢部分
铜＋低合金钢	①8％氯化铜氨水溶液 ②4％硝酸酒精溶液,或 5g 氯化铁＋2mL 盐酸＋100mL 酒精溶液	浸蚀铜部分 浸蚀碳素钢和低合金钢部分
钛＋钢	①100mL 水＋3mL 硝酸 ②4％硝酸酒精溶液,或 5g 氯化铁＋2mL 盐酸＋100mL 酒精溶液	浸蚀钛部分 浸蚀碳素钢和低合金钢部分
铝＋不锈钢	①95mL 水＋1mL 氢氟酸＋2.5mL 硝酸 ②10g 铬酸酐（CrO_3）＋100mL 水溶液,电解腐蚀:电压 6V,电流密度 0.05～0.1A/cm^2,时间 30～50s	浸蚀铝部分 浸蚀不锈钢部分
高镍铸铁＋不锈钢	12.5 盐酸＋37.5mL 硝酸＋50mL 冰乙酸,时间 10～20s	高镍铸铁和不锈钢同时浸蚀
铝＋低合金钢	①95mL 水＋1mL 氢氟酸＋2.5mL 硝酸 ②4％硝酸酒精溶液,或 5g 氯化铁＋2mL 盐酸＋100mL 酒精溶液	浸蚀铝部分 浸蚀低合金钢部分
Fe_3Al＋碳钢	①5％硝酸酒精溶液 ②75mL 盐酸＋25mL 硝酸溶液	浸蚀碳钢部分 浸蚀 Fe_3Al 部分
Fe_3Al＋不锈钢	75mL 盐酸＋25mL 硝酸溶液	同时浸蚀 Fe_3Al 和不锈钢,但 Fe_3Al 的浸蚀时间长于不锈钢的浸蚀时间

7.4.2　金相检验方法

焊接接头金相检验，一般先进行宏观分析，再进行有针对性的显微金相分析。

（1）接头的宏观分析

宏观分析包括低倍分析和断口分析。低倍分析可以了解焊缝柱状晶生长变化形态、宏观偏析、焊接缺陷、焊道横截面形状、热影响区宽度和多层焊道层次情况。断口分析可以了解焊接缺陷的形态、产生的部位和扩展情况。通过对焊接接头金相试样的宏观分析，可以检查焊缝金属与母材是否完全熔合并显露出熔合区的位置，研究接头在结晶过程中引起的成分偏析情况。

在大型焊件断裂的事故现场，宏观分析通常是唯一的重要分析手段。通过宏观分析，根据断口各区形貌及放射线的方向，确定出断裂源，为微观分析取样提供依据。另外，通过断口表面的颜色、反光与否、表面粗糙度、断口花样（人字纹、疲劳纹等）、断口边缘的形貌（剪切唇及延性变形大小）、尺寸较大的冶金缺陷等，初步判断破坏的性质。

如果断开的两个残片匹配在一起，缝隙较宽处为裂纹源区；断口上有人字形花样，而无应力集中时，人字形花样的交汇处为裂纹源区；如果断口上有放射形花样，放射线的发源处为裂纹源区；断口表面无剪切唇处通常也为裂纹源区。断口颜色主要是指氧化色、腐蚀痕迹和夹杂物的特殊颜色。如断口面有氧化铁时，断口发红。

（2）接头的显微金相分析

显微金相分析是指在大于 100 的放大倍数下对试样的分析，主要包括焊缝和焊接热影响区的组织类型、形态、尺寸、分布等内容。焊缝的显微组织有焊缝铸态一次结晶组织和二次固态相变组织。一次结晶组织分析是针对熔池液态金属经形核、长大，即结晶后的高温组织进行分析。一次晶常表现为各种形态的柱状晶组织。一次晶的形态、粗细程度以及宏观偏析情况对焊缝金属的力学性能、裂纹倾向影响很大。一般情况下，柱状晶越粗大，杂质偏析越严重，焊缝金属的力学性能越差，裂纹倾向越大。

二次固态相变组织是高温奥氏体经连续冷却相变后，在室温下的固态相变组织。焊缝凝固所形成的奥氏体主要发生向铁素体和珠光体的相变。相变后的组织主要是铁素体和珠光体，有时受冷却条件的限制，还会有不同形态的贝氏体和马氏体组织。

铁素体组织形态有呈细条状分布于奥氏体晶界上的先共析铁素体、以板条状向晶内生长的侧板条铁素体、针状铁素体和在晶内分布的细晶铁素体组织。在连续冷却条件下，焊缝通常为这几种不同形态铁素体的混合物。

焊接条件下的贝氏体转变较为复杂，大多是形成非平衡条件下的过渡组织。根据贝氏体的形成温度区间和形态特征，贝氏体组织有上贝氏体、下贝氏体和粒状贝氏体。上贝氏体组织特征为铁素体沿奥氏体晶界析出，并平行向奥氏体晶粒中扩展，在金相显微镜下呈羽毛特征。下贝氏体由于碳偏聚和碳化物的析出，在显微镜下则呈板条状分布。粒状贝氏体是待转变的富碳奥氏体呈岛状分布在块状铁素体之中，它不仅可以在奥氏体晶界上形成，也可在奥氏体晶内形成。

低碳低合金钢焊缝金属在连续快速冷却条件下，可形成板条马氏体。在光学显微镜下板条马氏体的组织特征是在奥氏体晶粒内部形成细条状马氏体板条束，在束与束之间有一定的角度。当焊缝金属的碳含量较高时，会形成片状马氏体。在光学显微镜下，片状马氏体的组织特征是马氏体片互相不平行，先形成的马氏体片可贯穿整个奥氏体晶粒，后形成的马氏体片受到先形成马氏体片的限制，尺寸较小，马氏体片之间也呈一定角度。

焊接热影响区的组织情况非常复杂，尤其是靠近焊缝的熔合区和过热区，常存在一些粗大组织，使接头的冲击吸收功和塑性大大降低，同时也是常产生脆性破坏裂纹的发源地。接头热影响区的性能有时决定了整个接头的质量和寿命，所以热影响区的显微组织分析应着重分析靠近焊缝的熔合区和过热区。

观察分析焊接接头显微组织时，对于常用的钢材、正常焊接工艺条件下的组织分析和鉴别，可以根据组织形态特征加以辨认。对于焊缝中非典型的组织形态（如混合组织），可根据化学成分、焊接工艺参数、冷却条件以及该材料的 CCT 图推测可能产生的组织类型、形态、数量和分布。对于不锈钢焊缝金属，还可利用舍夫勒图或德龙图半定量地进行分析。

（3）定量金相分析

显微组织分析除定性研究外，有时需要进行定量研究。定量分析的常用方法有比较法、计点法、截线法和截面法。比较法是将被测像与标准图进行比较，和标准图中哪一级接近就定为哪一级，如晶粒度、夹杂物及偏析等都可以用比较法判定其级别。比较法简便易行，但误差较大。

计点法一般常选用 3mm×3mm、4mm×4mm、5mm×5mm 的网格进行测量。截线法是采用有一定长度的刻度尺来测量单位长度测试线上的点数 P。截面法是用带刻度的网格来测量单位面积上的交点数 P 或单位测量面积上的物体个数 N，也可以用来测量单位测试面积上被测相所占的面积百分比。

近年来开发的焊接金相自动图像分析仪是结合光学、电子学和计算机技术对金属显微组织图像进行计算机智能化分析的自动图像分析系统。其中成像系统主要是将试样的光学显微组织转变成电子图像，以便利用计算机进行图像处理和数据分析。采用计算机智能化金相分析，可用于实现晶粒度的测量与分析（包括晶粒平均直径、平均面积、晶界平均长度和晶粒度等级等）、第二相粒子的测量与分析（包括体积分数、平均直径、质点间的平均距离等）、非金属夹杂物的测量与显微评定（包括等效圆直径、面积百分数、形状参数及分布状态等）。

（4）电子显微分析

在光学显微镜下，细小的组织、析出相、缺陷、夹杂物等难以分辨时，或需要确定微区成分时，常规的光学方法很难完成，这就需要采用适当的电子显微方法做进一步的分析。

采用电子显微镜可对晶界的结构、位错状态及行为、第二相结构、夹杂物的种类和成分、显微偏析、晶间薄膜、脆性相、超显微的组织结构、裂纹或断口形貌特征及其上面富集的物质、焊接接头中微量元素的含量及分布等进行分析。

电子显微分析方法有扫描电镜、透射电镜、X 射线衍射、微区电子衍射、电子探针等，这些分析方法的性能和用途见表 7.34。

表 7.34　电子显微分析方法的性能和用途

方　　法	最小分析的线性范围	放大倍数范围	主要用途
扫描电镜	0.06~0.1μm	20~20000	断口、组织、缺陷
透射电镜	(1~3)×10^{-4}μm	50~100000	组织、相结构、点阵缺陷（空位、位错等）
X 射线衍射	0.1mm	—	相结构分析
微区电子衍射	0.1~1μm	—	相结构
电子探针	0.1~1μm	50~400000	微区成分、表面形貌
激光探针	10μm	—	微区成分（灵敏度高）
离子探针	10μm 或表面 0.01μm	—	微量元素(10^{-9} 数量级)、H、B、C 的分布
俄歇电子能谱分析	表面 0.01μm	—	两三个原子层的成分和组织

选用不同的电子显微分析方法时，一定要处理好光学金相和近代电子显微分析之间的关系。传统的光学金相仍然是现代金相工作的基础，电子显微分析是传统光学金相的补充。近代电子显微分析方法，大大提高了放大倍数、分辨率，缩小了观测的区域尺寸，揭示了许多重要的金属学问题。例如，采用透射电镜薄膜，能观察到原子尺度的缺陷以及很小的析出相形貌和分布；采用电子衍射的方法能同时确定出相结构；采用俄歇电子能谱还可测出晶界偏析，从而揭示焊接结构脆断、失效的原因。

第 **8** 章
焊接结构的失效分析

焊接结构的失效可能造成重大或灾难性的事故，导致生命财产的巨大损失。焊接结构的失效除了与焊接有关外，还与选材和设计等因素有重要关系。通过失效分析发现和认识在选材、设计和焊接等方面的问题，减少因脆断、疲劳、应力腐蚀、磨损等失效造成的损失，提高焊接结构质量，能带来巨大的经济效益和社会效益。因此，焊接结构的失效分析是促进焊接技术发展的重要环节。

8.1 焊接结构失效及影响因素

焊接参数向高参数（高温、高压、高容量），低温深冷，长寿命和大型化方向发展，使得焊接结构制造难度越来越大、服役条件越来越苛刻。焊接结构生产和装备运行的失效事故经常发生，其严重后果日益引起社会各界的重视。

（1）焊接结构的失效

焊接结构的失效是指该焊接产品丧失了规定的性能指标及功能。当焊接结构处于以下几种状态之一时，就可以被认为是失效。

① 焊接结构完全不能工作。

② 焊接产品虽然仍能工作和运行，但不能令人满意地完成预期的功能。

③ 焊接产品的某些零部件有严重损伤，达不到规定的性能指标，不能可靠安全地继续工作和运行。

焊接结构失效引发的破坏性事故在国内外时有发生。世界上由于焊接结构失效造成的灾难性事故更是不胜枚举。典型示例是比利时阿尔别特运河上一座跨度 74.5m 的全钢焊接结构大桥，在使用 14 个月以后，在载荷不大的情况下突然发生断塌，事故发生时的环境温度为 -20℃。此后，钢结构桥梁断裂事故时有发生。

接连不断的焊接结构失效事故，在一定程度上限制了焊接技术在某些钢结构上的推广应用，在一定程度上阻碍了焊接技术的发展。因此，分析焊接结构失效的原因和影响因素，提出预防措施，具有十分重要的现实意义。

（2）焊接结构失效的原因

1）结构设计不合理

20 世纪 20 年代以前，大型钢结构（例如船舶、桥梁、储罐等）都采用铆接结构，虽然也发生过失效破坏事故，但为数不多，损失也不大。自 20 世纪 20 年代以后焊接结构广泛应用以来，失效事故大大增加，损失严重。这主要是因为焊接结构自身具有刚度大和整体性强的特点造成的。

① 刚度大　焊接为刚性连接，连接的构件不易产生相对位移。而铆接结构接头具有一定相对位移的可能性，而使其刚度相对降低，从而减小应力。在焊接结构中，由于在设计时考虑这个因素不够，会引起较大的附加应力。由于焊接结构比铆接结构的刚性大，焊接结构对应力集中因素更为敏感。

② 整体性强　如果结构设计不当或制造不良，焊接结构的整体性将给裂纹的产生和扩展创造有利条件。采用焊接结构时，焊缝或热影响区一旦有脆性裂纹出现，就有可能穿越接头扩展至结构整体，而使结构破坏。但对于铆接结构，出现脆性裂纹并扩展到接头处时有可能自动停止，避免了灾难性事故的出现。

2) 材料选用不当

用于制造焊接产品的材料选用不当，在降低基体金属使用性能的同时也降低了焊接接头的性能。例如，上述比利时大桥的断裂事故，该钢桥材质为 St-42 转炉钢，发生断裂时的环境温度为 $-20℃$。在如此低温下工作的焊接结构应采用力学性能（特别是塑性和韧性）更好的钢材和焊材。

3) 工艺制定不合理

焊接结构的制造是由一系列工序组成的，其中装配和焊接是关键的工序，因此焊接工艺制定得合理与否至关重要。例如，如果焊接方法选用不当，有可能由于热量不集中或热输入过大，使热敏感钢种的接头脆化；如果预热温度不够高，可能使易淬火钢焊接接头产生冷裂纹；对于应采用碱性焊条的钢种而选用酸性焊条，可能由于焊缝冶金质量低而易产生焊接缺陷或引起脆性破坏。

4) 环境因素的影响

环境因素对焊接接头的使用寿命会产生较大的影响。例如，在高温下工作的焊接结构，由于强烈蠕变会导致结构失效和由于接头变脆易发生脆断；接触各种腐蚀性介质的焊接结构，由于腐蚀作用会导致结构过早地失效。

5) 运行及管理失误

在生产中由于操作不当或管理疏忽造成焊接结构失效破坏的事例时有发生。特别是对于一些受压容器，由于不按操作规程工作和运行，严重超载，或没有安全使用减压阀等，导致容器爆裂，这也是焊接容器失效的一个重要原因。

(3) 焊接结构的失效类型

焊接结构在服役期间可能因丧失规定的性能指标和功能而失效。失效的类型大致可归纳为以下几类。

1) 过量变形失效

包括过量弹性变形失效和过量塑性变形失效，均因变形量已超过了允许值而不能继续使用。如桥式起重机焊接主梁工作一段时间后发生过量下挠变形，锅炉管道产生过量的蠕变变形等。

2) 断裂失效

包括塑性断裂、脆性断裂、疲劳断裂和蠕变断裂等失效。这一类属于破坏失效，有些具有突发性，可能造成灾难性后果。由于在焊接结构中时有发生，是本章介绍的主要内容。

3) 表面损伤失效

包括腐蚀失效和磨损失效。前者又分为应力腐蚀、腐蚀疲劳、氢脆、缝隙腐蚀等失效形式。有些腐蚀的最终断裂也具有瞬时性，可能造成严重后果。后者是相互接触并作相对运动的构件由于机械作用而造成的表面破坏，又分为黏着磨损、磨料磨损、接触疲劳磨损、微动磨损等失效形式。在焊接堆焊和喷涂产品工作过程中常见到此类失效。

4）泄露失效

焊接容器、管道类结构因焊接质量和致密性不良，使储存或输送的气体或液体发生向外泄露而导致失效。

引起焊接结构失效的原因是多方面的，涉及结构用材、结构设计、制造工艺和服役条件等因素。表 8.1 列举了几类焊接结构常见的失效形式。

表 8.1　几种焊接结构的常见失效形式

结构种类	常见失效形式
桥梁	疲劳、脆性断裂、挠曲变形、大气腐蚀
船舶	低周疲劳、脆性断裂、腐蚀和应力腐蚀
海岸结构	腐蚀疲劳 低温脆断、节点部位层状撕裂
压力容器	脆性断裂、泄露、腐蚀和应力腐蚀
化工设备	一般腐蚀和应力腐蚀、蠕变
电站锅炉	应力腐蚀、蠕变、泄露、低周疲劳
核电站设备	中子辐射引起的脆化、蠕变、应力腐蚀、低周疲劳

8.2　失效分析的思路与方法

8.2.1　失效分析的方法、步骤与内容

焊接结构的失效可分为两类：一是凭经验和力学性能试验判断不合格而报废的焊件；二是工作中发现焊缝不能继续执行其设计功能和性能的焊件。焊接结构的失效可能由疲劳断裂、磨损、腐蚀等引起。分析焊接失效的目的在于找出失效的原因，制定预防此类失效的防止措施。实践中，要结合具体分析的对象，灵活地选择具体的分析方法，对失效分析的程序或步骤可做必要的简化。

（1）失效分析的方法

① 系统方法　又称相关性方法。就是把失效类型、失效模式、断口形貌特征、服役条件、材质情况、制造工艺水平、使用和维修情况等放在一个研究系统中，从总体上加以考虑的方法，以寻找具体的失效原因。

② 抓主要矛盾的方法　即抓住失效中起主要作用的因素，如断裂失效中的断裂源和断裂机理及其导致因素。

③ 比较方法　选择一个没有失效而能与失效系统一一对应的系统，与失效系统进行比较，从中找出差异，以便确定失效的原因。

④ 历史方法　根据同样设备同样服役条件在过去的运行情况和变化规律，来判断现在失效的可能原因。主要依赖过去失效资料的积累，运用归纳法和演绎法。

⑤ 逻辑方法　根据背景资料和失效现场的调查材料以及分析、测试获得的信息，进行分析、比较、综合、归纳和概括，作出判断和推论，得出可能的失效原因。

（2）失效分析的步骤

失效分析的第一步工作是搜集有关失效焊件及其制造的尽可能完整的资料。尽可能早地

获得第一手资料，对作出失效的正确结论起很大的作用。搜集资料的顺序没有固定的规律可循，重要的是在当事人对事件记忆犹新的时候，尽可能迅速地得到有关失效情况的所有口头报告和相关物证。

1）调查研究

① 确定失效是在何时何地怎样发生的，包括访问所有的有关操作者，了解焊接结构失效后是如何处理的，是否受到保护，断口是否作过处理，失效是否涉及高温加热而导致焊缝和基体金属显微组织的变化，残骸碎片的相对位置，部件的畸变和损伤情况，绘制草图或拍照。

② 了解工作历史，即负载、环境气氛的性质和工作时间的长短，是否遇到过事故，是否出现过其他类似的失效。

③ 搜集失效部件的背景资料，如焊接接头的设计图纸及工作应力计算和工作寿命估计的资料。弄清规定的和实际采用的基体金属及焊材，可能的话，还要取得基体金属的实际化学成分、热处理方法和力学性能以及焊材的实际化学成分。

④ 弄清规定的和实际采用的表面清理方法和过程，了解规定的和实际应用的焊接工艺的细节，了解是否进行过焊后加热处理。

⑤ 了解焊件经过何种加工和进行过何种试验，了解焊件的存放时间及存放条件，焊件在什么时间进行的装配和装配的快慢程度。要求拿到检验方法和检验报告的副本。

发生失效后，尽早开始失效分析工作尤为重要。调查研究阶段要尽量从现场、设计、施工和相关记录中掌握失效事故的材料。

2）分析失效模式

分析失效模式主要是对失效焊件利用必要的物理化学仪器进行拍摄、测试和观察，以确定失效模式。

失效模式是导致焊件失效的物理和化学变化过程。在这一过程中，焊件的局部或整体的尺寸、形状、状态或性能发生了变化，由此导致整个焊件的失效。焊件失效是内在和外在因素共同作用的结果。内在因素是指焊件的母材金属、焊缝金属、热影响区的材质、状态和性能等，外在因素是指焊件的施工和服役条件，如应力、环境和服役时间等。环境因素是指温度和介质两大因素。时间不是独立的诱发因素，但与其他因素结合，时间往往又是重要因素。时间因素总是分别归并在前两个诱发因素之中。根据观察结果，结合有关断裂力学、材料金相和断口学、焊接冶金和工艺等知识，综合确定失效的模式，失效模式的分析是失效分析各环节的核心。

3）提出失效原因和对策

根据失效模式，分析失效的原因，针对发生失效的原因，提出相应的预防和改进措施。

进行焊件的失效分析时，必须从设计、材料、工艺、使用等方面进行。大量的事实表明，设计是主导，材料是基础，工艺是保证，使用是监护。这几个环节中，任何一个或几个环节的疏忽或不慎，都会造成焊接结构的失效。焊接结构的破坏类型（失效模式）、产生原因（诱发因素）及产生的后果（表现形式）见表 8.2。

（3）失效分析的内容

1）原始背景资料的收集

尽可收集与破坏事故有关的资料。包括焊件的设计图、相关标准；焊件的制造、检验、运输、安装的记录资料；焊件服役的有关资料，掌握焊件的实际运行情况和实际使用时间。许多事故现场过一段时间就要清理，因此，要事先对现场进行详细的录像或拍照，以备研究之用。

表 8.2　焊接结构的失效分析

选　项		结构失效分析
破坏类型 （失效模式）		①焊接裂纹（包括凝固裂纹、高温液化裂纹、高温失延裂纹、消除应力裂纹、氢致裂纹、淬硬裂纹、热应力低延裂纹、层状撕裂、应力腐蚀裂纹等） ②焊缝中的气孔和杂质 ③焊接接头的腐蚀及泄漏（包括点腐蚀、缝隙腐蚀、晶间腐蚀、冲蚀腐蚀、应力腐蚀等） ④焊接结构的应力和变形 ⑤焊接结构的延性破坏和脆性破坏 ⑥焊接结构的疲劳破坏（包括高周疲劳、低周疲劳、热疲劳、冲击疲劳、腐蚀疲劳等） ⑦焊接结构的磨损破坏（包括黏着腐蚀、磨料磨损、腐蚀磨损、表面疲劳磨损、汽蚀等）
破坏表现形式		①裂纹 ②变形 ③尺寸精度不够 ④泄漏 ⑤工艺缺欠 ⑥剥离 ⑦强度不足或脆化 ⑧腐蚀 ⑨磨损
失 效 原 因	设计	①外载计算错误 ②局部应力计算错误 ③接头形式和坡口形式设计错误 ④焊件形状不连续 ⑤选材失误（如未注意母材金属材料的各向异性,焊接材料的适用场合） ⑥对焊件的服役条件认识不足 ⑦焊接工艺制定不合理
	材料	①母材金属的材质不良（存在冶金成分偏析和脆性） ②母材金属焊接性不好（易出现裂纹、脆化、软化、硬化等） ③焊接材料不合格、过期失效或焊材与母材金属匹配不当
	工艺	①焊工技术不良 ②焊接参数错误（过大或过小） ③装配质量不佳,拘束度过大 ④材料加工、储存不当 ⑤不合理的焊前预热、焊后热处理、焊后加热
	使用	①操作失误（如偶然的超载） ②环境条件不符合要求（温度不正常、潮湿或存在腐蚀介质） ③超过设计使用寿命 ④未按规定检修

2）失效构件的初步检验和分析样品的选择

从事故现场尽可能多地收集结构断裂残骸。对断裂残骸进行初步分析，并从中选取分析样品。

初步检验是外观检验，包括记录焊件上的特征（如污物、腐蚀产物等）、尺寸、位置，并画出草图或照相记录；用肉眼或放大镜初步检验失效焊件的变形程度、断口形貌和裂纹扩展方向等。根据初步分析结果，选取分析样品，所选的样品应包括一次失效试件和一次开裂源。用于确定一次开裂源的方法有：根据裂纹走向特点确定裂纹源；根据变形程度确定裂纹源；根据腐蚀程度确定裂纹源；从焊件的最薄弱处找裂纹源。

3）无损检测

在失效分析中，无损检测主要用于测定焊件表面缺欠和内部缺欠；测定构件的应力应变。通过检测焊接缺欠的尺寸和分布，确定缺欠在失效中的作用。常用的无损检测方法有无损探伤（包括磁粉探伤、液体渗透法、涡流法、超声波检验及 X 射线法等）、X 射线应力测定、应力数值分析等。

4）断口分析

断口分析是查明断裂起源、断裂途径和断裂类型的有效手段，是断裂失效分析的重点。断口分析确定的断裂源和途径，成为金相分析和工况分析的重点。

5）成分、性能及金相分析

主要包括：材料的成分、性能、组织、结构及缺欠等。特别是关键部位（断裂源和断裂途径）的材质。性能试验主要指力学性能试验。在焊件的断裂分析中，力学性能试验主要是检验断裂件材料的强度、延性、硬度、韧度等指标，是否达到必要的数值或设计要求。

硬度试验是应用最广的测试方法。它简便易行，试样制备容易。现在市售的便携式硬度仪，只需对试样表面进行简单的处理，就可以测出其硬度值。应当指出，小试样的试验结果不可能完全代表实际大型构件的性能；试验结果还与取样的位置有关，如轧制状态的母材金属，在平行和垂直轧制方向的性能不同。因此，应慎重选择力学性能试验，并仔细分析和用好试验结果。

对于腐蚀断裂，需对腐蚀物、氧化物、沉淀物及介质进行分析。化学成分分析包括常规的、局部的、表面的和微区的化学分析。组织检验就是检验焊件有关材料的显微组织和缺欠。具体包括：组织种类与形态、晶粒度、第二相粒子的大小及分布、晶界的析出相和宽度、夹杂物的种类、形态、大小及分布等。对与断口表面垂直的截面进行金相检验，对裂纹的扩展路径和二次裂纹分析具有重要意义。裂纹尖端的金相分析，对于研究裂纹的扩展和止裂有重要意义。金相分析在失效分析中十分重要。有些构件的失效通过金相分析可以确定失效原因，如材质问题引起的失效。

6）工况条件分析

也就是进行工作条件的分析，目的是寻找失效的外因。包括对工作温度、化学介质环境、化学介质浓度、焊件承载等进行分析以及对焊件进行应力分析、断裂力学分析、温度和化学介质影响的分析等，这对于判断失效模式具有重要的意义。

7）模拟试验

就是再现构件的破坏过程，以验证已作出的初步判断和分析结果是否正确。对失效现象进行全面的模拟是很难实现的，通常可对其中的一个或两个重要参数进行模拟。例如，可以模拟温度、介质浓度、加载方式等。

8）分析所有物证、得出结论和撰写报告

对调研、试验、模拟的结果进行综合分析，确定断裂原因，提出可行的防止措施，最后写出失效分析的书面报告。报告应包括：对失效构件的概述；失效时的服役条件；服役前的履历；构件加工过程；失效构件的力学、断口、金相分析结果；冶金质量评价；失效的模式、原因总结；防止类似失效的建议；研究单位、研究者、报告时间等。

8.2.2 失效分析的实验技术

作为失效分析的手段，需要以下试验技术：宏观和微观断口分析技术，金相检验技术，无损探伤检验技术，常规成分、微区成分和表面成分分析技术，X 射线衍射分析技术，实验应力分析技术，力学性能测试技术，断裂力学测试技术等。

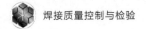

(1) 宏观分析

宏观分析是指用肉眼直接观察，或用放大 50 倍以下的放大镜观察。由于眼睛有较大的景深，能迅速进行大面积检查，对颜色和断裂纹理的改变有十分敏锐的分辨本领，能较快地确定断裂萌生的位置；对裂纹扩展的途径和前沿轮廓及裂纹的人字形花样和有无剪切唇等，都能较容易地识别出来；对焊接结构的运转情况、原有设计有无错误及加工的质量等也能作出总体评价。上述所有观察到的情况（包括尺寸及形状变化）都应用文字、草图或照相等手段记录下来。为了表现污染、烧焦或回火颜色还需要用彩色照相记录。

宏观分析是失效分析的基础。宏观分析中，首先应确定失效的起源，接着是根据断口特征，对加载方式、应力大小、材料的相对韧性与脆性等给予说明。宏观断口分析还可以发现其他细节，如表面硬化、晶粒大小和内部缺陷，设计或制造过程中产生的应力集中、装配缺陷等，所有这些都能为查明失效原因提供证据。因此，宏观分析应当格外仔细进行。

磁粉检验或染色体渗透检验也属于宏观分析，可以确定表面或表面下 1mm 以内的表层缺陷（如裂纹等）。

低倍检验（即宏观检查）可以取得以下信息：

① 内部质量（偏析、疏松、夹杂、气孔等）；

② 氢脆（白点）；

③ 软硬部位的区分及硬化层的深度；

④ 断裂的断口特征；

⑤ 焊接质量等；

⑥ 还可以显示损坏部位表面的研磨烧伤、碾碎和其他表面损伤。

硫印、铅印、磷印和氧化物印等印痕技术可用来显示这些元素在试样上的分布。过大的磨损和腐蚀也是首先通过宏观检验来识别的。

(2) 微观分析

1) 显微镜分析

体视光学显微镜是低倍断口形貌观察不可或缺的工具，能帮助肉眼进一步确定断裂源和裂纹走向，以及磨损或腐蚀的情况。放大倍数一般不超过 100 倍。

通过金相显微镜判定显微组织是失效分析中常用的手段，如焊接工艺不当或工艺路线不当造成的非正常组织或材料缺陷，都可以通过金相检验鉴别出来。对于腐蚀、氧化、表面加工硬化、裂纹特征，尤其是裂纹扩展方式（穿晶或沿晶），都可以通过金相检验得到可靠的信息。但由于金相显微镜的分辨率低，景深小，不宜于作断口观察。

2) 电子显微镜（SEM、TEM）观察

扫描电子显微镜（SEM）的最大特点是：不需要制备复型试样，没有透射电子显微镜复型制样带来的假象；光栅角很小，焦深很大，成像立体感特别强；放大范围很宽，能从 10 倍直接放大到十万倍，特别适合作断口上的定点观察；可以观察深孔底部的形貌，这对观察气孔、疏松、汽蚀的底部情况是较好的工具；适合作拉伸、弯曲、压痕、疲劳、刀具切削等动态形变过程的观察；当备有高温、低温装置时，可观察金属与合金的相变过程和氧化过程。扫描电子显微镜的不足之处是不能确定晶体结构。

透射电子显微镜（TEM）具有很高的分辨率，能区分扫描电镜不易区分的形貌细节，能确定第二相的结构，如配有能谱，还能测定第二相的成分。但不能作 400 倍以下的定点连续观察，制样过程较复杂，有时还会产生假象。为了保证不出现假象，一般用重复法，即同一部位重复观察多次。

3）电子探针（EPMA）分析

电子探针的主要特长在于能测量几立方微米体积内材料的化学成分，如测量细小的夹杂物或第二相的成分，检测晶界或晶界附近与晶内相比有无元素富集或贫化。但是，它不能代替常规的化学分析方法确定元素总体含量。对 Be（原子序数 $Z=4$）到 Al（原子序数 $Z=13$）等元素的灵敏度都很低；也测不出晶界面上的微量元素。

4）俄歇能谱（AEM）分析

俄歇能谱仪是进行薄层表面分析的重要工具，对确定回火脆性的原因具有重要作用。用它分析 Li、Be、B、C、N、O 等元素的灵敏度比电子探针高很多，但不能测定 H 和 He，因为这两种元素只有一层外层电子，不能产生俄歇电子。此外，需要超高真空环境，测试周期长，定量分析也有一定困难。

5）X 射线衍射分析

为了确定断口上的腐蚀产物、析出相或表面沉积物，可采用衍射法。一次衍射可获得多种结构和成分。测定第二相或表面残余应力也可采用衍射法，它的灵敏度高，方便、快速，能分析高、低温状态下的组织结构。但它不能同时记录许多衍射线条的形状、位置和强度，不适合分析完全未知的试样。

（3）试验及性能测试

1）力学性能试验

对钢材来说，在不解剖焊件的前提下，通过测量硬度可以获得下列信息：

① 帮助估计热处理工艺是否合理；

② 估计材料拉伸强度的近似值；

③ 检验加工硬化或由于过热、脱碳或渗碳、渗氮所引起的软化或硬化。

做拉伸、冲击试验是为了测定失效材料的常规力学性能，检验材料的力学性能参量是否达到设计的要求。必要时还应在比使用温度稍高或稍低的温度环境做试验。例如，在分析低温脆断的可能性时，常做低温冲击试验。有时失效焊件的解剖试样达不到标准试样的尺寸要求，可解剖制作非标准试样，如小型拉伸试样或非标准冲击试样。就冲击试验而言，小试样上测定的韧性参数在数值上和用标准试样测定的数据是不相等的。

2）断裂力学测试与分析

失效分析的断裂力学测试，包括材料断裂韧度测试、模拟介质条件下的应力腐蚀以及模拟疲劳条件下的裂纹扩展参数测试，应用这些断裂力学参数对焊接结构的断裂作出定量的评价，如可以确定焊接结构安全服役能容许的最大裂纹尺寸，也可以根据检查出的裂纹尺寸来判断断裂时的载荷水平，以及确定带裂纹焊件的剩余寿命。

8.2.3 焊接结构韧性判据与应力集中

（1）高强钢焊缝韧性的判据

目前针对钢结构焊接接头采用最广泛的韧性判据是 V 形缺口夏比（Charpy）冲击功（也称冲击吸收功）。国内外的焊接材料标准中，高强钢用焊接材料的强度级别虽不完全一致，但各种强度级别下的熔敷金属韧性指标是相同的，主要有两个体系：

① 欧洲体系，冲击吸收功要求大于或等于 47J；

② 美国、中国、日本、韩国等采用另一个体系，冲击吸收功要求大于或等于 27J。

2000 年以后，国际标准化组织（ISO）同时认可了这两个体系，将其按 A、B 两个体系并列于同一个标准之中，如 ISO 18275：2005、ISO 16834：2006 和 ISO 18276：2005，分别是高强钢用焊条、实芯焊丝和药芯焊丝的标准。在这三个标准的 A 体系中统一把熔敷金属的屈服强度划分为 5 个等级，即 550MPa、620MPa、690MPa、790MPa 和 890MPa。而熔敷金属的冲击吸收功不随强度等级变化，它是一个固定数值，即 A 体系要求冲击吸收功不低于 47J，B 体系要求冲击吸收功不低于 27J。但是在同一个冲击吸收功的条件下，又分成若干个试验温度，通常有 20℃、0℃、−20℃、−30℃、−40℃、−50℃、−60℃、−70℃ 和 −80℃。可根据焊接结构的使用温度或对韧性储备的要求选择试验温度，以满足对韧性的不同需要。

例如，在我国南方江河中运行的船舶，其使用环境温度较高，可选用较高的试验温度；在北方江河中运行的船舶，其使用环境温度较低，就选择较低的试验温度。有些焊接结构承受动载荷或疲劳载荷，与同一地区只承受静载荷的结构相比，可采用相同强度的焊材，但应有更高的韧性储备，以保证动载荷或疲劳载荷下仍能安全运行，这时应选择在更低的试验温度下能满足 47J 或 27J 冲击吸收功要求的焊接材料。

应指出，对焊缝金属韧性的评定比对强度性能的评定复杂得多，采用缺口冲击试样测定的冲击吸收功有时不能真实地反映高强钢（特别是调质高强度钢）的韧性水平。缺口冲击试验测定的冲击吸收功实际上由弹性功和塑性功两部分组成，钢材的强度越高或屈强比越高，冲击吸收功中弹性功所占的比例越大。因此，对于不同强度等级的低合金钢，相同数值的冲击吸收功并不能表征相等的韧性水平。也就是说，对于不同强度等级的钢材，应制定不同的冲击韧性指标（也即强韧性匹配）。从焊接结构抗断裂安全性出发，有关文献对不同强度等级的焊缝金属，在最低工作温度要求达到的 V 形缺口冲击吸收功列于表 8.3，可供参考。

表 8.3   低合金高强钢在最低工作温度要求达到的冲击吸收功

抗拉强度 σ_b/MPa	V 形缺口冲击吸收功 A_{kv}/J	
	纵向	横向
450～590	40	27
600～740	47	35
750～890	56	40
900～1100	65	45

（2）焊接结构的应力集中

应力集中是引发焊接结构失效的重要因素。焊接是不均匀加热过程，热源只集中在焊接部位，且以一定速度向前移动。焊接应力是从焊接开始时便产生，随热源移动、焊件上的温度分布和受热部位的膨胀、收缩而变化，焊接结构破断事故许多是由焊接应力所引起的。没有外力作用的情况下，平衡于物体内部的应力称内应力。引起内应力的原因很多，由焊接而产生的内应力称为焊接应力。

高强钢焊接结构受力时在有焊接缺欠或结构形状突变处产生应力集中。应力峰值与平均应力之比为应力集中系数 K_t，缺欠的长轴垂直于受力方向，尖端越尖锐，K_t 越大。当应力峰值达到该区材料屈服强度时产生塑性变形，达到塑性极限时即启裂、扩展，可能由于应力松弛而止裂，也可能扩展到一临界尺寸而断裂。焊接结构发生断裂，从宏观上说，大多起源于焊接缺陷或结构不连续处；从微观上说，微观缺陷处的应力集中产生局部滑移也会萌生裂纹而形成裂源，而微观缺陷在材料中是难免的。微观裂纹的萌生和扩展阻力的大小构成了材料的应力集中敏感性。

高强钢焊接应力峰值与工作应力同向相加时，如果在某区达到屈服强度（σ_s）会产生局部塑性变形，如果该区塑性、韧性足够，卸载后会使应力重新分布而降低应力峰值，过载或震动去除残余应力就基于此原理。但如果该区塑性、韧性不足，可能会在此区出现微裂纹和扩展，若遇到裂纹扩展阻力大的组织或应力松弛就可能止裂，以后继续扩展—止裂—再扩展，直至疲劳断裂；如果遇到低温、冲击以及材料的塑性和韧性很差时，则可能启裂后高速扩展而形成瞬间脆断。

焊接应力与变形是由焊接时不均匀加热和冷却引起的，焊接应力对强度的影响与应力峰值大小和峰值区材料的组织性能有很大关系。高强钢焊接接头既是组织性能的不均质区（有时甚至可能成为恶化区），又是残余拉应力的峰值区，还可能是接头形式或焊接缺欠引起的应力集中区，所以焊接接头的组织性能、焊接缺陷、应力集中和残余应力是决定焊接结构安全的关键。必须从选材、结构及接头设计、制造及焊接工艺上严格控制。

焊接应力与材质的热物理性能有关，而起决定性作用的焊接温度场又随焊接接头的形状和尺寸、焊接参数而变化，这些变化也都是非线性的。

1）对接接头的应力分布

对接接头用于连接同一平面的金属板，传力效率最高，应力集中较低，易保证焊透和排除工艺缺陷。对接接头的应力分布较均匀（图 8.1），应力集中产生在焊趾处。应力集中系数 K（σ_{max}/σ_{m}）与焊缝余高 h、焊缝向母材的过渡角 θ，以及焊趾处的过渡圆弧半径 r 有关。增大 h，减小 r，或减小过渡角 θ，则应力集中系数 K 增大，这是不利的。如果在焊趾处加工成较大的过渡圆弧半径，则应力集中系数 K 显著降低。若削平焊缝余高 h，则没有应力集中，可提高接头的抗裂性和抗疲劳强度。

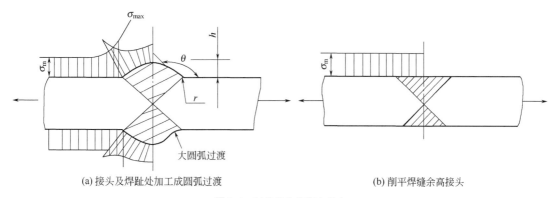

(a) 接头及焊趾处加工成圆弧过渡　　　　　　　　(b) 削平焊缝余高接头

图 8.1　对接接头的应力分布

2）搭接接头的应力分布

搭接接头是两平板部分相互搭置，用角焊缝进行连接的接头。搭接接头使构件形状发生较大变化，应力集中比对接接头复杂，动载强度较低。搭接接头受到轴向力（拉或压）作用时，垂直作用力方向的角焊缝成为正面角焊缝，平行作用力方向且位于板侧的角焊缝称为侧面角焊缝，介于两者之间的称为斜角焊缝。受力方向不同的角焊缝，工作应力分布有很大差别。

正面角焊缝的应力分布以焊趾和焊根处的应力集中最大，减小 θ 过渡角和增加根部熔深可降低应力集中。因此，只有一条正面角焊缝的搭接接头动载强度低，应在背面加焊一条焊缝。

3）T 形和角接头的应力分布

T 形接头是指一板件的端面与另一板件的表面构成直角或近似直角的接头，三件相交组成"十字"形的称为十字接头。这两种接头的工作特性相似，焊缝向母材过渡急剧，接头在外力作用下力线扭曲很大，造成极不均匀的应力分布，在角焊缝的根部和过渡处都有很大的应力集中（图 8.2 和图 8.3）。立板开坡口并焊透的接头，应力集中大大降低。这时焊缝由角焊缝转变为坡口焊缝，立板在轴向拉应力作用下焊缝中的应力由以切应力为主转变为以正应力为主，可大大提高接头强度［图 8.3(b)］。因此，对重要结构，尤其是在动载下工作的 T 形或十字形接头应开坡口或用深熔焊使之焊透。

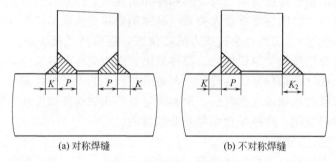

(a) 对称焊缝　　　　　　　　　(b) 不对称焊缝

图 8.2　部分熔透的 T 形接头

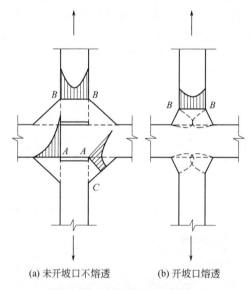

(a) 未开坡口不熔透　　　　　　(b) 开坡口熔透

图 8.3　十字接头的应力分布

角接接头独立使用的承载能力很低，一般是用角接头组成箱体结构后起作用。角焊缝的几何形状和尺寸对焊趾处的应力集中系数有很大影响，对于工作焊缝（图 8.4）该处的应力集中随焊趾过渡角度的减小而减小，也随焊趾尺寸的增大而减小。而对于联系焊缝在焊趾处的应力集中则随焊趾尺寸的增大而增大。

8.2.4　焊接区的失效源

失效分析的目的在于找出失效源，分析引起焊接结构失效的原因。不同焊接方法可能出现的失效源不同。

（1）电弧焊接头区的失效源

包括焊条电弧焊、气体保护焊等。

① 气孔　在电弧焊中产生的气孔可分为三类：孤立的、线状排列的和群集的。线能量过大易产生孤立气孔，线状排列和群集气孔可能起因于保护气体与熔池相互作用而放出的气体。保护气体流量不足或在潮湿基体上进行焊接易出现密集的群集气孔，加大保护气体流量

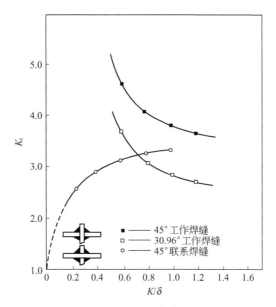

图 8.4　角焊缝的形状尺寸与应力集中的关系

可以改善这种状况。

② 热裂纹　一般是由低熔点组分引起的，如钢中的硫化物、磷化物偏析于晶界上，并在热收缩应力作用下引起热裂纹。另一类是火口裂纹，由于焊缝金属凝固的方向性易于发生开裂。短的横向焊缝常在热影响区中产生晶间液化裂纹。热裂纹的产生与焊条（或焊丝）的合金含量有关，如果在焊缝中形成热裂纹，焊缝冷却时能立即观察出来，这种缺陷通常意味着焊接失效。

③ 冷裂纹　常出现在完全凝固后的焊缝或热影响区中。气体保护焊中，含水量高的保护气体被电弧分解产生氢并熔于熔池中，过饱和的氢扩散到高应力区，当氢分压增大时促使裂纹产生和扩展。这意味着氢引起的冷裂纹与时间有关（需要扩散时间），可能在焊缝已通过检验很长时间后才出现裂纹。这种裂纹对焊接结构的危害性更大，特别是在高强钢焊接结构中。

④ 夹杂物　焊接熔渣或保护气体的氧化物夹杂在焊缝中，形成的各类非金属夹杂物（如氧化物、氮化物）对焊缝性能有直接影响。与碱性焊条或惰性气体保护焊的焊缝相比，酸性焊条或 CO_2 气体保护焊焊缝中的夹杂物多一些，对焊缝韧性有不利的影响。

⑤ 未完全熔合和未熔透　未完全熔合和熔深不足有时是很危险的，因为除了减小焊缝的有效横截面积外，还会引起裂纹扩展等缺陷。焊接合金钢时，未完全熔合和未熔透可能是由于焊缝底面的氧化层引起的。由于热收缩应力，在冷却中可能出现严重的开裂。

⑥ 氧化　气体保护电弧焊焊缝的氧化，只在保护气流不足或保护不当的情况下发生。母材金属表面的氧化或锈蚀层是一种水分来源，这种水分可被熔池所熔解，或是受热分解以氢的形式被吸收。

⑦ 焊缝成形不良　不良的焊缝成形包括焊瘤、咬边和焊缝表面隆起过高、过陡、电弧擦伤等。电弧擦伤对许多金属可能引起重大损害，特别是焊接不锈钢产品时，电弧擦伤可能由于工件和焊条之间的偶然接触引起，也可能是由于连接的地线松动造成的。

⑧ 脆化　焊前和焊后热处理可以消除内应力和氢，但当碳钢和低合金钢加热到一定临界温度时，会使母材或热影响区的缺口韧性下降。

（2）电渣焊和埋弧焊接头区的失效源

① 夹杂物　熔渣夹杂物可以存在于焊缝中，其他夹杂物可能起因于被焊钢材中非金属夹杂物的熔化，这些夹杂物可以通过 X 射线检验出来。

② 气孔　电渣焊和埋弧焊一般很少遇到气孔问题。但是如果焊剂受潮，仍可能发现气孔，如果所采用的焊剂是混合型或黏合型，焊前必须预先烘烤焊剂。

③ 未完全熔合或熔透不足　能导致焊缝的严重失效。

④ 焊缝外形差　如果托板或滑块上的夹紧压力太大，所产生的挠曲将造成不良的焊缝外形，如咬边、焊瘤等。

⑤ 冷裂纹　在厚板焊接中易产生冷裂纹，如果裂纹处在电渣焊缝的热影响区内或附近，则可能扩展成为宏观裂纹。

（3）电阻焊接头的失效源

① 夹杂物　电阻焊缝中的夹杂物来源包括被焊工件的表面及其内部组织。夹杂物能否引起失效取决于它们的数量、大小，以及在焊缝组织中的部位等。

② 气孔　某些夹杂物可以引起焊缝气孔，不适宜的机械压紧装置，特别是引起电流和电压不足的装置，能够促使产生气孔。电阻焊接头中有气孔是不符合要求的。

③ 熔透不足　熔透不足起因于较低的焊接电流、焊机不稳定或工艺参数调整不当等，如蘑菇形的电极、焊接电流通过邻近焊点时的分流、过高的焊接压力等。

④ 焊缝成形差　包括工件外形引起的各种缺陷、尺寸过小的焊点等。

⑤ 裂纹　电阻焊缝中有裂纹通常起因于过热、焊接过程中压力不当等，采用了对裂纹敏感性高的材料或焊接工艺不当也会出现裂纹。

（4）摩擦焊接头的失效源

① 中心缺陷　摩擦焊在工件界面的中心处存在的尺寸较小的未焊区，称为中心缺陷，主要是由于界面中心的摩擦不足，所产生的热量不足以得到完整的焊缝。

② 约束裂纹　通常出现在高碳钢和合金钢中，由内应力引起，特别容易发生在中心处的热影响区或边缘处的热影响区。

③ 焊缝界面碳化物　碳化物粒子可能出现在工具钢或耐热合金的摩擦焊缝界面上，这些粒子损害了这两类金属的焊缝强度。

④ 热脆性裂纹　如果要使热脆金属中的摩擦焊缝没有热脆裂纹，需要特别注意避开热锻温度范围的脆性。

⑤ 气孔　如果摩擦焊接的工件，在焊缝界面上或附近含有缩孔和气孔，则最后可能在摩擦界面处形成气孔。

（5）电子束焊接头的失效源

① 夹杂物　真空电子束焊缝中的夹杂物是非常少的，这是因真空环境焊接防止了焊缝的氧化，而且很多杂质在高温和真空负压下挥发掉了。如果外来金属进入电子束通道，它将弥散分布在焊缝中，形成夹杂物。

② 气孔　电子束焊缝对气孔特别敏感。气孔主要来源于熔解和残留在基体金属中的气体释放，或者金属表面的杂质。

③ 未完全熔合　是由于功率输入不足或电子束和焊缝不对中造成的，增大功率或更准确地对中可以消除这种缺陷。

（6）激光焊接头的失效源

① 夹杂物　由于激光装置本身不直接接触工件，激光焊缝中的夹杂物主要来自被焊工件表面或内部的杂质。

② 气孔　必须控制激光焊的脉冲时间程序，如果脉冲时间和能量发生微弱变化，就可能导致气孔的产生。

③ 熔透不足　激光束能达到的熔深随有效脉冲时间和被焊金属的热扩散率的平方根的增大而增加。但是高的表面反射率会减少能量输入，造成熔透不足。

④ 基体金属的开裂　当激光束能量输入速率太高时，基体金属表面不仅可以发生蒸发，而且可能由于热冲击而开裂。

8.3　焊接结构的失效类型及特征

8.3.1　脆性失效的特点及断口特征

（1）脆性失效的特点

脆性断裂在工程结构中是一种非常危险的破坏形式。其特点是裂纹扩展迅速，能量消耗远小于韧性断裂，而且很少发现可见的塑性变形，断裂之前没有明显的征兆，而是突然发生。脆性断裂断口表面发亮，呈颗粒状，属于平直类型，是在平面应变状态下发生的。同时，脆性断裂是在低应力条件下发生的，因而这种断裂往往带来恶性事故和巨大损失。

（2）脆性断裂断口的宏观特征

① 小刻面　脆性断口穿晶结晶面为解理面，在宏观上呈无规则取向。将脆性断口在强光下转动时，可见到闪闪发光的特征。一般称这些表面发亮呈颗粒状的小平面为"小刻面"，即解理断口是由许多"小刻面"组成的。因此，根据这个宏观形貌特征很容易判别脆性解理断口。

② 放射状或人字花样　脆性断口的另一个宏观形貌特征是具有放射状或人字花样。人字花样指向裂纹源，其反向即倒人字为裂纹扩展方向。因此，可以根据人字花样的取向，很容易判断脆性解理裂纹扩展方向及裂纹源的位置。另外，放射状花样的收敛处为裂纹源，其放射方向均为裂纹的扩展方向。

（3）脆性断裂断口的微观特征

① 解理台阶　脆性断裂从晶体破坏的形式上可分为两类：穿晶断裂和沿晶断裂。解理断裂是金属在正应力作用下，由于原子结合键的破坏而造成的沿解理平面的断裂。解理面一般是表面能最小的晶面，这样就造成了有台阶的断裂面。台阶表面上各个平台面被解理台阶分开，而台阶是由连接解理裂纹片的薄带断裂后形成的，解理台阶的形成如图 8.5 所示。

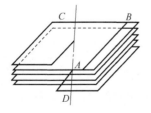
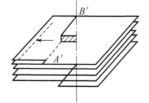

（a）裂纹通过螺形位错之前　　　　　　（b）裂纹通过螺形位错之后

图 8.5　解理台阶的形成

② 河流花样　解理裂纹扩展过程中，台阶不断地相互汇合，沿着裂纹扩展方向观察，可以见到河流花样，如图 8.6（b）所示。它是解理断口最突出的显微形貌特征。河流花样在裂纹扩展时倾向于合并，并指明了解理裂纹的局部扩展方向，其相反方向为裂纹源的位置。

③ 舌状花样　解理舌是解理断裂的典型特征之一，它的电子形貌特征为舌头状，如图

8.6(b) 所示。舌状花样在钢铁材料中往往成组出现，在断面上的"舌头"是凸起的，在另一相匹配的断面上是凹下的。但两者的形状是完全对应的，"舌头"的形成与解理裂纹沿变形孪晶与基体之间的界面扩展有关。

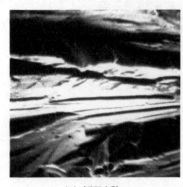
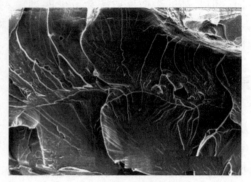

（a）解理台阶　　　　　　　　　　（b）河流花样和舌状花样

图 8.6　脆性穿晶断口形貌

8.3.2　塑性失效的特点及断口特征

（1）塑性失效的特点

塑性断裂的特点是金属断裂时伴随有明显的塑性变形并消耗大量能量。由于塑性断裂是在大量塑性变形后发生的，结构断裂后在受力方向上会留下较大的残余变形，在断口附近有肉眼可见的挠曲、变粗、缩颈等。塑性变形常使容器直径增加和壁厚减薄。在大多数材料中，拉伸塑性断口呈灰色纤维状，宏观上分为平直面和剪切面。

（2）塑性断裂断口的宏观特征

由于显微空洞的形成、长大和聚集，最后形成锯齿形纤维状断口，这种断裂形式多属穿晶断裂，因此断口没有闪烁的金属光泽而是呈暗灰色。由于塑性断裂是先滑移而后断裂，所以断裂方式一般是切断，断口不齐平，边缘有与主应力方向成 45°的剪切唇。

（3）塑性断裂断口的微观特征

在扫描电镜下塑性断口的微观形貌呈韧窝花样，由一些大小不等的圆形或椭圆形的凹坑组成，如图 8.7 所示，是材料微区塑性变形产生的空洞聚集长大、最后相互连接导致材料脆断而在断口表面留下的痕迹。韧窝的形状主要取决于应力状态，或决定于拉应力与断面的相对取向。韧窝的大小和深浅取决于金属材料断裂时微孔形核的数量、金属的塑性和试验温度。如果微孔形核位置很多或材料的韧性较差，断口上形成的韧窝尺寸较小也较浅；反之则

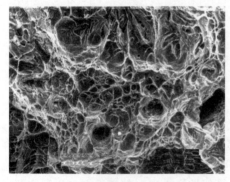
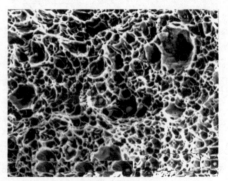

（a）耐热钢的塑性断口（×400）　　　　（b）低合金钢的塑性断口（×1000）

图 8.7　塑性断口的形貌

韧窝较大较深。

　　根据受力状态的不同，韧窝又可分为正交断裂韧窝、撕裂韧窝和剪切韧窝。在正应力作用下，应力在整个断口表面上均匀分布，使垂直于主应力的显微孔隙向各方向均匀长大，最后形成等轴的韧窝，即正交断裂韧窝。在剪切和撕裂应力的作用下，显微孔隙在生核和长大的过程中，所承受的应力是不均匀的，因而变形也是不均匀的，断裂后所形成的韧窝形貌呈抛物线状。

　　进一步对韧窝内部进行观察，多数情况下能够看到有非金属夹杂物或第二相粒子存在。韧窝的形成是由于局部塑性变形使夹杂物界面上首先形成微裂纹并不断扩大，在夹杂物与基体金属之间的局部小区域产生"内缩颈"，当缩颈达到一定程度后被撕裂或剪切断裂，形成韧窝断口形貌。但是，在微观形态上出现韧窝的断口，其宏观上不一定就是塑性断裂，因为宏观上属于脆性断裂的断口在局部区域也可能有韧窝存在。因此在分析断口时，一定要把宏观与微观分析结合起来，才能作出正确的判断。

8.3.3　疲劳失效的特点及断口特征

　　（1）疲劳失效的特点

　　零件或试样在整个疲劳失效过程中，不发生肉眼可见的宏观塑性变形。在多数情况下疲劳断裂是突然发生的，因而这种断裂方式给焊件失效前的预报和预防工作带来一定的困难。疲劳断裂还具有区别于其他性质断裂的断口形貌。一个典型的疲劳断口往往由裂纹源区、裂纹扩展区和瞬时断裂区三个部分组成。这种独特的形貌是区别于其他断裂形式的极为重要的凭证。

　　（2）疲劳断裂断口的宏观特征

　　① 疲劳源区　出现于焊件表面的疲劳裂纹，由于这一阶段扩展速率较慢，通常需要经过许多次循环才能形成，所以源区的断口形貌多数情况下比较平坦、光亮且呈半圆形，与包围它的扩展区之间有明显的界线，因此很容易识别。当交变载荷较高或者在应力集中处萌生裂纹时，往往出现多个疲劳源。在这种情况下，源区不再像单个疲劳源那样具有规则和典型的形状。

　　② 疲劳裂纹扩展区　海滩状或贝壳状花样是疲劳裂纹扩展区断口上的特征花样。疲劳断口为单疲劳源时，断口的海滩花样往往呈扇形或椭圆形；而断口出现多疲劳源时，海滩花样呈波浪形。弧线之间的宽度取决于交变载荷水平，一般随远离源区而宽度逐渐增大。

　　③ 瞬时断裂区　疲劳后期的瞬时断裂属于静载断裂，其断口宏观形貌与静载断裂的断口形貌基本一致。

　　（3）疲劳断裂断口的微观特征

　　① 疲劳源区　由焊件表面裂纹引起的疲劳断裂，断口上的疲劳源区一般很小，甚至根本不存在疲劳源区。在其他情况下发生的疲劳断裂的断口，源区的微观形貌会出现许多种花样。然而，目的在于判断失效性质的断口微观形貌分析，通常不是依靠源区的微观形貌，而主要是依靠断口扩展区的微观形貌来判断其失效的性质。

　　② 疲劳裂纹扩展区　断口扩展区上的疲劳条带是疲劳断裂时所特有的，是区别于其他性质断裂最显著的特征花样。一般金属材料的疲劳断裂，扩展区断口均可观察到这种疲劳条带。断口上的疲劳条带有时呈连续分布，有时也呈断续分布。疲劳条带的间距随着裂纹扩展长度的增长而逐渐变宽，同时也随着循环应力的增高而增大。

　　断口微观形貌的另外两种特征是疲劳台阶和二次裂纹。疲劳台阶的方向与疲劳条带的法线方向基本一致。二次裂纹是由断口向内部扩展的裂纹，它们在断口上的形态为一些微裂

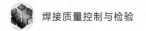

纹，往往与条带保持平行。

8.3.4 应力腐蚀失效的特点及断裂分析

（1）应力腐蚀失效的特点

应力腐蚀断裂是一种远低于金属屈服点的拉应力与化学侵蚀共同作用的破坏过程。纯金属对该类破坏的敏感性比合金低得多，而二元合金对该类破坏一般都是很敏感的。裂纹常常产生大量的分叉，并在大致垂直于影响它们产生和扩展的拉应力方向连续扩展。在这种情况下，细小的裂纹会深深地扩展进焊件之中，而表面又呈现出模糊不清的腐蚀迹象。因而，掩盖了即将断裂的宏观标志，具有更大的危害性。

（2）应力腐蚀断裂断口的宏观分析

在应力腐蚀断口上通常可以辨认出裂纹源、裂纹慢速扩展区和最终快速断裂区。断裂源常发生在金属材料的表面，由于化学作用，往往在裂纹源处形成腐蚀坑。一般情况下，应力腐蚀裂纹是多源的。这些裂纹在扩展过程中发生合并，形成台阶或放射状条纹等形貌。裂纹扩展部分具有明显的放射条纹，其汇聚处为裂纹源。应力腐蚀断裂断口宏观形貌呈现脆性特征，由于化学介质的作用，在断口上可以看到腐蚀特征和氧化现象，断口表面有一定的颜色，通常呈现褐色或暗色。

（3）应力腐蚀断裂断口的微观分析

应力腐蚀断裂方式可能是沿晶的，也可能是穿晶的，由材料与腐蚀环境决定。通常碳钢和低合金钢的应力腐蚀断口是沿晶开裂的，裂纹沿着大致垂直于所施加应力的晶界延伸。应力腐蚀的断裂方式不仅与材料有密切关系，还与介质有关。例如，在含 Cl^- 的介质中，铬不锈钢呈现沿晶断裂，而奥氏体不锈钢为穿晶断裂。应力腐蚀的显微断口还具有"腐蚀坑"和"二次裂纹"的形貌特征。

8.3.5 其他类型失效的特征

（1）氢损伤失效

氢损伤失效（氢脆）通常分为两大类。

① 第一类氢损伤　氢脆的敏感性随应变速率的增加而增大，造成裂纹或类裂纹的缺陷，如气泡、白点等。这类破坏起因于体内或从体外吸收的原子态氢在夹杂物或微裂纹等不连续处偏聚并结合成分子态氢后，体积增大产生巨大的内压力所致。

② 第二类氢损伤　氢脆的敏感性随应变速率的增加而下降。此时金属体内并无裂纹源，但在低于屈服点的静拉应力下工作一段时间后出现裂纹，这些裂纹会逐渐扩展，到临界尺寸后造成构件突然断裂。工程上所说的氢脆多指这种类型的氢损伤，也称延迟破坏。

若焊条没有经过充分烘干，或烘干后保管不当，或在潮湿气氛中焊接时，都有可能在热影响区粗晶区或焊缝金属中产生延迟裂纹或出现白点。氢脆断口的宏观形貌比较光滑平整或类似于冰糖块状的沿晶断裂，与应力腐蚀断口相比，氢脆断口上的二次裂纹较少。

（2）腐蚀疲劳失效

腐蚀疲劳是重复或交变应力与腐蚀环境共同作用产生的破坏过程。当表面钝化层遭到破坏时，金属发生整体或局部腐蚀，常常在表面形成半圆形的坑蚀并在坑底产生裂纹。由于不断受到介质的腐蚀，裂纹外宽内窄，呈楔形，内部或表面往往充满腐蚀产物。这类裂纹成群出现，平行向内扩展，裂纹尖端很少分叉或不分叉。

腐蚀疲劳断口从宏观和微观来看与一般疲劳断口有相似之处，其宏观特点稍明显，可以出现海滩状或贝壳状痕迹，但有时也被腐蚀产物覆盖。在微观上也出现疲劳条带和脆性的"二次裂纹"特征。

此外，焊接结构的失效形式还有韧性断裂失效、高温失效、腐蚀失效、磨损失效、液体冲蚀失效、微振磨蚀失效、液体金属致脆失效等。一般来说，必须检查断口并把焊件工作条件与取得的有关性能的数据进行比较和分析，才能确定一种失效的类型，从而找出科学的解决办法。

8.4　焊接失效分析实例

8.4.1　水泥回转窑筒体开裂事故分析（脆性断裂失效）

（1）筒体失效过程

某厂利用磷氮复合肥生产线排出的废渣为原料，采用筒体为 $\phi4m\times45m$、$\phi3.5m\times52m$、$\phi4m\times50m$，全长 150m 的湿法水泥回转窑生产水泥。该窑用 6 个桥墩支撑，窑体总质量 900 多吨，如图 8.8 所示。该窑投产 3 年后在进料端 1～2 桥墩之间挂链板端的筒体外部发现数条小裂纹，料浆向外渗漏。此后，筒体外部不断地出现裂纹，并且裂纹出现的部位，也由1～2桥墩之间逐渐扩大到 2～3 和 3～4 桥墩之间的筒体上。由于没有搞清楚裂纹的性质，未能有效地控制裂纹的产生。新更换的部分筒体，也在运行了三个多月后，又开始不断地出现裂纹。因此，有必要对该回转窑筒体裂纹进行深入的失效分析。

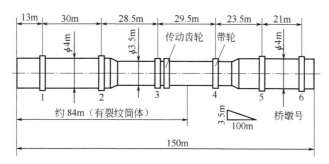

图 8.8　水泥回转窑示意图

（2）失效分析的方法和结果

通过对回转窑筒体裂纹的现场调查，对从更换下来的筒体上截取典型裂纹试样进行成分分析、金相分析、裂纹断口扫描电镜分析，并对筒体进行了受力分析和计算，综合判断裂纹的性质和失效原因，以期为该回转窑筒体裂纹的修复、重新设计和制造等提供必要的技术依据。

1）断口宏观和微观分析结果

宏观分析结果表明，裂纹多在挂链板和筒体之间的角焊缝附近、筒体环焊缝及工艺焊缝附近产生。大多数裂纹沿周向扩展，个别裂纹沿筒体长度方向扩展。筒体裂纹的宏观断口特征为：

① 从筒体外部看到的裂纹，在其断口上只有个别点相连；

② 断口上无延性变形痕迹，为脆性断口；

③ 断口上有大量的腐蚀产物；

④ 断口沿板厚方向的中部，有许多"平面台阶"或"二次裂纹"。

扫描电镜观察结果表明：所有试样均为沿晶开裂的脆性断口，断口上有许多空洞和"二次裂纹"。

2）母材金属化学成分和料浆成分

筒体母材金属的化学成分分析结果为：C 0.17%，Si 0.51%，Mn 0.63%，S 0.020%，

P 0.018%，母材金属为低碳钢。

该厂所用料浆主要由复合肥渣、黏土、铁粉和水等构成。料浆的 pH 值为 6.8～8.2，料浆中含有大量的 NO_3^-、NH_4^+ 和少量的 PO_4^{3-}、SO_4^{2-}、Cl^- 等。这些离子主要由复合肥生产过程和磷矿本身带入，料浆的主要成分及其所含离子见表 8.4。

表 8.4　料浆的主要成分和所含的离子

料浆成分/%	烧失量	SiO_2	Al_2O_3	FeO	CaO	MgO
	37.23	11.46	2.79	2.08	43.14	1.09
离子浓度/(mg/L)	NO_3^-	NH_4^+	PO_4^{3-}		SO_4^{2-}	Cl^-
	50～75	15～25	≤0.01		≤0.25	≤0.08

金相观察结果表明，筒体母材金属的内表面上有大量深浅不一的腐蚀坑。

从横截面上看，筒体内壁表面凹凸不平，局部腐蚀坑较深。裂纹沿铁素体和珠光体晶界向母材金属中扩展。母材金属中心带状组织明显，裂纹扩展沿带状组织扩展一定距离后，继续转向沿母材金属厚度方向扩展。这一扩展结果，将在裂纹主断口上形成"平面台阶"或"二次裂纹"。

（3）筒体受力分析和计算

回转窑静止时，筒体受到的应力主要有以下几个。

① 窑体自重产生的应力。

② 回转窑中心线偏离（相当于桥墩支点下沉或上升）引起的附加应力。筒体发生裂纹时，2 号桥墩处下沉量达 7.89mm，4 号桥墩处的下沉量达 5.91mm。

③ 筒体制造时，切割、卷圆、焊接、装配等工序使其局部产生的残余应力。

④ 支撑托轮通过带轮产生的应力。

⑤ 温度应力。

⑥ 颈缩温度应力：由于带轮和其下方的筒体温差较大，轮带的刚性大，当带轮和筒体之间的间隙较小时，致使筒体中产生颈缩温度应力。

⑦ 挂链板热胀冷缩在筒体中产生的应力。

回转窑运转时，上述 7 种应力叠加后，对筒体的某一点来说，受到一个大小和方向随时间变化的循环应力的作用，筒体所受叠加弯矩如图 8.9 所示。

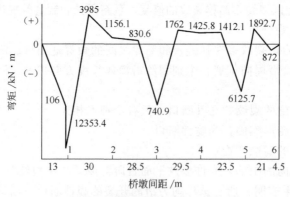

图 8.9　回转窑筒体所受叠加弯矩

（4）失效模式分析

综合母材金属和物料成分分析结果，以及宏观断口、扫描电镜以及光学金相的观察结果，可以确认该回转窑筒体脆性开裂是由腐蚀造成的。

该厂所用的复合肥渣中，含有复合肥生产过程中磷矿粉硝酸分解和中间反应物氨化时带入的大量 NO_3^-、NH_4^+，磷矿粉也带入了少量的 PO_4^{3-}、SO_4^{2-}、Cl^- 等。当矿渣制成料浆后，矿渣中的离子溶解到水中，使料浆具有一定的腐蚀性。料浆进入窑内后，通过耐火砖之间的缝隙、耐火砖与挂链板之间的缝隙、耐火砖或耐火水泥本身的孔隙等逐渐渗入，使料浆与筒体内壁接触。低碳钢筒体材质在含有大量 NO_3^-、NH_4^+ 和少量 PO_4^{3-}、SO_4^{2-}、Cl^- 等的介质中，主要发生沿晶腐蚀开裂。由于珠光体和铁素体晶粒边界腐蚀时不产生变形，筒体裂纹断口为沿晶开裂的脆性断口，并形成大量的"二次裂纹"和空洞。

除料浆使筒体发生腐蚀外，燃料中产生和释放出的水蒸气、CO_2、H_2S 等气体，也可以扩散进入耐火材料中，与料浆中的其他离子一起构成对筒体的腐蚀。再者，回转窑中的碱循环，使料浆中腐蚀性离子浓度不断增加，促进筒体的腐蚀开裂。根据回转窑构造和筒体受力特点，筒体首先从内壁产生下列不同形式的腐蚀开裂。

① 缝隙腐蚀　一方面，含有腐蚀性离子的料浆能通过耐火砖之间或耐火砖与挂链板之间的缝隙，或耐火材料中的孔隙扩散渗入，与筒体内壁钢板接触。另一方面，当耐火砖与筒体之间的缝隙足够小时，与钢板接触的含有腐蚀性离子的料浆维持相对静止状态，该处的筒体内壁便具备了产生缝隙腐蚀的条件。

在筒体内壁满足缝隙腐蚀条件处，筒体内壁发生缝隙腐蚀。通过氧化还原反应，铁素体和珠光体晶界被腐蚀。当铁素体晶界被腐蚀贯通后，铁素体相脱落。在铁素体脱落和珠光体溶解处形成了腐蚀坑。筒体内壁不同部位的介质浓度、温度等不同，使筒体内壁形成深浅不一的腐蚀坑和微裂纹。缝隙腐蚀发生时不需特定的应力条件，所以，回转窑停窑和运转期间均可发生缝隙腐蚀。

② 应力腐蚀　回转窑静止时（如停窑检修期间），筒体中静拉伸力较大的部位，在腐蚀介质和应力作用下，发生应力腐蚀开裂。

停窑期间，筒体内壁总有一部分受拉应力。在运行期间渗入到该处的介质和应力作用下，该处筒体便发生应力腐蚀开裂。缝隙腐蚀产生的腐蚀坑和微裂纹，或筒体中已有的较大尺寸的裂纹，在停窑期间，其尖端的应力强度因子大于临界应力强度因子 K_{ISCC} 时，均可继续发生应力腐蚀开裂。

③ 腐蚀疲劳　回转窑运转时，对筒体内壁某一点来说，受到一个循环应力的作用。在腐蚀介质和循环应力的作用下，筒体便发生腐蚀裂纹开裂。

回转窑运转时，筒体母材金属发生腐蚀疲劳开裂。腐蚀疲劳开裂不存在一个临界应力强度因子。筒体内壁上的腐蚀坑或裂纹，均可在回转窑运行时发生腐蚀疲劳扩展。金属的腐蚀疲劳极限和腐蚀疲劳寿命受循环应力水平、温度、介质浓度、钢板厚度等影响。1～2 号桥墩之间和 3 号桥墩两侧的筒体中应力水平高，其腐蚀疲劳寿命就短。回转窑运转时，焊接残余应力和筒体中的应力叠加，在焊缝附近形成一个循环应力峰值和应力幅变化更大的区域，使位于高应力区的筒体焊缝附近发生腐蚀疲劳开裂。

总之，从筒体外部看到的裂纹，是缝隙腐蚀、应力腐蚀、腐蚀疲劳在不同阶段相互作用的结果。回转窑一年中约有 280 天处于运转状态，运转时筒体中还形成较大的温度应力，所以，筒体上的裂纹在形成过程中，腐蚀疲劳的作用更大。

（5）模拟验证

采用疲劳试验机，并利用该水泥分厂所用的料浆为腐蚀介质，进行 Q235 钢的腐蚀疲劳试验。对比空气和料浆中的试验结果，Q235 钢在料浆中的疲劳循环次数明显降低。料浆温度的升高，NH_4NO_3 浓度的增大，试验频率的降低，都使 Q235 钢的腐蚀疲劳寿命降低。

在料浆中，焊接接头易在焊趾处发生低频低周腐蚀疲劳。说明该厂所用的料浆的确对低碳钢具有腐蚀性，腐蚀疲劳使钢的寿命明显降低。

（6）筒体开裂的防止措施

① 筒体的设计选材　为了防止筒体开裂，在工况条件不变时，宜选用含有抗 NO_3^-、NH_4^+、PO_4^{3-}、SO_4^{2-}、Cl^- 等介质腐蚀的材料制造筒体。

② 筒体的制造和安装　筒体制造和安装时，主要经过切割、卷圆、焊接和装配等程序，焊接是其中的关键环节。由于筒体板厚大，焊后接头处的残余应力也大。焊接时，焊接接头附近产生残余应力是难以避免的。为了降低焊接应力，宜选用低匹配、高韧性的焊接材料，以降低焊缝周围的残余应力峰值。通过合理的接头设计，选用合适的焊接方法、工艺参数和焊接顺序。为了进一步降低焊接应力的影响，也可对焊接接头进行焊后局部消除应力处理。

③ 窑内的物料成分和气氛　窑内的料浆和气氛均可对筒体产生腐蚀。为了降低料浆对筒体腐蚀开裂的影响，必须尽可能降低复合肥中腐蚀性离子的浓度，即从复合肥生产线控制进入复合肥中的离子浓度。也可通过在料浆中添加其他原料，在保证料浆成分的前提下，降低料浆中腐蚀性离子的浓度。为了降低窑内气氛的危害，应选用含硫较低的煤。

④ 加防护涂层或使用复合钢板　为了隔离腐蚀介质对筒体内壁造成的腐蚀，可在筒体内壁增加防护涂层。这种涂层还必须耐高温，所添加的涂层适合于大面积施工，并与筒体结合牢靠。用内侧为不锈钢的复合钢板制造筒体，可以明显提高筒体的寿命，但材料的成本较大。

⑤ 定期调整回转窑的中心线　回转窑的中心线偏移，会在筒体上产生很大的附加弯矩。因此，为了避免中心线偏移造成的附加应力，应定期测试回转窑的中心线，对于中心线弯曲处应尽早调整。

8.4.2　高铁运行条件下大跨度钢桥破坏事故分析（疲劳断裂失效）

（1）高速列车在高速线路的运行特点

我国大力发展高速铁路，客运速度可达 300km/h 以上，使桥梁结构（特别是焊接接头）的脆断倾向和疲劳断裂倾向加大。焊接接头是组织性能不均质区、拉应力峰值区和几何应力集中区相互重叠的部位，受力情况复杂，是桥梁结构安全可靠性和使用寿命控制的关键。

高速列车已由原动力集中式改为动力分散式，由集中载荷变为分散载荷；加之无缝钢轨和整体道床也改善了线路的承载情况，钢桥的刚度可以通过合理设计来改进。因此，需将高速列车运行条件下列车-线路-钢桥焊接的力学行为作为一个总体来考虑，由此来确定钢桥的结构形式，选用合理的结构材料和焊接工艺。西南交通大学王元良、陈明鸣、孙鸿等对高速列车运行条件下大跨度钢桥焊接断裂进行了综合分析，提出了保证结构安全和防止焊接裂纹的措施。

从大跨度焊接钢结构桥梁的形式看，箱形结构较桁架结构有利，原因在于：

① 整体刚度特别是抗扭刚度大；

② 可减小钢板厚度，以减小脆性倾向（钢板越厚，脆性转变温度越高）和焊接难度；

③ 焊接过程易于自动化。

桥梁运输安装焊接难度大。钢-混凝土结构有其独特的优点，可充分利用钢-混凝土各自的力学特性，如钢管-混凝土结构和钢板-混凝土结构。箱形结构和钢-混凝土结构在公路桥上使用较多，板厚很少超过 25mm；铁路桥用栓焊桁架结构较多，板厚可达 56mm，个别达 80mm。板厚对韧脆转变温度的影响如图 8.10 所示。

由图 8.10 可见，日本 62CF 钢的 50mm 厚钢板的中值转变温度为 $-40℃$，比 25mm 厚

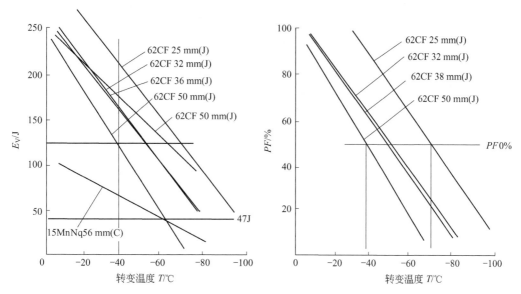

图 8.10　板厚对韧脆转变温度的影响

钢板的 −62℃ 要高 22℃，与断口中值接近。相同板厚的国产钢（C）比日产钢（J）的转变温度要高一些，用于九江长江大桥的 15MnNq 钢 56mm 厚板转变温度更高。目前微合金化钢有所改善，但此规律依然存在。

（2）焊接接头韧性在断裂控制中的作用

焊接接头强韧匹配控制着结构在焊接或运行过程中局部区域启裂、扩展、止裂、再扩展直至延时断裂或脆断。这个过程除外载特性外，与焊接接头强韧匹配内在因素有很大的关系。过去是采用强度和韧性标准来控制，但在高速重载运行中强韧匹配的控制作用如何，标准如何适用仍有待研究。韧性在防止焊接结构使用时的启裂、扩展和断裂中起关键作用，而在焊接接头中韧性受焊接工艺影响最大，因而焊接接头的韧性控制特别重要。

1）焊接接头的韧性标准

很多国家都有焊接结构用钢的韧性标准。如国际焊接学会 IIW 按使用要求分级为：低应力结构用钢——不作韧性要求；不考虑脆断的一般结构用钢——不作韧性要求；考虑脆断的结构用钢——$E_V \geqslant 27J$（0℃）；首先考虑脆断的结构用钢——$E_V \geqslant 27J$（−20℃）。这个标准是一个粗略的通用标准，所以在其他标准中还考虑了其他诸多因素。

韧性要求除了考虑设计最低温度外，还要考虑材料屈服极限 σ_s、板厚 δ、成分、Mn/C 比以及是否去应力。焊接接头的韧性要求一般应低于母材。同时材料的试验温度不能等同于设计使用温度。试验温度应由材料强度级别、板厚、容许使用温度和是否热处理去应力等综合因素而定。

2）典型工程的韧性要求及实际水平

日本在 20 世纪 80 年代修建新干线高速铁路时的港大桥、我国 90 年代中后期建成的孙口黄河大桥和芜湖长江大桥的钢材韧性比较见表 8.5。由表可知，港大桥母材标准除要求一定温度的 E_V 外，还要求韧脆转变温度 T_{VE}。从各种焊接方法焊缝韧性水平看，以埋弧焊焊缝韧性水平最低，但也接近母材水平，富氩气体保护焊和焊条电弧焊高于埋弧焊，富氩气体保护焊还高于焊条电弧焊但其值波动较大。另外韧脆转变温度 T_{VE} 与韧脆断口转变温度 T_{VS} 接近。

表 8.5　日港大桥和中孙口黄河大桥、芜湖长江大桥的钢材及焊接接头韧性比较

工程名称	用钢牌号	母材强度级别 σ_b/MPa	母材强度级别 σ_s/MPa	E_V/J	T_{VE}/℃	焊接方法	焊缝韧性实际水平/℃ E_V(47J)	T_{VE}	T_{VS}
日港大桥	SM490C	490~608	≥294	47(0℃)	-10	焊条电弧焊	-50~-90	-37~67	-53~81
	SM570C	572~715	≥431	47(-5℃)	-20	埋弧	3~-47	-6~-94	-6~-84
	SM690C	686~833	≥617	47(-10℃)	-35	富氢	-40~-100	-17~-91	-33~-85
	SM780C	784~921	≥686	47(-15℃)	-35		—		—

工程名称	用钢牌号	母材强度级别		E_V/J	埋弧焊接头韧性 E_V/J	
中孙口黄河桥	SM490C	516~562 实际502~573	476~502 实际382~502	47(-40℃)	对接-45℃接头韧性	W37~117,F28~86,H154~261
					T接-35℃接头韧性	W50~81,—,H125~254
					角接-35℃接头韧性	W36,F111,H164

中芜湖长江桥　14MnNbq

成分标准/实物平均:
$w(C)=0.11\%\sim0.17\%/0.145\%$
$w(Si)\leq0.50\%/0.259\%$
$w(Mn)=1.2\%\sim1.6\%/1.45\%$
$w(S)\leq0.010\%/0.0068\%$
$w(P)\leq0.020\%/0.0154\%$
$w(Nb)=0.015\%\sim0.035\%/0.0261\%$

性能标准/实物平均 板厚δ/mm	σ_b/MPa	σ_s/MPa	F_V/℃/J	几种接头各区韧性 E_V/J(-30℃) 对接	⊥接	角接
6~18	530~685/551	≥370/415	≥40/192	—		
17~25	510~665/528	≥355/386	≥40/214	W107±29	W92±31	W85±24
26~36	500~545/539	≥350/404	≥40/219	F105±30	F68±24	F97±25
37~60	490~625/535	≥340/382	≥40/192	H126±44	H66±20	H105±40

24mm+24mm 对接 E_V/J:-60℃时 W51,F27,H44;-40℃时 W58,F48,H84;$T_{VE}\leq-30℃$

44mm+50mm 对接 E_V/J:-60℃时 W41,F41,H64;-40℃时 W57,F86,H98;$T_{VE}\leq-30℃$

　　孙口黄河大桥采用韩国和日本的 SM490C 钢，提出了高于日本港大桥的韧性要求，而且实际供货水平远高于标准要求。芜湖长江大桥应用国产 14MnNbq 钢，成分与 SM490C 相近，母材的成分和性能要求高于孙口黄河大桥，但韧性有很大的余量。在几种焊接接头中以对接最好，但熔合区韧性较低。对接焊接接头各区的韧脆转变温度均≤-30℃。焊接接头各区韧性与母材相比有较大差距，而焊接接头各区的韧性又是防止早期启裂和裂纹扩展影响结构安全的关键，其中焊接方法、焊接参数、焊接材料的选择尤为重要。

　　3) 焊接接头的韧性控制

　　微合金化对焊接结构用钢韧性有影响:如 16Mnq 与韩国生产的 SM490C 和我国 14MnNbq 比较，后三种钢与 16Mnq 不同的是 C、S、P 含量略低，主要是加入了微量 Nb 提高强度，特别是低温韧性有很大提高。日本在发展 SM490C（HT50）、SM570C（HT60）、SM690C（HT70）、SM780C（HT80）时，提高了合金含量，使碳当量 C_{eq} 从 0.44% 逐次提高到 0.76%，因此焊接性较差。后发展了无裂纹钢（CF 钢），降低了 C、S、P 含量和加入多种微量元素，强度级别比 16Mnq、14MnNbq 高，而 C_{eq} 与之相近，因而焊接性好。例如，比较 WCF-80 钢与 14MnNbq，其 SHCCT 曲线相似，仅临界冷却时间有差异。WCF-80 钢易产生马氏体，但马氏体为低 C 板条马氏体，硬度低，韧性好，冷裂倾向也小。

　　① 焊接材料匹配对低温韧性的影响　焊接材料与母材的匹配是提高焊接接头韧性的关键。如图 8.11(a) 所示，各种不同匹配-40℃的韧性值和 47J 韧性值的温度有很大不同。

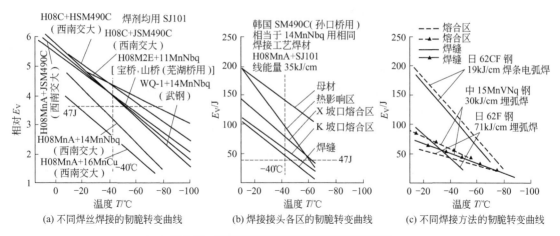

图 8.11　焊接材料匹配和焊接方法对韧性的影响

以日本 SM490C ＋ H08C（含微量 B、Ti）＋ SJ101（碱性烧结焊剂）为最好，以国产 16MnCu ＋ H08MnA ＋ HJ431 为最差。

② 焊接接头各区的低温韧性比较　采用孙口黄河大桥焊接材料匹配和焊接参数焊成的焊接接头各区韧脆转变曲线如图 8.11（b）所示。焊接接头各区的低温韧性明显低于母材。

③ 焊接方法的影响　焊接方法对低温韧性的影响如图 8.11（c）所示。日产 62CF 钢低热输入焊条电弧焊明显高于高热输入的埋弧焊，焊条电弧焊的焊缝与熔合区韧性接近，埋弧焊差异较大；15MnVNq 钢接头比 62CF 钢热输入低的焊接接头韧性仍较低，特别是焊缝低温韧性更低。

（3）焊接接头材质不均质性的分析和控制

1）焊接接头材质性能不均质性

对用于孙口黄河大桥的韩国 SM490C（相当于 14MnNbq），H10Mn2 焊丝和 H08C 焊丝（含微合金）匹配 SJ101 焊剂、X 形坡口、常用焊接参数进行埋弧焊，分析等强匹配和高强匹配几种焊接接头室温和－45℃微区性能分布，结果表明：

① 焊接接头性能的不均质性，特别是塑性和韧性的不均质性较为突出。H10Mn2 焊丝焊接的接头接近等强匹配，H08C 微合金焊丝焊接的接头为高强匹配；

② 焊接接头塑性、韧性在熔合区最低，热影响区正火区最高，其中韧性波动较大；而强度变化较为平缓，无突变；

③ 焊接接头各区性能都是低温提高强度，但屈服强度提高较少；各区性能都是低温降低塑性和韧性，高强匹配接头比等强匹配接头要明显一些；

④ 焊接接头冲击韧性试验值波动较大。

2）母材和焊接接头各区的韧脆转变温度

在焊接接头各区取多个试样，在不同温度作微型剪切试验，可作出韧脆转变温度曲线。针对孙口黄河大桥所用几种母材和韩国 SM490C 钢，采用 H08C 和 H10Mn2 焊丝＋碱性烧结焊剂埋弧焊，焊接接头韧脆转变温度试验结果表明：

① 比较孙口黄河大桥所用几种母材的性能，各种钢随温度下降都呈现强度升高和塑性、韧性下降，日本 SM490C 钢强度最高，同时高温区塑性、韧性高，但随温度下降较快，表明对温度敏感性大；

② 韩国 SM490C 钢，用 H08C 焊丝焊接的粗晶区和焊缝的强度最高，低温区韧性也最高，同时也高于母材；用 H10Mn2 焊丝焊接的焊缝和粗晶区低温强韧性接近母材，这说明

焊丝微合金化可以提高粗晶区和焊缝的强度和韧性。

3）焊接工艺对焊接微区性能的影响

对韩国 SM490C 钢，采用 H08C 焊丝焊接的接头做室温微型剪切试验，研究焊接工艺对焊接微区性能的影响，试验结果表明：

① 先后焊接面的影响；由于后焊接面对先焊面的再次加热，使先焊接面韧性和屈服强度有所降低，这是由于含 Ni（或 Cr、V）的钢有再热脆化倾向；

② X 形坡口强度高而韧性低，这是由于熔合比不同使成分不同所致；

③ 中等热输入的焊缝韧性高于大热输入，这是由于热循环不同使组织不同所致。

微型剪切试验可以作出焊接接头微区性能分布，能够分析各种因素对焊接微区性能的影响及变化规律。

（4）钢桥焊接结构的应力集中敏感性

西南交通大学王元良课题组在桥梁研究中，除进行母材和焊缝的标准拉伸试验外，还进行切口拉伸试验。

1）试件制作

试验采用 H08MnA 焊丝＋SJ101、微元素化 H08C 焊丝＋SJ101 两种埋弧焊工艺焊接 14MnNbq 钢（武钢生产），50mm 厚板 X 形坡口对接，加工成 440mm×22mm×45mm 的试件，在厚度方向开双边 $R=0.5$mm 的线切割切口于焊缝、熔合区和母材，受力净截面积 28mm×22mm；无切口试件为长度 144mm、受力净截面积 28mm×22mm 的均匀截面的矩形光滑拉伸试件；还加工了两种焊缝和母材的常规标准试件做比较。

2）试验方法及结果

在 1000kN 试验机上进行试验，记录应力应变图，用 100mm 和 8.5mm 标距的钳式引伸计和 1mm×1mm 应变片测量各种变形参量，用声发射监测启裂点。由测试结果得出各种试件的强度、塑性和韧性见表 8.6。

表 8.6　武钢 14MnNbq 钢两种匹配焊接接头的试验结果

试件类型 匹配类别	切口在焊缝		切口在熔合区		无切口试件		切口 在母材	标准无切口试件		
	高	低	高	低	高	低		H08C	H08MnA	母材
焊丝牌号	H08C	H08MnA	H08C	H08MnA	H08C	H08MnA	—	H08C	H08MnA	母材
匹配比	1.16	0.86	1.16	0.86	1.16	0.86	1.00	1.16	0.86	1.00
$\sigma_{0.2}$100mm 标距强度/MPa	530.00	515.00	505.00	495.00	330.00	325.00	445.00	525.00	390.00	400.00
$\sigma_{0.2}$8.5mm 标距强度/MPa	520.00	500.00	480.00	440.00	415.00	415.00	400.00	—	—	—
σ_c启裂强度/MPa	560.00	505.00	525.00	485.00	505.00	435.00	435.00	—	—	—
σ_b断裂强度/MPa	705.00	640.00	670.00	655.00	515.00	520.00	615.00	625.00	465.00	540.00
S_b 真实断裂强度/MPa	710.00	680.00	700.00	605.00	1200.00	1170.00	690.00	—	—	—
e_b 真实均匀塑性/%（塑性）	6.00	5.00	4.60	4.80	13.00	10.00	4.40	—	—	—
δ100mm 标距/%（塑性）	9.50	7.00	9.00	8.50	26.00	28.00	7.50	26.00	29.00	29.00
δ8.5 标距/%（塑性）	90.00	86.00	100.00	89.00	—	—	93.00	—	—	—
φ/%（塑性）	30.00	24.50	47.00	41.00	72.00	72.00	40.00	69.00	70.00	—
δ_i 张开位移/mm（韧性）	0.26	0.20	0.23	0.21	—	—	0.19	—	—	—
$\sigma_{0.2}$100/σ_b（韧性）	0.75	0.81	0.75	0.76	0.64	0.62	0.72	0.84	0.84	0.74
α/(MJ/m²)（韧性）	55.50	41.00	51.90	50.60	177.00	186.00	43.00			

试验结果表明：

① 两种接头无切口试件的接头强度、塑性和韧性接近，都断于母材，说明用"低强匹配"的 H08MnA 焊丝也能达到等强要求；

② 比较两种接头切口试件的接头强度、塑性和韧性，除熔合区（实际上跨三区）的真实均匀塑性（δ_b）略低外，H08C 焊丝的焊缝各项性能高于 H08MnA 的焊缝，说明微合金化的焊缝虽是高匹配，但提高了焊接接头质量；

③ 截面开切口焊接接头与无切口光滑试件相比，强度指标 $\sigma_{0.2}$ 和 σ_b 提高，但实际断裂强度低得多；而塑性、韧性指标大为降低，表明应力集中对材料性能有影响，即材料对应力集中敏感。验证了局部应力和塑性应变的集中形成了塑性变形很小和扩展及断裂功很少的断裂，使真实断裂强度大大降低；

④ 切口开在焊接接头不同位置的试件和母材，各项性能指标差异不大，证明焊缝及接头与母材的应力集中敏感性相近；

⑤ 小标距和大标距测试结果表明，$\sigma_{0.2}$ 较为接近，但塑性 δ 差异很大；小标距测试结果接近局部区域的变形，说明应力集中引起的屈服区应变集中是启裂、扩展和断裂的根源；

⑥ 大试件与标准小试件相比，强度高于小试件，伸长率和屈强比（$\sigma_b/\sigma_{0.2}$）相近；

⑦ 带切口试件中，两种匹配焊缝的静力韧性和启裂韧性 δ_i（裂纹张开位移）都高于母材，其中 H08C 焊缝高于 H08MnA 焊缝。

（5）焊接残余应力及焊后处理

对 16Mnq 钢（板厚 32mm）和 15MnVNq 钢（板厚 56mm）进行焊接残余应力测试，结果表明，16Mnq 钢焊缝区的峰值拉应力达到屈服强度 σ_s，15MnVNq 钢焊缝区的峰值拉应力较低，只有 $0.8\sigma_s$，但两者的横向残余应力值都较高。由于受设备的限制，只进行了宽度 160mm 的小宽板的常温和 $-40\,℃$ 低温试验，试验结果表明：对 16Mnq 钢来说，室温时焊接残余应力对断裂韧性影响不大，但在 $-40\,℃$ 时有较大影响；对 15MnVNq 钢来说，高焊接残余应力对断裂韧性有较大影响。

高强钢焊接接头的焊后处理能提高疲劳强度，各种方法的效果如图 8.12 所示。

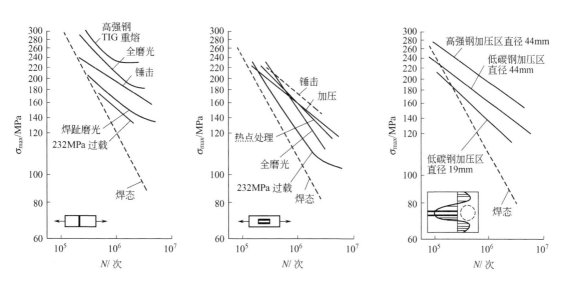

图 8.12　高强钢焊接接头的后处理提高疲劳强度比较

由图 8.12 可知，各种焊后处理都能显著提高疲劳强度，方法是加工或打磨以减小应力

焊接质量控制与检验

集中，过载减小应力峰值，喷丸加压或锤击造成表层压应力。对接焊以全磨光加强高和钨极氩弧焊重熔为最优，纵向加筋焊缝则以锤击和加压为最优。高强钢焊接结构的焊后处理效果优于低碳钢。最早去应力的方法是热处理（又叫热处理时效），这种方法耗能耗时，投资大，不能在钢桥等大型焊接结构上应用；后来发展了震动时效，效果与热处理时效不相上下，但节能省时，投资小，能在大型焊接结构上应用。

8.4.3　高温再热器异种钢焊接结构失效分析（焊接缺陷引起的失效）

现代大型电站锅炉的过热器、再热器及其他部件中的奥氏体与珠光体耐热钢焊接接头一直是运行中的薄弱环节，由于该类焊接接头中存在化学成分、组织和力学性能的不均匀性，在高温运行过程中接头内存在着严重的组织性能变化，倘若接头还存在其他缺陷，接头会在附加应力和其他复杂应力的综合作用下而提前失效。

华能汕头电厂2号炉高温再热器异种钢接头运行约15000h后发生爆管，母材所使用的材料为TP304和102奥氏体不锈钢，焊接材料为日本的Inconel82合金。该管段工作温度为540℃，工作压力为4.2MPa。为查明失效原因，对该管段进行了试验。

（1）接头失效特点

① 运行时间短，从投入运行到爆管断裂，累计运行时间约15000h，还远未达到该类焊接接头的使用寿命。

② 整根管子未见任何腐蚀坑穴，除爆管后被喷出的蒸汽吹破的管壁外，在其他地方未见任何管壁胀粗、减薄现象。

③ 断面平整，断裂位置基本一致，断面位于102不锈钢一侧的熔合线上，具有该类接头早期失效的典型特点。从焊缝上还可以清楚地分辨出两层焊道，并且有未熔合区域。

（2）化学成分分析

表8.7为102不锈钢母材、焊缝、TP304母材化学成分分析结果。分析结果表明，母材、焊缝与设计时所选用的材料相符，未出现错用材料的情况。

表8.7　母材和焊缝的化学成分分析结果　　　　　　　　　　　　　　%

部位	C	Si	Mn	P	S	Cr	Ni	Ti	Mo	V	B	Nb	Fe
钢102	0.10	0.54	0.56	0.008	0.005	0.86	0.47	0.09	0.60	0.30	0.003	—	—
焊缝	0.02	0.22	3.00	0.002	0.001	19.77	7.25	0.30	—	—	Cu0.01	2.43	1.42
TP304	0.07	0.49	1.70	0.021	0.004	18.19	11.2	—	—	—	—	—	—

（3）金相观察

从破断处截取试样，磨制、腐蚀后，选102不锈钢母材、熔合线附近及焊缝组织进行观察。102不锈钢侧熔合线附近未发现脱碳带，表明该接头的失效与异种钢接头中常见的碳迁移无关，但在102不锈钢侧热影响区看到有碳化物析出、聚集，并且可以看到熔合线附近热影响区组织的晶界有所加宽，这是碳化物析出的结果。远离熔合线的102不锈钢组织为回火贝氏体，属正常组织，在102不锈钢侧未看到因碳迁移而引起的贫碳区。

（4）扫描电镜分析

为进一步观察断口，对断口超声波清洗后进行了扫描电镜观察，观察结果显示：焊缝侧存在疏松组织，微区能谱分析表明，在焊缝中存在非金属夹杂物，是焊接夹渣，这是焊接时引起的焊接缺陷；接头表面102不锈钢热影响区部位存在氧化物沟槽，沟槽断面为块状。开口部分为已经完全氧化了的疏松状褐色氧化物，由管外壁逐渐向内壁扩展，能谱分析表明，该区域存在大量氧化物颗粒。

（5）分析与讨论

根据对管材及断口的检查，该异种钢接头失效既不是长期或短期超温爆管，也不是腐蚀造成的，而是与该接头的焊接质量、异种钢接头中碳化物的聚集有很大的关系。金相观察中没有看到碳迁移现象，这是由于 Incone182 焊条是镍基焊条，能够增强焊缝中碳的活性，有效抑制了 102 不锈钢中碳的迁移。异种钢固有的界面附加应力不是引起接头失效的主要原因。

由于 Incone182 合金焊缝有效地控制了碳向焊缝中的迁移，102 不锈钢热影响区的碳含量相对较高，从而使较多的碳化物析出、聚集，不仅使材料的蠕变强度降低，蠕变脆性增大，同时也使基体固溶体中 Cr 含量下降，材料的抗氧化能力降低，高温运行中该部位表面优先氧化。另外，碳化物析出聚集破坏了晶界部位显微组织的连续性，构成环境中的氧向接头内部扩散的快速通道，晶界氧化后形成的氧化物比容增大，在晶界造成"楔子效应"，使晶界的内应力增大，蠕变易沿晶界滑移。而滑移的结果使晶界的缺陷增多，又促进了晶界氧化向内扩展。氧化沟槽正是这种局部氧化与蠕变相互作用的结果。接头形成氧化沟槽后，其实际承载截面减小。

该接头焊缝与 102 不锈钢母材线胀系数的差异，导致了接头在温度变化时产生附加热应力。在正常工作载荷的情况下，该接头还会受到工作介质的内压力引起的应力和由锅炉结构约束引起的结构应力，在这些综合应力的作用下，温度循环幅度越大，循环次数越多，材质损伤越严重，对接头使用寿命的影响越大。当有焊接缺陷时，上述复杂应力会促使损伤从最薄弱的地方开始，逐渐向里扩展，最终导致工件的提前失效。

8.4.4　厚壁压力容器事故分析（焊接工艺不当造成的失效）

用于某制氨厂的厚壁压力容器，设计承受压力为 35MPa，预计最高试验压力为 47.9MPa，而工作压力增加至 34.47MPa 发生失效。该容器简图如图 8.13 所示，长度为 18.2m，外径约为 2.0m，重 183.5t，由 10 节圆筒及 3 个锻件构成。其中圆筒由厚度为 149.2mm 的 Cr-Ni-Mo-V 钢板卷制并焊接而成，3 个锻件中的两个作为容器两端的封头，另一个作为连接容器一端封头的凸缘。

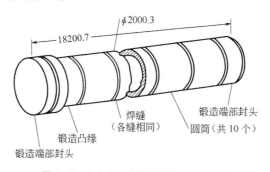

图 8.13　合金压力容器焊缝热影响区开裂

该容器失效造成大范围的破坏，一个封头锻件及相邻的 3 个圆筒壳体已损坏，4 个很大的碎片从容器爆出，最大一块重 2.3t，穿透车间墙壁抛至 46m 之外，损伤惨重。

容器制造过程：容器的圆筒形壳体各部分均为热成形件，钢板轧向与容器轴向垂直，钢材供货状态为正火＋回火；锻件经退火、正火并在 654℃回火，以保证所要求的力学性能。圆筒壳体纵向焊缝为电渣焊缝，焊缝经表面打磨加工，使之与圆筒曲率相吻合。各段圆筒焊接后经 900～950℃加热，保温时间 4h，空冷后进行焊缝检验。沿周向焊接时，先预热至 200℃，采用埋弧焊工艺，每一局部装配件均经 620～660℃加热，保温 6h 以消除残余应力。

3 个局部装配件最后连接。在制造的各个阶段，对各条焊缝均作 X 射线探伤、超声波探伤和磁粉探伤等检验。

断口检验表明，断裂呈脆性断为裂特征，凸缘锻件上有两个断裂源。其中一个断裂源位于容器外表面下 14.3mm 处，尺寸约为 9.5mm，该处位于周向焊缝凸缘一侧的热影响区。另一个断裂源位于外表面以下 11.1mm 处，也位于周向焊缝凸缘一侧的热影响区。热影响区上的这两个断裂源均呈平坦无特征的小刻面。

金相检验表明，裂纹源区为贝氏体和奥氏体混合组织，维氏硬度（1kgf 载荷）为 420～426HV，裂纹源外的热影响区组织为粗大的锯齿状贝氏体，维氏硬度为 316～363HV，表明断裂处的硬度比相邻区域高。

检查焊缝截面组织，发现凸缘锻件具有明显的带状组织，而壳体板材没有。带与带之间的组织由铁素体和珠光体构成，维氏硬度（10kgf 载荷）为 180～200HV，带内组织为上贝氏体，维氏硬度 251～265HV。切取该区域试样使之在 950℃ 奥氏体化，并在 10%NaOH 溶液中淬火，以得到全部马氏体组织，然后横贯试样带状组织测定各点的维氏硬度（1kgf 载荷），结果带的一侧平均硬度为 507HV，带内为 549HV，另一侧为 488HV，对带状组织作成分扫描发现带内外有差异，如表 8.8 所示。成分差异表明，偏析带内具有较高淬透性，因此具有较大的开裂敏感性，特别是周向焊缝热影响区内的带状组织。

表 8.8　带状组织处的材料成分　　　　　　　　　　　　　　　　　　　　　　　%

成　　分	Mn	Cr	Mo
带内	1.94	0.81	0.35
带外	1.56	0.7	0.23

上述分析中，凸缘锻件内存在硬化区的事实表明，容器可能未按规定的温度进行消除应力处理。为证明这一点，在热影响区切取一组试样，加热到不同温度回火后，测定维氏硬度发现，加热温度达 550℃ 时，仍未偏离失效的硬度范围，直到 600℃ 或更高温度时，硬度才开始明显下降。因此工件很可能未按规定温度进行消除应力处理。对焊缝试样进行 V 形缺口冲击试验，结果表明，焊缝金属在未重新回火的状态下冲击功很低，在 650℃ 重新回火 6h 后，室温冲击功有了明显的提高。这一试验也证明该容器去应力处理时的加热温度低于规定温度。

由上述分析得出结论，该压力容器断裂起源于连接凸缘与第一节壳体的周向焊接热影响区内的横向裂纹；凸缘锻件中存在的合金元素偏析带引起局部硬化，尤以热影响区的偏析带最为严重，从而成为促进裂纹产生的因素。容器去应力处理工艺不当，使焊缝近缝区保留了较高的残余应力和局部硬化区，从而降低了材料的缺口韧性。

8.4.5　环境加速焊接结构失效的例子

某炼油厂自 1988 年投产使用一套 18-8 奥氏体不锈钢焙烧炉设备，至 1994 年，四次发生沿炉体环焊缝的热影响区断裂，如图 8.14 所示。后将 18-8 不锈钢更换成抗腐蚀性更好的 316L 不锈钢，可是仍然无法防止断裂的发生。

① 断口分析　从图 8.14 可以看出，裂纹产生于环焊缝的热影响区上两侧，当裂纹扩展至临界长度时，穿过焊缝失稳扩展，导致整个炉体最终断裂。图 8.15 是断裂位置口的金相组织照片，可以看出，裂纹均沿晶发展，呈网状、龟裂形式，属于典型的晶间腐蚀并导致应力腐蚀断口。由于裂纹产生时间相当长，在断口上裂纹的稳定扩展区，因介质的腐蚀覆盖有一层厚厚的腐蚀产物。

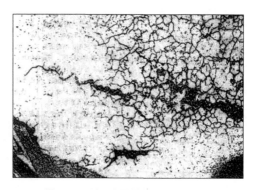

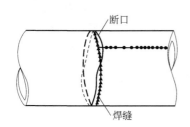

图 8.14　奥氏体不锈钢炉体宏观断口示意图　　　　图 8.15　断口金相组织照片（500×）

② 分析鉴定　该炉体工作于富含 Cl^- 的介质中，介质的 pH＝3～5。断口分析及电化学试验表明：该奥氏体不锈钢炉体的失效属于 Cl^- 引起的应力腐蚀断裂。检查发现，在炉体安装过程中，在焊接环焊缝时使用了支撑垫板，焊后未作任何处理遗留在炉体内。由于支撑垫板焊缝与环焊缝垂直，造成了三轴焊接残余应力，同时还会引起腐蚀介质及 Cl^- 在此处聚集、浓缩，焊缝及热影响区处于高浓度的腐蚀介质中，易于产生晶间腐蚀及应力腐蚀。因此，遗留在炉体内的支撑垫板是造成该炉体应力腐蚀失效的重要原因。此外，在炉体环焊缝焊接过程中使用了较大的焊接规范，焊接速度慢，焊条摆动大，这对于奥氏体不锈钢的焊接来说，是非常忌讳的。

③ 结论和建议　失效是由于奥氏体不锈钢在 Cl^- 介质中发生应力腐蚀引起的。建议去除炉体中的支撑垫板；在环焊缝的焊接过程中，要严格控制焊接规范，保证焊接质量。

第**9**章
焊接材料和设备的管理

焊接材料（包括焊条、焊丝、焊剂等）和设备（包括焊接设备及工艺装备等）在焊接结构生产中起着非常重要的作用。为了确保焊接质量，除正确选用焊接材料、焊接设备和工艺装备外，还必须在产品制造的整个过程中，严格遵守焊接材料和设备的《质量管理规程》，加强管理和日常维护，确保焊接材料与设备的正确使用和焊接生产的正常运行。

9.1　焊接材料的使用与管理

焊接过程中用以进行焊接（连接）的消耗材料统称为焊接材料。焊接生产中广泛使用的焊接材料主要包括焊条、焊丝、焊剂、保护气体和钎焊材料（钎料、钎剂）等。焊接材料种类繁多，在应用中容易引起混乱。生产中正确使用和严格管理各种焊接材料是十分必要的。

9.1.1　焊条的使用与管理

（1）焊条使用前的烘干

出厂的焊条都已经过高温烘干，并用防潮材料（如塑料袋、纸盒等）加以包装，在一定程度上可防止药皮受潮。但实践证明，焊条在保管过程中吸潮性较大，吸潮的程度与储存的环境温度、湿度、时间以及药皮中有机物的含量及类型、黏结剂的含量与质量、焊条制造工艺过程和包装质量等因素有关。

焊条的受潮情况，除了可在实验室中测定药皮的含水量外，在现场可以从下列几个方面加以判断。

① 包装防潮差、有破损时（如塑料袋未封口、破损等），焊条通常受潮严重。

② 从制造日期看，储存期过长的焊条，药皮表面易出现白霉状的斑点，焊芯有锈迹，表明焊条已受潮严重。如果用某种型号受潮焊条焊接时发现有裂纹和气孔，这时一定要考虑焊条是否需焊前烘干，然后再考虑其他问题。

③ 从不同的位置取出几根焊条，用两手的拇指和食指将焊条支撑起来轻轻摇动或敲击，如果焊条是干燥的，就产生硬而脆的金属声音；如果焊条受潮，声音发钝。烘干过的焊条和受潮焊条之间声音是不同的，这样判别可防止误用受潮焊条。

④ 用受潮焊条焊接时，如果焊条药皮含水量非常高，甚至可能看到焊条药皮表面有水

蒸气蒸发出来；或者当焊条烧焊一多半时，发现焊缝尾部有裂纹和气孔现象存在。施焊时受潮的焊条通常会出现电弧吹力大、熔深增加、飞溅增大等情况。钛型、钛钙型焊条会出现熔渣覆盖不良、成形变差的情况；低氢型焊条熔渣的表面通常会出现许多小孔，严重时焊缝中易出现气孔。

当用受潮严重的焊条施焊时，将影响焊接工艺性能（如产生气孔、增加飞溅等）和焊缝金属的力学性能。碱性焊条对焊缝性能影响更大，其药皮受潮不但使焊缝容易产生气孔，而且使焊缝金属中的扩散氢含量增加，从而降低了焊缝的抗裂性能。药皮吸潮量与焊缝扩散氢含量的关系见图9.1。

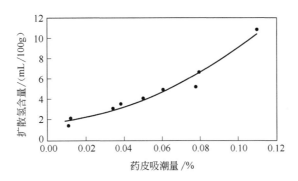

图9.1 药皮吸潮量与焊缝扩散氢含量的关系

为确保焊接质量，焊条在使用前应进行烘干（焊条说明书已申明不需或不能进行烘干的焊条例外）。通过烘干，可去除焊条药皮的吸附水分，脱水量主要取决于烘干温度及时间。一般烘干不能超过3次，以免药皮变质及开裂而影响焊接质量。不同类型焊条的烘干温度也不相同。对于低氢型焊条，在允许范围内，适当提高烘干温度有好处，可以减少药皮中的吸潮水分，降低熔敷金属中的扩散氢含量，消除焊缝金属气孔。对于酸性焊条，最高烘干温度不应超过250℃，否则会因药皮中的有机物变质，减弱气体保护作用，反而会使焊缝产生气孔。焊条烘干温度对熔敷金属扩散氢及气孔量的影响见图9.2。

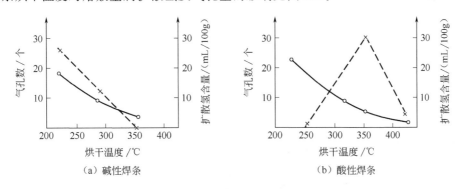

图9.2 焊条烘干温度对熔敷金属扩散氢及气孔量的影响
×气孔个数；○扩散氢含量

对于在高湿度环境中施焊或焊接高强度钢用焊条要进行严格管理，焊前烘干后的使用时间要严格控制。各类焊条焊前烘干工艺及焊后存放时间见表9.1。

烘干后的焊条应立即放在焊条保温桶内，一般应随烘随用，以免再次受潮。在露天大气中存放的时间，对于普通低氢型焊条，一般不超过4～8h，对于抗拉强度590MPa以上的低氢型高强度钢焊条应在1.5h以内。

表 9.1　各类焊条焊前烘干工艺及焊后存放时间

焊条种类	药皮类型	烘干的工艺参数		焊后允许存放时间 /h	允许重复烘干次数 /次
		烘干温度/℃	保温时间/min		
碳钢焊条	纤维素型	70~100	30~60	6	3
	钛型 钛钙型 钛铁矿型	70~150	30~60	8	5
	低氢型	300~350	30~60	4	3
低合金钢焊条(含高强度钢、耐热钢、低温钢)	非低氢型	75~150	30~60	4	3
	低氢型	350~400	60~90	4(E50××)	3
				2(E55××)	
				1(E60××)	2
				05(E70~100××)	
铬不锈钢焊条	低氢型	300~350	30~60	4	3
	钛钙型	200~250			
奥氏体不锈钢焊条	低氢型	250~300	30~60	4	3
	钛型、钛钙型	150~250			
堆焊焊条	钛钙型	150~250	30~60	4	3
	低氢型(碳钢芯)	300~350			
	低氢型(合金钢芯)	150~250			
	石墨型	75~150			
铸铁焊条	低氢型	300~350	30~60	4	3
	石墨型	70~120			
铜、镍及其合金焊条	钛钙型	200~250	30~60	4	3
	低氢型	300~350			
铝及铝合金焊条	盐基型	150	30~60	4	3

注：1. 在焊条使用说明书中有特殊规定时，应按说明书中的规范执行。

2. 一般情况下，大规格的焊条应选上限温度及保温时间。

（2）焊条的储存与保管

焊条在周转或储存（包括出厂前和出厂后）过程中，因保管不善或存放时间过长，都有可能发生焊条的吸潮、锈蚀、药皮脱落等现象。轻者影响焊条的使用性能，如飞溅增大，产生气孔、白点，焊接过程中药皮成块脱落等；重者使焊条报废，造成不应有的经济损失。保管不善还可能造成错发、错用，造成质量事故。焊条保管对焊接质量有直接的影响，每个焊工和技术人员都应遵守焊条的储存及保管规则。正确保管焊条，是保证焊条使用性能、确保焊接质量的一个重要方面。

1）焊条储存中常见的问题

① 损伤。虽然焊条在一般情况下具有抗外界损坏的能力，但不能忽视由于保管不好容易遭受的损坏。焊条药皮是一种无机陶质产品，抗冲击性差，因此在装货和卸货时不能撞击。用纸盒包装的焊条不能用挂钩运输。某些型号焊条（如特殊烘干要求的碱性焊条）比普通焊条更要小心轻放。

② 吸潮。焊条药皮中含有太多的水分对焊接质量影响很大，用吸潮焊条焊成的焊缝表面用肉眼不一定看得见气孔，但是经过 X 射线检查就显示出气孔来。各种型号的焊条，出厂时都有某一个含水量要求，低于该含水量，对形成气孔和焊缝质量没有影响。所有的焊条在空气中都能吸收水分，在相对湿度为 90% 时，焊条药皮吸收水分很快。碱性焊条露在外面一天受潮就很严重，甚至相对湿度为 70% 时药皮水分增加也很快，只有在相对湿度为 40% 或更低时，焊条长期储存才不致受到影响。

2）焊条的保管

① 焊条应在干燥与通风良好的室内仓库中存放。焊条储存库内，不允许放置有害气体和腐蚀性介质，并应保持整洁。库内的焊条应存放在架子上，架子离地面高度不小于300mm，离墙壁距离不小于300mm，架子上应放置干燥剂，严防焊条受潮。特种焊条储存与保管应高于一般焊条，特种焊条应存放在专用仓库或指定区域，受潮或包装损坏的焊条未经处理不许入库。

② 焊条入库前，应首先检查入库通知单（生产厂库房）或生产厂的质量证明书（用户库房），按种类、型号或牌号、批次、规格、入库时间等分类存放。每种焊条应有明确标注，避免混放。对于受潮、药皮变色、焊芯有锈迹的焊条，必须烘干后进行质量评定。在各项性能指标满足要求后，方可入库，否则不准入库。

③ 一般情况下，储存时间 1 年以上的焊条，应提请质检部门进行复验。复验合格后，方可发放。否则不准按合格品发放使用，应报请主管部门及时处理。一般焊条一次出库量不得超过两天的用量，已经出库的焊条，焊工必须妥善保管好。

④ 焊条储存库内，应设置温度计和湿度计。对低氢型焊条，室内温度不得低于 5℃，相对湿度低于 60%。焊条在供应给使用单位之后，至少 6 个月内可保证使用。入库的焊条应做到先入库的先使用。

⑤ 仓库管理人员应懂业务、会管理、工作认真负责，账、物、卡相符，防止焊条错发、错用，造成质量事故。一般情况下做到先入库，先发放。库管人员还应熟知焊条的一般性能和要求，定期查看所管理的焊条有无受潮、污染等情况，在储存中发现焊条质量问题应及时报告有关部门，妥善处理解决。

一般情况下焊条由塑料袋和纸盒包装，为了防止吸潮，焊条使用前，不能随意拆开，尽量做到现用现拆，必要时需对剩余的焊条进行烘干处理后再密封起来。

3）过期焊条的处理

在焊条储存中还要注意过期焊条的处理问题。所谓过期焊条，并不是指存放时间超过某一时间界限，而是指焊条质量发生了程度不同的变化（变质）。各种类型焊条存放时间较长时，在焊条药皮表面上产生白色的结晶（发毛），通常是由水玻璃引起的，这些结晶不是有害的，是焊条存放时间长而受潮的表现。

① 存放多年的焊条应进行工艺性能试验，焊条按规定温度烘干，焊接时没有发现焊条工艺性能有异常的变化，如药皮成块脱落，以及气孔、裂纹等缺陷，则焊条的力学性能一般是可以保证的。焊条受潮锈迹严重，可酌情降级使用或用于一般结构件焊接。最好按国家标准做力学性能试验，然后决定其使用范围。

② 焊条由于受潮，焊芯有轻微锈迹，一般不会影响使用性能，但如果焊接质量要求高，就不宜使用。各类焊条如果严重变质，药皮已有严重脱落现象，这批焊条应予报废。

③ 如果焊条药皮中含有大量铁粉，如低氢型高效率铁粉焊条。在相对湿度很高、存放时间较长、焊条药皮受潮严重、焊芯中有锈蚀等条件下，这样的焊条经烘干后，如果焊接时仍产生气孔或扩散氢含量很高，不应再继续使用。对于各类铁粉焊条，除要求改进包装防止焊条吸潮外，在存储中必须妥善保管。

（3）对焊条质量检验人员的要求

① 焊条质量检验员要懂业务，熟悉产品性能、用途和制造工艺，能正确理解和熟悉产品标准，严格按标准检验，把好质量关。

② 对验收合格出厂或验收合格入库的焊条质量负责，对焊条保管、烘干及使用过程中

违反有关规定的现象有权制止。

③ 应在焊条进厂到施焊的质量管理全过程中做好验收、监督、检查原始记录工作。

④ 质量检验员经检验后，确认不合格的焊条应做特殊标记，不准入库或出库投入生产使用；将情况汇报有关部门请求处理。

9.1.2　焊丝的使用与管理

焊丝是机械化焊接过程中的焊接材料，其焊接工艺性能、化学冶金性能是决定焊缝金属性能的主要因素。焊丝广泛应用于埋弧焊、气体保护焊、电渣焊、堆焊及气焊等领域，因此焊丝的使用及保管是保证焊接质量的重要组成部分。

（1）焊丝的吸潮性

焊丝是一种金属制品，尽管大多数实心焊丝及无缝药芯焊丝表面经过镀铜处理，部分有缝药芯焊丝的表面也经过防锈处理（如化学发黑处理）。在焊丝的包装上，除了采用塑料袋外，有的在袋中加一小包防潮剂，外面由纸盒包装，但防潮仍然是焊丝保管中必须要考虑的问题。吸潮焊丝，可使熔敷金属中的扩散氢含量增加，产生凹坑、气孔等缺陷，焊接工艺性能及焊缝金属力学性能变差，严重的可导致焊缝开裂。

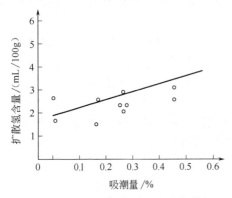

图 9.3　焊丝吸潮量对扩散氢含量的影响

由于药芯焊丝中的粉剂被非常紧密地包在钢带中，药粉与空气接触很少，同时也没有使用焊条中含有水玻璃那样易吸潮的物质，因此与焊条相比，吸潮量很小，但若长期在高温高湿环境中放置，除焊丝表面生锈外，也同样会受潮。焊丝吸潮量对扩散氢含量的影响见图 9.3。随着吸潮时间的增长和吸潮量的增加，熔敷金属中的扩散氢含量逐渐增加，对焊缝的抗裂性能不利。

（2）焊丝使用前的清理及烘干

焊丝在使用前应进行仔细清理（去油、去锈等），一般不需要进行烘干处理。但实际施工中，对于受潮较为严重的焊丝，也应进行焊前烘干处理。但焊丝的烘干温度不宜过高，一般为（120～150℃）×（1～2h）。焊丝烘干对消除焊缝中的气孔及降低扩散氢含量有利。

（3）焊丝的保管

1）焊丝的保管要求

① 要求在推荐的保管条件下，原始未打开包装的焊丝，至少有 12 个月可保持在"工厂新鲜"状态。最大的保管时间取决于周围的大气环境（温度、湿度等）。推荐的仓库保管条件为：室温为 10～15℃以上（最高 40℃），最大相对湿度为 60%。

② 焊丝应存放在干燥、通风良好的库房中，不允许露天存放或放在有有害气体和腐蚀性介质（如 SO_2 等）的室内。室内应保持整洁。存放时不宜直接放在地面上，最好存放在离地面和墙壁不小于 250mm 的架子上或垫板上，以保持空气流通，防止受潮。

③ 由于焊丝适用的焊接方法很多，适用的钢种也很多，故焊丝卷的形状及捆包状态也多种多样。根据送丝机的不同，卷的形状又可分为盘状、捆状及筒状，在搬运过程中，要避免乱扔乱放，防止包装破损。一旦包装破损，可能会引起焊丝吸潮、生锈。

对于捆状焊丝，要防止钢丝架变形，而不能装入送丝机。

对于筒状焊丝，搬运时切勿滚动，容器也不能放倒或倾斜，以避免筒内焊丝缠绕，妨碍使用。

2）焊丝使用中的管理

① 开包后的焊丝要防止其表面冷凝结露，或被铁锈、油脂及其他碳氢化合物所污染，保持焊丝表面干净、干燥，开包后应在两天内用完。

② 焊丝清理后应及时使用，如放置时间较长，应重新清理。不锈钢焊丝或有色金属焊丝使用前最好用化学方法去除其表面的油锈，以防止造成焊接缺陷。

③ 当焊丝没用完，需放在送丝机内过夜时，要用帆布、塑料布或其他物品将送丝机（或焊丝盘）罩住，以减少与空气中的湿气接触。

④ 对于3天以上不用的焊丝，要从送丝机内取下，放回原包装内，封口密封，然后再放入具有良好保管条件的仓库中存放。

3）焊丝的质量管理

① 购入的焊丝，每批产品都应有生产厂的质量保证书。经检验合格的产品，每包中必须带有产品说明书和产品检验合格证。每件焊丝内包装上应用标签或其他方法标明焊丝型号（牌号）和相应国家标准、批号、检验号、规格、净质量、制造厂名称及厂址等。

② 要按焊丝的类别、型号、规格分别存放，防止错用，发放时要按照"先进先出"的原则发放，尽量减少焊丝的存放期。

③ 发现焊丝包装破损，要认真检查。对于有明显机械损伤或有过量锈迹的焊丝，不能用于焊接，应退回至检查员或技术负责人处检查及做可否使用的认可。

9.1.3 焊剂的使用与管理

埋弧自动焊用焊剂是一种重要的焊接材料，在焊接过程中起隔离空气、保护焊缝金属不受空气侵害和参与熔池金属冶金反应的作用。因此，焊剂的使用和保管在焊接过程中十分重要。焊剂根据制造方法可分为两类：熔炼焊剂和非熔炼焊剂（烧结焊剂）。

（1）焊剂的运输与储存

焊剂不能受潮、污染及掺入杂物，并应保持其颗粒度。焊剂的使用与保管应注意以下事项。

① 熔炼焊剂不吸潮，因此可以简化包装、运输与储存等过程。非熔炼焊剂（烧结焊剂）极易吸潮，这是引起焊缝金属气孔和氢致裂纹的主要原因。因此，出厂前经烘干的焊剂应装在防潮容器内并密封，运输过程应防止破损。

各种焊剂应储存在干燥库房内，其室温为5～50℃，不能放在高温、高湿度的环境中。

② 焊剂的颗粒小于0.1mm时，粉尘大，影响环境卫生，因此焊接时不能使用；焊剂的颗粒大于2.5mm时，不能很好地隔绝空气以保护焊缝金属，而且对合金元素过渡也会产生不良影响。因此，在储运和回收焊剂时，应防止焊剂结块或粉化，以防止焊剂对焊接过程的不利影响。

（2）焊剂的使用与烘干

1）焊剂烘干工艺参数

焊剂在使用前应按使用说明书规定的工艺参数进行烘干，各种焊剂烘干的工艺参数见表9.2。焊剂干燥时散布在盘中，焊接时的堆积厚度最大不能超过50mm。

2）焊剂应清洁纯净

未消毒或未熔化的焊剂可以多次反复使用，但不能被铁锈、氧化皮或其他外来物质污染，焊剂中渣壳和碎粉也应清除。被油或其他物质污染的焊剂应做报废处理。

3）适宜的堆放高度

焊接时，焊剂堆放高度与焊接熔池表面的压力成正比。堆放过高，焊缝表面波纹粗大，凹凸不平，有"麻点"。一般使用的玻璃状焊剂堆放高度为25～45mm，高速焊时焊剂堆放宜低些，但不能太低，否则电弧外露，焊缝表面会变得粗糙。

表 9.2　各种焊剂烘干的工艺参数

焊剂类型	牌　号	烘干工艺		焊剂类型	牌号	烘干工艺	
		温度/℃	时间/h			温度/℃	时间/h
熔炼焊剂	HJ130、HJ131 HJ150、HJ151 HJ230、HJ330 HJ360、HJ430 HJ431、HJ433	250～300	2	烧结焊剂	SJ203、SJ401	250～300	2
					SJ103、SJ104 SJ105、SJ502 SJ504、SJ524 SJ605、SJ606 SJ671、SJ701	300～400	2
	HJ152、HJ172 HJ211、HJ252 HJ250、HJ251 HJ260、HJ350 HJ351 HJ380、HJ434	300～400	2		SJ101、SJ107 SJ201、SJ301 SJ202、SJ302 SJ303、SJ403 SJ501、SJ503 SJ522、SJ570 SJ601、SJ602 SJ607、SJ608	300～350	2

9.1.4　钎焊材料的使用与管理

钎焊材料主要包括钎料和钎剂，钎料是钎焊时的填充材料，焊件依靠熔化的钎料被连接起来。而钎焊过程中熔融钎料与母材的润湿主要取决于钎剂的作用。因此，钎料与钎剂是钎焊过程中重要的组成部分，它们的正确使用和妥善保管对于钎焊过程十分重要。

（1）钎焊材料的使用

钎焊材料使用时应注意以下问题。

① 不要让熔融钎料在钎缝中作过远的流动，以免熔蚀母材和钎缝组织不均匀。

② 如果钎料质量相对于母材来说过于细小，应将钎料放在稳定的位置（如沟槽中），以免因热容量小，先熔化而流失。如果母材各部件互相质量相差很大，钎料应当靠放在大质量的部件上。

③ 当钎焊加热热源主要依靠辐射传热时，如火焰自动钎焊生产线和炉中钎焊，要防止钎料被辐射加热到钎焊温度前让早熔化而流失。

④ 用无水丙酮将氯化物钎剂调成糊状，把钎料放置在需要的位置上，并在上面用少量钎剂糊覆盖，可以减少上述钎焊过程中的问题。

（2）钎焊材料的储存

① 钎剂应装入不影响其性能的容器（如桶）中，并密封，不得有渗漏；每个容器应标明制造厂名、商标、钎剂类型和出厂日期，并具有检验合格证。

② 液态钎剂外包装上应注明"易燃液体"的标记，具体参照国家标准 GB/T 15829—2008《软钎剂分类与性能要求》规定操作；运输途中应避光、防热及防止震动和冲击。

③ 钎剂应放在 5～35℃阴凉处保存，钎剂的有效储存期为半年。

④ 钎料表面极易与环境大气发生反应生成锈蚀膜，主要是各种氧化物（还可能包括氯化物、硫化物、碳酸盐等），将严重影响钎料的钎焊性，因此必须将钎料储存在密闭容器中。

（3）钎料、钎剂的安全注意事项

钎焊材料（特别是钎剂）的使用过程中，通风和对毒物的防护措施是十分必要的。钎料中含有某些在加热时容易挥发的有毒物质，如 Cd、Be、Zn、Pb 等，钎剂中含有氟化物、氯化物和硼化物等。所以，在钎焊材料的使用中，必须采取妥善的防护措施，以免污染钎焊环境，损害操作者的健康。

钎焊前清洗零件及钎料时，使用的清洗剂（如酸类、碱类、氯化烃等有机溶剂）也必须严格采取防护措施，保证环境不受污染。

通常采用的有效防护措施是室内通风。可将钎焊过程中所产生的有毒烟尘和毒性物质的挥发气氛排出室外，以保证操作者的健康和安全。当钎焊金属和钎料中含有 Cd、Be、Zn、Pb 等有毒性金属，以及钎剂中含有氟化物时，更要严格采取有效的防护措施。

9.2　焊接设备的管理与维护

焊接设备是现代工业生产和焊接结构制造中不可缺少的重要加工设备，广泛应用在机械、能源、石油化工、锅炉和压力容器、造船、军工及航空航天等几乎所有的工业部门。

焊接设备一般包括焊接电源、实现机械化焊接的机械系统、控制系统以及其他一些辅助装置等。除了按工艺特征分类外，焊接设备还可按自动化程度（如手工、自动、半自动等）、焊接电源特点（如交流、直流、脉冲、逆变等）及用途（如通用、专用等）进行分类。国家标准将焊接设备及控制器分成许多大类和小类，在产品型号的第一字位用汉语拼音字母表示。焊接设备的附注特征和系列序号用于区别同小类的各个系列和品种，包括通用和专用产品。

9.2.1　焊接设备的选用与管理

焊接设备是焊接生产的物质保证条件之一，焊接设备的管理与维护对焊接生产和产品质量有重要的影响。正确使用、合理保养与维修焊接设备，使其经常处于良好的工作状态，才可确保生产过程的正常进行。利用计算机处理焊接设备管理事务，可提高设备管理的效率与水平。焊接设备管理系统的职能框图见图 9.4。

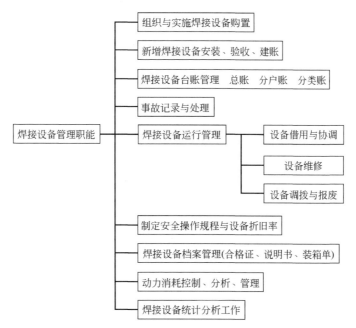

图 9.4　焊接设备管理系统的职能框图

各种焊接设备中，应用最广泛的是电弧焊设备，包括焊条电弧焊设备、埋弧自动焊设备、气体保护焊设备（TIG、MIG、MAG、CO_2 气体保护焊等）和等离子弧焊设备等。电子束焊、激光焊等高能束焊接设备，因所具有的特殊优点，在一些尖端技术领域获得了应

用。电阻焊、摩擦焊、扩散焊、超声波焊等设备在各自的应用领域也发挥着重要作用。

焊接设备的使用和管理涉及面比较广。焊接设备的类别与品种很多，各类设备的特点和用途不同，适用场合各异。在使用和管理中应考虑各方面的因素，既要获得良好的焊接质量、便于生产和管理，又要兼顾经济效益。

（1）焊接设备的选用

1）根据焊接对象与技术要求选用

焊接对象与技术要求主要包括：工件的材质、结构形状与尺寸、工件厚度、焊接精度要求、工件使用场合等。

工件材料为低碳钢时，选用交流焊机就能施焊；当工件质量要求比较高，必须采用低氢型焊条时，选用直流焊接设备较合适。如需要一机多用，即选用一台焊机既可用于焊条电弧焊，又能用于气体保护焊、碳弧气刨、等离子弧切割等，应选用直流组合焊接设备。

焊接结构的形状和尺寸是选用焊接设备与工装时必须考虑的。大厚度焊接件的对接焊缝可选用埋弧自动焊机、电渣焊机和电子束焊机等；有色金属（铝、铜等）板材、线材对接焊可以选用氩弧焊机、冷压焊机、电阻对焊机等。

在电站锅炉容器和核电站压力容器的制造中，大量采用耐热合金、耐腐蚀合金和难熔金属等，焊接结构件常在高温、高压或腐蚀性介质中工作，对焊缝质量要求很高。此时要根据各焊接结构和部件的具体情况选用焊接设备，如选用电子束焊机、等离子弧焊机、氩弧焊机、激光焊设备、真空扩散焊设备等。

2）根据设备特点和使用要求选用

各类焊接设备有自己的特点和适用范围，对操作者的技术水平和生产条件等要求也不一样。手工钨极氩弧焊设备与焊条电弧焊设备相比，要求焊工经过更长时间的技术培训和更熟练、更灵巧的操作技能。埋弧自动焊、熔化极气体保护焊等多为机械化或半自动化设备，对焊工的操作技术要求比焊条电弧焊的要求相对低一些。

焊条电弧焊设备简单，除了焊接电源外，只需配用夹持焊条的焊钳、焊接电缆、面罩等即可进行操作，可优先选用。与直流焊机相比，交流焊机的结构简单、成本低、便于维护。熔化极气体保护焊设备除了焊接电源外，还需配有自动送进的焊丝机构、行走小车等机械装置，以及输送保护气体的供气系统、通水冷却的供水系统及焊枪或焊炬等。

电子束焊、激光焊设备及其辅助装置较复杂，并且功率大、成本高。除了要求操作者的专业基础知识和操作技术水平较高外，对设备的工作环境和维护等要求也比较高。电子束焊机存在高电压及 X 射线辐射，因此要求有一定的安全防护措施及防止 X 射线辐射的屏蔽，还要有通风抽气装置。激光焊加工场地需要设置防护栅栏、隔墙、屏风等，防止其他人员误入。

3）根据经济效益选用

焊接设备的能源消耗是很大的，选用时应在满足工艺要求的情况下，尽可能采用高效节能、结构轻巧、维修容易、功率因数高的设备。还应注意以下事项：

① 低功率输入焊机、新型节能焊机的普及使用；

② 处理好一次投资和长期投资的关系，获得最佳经济效益。

4）根据实际应用条件选用

不同类型的焊接设备可以焊接同一种焊接结构件，这时应根据使用的具体情况选用焊接设备。选用的焊接设备必须能适应现场的工作环境、水与电供应条件、机械化与自动化水平、操作人员的技术素质等。例如，中薄板件，可选用交直流焊条电弧焊机、气体保护焊机、点焊机和缝焊机等，但从焊接工艺方面考虑，选用 CO_2 气体保护焊机最合适，但要求

有 CO_2 气源和焊丝供应，还要有熟练的操作者。

对一些经过精密加工和进行热处理后的零件的组装焊接，焊后一般不允许再加工或热处理。应选用能量集中、不需添加填充金属、热影响区小、焊接精度高的焊接设备，如电子束焊机等。

（2）设备及工装的管理

1）通用设备及工装的管理

选用焊接设备一般是在焊接方法确定之后，应掌握各种焊接方法对设备的基本要求以及各类焊接设备的特点，使供求协调一致。还要综合考虑焊接结构的材料与结构特点以及对焊接质量的要求。加强设备管理、正确使用和经常维护焊接设备，才能正常发挥其工作性能和延长其使用寿命。

单台通用设备及工装的管理应责任到人，由专人负责使用、管理和维护。批量的通用焊接设备和工艺装备应由专业人员负责全面管理，定期检查、维修和维护。焊接设备管理系统的数据结构见图9.5。

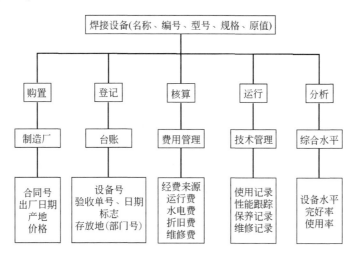

图 9.5　焊接设备管理系统的数据结构

2）专用设备的管理

焊接机器人是高度自动化的专用焊接设备，其应用日益广泛。就焊接机器人的应用情况看，目前应用最多的是气体保护焊（包括 CO_2 气体保护焊和混合气体保护焊）机器人，其次是点焊机器人，其他还有埋弧自动焊、螺柱焊、激光焊与切割机器人等。

专用成套焊接设备是为特定的工件形状、特定焊接工艺而设计的机械化自动化程度较高的专用焊机，是由配套转胎、滚轮架、传送机构和其他辅助机械构成的成套焊接设备。专用成套焊接设备具有生产效率高、生产成本低、接头质量高、工作环境好等优点，世界各先进工业国都致力于开发新型的、技术性能完备的、采用现代化的自动控制技术装备起来的专用成套焊接设备。专用焊接设备的类型已从单机、组合机、焊接中心、焊接生产线、焊接机器人、机器人组合专用机发展到现代的柔性焊接制造系统。

专用成套焊接设备必须有熟悉专业知识的专人管理和维护。

近年来，我国相继开发制造了用于电站锅炉、石油化工、航空航天等生产部门的一大批专用、成套焊接设备。从总体水平看，我国在开发研制功能齐全、结构复杂、微机控制、自动化程度较高的专用和成套焊接设备方面已具有一定的经验和水平。为了充分发挥这些成套设备的效率，在专用设备管理方面的要求有待提高。随着我国焊接机械化、自动化水平的不断提高，专用与成套焊接设备的需求量将与日俱增，发展和应用前景十分广阔。

9.2.2 焊接设备的维护

使用和维护焊接设备中应注意的事项如下。

① 焊接设备在每次使用前都应检查动力线和焊接电缆的接线有无异样，所有接线柱接触是否良好和紧固，设备机壳是否接地良好等。

② 注意焊接设备的工作环境，环境温度不得超过40℃，相对湿度不得超过85%。

③ 应在空载状态下启动、调节焊接电流和变换电源极性。启动后空载运行时，应观察、听有无异常现象，设备运转正常后再操作使用。例如，直流焊机的冷却风扇是否转动，转动速度和方向是否正确等。

④ 焊接电流和连续工作时间应符合焊接电源的规范要求，一般按照相应的负载持续率来确定。焊接过程中不能长时间短路或过载运行，发现设备过热应及时停歇。待冷却后再继续操作，以免设备被烧坏。焊接电源的工作电压应符合国标中规定的负载电压要求，如焊条电弧焊电源的工作电压 $U=20+0.04I$（V），其中 I 为焊接电流（A）。

⑤ 焊接设备应在通风、干燥、不靠近高温、空气中粉尘少的地方运行；若露天使用，要防雨防晒；搬移时不应使电源受剧烈振动，特别对弧焊整流器更要小心，防止铁屑、螺钉、焊剂、焊条头等落入焊机内部，工作过程中不得随意移动或打开焊机外壳顶盖等。

⑥ 针对焊接设备的管理，建立操作规程和定期维修制度，重要的或复杂的焊接设备应由专人管理、使用和维护。保持各种接头或接线柱接触良好牢靠，经常检查易磨损件，保持焊接设备和工装的清洁，定期用干燥的压缩空气吹净焊机内部的灰尘，工作完毕或临时离开工作场地时，必须切断电源，下班时应整理和打扫场地，保护环境的整洁。发现故障，应立即切断电源，分析故障原因，及时排除或修理。

为了保证生产运行和焊接质量，必须对各类焊接设备和工艺装备进行定期检查和校正，特别是焊接电流表、电弧电压表和焊接速度表等。表9.3给出了推荐的埋弧自动焊设备的检修规定。

焊接设备在使用过程中发现有不正常现象，应及时停机，查明故障原因并加以排除。一些机件、器件损坏或失效，应及时修理或更换，以恢复其原有性能和延长设备的使用寿命。交流焊机（弧焊变压器）常见故障及检修方法见表9.4。直流焊机（弧焊整流器）常见故障及检修方法见表9.5。

表 9.3　推荐的埋弧自动焊设备的检修规定

检查部位		1次/3个月	1次/6个月	检查部位		1次/3个月	1次/6个月
送丝装置	轴承	▲	—	电源	电磁触点	▲	—
	送丝齿轮	▲	—		炭精片	▲	—
	校正轮	▲	—		绝缘电阻	▲	—
	炭刷	—	▲		清洁	▲	—
减速装置	齿轮磨损	—	▲	行走小车	离合器	—	▲
	注油	▲	—		发电机	—	▲
					刹车片	—	▲
垂直、水平装置	注油	▲	—	橡胶绝缘线	二次电缆	—	▲
					插座	—	▲
控制装置	仪表	▲	—		控制线	—	▲
					接电线	—	▲

表9.4　交流焊机（弧焊变压器）常见故障及检修方法

故障现象		可能原因	检修方法
空载电压不正常	无空载电压	①焊接电源开关工作不正常、触点接触不良 ②动力线断路或一、二次绕组断路 ③焊接电缆接触不良或断路	①检修电源开关 ②检查动力线和一、二次绕组的通断，更换断线 ③检查焊接回路，使之接触良好
	空载电压低	①供电线路电阻太大 ②二次绕组匝间短路，焊接回路上接头接触电阻过大	①检查动力线规格选择是否合适，如过长过细等 ②检查线圈绝缘情况，更换绝缘材料或重绕线圈，改善接头接触条件
焊接电流不正常	焊接电流过小	①焊接电缆过长，电阻大 ②焊接电缆盘成圆形，感抗大 ③电缆有接头或与焊件接触不良 ④铁芯绝缘被破坏，涡流增加	①减少电缆长度或加大电缆线径 ②将电缆放开，不绕成盘状 ③改善接头接触状况，使之良好 ④检查磁路绝缘，重新刷绝缘漆
	焊接电流过大	电抗线圈有短路	检查并修复电抗器线圈
	焊接电流不稳定，忽大忽小	①焊接回路接头处接触不良，时松时紧 ②电流调节机构随焊机震动而移动	①紧固接线处，使接触良好 ②检修电流调节机构，使可动部分固定
设备过热	线圈过热	①焊机过热 ②变压器线圈短路	①按规定的负载持续率下的焊接电流值使用 ②重绕线圈或更换绝缘
	铁芯过热	①电源电压超过额定值 ②铁芯硅钢片的螺杆等绝缘损坏	①检查电源开关并对照焊机铭牌上的规定数值 ②清洗硅钢片，重刷绝缘漆
	接线处过热	接线处接触电阻过大或接线螺母松动	清理接线部位，旋紧螺母
经常烧断保险		①电源线有短路或接地 ②一次线圈与二次线圈短路	①检查电源线，消除短路 ②检查线圈情况，更换绝缘材料或重绕线圈
电源外壳带电		①电源线或焊接电缆碰焊机外壳 ②一、二次线圈碰外壳 ③外壳没接地或接触不良	①检查电源引线和电缆与接线板连接情况 ②用兆欧表检查线圈的绝缘电阻 ③接好地线
焊机振动和响声不正常		①动铁芯或动线圈的传动机构有故障 ②动铁芯上的螺杆和拉紧弹簧太松或脱落	①检修传动机构 ②加固动铁芯及拉紧弹簧

表9.5　直流焊机（弧焊整流器）常见故障及检修方法

故障现象	可能原因	检修方法
空载电压太低	①网路电压过低 ②变压器一次绕组匝间短路 ③开关接触不良	①调整电源电压 ②消除短路 ③检修开关
焊接电流调节失灵	①控制绕组匝间短路 ②焊接电流控制器接触不良 ③控制整流回路的整流元件被击穿	①消除短路 ②消除接触不良 ③更换元件
焊接电流不稳定，忽大忽小	①主电路交流接触器抖动，风压开关抖动 ②控制绕组接触不良	①消除抖动 ②检修控制线路
风扇电动机不转	①熔断器烧断 ②电动机引线或绕组断线 ③开关接触不良	①更换熔断器 ②修理电动机和接线 ③修理开关

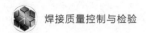

续表

故障现象	可能原因	检修方法
焊接电压突然降低,焊接电流变小	①主回路部分或全部短路 ②整流元件被击穿 ③控制回路断路	①修复线路 ②检查保护电路,更换元件 ③检修控制回路
机壳带电	①电源线接触机壳,变压器、电抗器、风扇及控制电路元件等碰机壳 ②未接地线或接触不良	①检查并消除碰机壳现象 ②接好地线
指示灯不亮,无输出	①熔断器烧断 ②主电路故障 ③交流接触器不接触	①更换熔断器 ②排除主回路故障 ③修理接触器

9.3 焊接用气瓶的使用与管理

焊接用气体主要是指气体保护焊（包括 CO_2 气体保护焊、惰性气体保护焊）中所用的保护性气体（如 CO_2、Ar、He、O_2、$Ar+CO_2$、$Ar+O_2$ 等）和焊接、切割时用的气体（如 $O_2+C_2H_2$、H_2、CH_4 和液化石油气等）。这些气体大多采用瓶装，需经常搬运。气体用量大的生产厂也有使用管道输送气体的。上述两种情况都需加强管理。

9.3.1 常用气瓶的使用及管理

焊接用气瓶按其储存形式不同可分为压缩气瓶（如氧气瓶、氩气瓶和氢气瓶等）、溶解气瓶（乙炔气瓶）及液化气瓶（如液化石油气和 CO_2 气瓶）。在一般情况下，气体保护焊采用钢瓶供气，因此必须遵守气瓶安全规程的有关规定。

（1）气瓶必须经过检验

气瓶颈部的检验钢印表明该气瓶在允许年限以内，并有气瓶制造厂的钢印标记。气瓶的漆色必须与充装的气体一致，见表9.6。

表 9.6　气瓶的漆色

气瓶名称	化学式	工作压力/MPa	漆色	字样	字样颜色
氢	H_2	15	深绿	氢	红
氧	O_2	15	天蓝	氧	黑
二氧化碳	CO_2	—	银白	二氧化碳	黑
氩	Ar	15	灰	氩	绿
氦	He	15	灰	氦	绿

（2）气瓶的储存和运输

① 在储存、运输时，避免气瓶直接受热（暴晒，靠近暖气、锅炉等），应储存在阴凉、通风良好的室内。存放时，应有支架固定，防止撞击倾倒。

② 运输时，气瓶应旋紧瓶帽，轻装、轻卸，严禁从高处抛、滑或碰撞；气瓶在车上要固定好，汽车装运气瓶时应横放，头部朝向一个方向，装车高度不允许超过车厢高度，最好采用集装框架立放运送。

③ 夏季要有遮阳措施，防止暴晒；易燃品、油脂和带有油污的物品，不得与氧气瓶同车运输。运输和存放乙炔气瓶和液化气瓶时，应保持直立，严禁卧倒放置。

（3）气瓶工作前安全检验

① 检查瓶阀及接管螺纹是否完好，气瓶试压日期是否过期。检查气瓶瓶阀和减压器有无漏气、表针不灵等现象。检查时，可涂少量的肥皂水检漏，切忌使用明火照明。

② 冬季使用时，必须检查瓶阀和减压器有无冻结现象。若冻结，应用热水和水蒸气解冻。严禁用明火烘烤或铁器敲打。

③ 气焊、气割和电弧焊设备在同一工作点使用时，应检查瓶体是否和电弧焊设备导体接触，应采取适当措施，防止气瓶带电。

④ 气瓶存放处的周围环境，应使气瓶远离明火、锅炉、砂轮以及有熔融金属飞溅物等热源 10m 以上。必要时，可设置防护隔板将气瓶和热源隔离开。工作场地附近应设有消防栓和干粉、二氧化碳灭火器等消防器材。严禁用四氯化碳灭火器扑救乙炔着火处。

⑤ 在临时工作现场，应检查气瓶是否牢固直立，应用适当的依托物将气瓶固定。

（4）气瓶的使用和管理

① 气瓶应配装专用减压器及回火防止器，开启时，操作者应站在瓶阀口的侧后方，动作要轻缓。开启顺序应是先开高压阀，再开低压阀。关闭时顺序相反。

② 禁止敲击和碰撞，气瓶不准靠近热源，氢气和氧气与明火距离一般不小于 10m，瓶阀冻结时，不得用火烘烤。

③ 不准用电磁起重机搬运气瓶，夏季要防止日光暴晒；瓶内气体不能用尽，剩余气压应在 0.1～0.5MPa，以防止空气及其他气体倒流入瓶内。

④ 气瓶应按类别存放，切忌不同气瓶混放，存放乙炔瓶的库房内，严禁混放其他气瓶及易燃物。气瓶应按要求进行定期技术检验，对过期未检的气瓶应停止使用。

⑤ 使用新气瓶，应按气瓶安全检查规程项目仔细检查标牌和钢印，不符合规定的，应停止使用。对于无防护帽、防护圈的气瓶，严禁用车辆运输。

9.3.2　氧气瓶和 CO_2 气瓶的使用及管理

气焊与气割用氧气的纯度很高，一级纯度不低于 99.2%，二级纯度不低于 99.5%。用压缩机将氧气压进管道或钢瓶，瓶装的氧气压力约为 15MPa，气瓶或管道内的压力为 0.5～1.5MPa。

由于工业用氧气的纯度高、压力大，在使用中应特别注意氧气的使用安全。除了储装容器及工具要禁止油脂污染外，还要禁止将压缩氧气代替新鲜空气进行通风换气或者代替压缩空气作为气动工具的动力源、或吹工作服上的尘土；不能用氧气去吹乙炔胶管中的堵塞物。

（1）氧气瓶使用及管理

氧气瓶是用于储存和运输氧气的高压容器，瓶内氧气充装压力约为 15MPa，可储存 6m³ 的氧气。由于氧气瓶内压力很高，而且氧是活泼的助燃气体，使用不当，可能引起爆炸。对氧气瓶的使用应注意以下事项。

① 氧气瓶（包括瓶帽）外表应涂成天蓝色，并在气瓶上用黑漆标注"氧气"两字，以区别其他气瓶，不准与其他气瓶放在一起。

② 使用氧气时，不得将瓶内氧气全部用完，最少需留 0.1～0.2MPa 大气压的氧气，以便在装氧气时吹除灰尘和避免混进其他气体。

③ 氧气瓶夏季应防止暴晒；氧气瓶离开焊炬、割炬、炉子和其他火源的距离一般应不小于 10m。氧气瓶在搬运和使用中应严格避免撞击。氧气瓶上必须装有防震橡胶圈，搬运气瓶时要用手推车，轻装轻卸。

④ 氧气瓶上不得沾染油脂，尤其是氧气瓶阀门处，不使用时应将氧气瓶阀关紧。

⑤ 按照气瓶检查规程，氧气瓶要定期检验，规定每三年不得少于一次检验，经检验合格后才能使用，如果发现氧气瓶有严重腐蚀现象，应降压使用或报废。

（2）氧气减压器的使用

氧气减压器（又称氧气表）的作用是将气瓶中的高压氧气减压至工作压力，并能灵活调节和保持稳定的工作压力。

氧气减压器在装卸时，应严格按照以下规定进行，以保证安全。

① 装减压器前，要稍微打开氧气瓶阀，放出一些氧气，吹净瓶口杂质，操作时氧气瓶嘴不能朝向人体。

② 检查减压器及瓶阀丝扣良好无损后，用清洁无油污的工具将减压器准确、缓慢地旋紧在瓶阀上。

③ 缓慢打开气瓶阀门，松开减压器调节螺钉。检查气瓶和压力表是否漏气，高压表指针是否灵活、准确，待正常后，接通输气胶管，逐渐旋紧调节螺钉，并观察低压表到达所需压力时即停止，再次检查是否漏气。

④ 工作完毕后，应关闭气瓶阀门，表内和管道内剩余气体放完后，再放松调节螺母，并卸下减压器。切忌带减压器搬运气瓶。

氧气减压器在安全管理方面，应严格按照以下规定进行，以保证安全。

① 严禁将氧气减压器用于其他气体指示，如乙炔气、液化石油气及氢气等。不得任意拆卸、调换减压器内部零件。

② 减压器冻结时，要用清洁温水和蒸汽加热解冻，切忌用明火烘烤。不得与带有油脂零件一同存放，长期不用时，切忌用油脂类涂料封存。

③ 使用新氧气减压器时，应按说明书的使用要求正确操作。减压器上的压力表必须定期检验，以保证压力表的精确度。

（3）CO_2 气瓶的管理

CO_2 在钢瓶中处于液气共存状态，钢瓶中的压力与环境温度和 CO_2 的状态有关，使用过程中应注意以下事项。

① CO_2 气瓶应存放在阴凉、干燥、远离热源（如阳光、暖气、炉火）处，环境温度不得超过 31℃，以免液化的 CO_2 随温度的升高，体积膨胀而形成高压气体，对钢瓶产生更大的压力而有爆炸危险。

② 气瓶的供气系统要有止逆阀装置，以防止在暂停使用期间，发生水分倒灌的现象，若发现止逆阀有损坏或失去止逆功能时，应立即更换，否则可能导致出气口的表头锈蚀。

③ 气瓶阀、接头及压力调节器装置需正确安装且无泄漏、无损坏且状况良好。

④ 液态 CO_2 不得超量填充。如果灌装过量（如灌满），当室温提高，体积膨胀，对钢瓶产生很大压力，此时又缺乏缓冲空间，当压力超过设计压力及泄压阀的泄气压力时，则有发生爆裂或爆炸的危险。

⑤ 气瓶不能卧放。因为如果钢瓶卧放，则靠近瓶口处多是液体，当打开减压阀时，冲出的液体将迅速汽化，使其体积突然扩大至少 200 倍以上，这样多的气体，可能大大超过塑胶导气管的压力负荷，容易发生导气管爆裂及导致 CO_2 大量泄漏的意外事故。

9.3.3　乙炔的使用及管理

（1）乙炔的爆炸性能

乙炔是气焊、气割常用的可燃性气体，是具有危险爆炸性能的气体，使用时必须要注意安全。没有接触明火的纯乙炔气，当压力达到 0.15～2.0MPa 时，乙炔会自行发热，当温度达到 550℃就可能发生爆炸。乙炔与其他气体进行混合使用时也极易发生爆炸。

① 乙炔与空气的混合气体也具有很大的爆炸性。当混合气体中乙炔的含量达到 2.3％～8％时，接触火星就会爆炸；当乙炔的含量达到 7％～13％时，爆炸的敏感性更强。在使用时，乙炔瓶上装有专门将混合气体排放入空气的"放空阀"。点燃前打开放空阀，将管内的混合气体排到空气中，可避免混合气体爆炸。

② 氧气和乙炔的混合气体遇到明火时也会爆炸，爆炸力比乙炔与空气混合气体大。由于氧气的压力一般在 0.5MPa 左右，乙炔的压力只有 0.15MPa 以下，因此在使用时不能将氧气开得过大，避免混合气体中氧气的压力过大，来不及排出的氧气会倒流入乙炔管内，发生"回火"式爆炸。

（2）乙炔瓶的使用及管理

乙炔瓶是储存和运输焊接用乙炔的钢瓶。其外表面涂白色，并涂以红色的"乙炔"和"火不可近"字样，瓶口安装专门的乙炔气阀。乙炔瓶的工作压力为 1.55MPa，由于乙炔是易燃、易爆的危险气体，所以在使用时必须谨慎，除了必须遵守氧气瓶的使用要求外，还应该严格遵守下列几点要求。

① 乙炔瓶不应遭受剧烈的振荡和撞击，以免瓶内的多孔性填料下沉而形成空洞，影响乙炔的储存。

② 乙炔瓶在工作时应直立放置，卧放时会使丙酮流出，甚至会通过减压器流入乙炔橡胶管和割炬、焊炬内，引起燃烧和爆炸。

③ 乙炔瓶内的温度不应超过 30～40℃，乙炔温度过高会降低丙酮对乙炔的溶解度，使瓶内的乙炔压力急剧增高发生爆炸。

④ 乙炔减压器与乙炔气瓶瓶阀的连接必须可靠，严禁在漏气的情况下使用，否则会形成乙炔与空气的混合气体，一旦触及明火就会造成爆炸事故。

⑤ 使用乙炔时，瓶内的乙炔气严禁全部使用完，根据气温必须保持一定的剩余压力，并将气瓶阀关紧防止漏气。

a. −5～0℃时不低于 0.05MPa；

b. 0～15℃时不低于 0.098MPa；

c. 15～25℃时不低于 0.196MPa；

d. 25～35℃时不低于 0.294MPa。

⑥ 乙炔瓶离工作点的距离应不小于 10m，乙炔瓶与氧气瓶之间的距离应不小于 5m，两个乙炔瓶之间的距离应不小于 1m。

除了上述气瓶的使用和管理，常用的还有氩气瓶的使用和管理。氩气瓶在使用时严禁敲击、碰撞；瓶阀冻结时，不得用火烘烤；不得用电磁起重机搬运氩气瓶；夏季要防日光暴晒；瓶内气体不能用尽；氩气瓶一般应直立放置。

第10章
焊接培训与资格认证

焊接作为工业生产中重要的技术加工手段，已被广泛应用于机械制造、造船、桥梁、石油化工、压力容器、电力等工业领域，保证这些焊接产品的质量是企业安全生产的关键，只有通过焊接培训与资格认证，提高焊工的理论水平和实际操作能力，获得某一焊接产品的焊接操作资质，才能保证产品的焊接质量，避免制造过程和应用中危险事故的发生。焊接培训受到生产企业的重视。

10.1 焊接生产人员培训

由于焊接生产的专业化和生产技术的复杂性，从事焊接生产的工程技术人员和操作者（焊工）应进行焊接专业理论知识和操作技能培训，焊接工程技术人员一般需要通过系统的焊接专业理论知识学习，并在实际生产中积累经验，才能够承担焊接技术研发和焊接工艺工作。焊工应进行焊接专业理论知识和操作技能培训，具备实际操作能力，并取得相应的焊接操作资质证书，才允许进行焊接产品的施工，使焊接质量达到产品的技术要求。

10.1.1 焊接培训体系

在工业发达国家，一般由国家级焊接学会根据本国焊接技术的发展水平，建立焊接培训考试体系和焊接人员资格认证工作。德国、美国、日本等国家焊接学会发展历史较长，都分别建立了较为完善的焊接培训考试体系和焊接人员资格认证办法，并具有各自的特点。随着全球经济一体化进程的快速发展，1992年国际焊接学会（IIW）提出在世界范围统一焊接人员培训考试体系的设想，并决定采用源于德国焊接学会的欧洲焊接人员培训考试体系，成立国际焊接学会教育与培训专业委员会，专门负责国际焊接学会资格认证体系和焊接人员培训等方面的工作。

（1）国际焊接学会焊接生产人员培训体系

自1998年国际焊接学会焊接生产人员培训体系在世界范围开始实施和推广。每个国际焊接学会成员国只能被批准成立一个"授权的国家团体（Authorised National Body，ANB）"。按照国际焊接学会焊接生产人员培训体系在我国进行焊接人员培训与考试。

1）国际焊接工程师（International Welding Engineer，IWE）

国际焊接工程师是焊接企业中最高层的焊接监督人员，负责企业焊接技术工作和焊接质量监督，因此对国际焊接工程师的培训要求也非常严格。目前我国已开展在职焊接工程师与国际焊接工程师转化工作，并结合我国高等教育焊接专业设置情况，开展焊接专业本科学历毕业生的国际焊接工程师培训工作。

2）国际焊接技术员（International Welding Technologist，IWT）

国际焊接技术员是焊接企业中第二层次的焊接监督人员，其作用介于国际焊接工程师和国际焊接技师之间。

3）国际焊接技师（International Welding Specialist，IWS）

国际焊接技师是焊接企业中第三层次的焊接监督人员，主要适用于中、小型的焊接企业。国际焊接技师既具有一定的理论知识，又具备实际操作技能和生产实践经验，可以辅助国际焊接工程师进行焊接技术的管理工作，成为国际焊工和国际焊接工程师之间的联系纽带。

4）国际焊接技士（International Welding Practioner，IWP）

国际焊接技士是取代德国焊接学会原有焊工教师资格的焊接人员，不仅可作为焊工教师从事焊接培训工作，也可以作为企业中高层次的焊接技术工人协助焊接技师解决生产中的问题。国际焊接技士根据焊接方法分为气焊技士、焊条电弧焊技士、钨极惰性气体保护焊技士和熔化极气体保护焊技士。

5）国际焊工（International Welder，IW）

国际焊工是焊接企业的直接生产操作者，必须具备相应实际操作技能。国际焊工根据焊接方法分为气焊焊工、焊条电弧焊焊工、钨极惰性气体保护焊焊工和熔化极气体保护焊焊工，在每类焊工中可分为角焊缝焊工、板焊缝焊工和管焊缝焊工，其中每个项目均可单独进行培训及考试。

（2）我国焊接生产人员培训体系

1）焊接工程技术人员的培训

我国焊接工程技术人员的技术职称分为高级工程师、工程师、助理工程师和焊接技术员，一般必须通过高等院校相关专业的理论知识学习，并通过企业生产实践活动积累经验，由省（市）人事部门进行资格评审，获得相应的技术职称，由企业或主管机构根据实际工作岗位需求进行聘任。随着高等院校教育体制和专业设置的改革，焊接工程技术人员主要来源于焊接技术与工程、材料成型与控制工程等专业。

2）焊接操作技能工人的培训

① 我国的焊工资格认证机构均为颁发相关标准与规程的政府机构或部门，以及受政府机构或部门认可授权的一些企业具有培训能力与考试资格的焊接培训考试机构。由于焊工资格认证机构分别属于国家原计划经济时期的各个部委或不同行业协会，导致我国焊工培训资格证书种类较多，行业之间认可度差，缺乏统一性和通用性。

② 我国的焊工培训主要是由国家各部委的企业及相关行业系统的焊接培训机构承担。例如，中国焊接协会培训工作委员会的培训机构（企业和地方培训站）；各省、市劳动与社会保障厅（局）设在各企业内的培训考试机构；各省、市质量与技术监督局设在各企业内的培训考试机构以及船舶制造、电力安装、石油化工、冶金建筑等行业的培训考试机构。

焊接操作技能工人来自各企事业单位以及社会上的待业人员。培训的方式一般为根据焊接操作技能工人的工作需要，选择相应的焊接方法、材料、焊接位置及资格认证等级，按照相应的培训规程及考试标准进行培训和考试。焊工培训主要以技能操作为主，理论基础知识为辅，培训时间应根据不同的培训项目要求决定，一般为1~3月，经培训考试合格后颁发相应的资格证书。

③ 为了提高焊接技术工人的素质和待遇，国家劳动部颁发了各个工种的职业技能鉴定规范，根据焊接技术工人的职业技能水平分为高级技师、技师、高级工、中级工、初级工五个等级，恢复了对焊工的培训及考核工作，由各省、市劳动与社会保障厅（局）组织对企事业单位原有技能水平八个等级的焊工进行培训，并按国家机械工业委员会制订的考试规则进行考评，而事业单位则由各省、市的人事部门组织培训与考试，合格者颁发相应等级的技能证书。

10.1.2　焊接生产人员考试的监督管理

目前我国最具有代表性的焊接生产人员培训及考试，特别是焊工培训及考试应属于锅炉、压力容器等特种设备的焊工培训及考试。锅炉、压力容器等特种设备的焊工培训及考试必须依照国家质量监督检验检疫总局颁布的 GB/T 28001《职业健康安全管理体系规范》、国质检锅［2002］109 号《锅炉压力容器压力管道焊工考试与管理规则》《焊工技术考核规程》等技术规范要求进行培训，并取得相应项目的焊工《作业人员证》，才能在有效期间担任合格项目内的焊接工作。适用于各类钢制锅炉、压力容器和压力管道受压元件焊接的焊工考试，主要包括：受压元件焊缝、与受压元件焊接的焊缝、熔入永久焊缝内的定位焊缝、受压元件母材表面堆焊等。

钢制锅炉、压力容器和压力管道的焊条电弧焊、气焊、钨极气体保护焊、熔化极气体保护焊、埋弧焊、电渣焊、摩擦焊和螺柱焊等方法的焊工考试及管理，应符合《锅炉压力容器压力管道焊工考试与管理规则》要求。钛和铝材的焊工考试内容、方法和结果评定分别按 JB 4745《钛制压力容器》和 JB 4734《铝制压力容器》中的规定执行。铜、镍材料的焊工考试内容、方法和结果评定按 GB 50236《现场设备工业管道焊接工程施工及验收规范》中的规定执行。

焊接生产人员培训与考试应依据产品所要求的行业标准，建立包括组织机构、文件档案、工作人员、设备仪器的培训体系，确保焊工培训和考核工作所必要的控制手段、过程设备、生产资源和技能水平。

（1）焊接培训机构

焊接培训机构一般应具有独立承担焊工培训管理、考核管理、技术工艺管理、档案管理、试件加工制取、操作技能训练、试验检验的责任和能力，以满足焊工的培训与考核的需要。一般分为考试、培训、综合管理等工作，主要从事焊工技术培训、考核签证及相关工作，必须经质量技术监督部门或其他授权机构进行专业资格认可，配备有焊接专业指导教师、技术考核人员、实验检验员等工作人员；各种焊接、热处理、切削加工、检验测量，试验仪器和设备及钢材、焊接材料等耗材；各种规范行政和技术管理的程序、法规、制度的文件；相应的培训、考试场地。

（2）考试文件

焊接考试文件资料是质量管理的重要依据和证实文件，文件资料管理失控，会对整个焊工培训的质量水平造成重大影响。文件资料应建立分类台账或清单，有效控制接收、发放与归档。

考试文件资料可分为三个层次：第一层次文件集中阐明所建立的焊工培训和考核质量体系及其运行方式，如质量管理手册、程序文件等；第二层次文件包括各部门、人员、设备、材料的管理制度、工作标准等，是各部门相关工作的依据；第三层次文件是具体焊接项目的专业性指导文件，主要包括国家行业技术规范规程、验评标准、标准图册、焊接工艺评定报告、焊接工艺规程、培训计划、培训方案、培训记录、安全技术措施、焊工档案等，其中焊工档案必须保存焊工个人基本情况、培训过程和考试结果的记录，并安排专人管理。

（3）考试人员

从事焊接培训的人员应满足焊工培训所需的理论、操作技能指导及组织焊工考试和管理焊工档案的要求。

焊接理论教师由焊接工程师担任，负责编写教学方案、理论教学及考核、编制焊接工艺规程及相关技术管理、签证管理等各项工作。

操作技能教师应具备焊接技师资格或同等操作技能水平，负责操作技能的教学，并能进行教学场所焊工安全教育，安全文明施工管理及具体组织实施等。

10.1.3　焊接培训的组织与实施

焊接培训大多是由生产企业的焊接培训中心根据本单位的焊接生产工作需要而组织的。对于焊接生产工作量大的企业，如锅炉、压力容器、船舶制造单位，增强焊接人员的技能成为提高焊接质量的一个关键，即如果没有优良的焊接教育培训工作，就没有优良的焊接质量。

要想做好焊接培训工作，提高焊接培训质量，必须对焊工严格要求、安排合理的焊接培训内容、加强焊接培训工作的管理，促进培训工作的科学化和制度化。焊接培训的具体要求如下。

（1）焊工资格审查

焊工是机械制造中关键工种之一，焊工资格是保证焊接质量的基本条件。因此，焊工培训前对其资格审查是十分必要的。所培训的焊工除了要求年轻、身体素质好、反应灵敏、应变适应性强之外，还必须有一定的文化水平。因为焊接不是一个简单的操作过程，而是一门发展迅速、与多学科有关的技术，涉及的基础理论知识很广。例如，在《蒸气锅炉安全技术监察规程》中有明确规定：培训考试焊工必须具有初中或初中以上文化程度。

（2）理论培训

随着科学技术的发展，新材料、新工艺不断涌现，对焊工的要求日益提高；另外，随着手工操作逐渐被机械化、自动化取代，没有一定的理论知识（如电学、计算机知识等）也是寸步难行的。焊工只有加强理论学习，了解焊接过程的特点，才能自觉地运用操作技艺，焊接出符合要求的产品。

理论培训时应加强对专业知识的系统性学习，突破传统师傅带徒弟的培训模式，避免徒弟只是模仿师傅的一招一式机械地学。而应先进行理论培训，掌握一定的理论知识，然后进行操作技能培训。利用系统理论培训优势，引导焊工用所学的理论去分析操作技术的科学性，找出规律性，从而获得满足生产要求的操作技能。

理论培训应采用通俗化方法进行，应充分考虑培训焊工具有一定经验之长处，但文化基础、归纳总结能力较弱的特点，尽量从生产实例开始，用启发式、诱导式进行讲授，逐步引导到基础理论上来。用较通俗的语言加以总结，使培训焊工听得懂、学得会、循序渐进、逐步积累知识。

（3）操作技能培训

操作技能培训是焊工培训与考试最重要的一环。培训前首先应选配好操作技能指导教师。该教师一般由具有初中以上文化，具有一定的专业理论知识，有较丰富的实践经验和较高的操作技能，且责任心强，在焊工中有一定威信的教师或技术工人担任，年龄一般以不超过 50 岁为宜，否则视力、体力都难以胜任工作。

操作技能培训时要善于总结和使用口诀。焊工特别是初学者往往对基本操作技能理解不透，记忆不牢，难以掌握要领，这一直是焊工培训中较难解决的问题。如果把一些基本操作技能用简练的语言编成口诀或顺口溜，往往能收到较好的效果。

焊接工艺参数对焊接质量影响很大，如果选择不当，不仅会影响操作的难易程度，而且会严重影响焊接质量。对于焊接工艺参数的选用，如采用表格形式列出一定范围的数据，由于数值范围大，表格形式又难以记忆，对焊工特别是经验不足者来说难以掌握，这势必影响培训质量。因此，技能培训中可采用一些在生产实际中总结出来的使用简单、记忆方便、正确的经验公式来选择焊接工艺参数。

操作技能培训时，要正确处理好质量与数量的关系。在保证质量的前提下增加数量是提高培训效果应遵循的原则。如果片面强调数量而忽视质量这一前提，认为焊得越多，操作技能就提高越快，其结果只能忙于应付，不仅没有足够时间去分析回味每道焊接的成败所在，每个操作动作的正确与否，反而会搞得筋疲力尽，注意力分散，降低效率，最终影响焊接操作技能的提高。因此，单纯地增加焊接数量并不是提高操作技能的有效方法，关键是要使焊工掌握正确的操作要领，并结合理论知识，把指导教师的操作手法看懂弄清，在练习过程中加以消化、吸收。

（4）焊工操作技能考试

主要是考核焊工按规定的工艺规程焊接出合格焊缝的能力。为了检验焊工的实际操作能力是否能达到考试合格的要求，必须对焊工操作技能进行考核。焊工操作技能考核是按照拟定的焊接工艺规程，根据焊接工艺评定有关规定焊接试件，并按有关标准检验试件，测定焊接接头是否具有要求的性能。焊工操作技能考试一般按以下四个步骤进行。

① 由焊接技术人员根据焊接工艺评定要求，提出焊工操作技能考核的具体项目。这些考核项目包括焊接方法、操作要求、试件尺寸范围、检验项目等。

② 制定焊工技能考核的焊接工艺指导书，指导书的内容包括焊接工艺参数、质量要求等。

③ 根据指导书焊接试件，并进行外观检验、无损探伤、力学性能试验等。

④ 检验后填写焊工技能考核的评定报告，评定该焊工的操作技能考核是否合格，如理论知识和操作技能考试都合格，则颁发合格证书；如操作技能考核不合格，则必须在规定的时间内重新进行操作技能的考核。

（5）加强培训工作的管理

组织焊工培训的部门必须认真贯彻国家劳动监察部门颁发的《焊工技术考核规程》及国家有关部门的焊工培训教学大纲。衡量和检验培训效果就是以考试合格率和焊工在生产实际中焊接质量的优劣为依据。严格按考试规程规定及教学大纲的要求，对培训考试全过程进行严格的组织、科学的训练、有效的监督和严格的管理。从培训原则、入学资格、培训时间及内容、培训程序与考试标准等各方面都应作出明确规定。建立培训质量保证控制流程，有目标、有计划、有系统地将培训各岗位、各环节的功能形成一定完整有序、统一的整体，形成一个完整的管理系统，这样才能使培训质量经得起生产实际考验。

10.1.4　焊接培训的内容

焊接培训包括理论培训与技能实践两部分。理论培训主要包括焊接基础知识、焊接材料、焊接设备、焊接工艺、焊接接头的性能、焊接变形与应力、焊接缺陷、焊接质量检验及焊接安全等方面有关知识的培训。技能实践主要针对焊工考试或企业制造产品的技术要求、工艺规程等进行有针对性的焊接操作培训。

（1）焊接基础知识

焊接基础知识的培训内容主要包括焊接方法的分类及特点、金属焊接性及如何判断金属的可焊性、焊接接头的基本形式、焊接坡口形式、焊缝的基本符号和辅助符号的表示、焊缝引出线的组成和作用、焊缝外形尺寸要求、焊接冶金过程及特点、焊接电弧的构成及温度分布、熔滴过渡的种类及影响因素、焊接熔池的形成和结晶过程、焊接热影响区及组织区域的划分、金属材料的分类、符号、化学性能及力学性能、钢中合金元素种类及作用、碳当量计算方法及适用范围等。

（2）焊接材料、设备及工艺的基本知识

有关焊接材料的培训内容主要包括电弧焊对焊条有哪些要求？焊条分类、有何特性及应用范围？酸、碱性焊条各有何特点、主要应用在什么场合？怎样识别焊条型号和牌号？焊条药皮有何作用、有哪些类型和特点、对焊接电源有什么要求？选用焊条应考虑哪些因素？如何检查焊条质量的好坏？怎样烘干焊条和保管焊条？气焊的焊接材料有哪些？气焊焊丝必须符合哪些要求？气焊熔剂的主要作用是什么、必须符合哪些要求等。

焊接设备的培训内容主要包括焊条电弧焊常用的设备有哪些？对焊条电弧焊电源的空载电压、外特性有哪些要求？焊条电弧焊电源的分类、各种电源的优缺点，怎样正确使用、维护和保养焊接电源？焊条电弧焊常用工具的性能和用途如何？氧气瓶的构造及使用性能怎样？常用减压器、乙炔发生器、回火防止器的工作原理、作用是什么？焊炬的作用、分类、常用规格和使用方法等。

焊接工艺方面的培训内容主要有焊接电弧的产生、组成及温度分布，磁偏吹的产生原因及消除措施，怎样提高焊缝金属的合金成分？焊接工艺参数主要有哪些？怎样选择电弧焊焊条直径、焊接电流、焊接电压？焊接热输入的定义以及焊接热输入对焊接接头力学性能的影响，焊接热循环的特征及影响焊接热循环的因素等。

（3）焊接变形与应力基本知识

焊接培训内容主要包括应力（内应力、热应力、残余应力等）、变形的定义，焊接结构设计时，减小焊接变形和应力有哪些要求？焊接残余应力的产生原因、危害及防止措施有哪些？影响焊接结构变形的主要因素及产生变形后采用哪些方法进行矫正？典型焊接结构（如工字梁、槽钢等）的焊接方法和焊接顺序等。

（4）焊接缺陷及质量检验

有关焊接缺陷的培训内容主要包括焊接缺陷的概念，焊接缺陷的分类以及常见的焊接缺陷有哪些？各种不同类型焊接缺陷（如焊接裂纹、气孔、夹杂物等）在焊接接头中的形态特征，焊接缺陷的产生原因、对焊接结构的危害及防止措施等。

焊接质量检验的培训内容主要包括焊接质量检验的目的、方法及各种检验方法的应用场合是什么？焊缝的形状尺寸公差规定及焊缝外观质量的要求，各级焊缝中的内部缺陷是怎样规定的？焊接接头力学性能试验包括哪些？拉伸试验、弯曲试验和冲击试验的试样截取位置、如何测定？焊接接头的密封性检验有哪些方法、各种检验方法的作用及操作步骤等。

（5）焊接安全知识

焊接作业人员经常与可燃易爆气体及物料、电器等接触，有的从事作业的环境不良，如狭小空间、高空或水下等。因此，焊接过程中存在着各种各样的危险因素，如火灾、爆炸、触电、灼伤、急性中毒和高空坠落等。这就要求必须对焊工进行焊接安全技术培训，主要包括焊接设备及辅助工具（如焊接电源、焊接电缆、焊钳、气瓶、乙炔发生器、回火防止器、减压器等）的安全使用及防护、焊接切割过程中的安全操作及自身保护（如登高作业安全带的使用，登高工具的安全可靠性检查，容器内部的焊割作业等）以及现场工作环境的通风要求等。

10.1.5　焊接操作技能培训

目前我国生产的电站锅炉、工业锅炉、各种石油化工容器、管线、船舶等均为焊接结构，焊接工作量大，对焊接质量提出较高的要求。焊接操作技能培训应针对这些生产企业的实际条件展开。

10.1.5.1　锅炉及压力容器行业

为保证锅炉及压力容器的安全运行，从事锅炉及压力容器焊接作业的所有焊工必须取得劳动部门颁发的锅炉压力容器焊工合格证书。锅炉及压力容器焊接培训内容除理论知识外，焊工的操作技能培训是非常重要的。

锅炉及压力容器的焊条电弧焊操作技能主要包括基本操作和不同空间位置的焊接操作。根据《锅炉压力容器焊工考试规则》要求，焊条电弧焊操作技能考试中，考试试件有板状、管状和管板试件，须采用单面焊双面成形技术。

（1）基本操作

1）引弧

焊条电弧焊一般采用接触引弧。引弧时必须将焊条末端与焊件表面接触形成短路，然后迅速将焊条向上提起一段距离（一般为 2～5mm），电弧即被引燃。接触引弧方法一般有碰击法和擦划法。碰击法引弧是将焊条的轴线垂直于焊件表面，接触表面形成短路后，立即将焊条提起，引燃电弧。这种方法不容易掌握，用力过猛时，焊条药皮易大块脱落，提起速度太慢，会使焊条粘在工件上。

擦划法是焊条在焊件表面擦划一下，引燃电弧。这种方法容易掌握，不受焊条端部状况的限制，但使用不当时容易在焊件表面造成电弧擦伤，应在焊缝前方的坡口内划擦引弧，划动长度以 20～25mm 为宜。

为防止引弧时产生焊接缺陷，一般在距离焊缝始端 10～20mm 处开始引弧，引燃后迅速移至焊缝起点处进行正常焊接。

2）运条

电弧引燃后，焊条的运动是沿轴向送进、纵向平移和横向摆动三个方向运动的合成。轴向送进是焊条向下沿其轴线方向运动，随着焊条不断熔化，为保持一定的弧长，焊条轴向送进速度应与焊条熔化速度相等；纵向平移是焊条沿焊缝方向的移动，焊条纵向平移速度影响焊缝的熔深；横向摆动是焊条沿垂直焊缝中心线方向的运动，焊条横向摆动不仅可以增加焊缝宽度，而且可以控制电弧对工件各部位的加热程度，利于熔渣和气体的浮出，获得满意的焊缝成形。

常用的运条形式有锯齿形、月牙形、三角形、圆圈形和 8 字形。各种运条方式的特点和应用场合见表 10.1。

表 10.1　各种运条方式的特点和应用场合

运条方式	运条示意图	特点	适用场合
锯齿形运条		运动到边缘稍停,可以防止咬边;通过摆动可以控制金属流动、焊缝宽度,改善焊缝成形	用于厚板,平、仰、立焊的对接和填角焊焊缝
月牙形运条		运动到两边停留,可减少咬边和未焊透;金属熔化良好、熔池保温时间较长,可以减少气孔和夹渣	用于要求高、中厚板对接平焊焊缝和角焊缝

运条方式	运条示意图	特点	适用场合
三角形运条 斜三角形 正三角形	① (运条示意图)	借助焊条摆动,能控制金属熔化状况,减少夹渣和气孔,获得良好焊缝,能一次焊出较厚的焊缝	用于平焊、仰焊、填角焊
	② (运条示意图)		用于有坡口的立焊和填角焊
圆圈形运条 斜圆圈 正圆圈	① (运条示意图)	借助于焊条不断画圆运动,控制熔化金属不下淌,使熔化金属保持较高温度,气体和熔渣有足够的浮出时间	用于平焊、仰焊、填角焊、横焊
	② (运条示意图)		用于厚件平焊
8字形运条	(运条示意图)	焊缝边缘加热充分、熔化均匀,焊透性好,可控制两边停留时间不同,调节热量分布	用于开坡口的厚件对接焊和不等厚度件的对接焊

3）焊缝的连接

焊缝的连接有中间接头、相背接头、相向接头和分段退焊接头四种形式,如图 10.1 所示。中间接头最好焊,操作适当时连接处外形美观。一般在前段焊缝弧坑前 10mm 附近引燃电弧,把弧坑里的熔渣向后赶并略微拉长电弧,预热连接处,然后回移至弧坑处,压低电弧,等填满弧坑后再转入正常焊接向前移动。相背接头要求先焊焊缝起头稍低,后焊焊缝在先焊焊缝起头处前 10mm 左右起弧,然后稍拉长电弧,并将电弧移至连接处,覆盖住先焊焊缝的端部,待熔合好再向焊接方向移动。

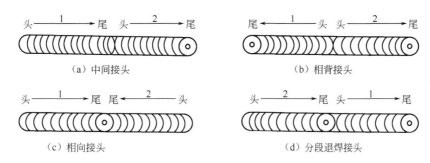

图 10.1　焊缝连接的四种形式
1—先焊焊缝；2—后焊焊缝

相向接头要求前段焊缝起焊处略低些,使连接处焊缝高低、宽窄均匀。分段退焊接头要求先焊焊缝起头处较低,最好呈斜面,后焊焊缝焊至前焊焊缝始端时,改变焊条角度,将前倾改为后倾,使焊条指向先焊焊缝的始端。拉长电弧,待形成熔池后,再压低电弧并往返移动,最后返回至原来的熔池收弧处。

4）收尾

收尾时如果直接熄灭电弧,在收尾处会产生弧坑,不仅降低接头强度,而且容易产生弧坑裂纹。所以,在焊接收弧时,焊条做环形摆动以填满弧坑,焊条移动到收尾处停住,并且改变焊条角度回焊一小段后灭弧；也可以在弧坑处反复熄弧、引弧几次,直到填满弧坑为止。在焊接重要的锅炉、压力容器结构时,引弧和熄弧是不允许在焊件上进行的,要求设置引弧和熄弧板。

（2）不同空间位置的焊接操作

1）平焊

平焊在锅炉、压力容器焊接中应用最为广泛。平焊分为不开坡口和开坡口的对接平焊。当焊件厚度小于 6mm 时，一般采用不开坡口对接焊。焊接正面焊缝时，先用直径为 3～4mm 的焊条采用短弧焊接，焊接电流为 110～180A，一般熔深能达焊件厚度的 2/3 左右，焊缝宽度为 5～8mm，余高量应小于 1.5mm，焊条与焊件的倾角见图 10.2。焊接反面封底焊缝前，必须清根，然后用直径为 3～4mm 的焊条焊接，焊接电流应稍小些，以防第一焊道再次受热。

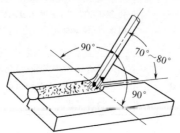

图 10.2 对接焊的焊接倾角

如果焊件厚度较厚时，为保证锅炉、压力容器焊接接头质量，需采用多层焊和多道焊。多层多道的底层焊缝，为了焊透，要用直径较小的焊条，一般直径为 3.2mm；其余各层选用直径较大的焊条，以提高生产率。采用多层多道焊时，首先要正确选择多层焊的层数，每层不要过厚，焊条摆动时，在坡口两边应稍做停留，以防止夹渣及未熔合缺陷的产生；焊道与焊道之间要有一定的重叠；注意清渣，各层焊缝的连接处要相互平行。

2）立焊

立焊是在垂直面上焊接垂直方向的焊缝。立焊的主要问题是熔池中熔化金属受重力作用容易向下流，使焊缝成形困难，所以必须采取以下措施：

① 对接立焊时，焊条应与母材金属垂直，同时与施焊前进方向成 60°～80°；角接立焊时，焊条与两板之间夹角各为 45°，向下倾斜 10°～30°，如图 10.3 所示；

② 采用短弧焊接，使弧长不大于焊条直径，利用电弧吹力托住铁水；

③ 采用较小直径的焊条和较小电流，焊接电流一般比平焊小 10%～15%；

④ 根据焊件接头的形式特点，采用不同的运条方法。

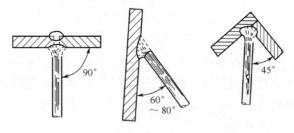

图 10.3 立焊焊条倾角

3）横焊

横焊是在工件垂直面上焊接水平焊缝的操作。横焊应采用较小直径的焊条，短弧焊接。由于横焊时上部坡口温度高于下部坡口，因此在上坡口处不做稳弧动作，而应迅速将电弧带至下坡口根部处，做微小的横位稳弧动作。坡口间隙小时，适当增大焊条倾角；间隙大时，可减小焊条倾角。

板厚为 3～5mm 时，采用不开坡口的对接双面焊，施焊时焊条的角度见图 10.4。焊件较薄时，可用直线往返形运条法焊接，使熔池中的熔化金属有机会凝固，可以防止焊穿。焊件较厚时，可采用短弧直线形或小斜圆圈形运条法焊接，这样可得到合适的熔深。横焊的焊接速度应稍快些，避免焊条的熔化金属聚集在某一点上形成焊瘤和咬边等缺陷。

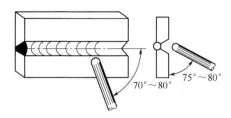

图 10.4　不开坡口对接横焊时的焊条角度

横焊接头的坡口形式一般为 V 形或 K 形，坡口的特点是下板不开或下板开坡口的角度小于上板，如图 10.5 所示，这样有利于焊缝成形。横焊焊道的排布见图 10.5(d)。

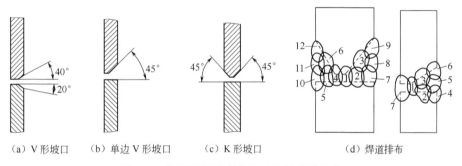

（a）V 形坡口　　（b）单边 V 形坡口　　（c）K 形坡口　　　　（d）焊道排布

图 10.5　横焊时对接接头的坡口形式与焊道排布

4）仰焊

仰焊时焊缝位于燃烧电弧的上方，操作者在仰视位置进行焊接。仰焊是最难焊的一种焊接位置和操作方式。仰焊时必须采用小直径的焊条（一般为 3～4mm）和较小的焊接电流，采用最短的电弧施焊。焊接时应使坡口两侧根部熔合良好，避免焊道太厚，以防止液态熔池金属过多而下淌。焊接带坡口的仰焊焊缝的第一层时，焊条与坡口两侧成 90°，与焊接方向成 70°～80°，用最短弧做前后推拉的动作。熔池宜薄不宜厚，应确保与母材熔合良好。熔池温度过高时可以拉起电弧或短暂熄弧，使温度稍微降低。焊接其余各层时，焊条横摆并在两侧做稳弧动作。

（3）板状平焊

板状平焊一般采用多层多道焊，关键在于单面焊双面成形的第一层焊缝。保证焊透背面，成形美观，不出现焊瘤、夹渣和未熔合等焊接缺陷。第一层焊缝可采用断续灭弧法，焊条直径一般为 2.5mm 或 3.2mm，焊接电流为 80～120A。断续灭弧有两点断续灭弧法、三点断续灭弧法和 U 形灭弧法。

① 两点断续灭弧法　两点断续灭弧法焊接示意图见图 10.6(a)。焊条在坡口 I 处引弧，稍做停留，使坡口熔化，然后摆向另一侧坡口 II 处。使坡口熔化时，焊条熔滴将已熔化的两侧坡口连在一起，与此同时，一部分电弧将正在凝固的前一个熔池的一部分重新熔化，它们共同成一个新熔池，这个新熔池的一部分在原先的熔敷金属上，使之与母材及原先的熔敷金属很好地熔合，这时将焊条向斜上方提起，当新熔池尚未凝固时，应重新引弧开始第二个灭弧动作。这样，一个个灭弧动作有节奏地进行下去，并形成完整的焊缝。

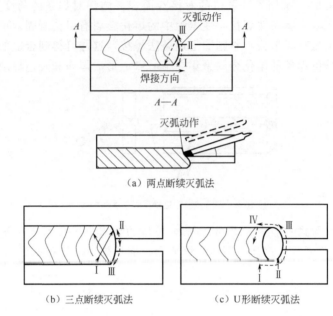

（a）两点断续灭弧法

（b）三点断续灭弧法　　　　　　　　（c）U形断续灭弧法

图 10.6　单面焊双面成形断续灭弧焊法

② 三点断续灭弧法　三点断续灭弧法与两点灭弧法相似，两者区别就是电弧停留点由两个变成三个［见图 10.6(b)］。

③ U形断续灭弧法　U形断续灭弧法的引弧点在已凝固的熔池后部Ⅰ处，如图 10.6(c)所示。焊条做U形摆动，当摆到Ⅱ处附近时，电弧做短暂停留，再摆向Ⅳ点，最后焊条向焊缝中心提起灭弧。当电弧从Ⅱ处到Ⅲ处的过程中，一则将已凝固的熔池的一部分重新熔化，二则穿过试件间隙，此时电弧将两钝边熔化，焊条熔滴将它们连在一起，形成新的熔池。熔池前面出现溶液，当新熔池尚未凝固时，依次类推，重新开始做U形运条。这种方法的优点主要是可避免第一层焊缝与坡口交换处出现死角，使清渣困难，导致接头强度降低。

（4）管子焊接

① 对接水平固定焊　管子的水平固定焊接，由底部仰焊位置到上部平焊位置，可分为两部分焊接。先焊的部分称为前半部，后焊的部分称为后半部。两部分的焊接都按照仰—立—平位的顺序从底向上进行焊接。

a. 引弧　当采用 ϕ3.2mm 的焊条进行打底焊时，可用直击法引弧，引弧部位可在前半部仰焊位置的坡口边缘处，电弧引燃后拉到坡口间隙中心，稍稍拉长电弧至 6～7mm，预热起焊处 1.5～2s，使坡口两侧接近熔化状态，立即压低电弧做横向摆动。形成熔池后，稍稍抬起电弧，使熔池温度略有下降，然后再压下电弧，向上顶焊。形成第一个熔池后灭弧。

b. 打底焊　开始焊接时，电弧处在仰焊位置上，其焊条角度与焊接方向之间的夹角为80°～90°。随着焊接位置的上升，逐步靠近立焊位置时，焊条角度应略有减小，大致在70°～80°。当到达立焊位置时，焊条与焊接方向的夹角又将恢复到90°。超过立焊位置后，焊条逐渐加大向焊接方向的倾斜，角度变化为 90°→80°→70°→60°。到达顶部平焊位置时，焊条角度约为 50°。随焊接位置的变化，焊条角度的变化如图 10.7 所示。

c. 收弧　酸性焊条的焊接，收弧极为关键，如操作不当，就会在熔池表面产生冷缩孔。防止冷缩孔的方法是：终止焊接收弧前，在熔池表面轻轻点焊两下，每点给送的液态金属量不足正常焊接时的一半，使熔池逐步缩小、变浅至凝固，以防空气介入，即可完成收弧过程。

d. 接头　水平固定管的焊接中，前半部分焊接时所留下的仰焊接头和平焊接头，在整个接头过程中难度最大。为了便于接头，通常在管的前半部分焊接时，仰焊的起头处和平焊的收尾处，都应超过管子垂直中心线 5～10mm，如图 10.8 所示。

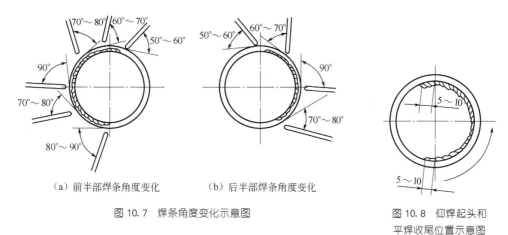

（a）前半部焊条角度变化　　　（b）后半部焊条角度变化

图 10.7　焊条角度变化示意图

图 10.8　仰焊起头和
平焊收尾位置示意图

e. 填充焊　壁厚为 6mm 的大管对接，只需填充一层即可，且填充量应尽量少，使填充层薄一些。填充层焊接与打底焊一样，也分两部分进行。焊接时，通常是将打底焊前半部分作为填充焊的后半部分，目的是将上下接头错开。填充层的运条方法可以采用锯齿形摆动，焊条角度和打底焊时相同。填充层焊缝表面应平滑过渡，并留出坡口轮廓，以方便盖面时能清晰地观察到坡口边缘的界线。

f. 盖面焊　盖面应力求整齐美观，无外形缺陷。盖面层焊接采用月牙形运条方法，在焊缝坡口两侧边缘要注意停顿，不得采用长弧焊接。焊条摆动要平稳，以使焊后波纹均匀美观。接头时，引弧点要在焊接前方距熔池 10～15mm 处，电弧引燃后，要拉回熔池中心处，待弧坑填满后，方能继续向前摆动焊接。

② 对接垂直固定焊　操作要点如下。

a. 引弧　将定位焊好的试件垂直固定在适当的位置上，焊条角度如图 10.9 所示。引弧部位设在与定位焊缝相对称的地方。采用直击法在坡口内引弧。电弧引燃后，要拉长电弧预热坡口，待坡口两侧接近熔化状态时，压低电弧，在上下坡口根部搭桥连接。

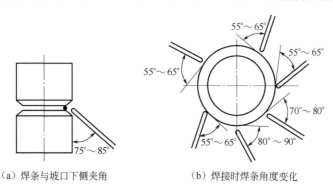

（a）焊条与坡口下侧夹角　　　　（b）焊接时焊条角度变化

图 10.9　焊条角度示意图

b. 打底焊　垂直焊时，焊缝为横向环位，应使坡口下侧钝边的熔化小于上侧，否则极易造成熔池下坠。而坡口上侧的熔孔也不应过大，一般控制在 1～1.5mm。间断灭弧的时间为 0.5~1s，焊接时要注意观察熔孔尺寸的变化，当熔池温度过高、坡口上侧熔孔增大时，应减少液态金属送进量。每次送进熔滴的位置都要在坡口中心稍偏下处，且熔池保持内侧约为 3/5，背侧约为 2/5。

c. 收弧　收弧时，焊条角度要适当回收，并沿坡口上侧回焊 5~10mm 后停弧。也可采用点焊收弧法，使熔池变浅、缩小。

d. 接头　可采用热接法，停弧后应迅速更换焊条，在熔池尚处于红热状态时立即在坡口前方 10~15mm 处引燃电弧。引弧后迅速将电弧拉至原熔池偏上位置压低。焊条在向坡口根部运行的同时做斜锯齿形摆动，开始断弧焊接。间断焊接两三次后，恢复正常焊接。

e. 填充焊　填充焊道分上、下两道，第一道焊接时焊条与焊接方向夹角为 65°~75°，与坡口下端夹角为 90°~100°，运条方法为斜圆圈形。第二道焊接时，焊条中心对准第一道焊缝的上边缘。运条方法与前道相同。但焊条角度向下做适当调整。与坡口下端夹角为 75°~85°。

f. 盖面焊　盖面层共分为三道，依次向上焊接，焊条角度与第一层打底焊时相同。第一道焊接采用直线形运条方法，短弧焊接。第二道焊缝采用斜圆圈运条方法，焊条摆动幅度要视剩余焊缝宽度而定。第三道焊接时，要根据所剩焊缝宽度选择运条方法。宽度较大时，采用小幅度斜锯齿形摆动方法；宽度较小时，采用直线形运条方法进行焊接。

(5) 管-板焊接

管-板类接头是锅炉、压力容器制造业主要的焊缝结构形式之一。管板类单面焊双面成形的操作考核主要分三种位置：垂直俯位固定焊、垂直仰位固定焊和水平固定焊。管板焊接有插入式和骑坐式。《锅炉压力容器考试规则》中规定，骑坐式管板试件考试合格后，可免考相同焊接位置的插入式管板试件。因此，这里主要介绍骑坐式管板的单面焊双面成形操作。

1) 管-板垂直俯位固定焊

管-板垂直俯位单面焊双面成形时，宜采用划擦法引弧，引弧点应在距始焊处 10~15mm 的底板坡口内侧。电弧引燃后要适当拉长，在始焊部位进行 1.5~2s 的预热，然后再压低电弧进行焊接。焊接开始时，电弧重心要放在底板坡口根部，2/3 在底板坡口根部，1/3 在管的坡口根部，以保证两侧热量平衡。实现上下两端的根部连接后，要快速间断灭弧施焊，此时要注意熔孔形成状况，2~3s 后，节奏放慢，开始正式打底焊接。

打底焊过程中要保持短的焊接电弧和适当的熔滴送进速度，焊条与底板和焊接方向之间的夹角如图 10.10 所示。随焊接位置的变化，手腕要不时变换角度。当位置跨度过大、不利于焊接时，应停止焊接，操作者调整位置后再行施焊。运条中要注意观察熔孔的尺寸变化情况。

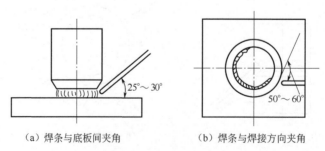

(a) 焊条与底板间夹角　　　　(b) 焊条与焊接方向夹角

图 10.10　打底焊运条角度

收弧时应在高温熔池上轻轻点焊两下，补充少量液态金属，给送熔滴的动作要快捷果断，否则起不到减小熔池冷缩孔的作用。也可用回焊方法结束收弧，但要注意收弧点不要太大，否则不利于接头成形。

管-板垂直固定焊盖面时，焊缝呈平角焊位置。焊接前要将打底焊道表面的焊渣和飞溅物清理干净。焊接过程中，焊条与底板的夹角为 50°～60°，电弧中心对准打底焊道偏下处，焊条做锯齿形小幅度摆动，摆动速度要慢，注意熔池上下边缘的熔化情况，防止产生咬边和焊脚下塌现象。

2）管-板仰位固定焊

与管-板垂直俯位固定焊相反，管-板仰位固定焊时，承热能力大的板座处在焊缝坡口的上侧，焊接电弧输入热量的中心应主要集中在板座的坡口边缘。焊接时将试件固定在适当高度的仰焊工作台上，采用划擦法进行引弧，引弧点可在与焊接方向相反处 15～20mm，也可在焊接前方 15～20mm 处。电弧引燃后，迅速拉向始焊部位，并在该处拉长电弧对坡口间隙周围进行 1.5～2s 的预热，然后压低电弧进行击穿焊接，焊条角度如图 10.11 所示。

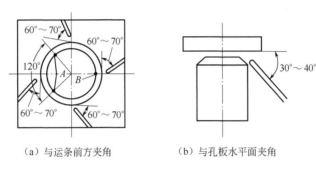

（a）与运条前方夹角　　　　　（b）与孔板水平面夹角

图 10.11　焊条角度示意图

A—定位焊缝；B—始焊部位

管-板仰焊时，给送液态金属的位置应直接在坡口根部。熔池的尺寸要 1/2 在坡口内侧，1/2 在坡口外侧。每次电弧跟进的时间以熔池接近凝固状态为宜，一般地说，每次液态金属给送的时间应控制在 1～1.5s，而间断灭弧的时间为 1～2s。收弧可采用回焊法。回焊时电弧要稍稍拉长，均匀地将熔池从焊缝内侧转向焊缝外侧，并向靠近孔板一侧回焊 5mm 左右，然后拉断电弧。此时注意电弧不要在停弧处停留时间太长，因为停弧处也是接头处，电弧停留时间太长，易使接头处焊缝加厚增加接头难度。

管-板盖面可采用单道斜锯齿形焊接，始焊部位要在贴近孔板一侧，电弧中心对准焊缝边缘，运条要尽量接近水平位置。当焊至焊缝边缘时，电弧要压低，并稍做停顿。一根焊条焊完后，电弧要停在下侧，接头部位依然在孔板焊缝边缘处，与前根焊条留下的焊接熔池要衔接良好。

3）管-板水平固定焊

管-板水平固定焊属于全位置焊接，为管-板结构焊接较难掌握的一种，管-板水平固定焊接时，焊缝由底向上经过仰→立→平焊位置的变化，焊条角度、给送液态金属的速度、间断灭弧的时间、熔池所处的状态都将随焊接位置的改变而改变。因此，控制好熔池温度和熔孔在不同位置时的可见尺寸，不断调整焊条倾斜角度是实现管板水平固定焊单面焊双面成形操作的关键。

管-板水平固定焊可分为左、右两部分由底向上进行焊接。一般情况下，可先从右侧开始焊接。采用划擦法引弧，引弧点可在左侧仰焊位置距中心 15～20mm 处。引弧后将电弧拉到距中心 5mm 处，先拉长电弧进行 1～2s 的预热，然后压低电弧将焊条向右下方倾斜，此时焊条与试件及焊接方向之间的夹角如图 10.12 所示。

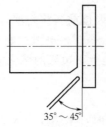
（a）焊条与试件下侧夹角

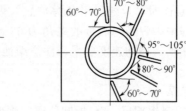
（b）焊条与焊接方向夹角

图 10.12　焊条与试件和焊接方向之间的夹角

管-板水平固定焊每一次起弧焊接时，都要从板的坡口边缘处开始，向管的坡口一侧进行摆动。焊接过程中要注意观察熔孔尺寸变化情况，仰位和立位焊接时，熔孔尺寸一般比每侧间隙增大 $1\sim1.5\text{mm}$，从立焊到平焊位置时，观察到的熔孔尺寸为 $0.5\sim1\text{mm}$。随焊接位置的变化，焊条角度要不断调整。当右半部分焊到顶点时，不要在平焊部位停弧，应继续向前施焊 $5\sim10\text{mm}$。

管-板右半部分打底焊完成后，要将始焊、终焊端的焊渣和金属飞溅物清理干净，然后开始左半部分的焊接，在仰焊部位接头时，需对始焊部位拉长电弧进行 $1.5\sim2\text{s}$ 的预热，压低电弧，横向摆动到坡口根部，立即用电弧向上顶压，形成熔孔后进行正常焊接。收弧时要沿熔池方向向后轻轻点焊两下。

管-板水平固定焊盖面层也分左右两部分进行焊接，由下而上操作。当焊接仰焊部位时，宜采用较大幅度的斜锯齿形运条方法，从仰焊位置到立焊位置，斜锯齿形运条幅度应逐步减小。当超过立焊位置时，斜锯齿形运条的方向应改为反向，随着位置的不断升高，到平角焊位置，反向斜锯齿形运条的幅度也应逐步加大。

盖面层右半部分的焊接，起始焊部位应设在仰焊中心部位偏左 $10\sim15\text{mm}$ 处，终焊部位应越过顶部中心线 $10\sim15\text{mm}$，操作过程中，焊条摆动要平稳，在坡口两侧稍做停留，以保证焊缝尺寸均匀，无咬边。盖面层左半部分的焊接和右半部分基本相同，但焊接电流应较右半部分焊接时相应减小 $5\%\sim10\%$。

10.1.5.2　船舶与海上平台

在现代造船工程中，焊接工作量约占船体总建造工时的 $1/3$。因此，焊接不仅对船舶的建造质量有重大影响，而且对提高生产效率、缩短建造周期也有很大作用。船体和海上平台的焊接，目前仍以焊条电弧焊为主，焊接质量在很大程度上取决于焊工的操作技能。为保证修造船舶及海上平台的焊接质量，各造船部门根据船舶检验局《焊工考试规则》的规定，必须对焊工进行考试，并由权威船检部门颁发合格证书。凡持有中国船舶检验局颁发的合格证书的焊工，方可从事与其合格类别相应的焊接工作。

（1）船舶及海上平台的特点

船体是浮在水面上的一个复杂的立体钢结构。按其结构特点可分为主船体和上层建筑两部分。主船体是指上甲板及其以下的船体部分；上层建筑是指上甲板以上的部分。在主船体结构中，常将船底板、舷板和舷侧外板统称为外板。外板是保证船体的密封性和强度的重要组成部分，它是由许多块钢板焊接后组成的。钢板的长边，一般沿船长方向布置，形成一长列钢板，称为列板。同一列板上各块钢板短边的连接缝成为端接缝，两相邻列板长边处的接缝称为边接缝。

海上平台根据其用途和作业环境可分为移动式平台和固定式平台。移动式平台多为勘探用平台，固定式平台为生产平台。海上平台结构与钢制海船结构不同，船舶是板架结构，平台则是厚板桁架结构。海上平台的结构特点如下。

① 平台结构多为厚钢板的焊接　平台结构庞大，多采用厚大钢板，一般厚度为 15～76mm，某些部位可达 100mm。

② 平台结构刚性大，拘束度高　为保证平台结构的稳定强度，其构件的截面尺寸往往比海船大几倍。此外，平台由于长期工作在海洋环境中，容易发生腐蚀，因此，在确定平台结构尺寸时，除考虑结构强度外，还需增加一定的腐蚀余量。

③ 平台结构复杂　在平台管节点处，往往四五根圆管交叉在一起，不仅给装配焊接带来困难，而且造成结构应力集中，这种应力在焊接过程中可能高于钢材的屈服强度，可能产生层状撕裂，给平台的安全造成潜在危险。

④ 必须绝对安全可靠　海上平台是钻探和采油工人工作和生活基地，必须绝对保证安全可靠，这就对焊接质量和接头性能提出了比船舶更高的要求。

（2）船体结构的焊接方法和技术

1）内场拼板自动焊

在船体分段建造中，钢板拼装焊接工作占整个焊接工作量的 15％～20％，为了加快拼板焊接速度，多采用埋弧自动焊工艺，最常见的有单面自动焊和双面自动焊两种。

常用的单面自动焊工艺有压力架式单面焊双面成形、移动式铜滑块双丝埋弧自动焊等。压力架式单面焊双面成形工艺是利用压力架上设置的 11 个汽缸所产生的压力，将钢板紧紧压在焊剂-铜衬垫上，对焊件正面焊接而达到一次成形。适用于焊接厚度小于 16mm 的钢板。移动式铜滑块双丝埋弧自动焊是利用两个相互独立的电弧和装置，对焊件正面进行焊接，达到单面焊双面成形的效果。适用于焊接厚度 6～20mm 的平直钢板的对接焊缝。

常用的双面自动焊工艺分开坡口和不开坡口两种形式。对厚度小于 14mm 的钢板自动焊，可不开坡口，焊接的主要问题是防止一面烧穿，目前船厂较多采用无垫单丝双面自动焊。为了保证焊缝有足够的熔深，同时又不致烧穿，通常在进行正面焊缝焊接时，要求熔深为钢板厚度的 40％～50％。而反面焊缝焊接则要求熔深为钢板厚度的 60％～70％。根据一般焊接工艺参数的要求，板厚超过 14mm 时，必须开坡口，有时为节省焊接材料、提高工作效率，也可采用不开坡口、加大间隙的双面自动焊。

2）船台上平板接头的单面焊

完工的分段和总段，运往船台拼接组装后，主要焊接工艺是板材与板材、构件与构件间的对接焊以及板材与构件间的角接焊。为了保证船台建造阶段的焊接质量，提高焊接生产率，实现部分平板接头的焊接机械化与自动化，船台上平板接头的单面焊有许多焊接工艺。

船台上平板接头的单面焊常用加铁粉埋弧自动焊工艺和焊剂软衬垫单面自动焊。加铁粉埋弧自动焊的特点是 20mm 以下的板材不需开坡口，接头留有（5±2）mm 间隙，背面衬以铜垫，在间隙中加入铁粉，然后在正面焊接双面成形。单面焊接的最大板厚为 20mm。焊剂软衬垫单面自动焊是采用一种磁性夹具或其他方法，将软衬垫固定在接头背面，并在坡口中附加自制的黏结铁粒（由铁粉、铁合金、萤石和钛白粉组成），然后以单丝埋弧自动焊焊接，单面焊双面成形。

舷侧外板垂直大接头的单面自动焊接主要包括细丝（CO_2＋Ar）气体保护摆动式自由成形焊接工艺和强制成形气电垂直自动焊。细丝（CO_2＋Ar）气体保护摆动式自由成形焊接工艺是焊接接头背面衬以小尺寸铜垫，用铁楔固定。采用三丝焊接机头沿磁性轨道爬行的办法进行焊接。接头能同时送进三根焊丝，每根焊丝都能摆动，摆动的幅度、频率和停顿时间，由专用凸轮控制，并可分别调节。焊丝为直径 1mm 的 H08Mn2SiA。板厚为 14～

24mm 时，三根焊丝同时焊接，一个焊接过程完成。焊接速度为 3.6～4.0m/h。

强制成形气电垂直自动焊工艺采用 CO_2＋Ar 气体保护，直径为 2mm 的 H08Mn2SiA 焊丝，板厚为 12～25mm 时，一个焊接过程即可完成。强制成形气电垂直自动焊工艺比焊条电弧焊提高生产率 1～4 倍，生产成本可降低 50％左右。

由于底部有构架，给外底板纵向和横向接头的焊接机械化、自动化造成很大困难。目前多采用各种衬垫手工单面焊双面成形工艺。即在钢板接缝的背面，用夹具或电磁铁等装置，使衬垫与钢板贴紧，在正面用焊条电弧焊进行单面焊接。采用这种方法可省去仰首刨槽（或铲根）、反面封底及翻转工件等作业。

常用的衬垫材料有黄砂衬垫、石英砂衬垫、陶瓷衬垫和玻璃纤维衬垫等。各种衬垫材料具有使用简便、便于携带和能弯曲等特点。因此，它除能适用于外底板纵向、横向接头的焊接外，还可用于具有一定曲率的板材对接焊。

3）填角焊缝的高效焊接法

对于平角焊缝，可采用小型埋弧自动角焊机来实现焊接自动化。焊丝直径 2mm，焊接速度约为 20m/h。使用自动角焊机焊接，对接缝清理工作要求较高，否则焊缝容易产生气孔。采用重力焊也可以实现平角焊缝焊接半机械化。重力焊方法借助焊条和焊钳的重力，使焊条按焊接方向顺着角缝进行运条，当焊条熔到预定长度时，通过焊钳反转自动断弧。

重力焊机结构简单、体积小、重量轻，适用于狭小场所焊接。一台重力焊装置配上高效铁粉焊条，每小时能焊接 10～12m 焊缝（焊脚为 6mm 时）。一个焊工操作两三台，生产效率比焊条电弧焊可以提高 1 倍多。

对于立角焊缝，可采用立向下焊条电弧焊以提高生产率。焊接时，焊条以一定的角度支靠在工件上均匀向下拖，直径为 5mm 的焊条一次焊接的最大焊脚可达 6～7mm。焊接速度比普通焊条提高 80％～100％，熔敷金属节省很多。

在船体上层建筑和 T 形构件装焊过程中，大多采用 CO_2 焊；对于大型船舶的尾柱焊接，采用电渣焊工艺。对于海上平台结构，大多数焊缝采用焊条电弧焊完成，同样需要提高焊工的操作技能。

10.2 焊工资格认证的要求

焊接资格认证是考核焊工能否根据焊接工艺规程，完成规程中规定的焊接操作的过程。焊工通过操作资格考试之后，由资格认证专家（或考试委员会）对试验结果进行认证，合格后颁发焊工资格认证证书之后才能获得资格认证。

10.2.1 焊工资格考试的组织与监督

（1）焊工资格考试的组织

焊工资格考试由焊工考试委员会负责组织。成立焊工考试委员会必须具备以下条件。

① 具有焊接主管工程师。主管工程师必须熟悉企业或其管辖范围内各类钢材的焊接工艺特性或焊接工艺评定细则；主管工程师应对考试试件的焊接工艺承担技术责任；主管工程师应向主管部门提出申报表（见表 10.2），并按审批核定的考试范围行使职责。

② 具有符合 GB 3323—87《钢熔化焊对接接头射线照相和质量分级》规定的 Ⅱ 级以上（包括 Ⅱ 级）的射线检验人员或符合 GB 11345—89《钢焊缝手工超声波探伤方法和探伤结果分级》规定相应级别的超声探伤人员和熟悉 GB/T 12469—90《焊接质量保证钢熔化焊接头的要求和缺陷分级》标准的检验人员。

表 10.2　焊接主管工程师申报表

姓名		照片
学历		
职务、职称		
技术经历		
制定过焊接工艺的产品名称、钢材牌号及焊接方法；承担过工艺评定或工艺试验研究的钢种、焊接方法及焊接材料		

③ 具有熟悉本企业或其管辖范围内的焊接方法、材料类别、各种焊接位置及试件类别所需操作要领的熟练焊工、技师作为焊工考试监督人员，并向主管部门提出申报表（见表 10.3），其职责是监督焊工的操作考试及执行工艺指令的能力。

表 10.3　焊工考试监督人员申报表

姓名		照片
职务、职称或考核经历		
本人焊接操作经历或主管产品工艺范围及焊接方法		
钢种类别		
焊接位置及接头形式		
产品厚度及尺寸		

④ 具备认可考试所需的焊接设备及辅助设备、焊接材料、试件材料及必要的加工、试验条件及检验设备和测量工具。

⑤ 具有所管辖范围的基础试题汇集及有关考试的管理制度文件。

⑥ 考试委员会的其他成员由主管部门审定。

1）考试委员会的申报和审批

凡具备考试委员会条件的企业或机构，可持文件向主管部门申报成立焊工考试委员会。若企业生产多种类别产品而受不同主管部门监督时，可向各有关主管部门同时申报。成立焊工考试委员会的企业或机构，若在人员、设备及技术条件（包括工艺评定的钢种类别）有重大变动时，应向主管部门及时提出变更考试认可范围内的申请。

主管部门在接到企业或机构的申报后应核实其人员的业务经历、设备及技术条件（包括工艺评定试验记录或要求的工艺文件）以决定批准成立考试委员会，并核定其有效的资格认可范围。不同主管部门应在保证考试质量的前提下，避免相同条件的重复考试。

被批准成立焊工考试委员会的企业或机构，只能在核定的认可范围内行使职责。

2）焊工考试委员会的职责和权利

焊工考试委员会的职责如下：

① 核实报考焊工资格；

② 核实报考项目，确定试题；

③ 监督焊工考试操作；

④ 评定考试结果；

⑤ 核实免试（包括延长有效期）资格；

⑥ 提供试件焊接工艺并应对工艺技术负责任；

⑦ 监督、检查焊工实际生产操作质量的记录。

焊工考试委员会的权利如下：

① 对不符合报考资格的焊工有权拒绝其考试要求；

② 对操作考试中不遵守工艺指令的焊工，有权向焊工提出警告直至立即终止考试，并判定考试不合格；

③ 判定考试焊工获得的认可范围；

④ 审定焊工认可项目的有效期，按标准规定要求，确定延长或终止焊工认可资格；

⑤ 对严重操作错误的焊工有权吊销证书；

⑥ 焊工工作调动时，由调入单位的考试委员会审核焊工资格并决定免试、抽试或复试；

⑦ 有权停止超越认可范围操作的焊工的操作资格，必要时可吊销其证书。

（2）焊工资格考试的监督

1）主管部门的监督

主管部门有权派人员进行现场监督，也可通过抽查考试结果包括焊工钢印标记的射线底片及考试检验记录以审定发放证书。

无论主管部门派人员现场监督还是抽查审定，对焊工考试的直接责任承担人仍应为焊工考试委员会，如有考试违纪现象或持证焊工操作管理不妥者，主管部门有权拒绝对该次考试的承认直至撤销对焊工考试委员会的认可，并停发或收回所有该考试委员会的认可证书。

2）焊工资格考试委员会的监考

焊工考试委员会必须指派专人负责现场监考。对违反考场纪律及不遵照工艺指令操作的焊工，有权提出警告直至取消其考试资格，并判定该焊工为不合格。

3）焊工报考资格

焊工报考资格及条件必须满足以下情况：

① 凡具有初中或初中以上学历或同等文化程度，学徒期满，经过培训并有独立承担某项（或某类）焊接工作能力的焊工均可提出考试申请；

② 凡技工学校焊接专业的毕业生可直接申请报考；

③ 焊工应按本人的技术水平及企业的实际需要申报考试项目，企业主管应按企业实际需要审批焊工报考项目；

④ 焊工应填写焊工考试申报表，见表10.4。

表 10.4　焊工考试申报表

姓名		照片
性别		
出生日期		
文化程度		
工作单位		
产品类别		
工作经历		
申报考试项目		
审核意见		

（3）焊工考试资料的计算机管理

焊工考试的组织、监督及管理工作是具有焊工考试能力的施工企业在质量管理环节中比较重要的一环，也是一项系统性、专业性很强的工作。为提高工作效率，降低管理成本，许多企业或考试委员会对焊工的考试资料实现了计算机化管理，为焊工考试管理水平的提高起到了积极的推动作用。

通过计算机管理，可以建立、查阅和打印焊工考试的基本信息、焊工考试的考试记录、考试合格项目的汇总，还能够实现焊工持证项目的查询、打印；焊工到期持证项目的通知、打印；合格项目通知书、焊工考试培训项目计划、焊工考试记录表、焊工考试成绩汇总表、合格项目报告及汇总表、焊工持证项目汇总表等表、卡的规范化制作。

采用计算机管理焊工考试资料时，只需一次输入数据，即可自动生成焊工考试资料所需的各类表、卡，避免了重复、烦琐、大量的手工填表工作。在输入数据时，计算机软件会根据焊工钢印的不可重复性自动检查，发现错误后还会自动给出提示。

各类表、卡自动生成后，如果发现有错误或是想把已生成的表、卡中的有关数据进行修改，采用计算机管理，可以减少人为多次填表带来的失误。例如，各种表、卡文件生成的过程中，它可以根据用户不同的要求，自动地检索到期持证焊工的人数、所在单位，以便及时安排培训和考试，将繁杂的管理工作灵活化、简单化。

通过计算机软件，可随时添加新的焊工考试的有关信息和数据，或者将已有的信息和数据进行完善和扩充。例如，在输入某种材料或某种焊接方法的焊工考试规则时，若材料数据库或焊接方法数据库中没有这种信息，软件就会自动提示用户是否将该种材料或焊接方法添加到数据库中，这样用户在工作过程中即可将新材料、新的焊接方法及时扩充到相应的数据信息库中。

采用计算机进行管理，操作简单、明了。不仅可以提高焊工考试管理人员的管理水平、技术素质、工作效率，而且可以确保焊接产品质量处于严格的控制状态。

10.2.2 初级焊工职业技能要求

（1）基本条件

初级焊工应具备电弧焊、气割方面的技术及相关的安全知识；能从事静载荷构件和一般钢结构产品的焊接或气割工作，是晋升中级焊工的基本力量。

申报资格如下。

① 文化程度：初中毕业。

② 现有技术等级证书（或资格证书）的级别：学徒期满。

③ 本工种工作年限：3 年以上。

④ 身体状况：健康。

⑤ 无技术等级证书，可参加初级电焊工的培训与考试，合格后方可申报。

（2）考试要求

按国家原劳动部和机械部组织制定的电焊工《国家职业技能鉴定规范》（考核大纲）规定进行，考试分理论知识笔试和操作技能考试两部分。考试由当地劳动部门组织和监督。

1）理论知识内容

包括识图知识、常用金属材料一般知识、金属学及热处理一般知识、电工常识、焊接电弧及弧焊电源知识、常用电弧焊工艺知识、常用焊接材料知识、焊接接头和焊缝形式知识、碳弧气刨知识、焊接用工装夹具及辅助设备知识、钳工基本知识、相关工种一般工艺知识。

2）操作技能考试

结合工矿、企事业单位实际生产需求确定不同的焊接方法，分别进行焊条电弧焊、气焊、手工钨极氩弧焊、CO_2 气体保护焊和埋弧自动焊等方法考试。考试项目应包括板、大口径管（或小口径管）和管-板三种试件形式。培训和考试项目见表 10.5 和表 10.6。

表 10.5　初级焊工操作技能培训项目　　　　　　　　　　　　mm

序号	初级焊工培训项目	图示
1	板角接平角焊、立角焊 板材:16Mn,Q235 规格:10×150×300,10×75×300	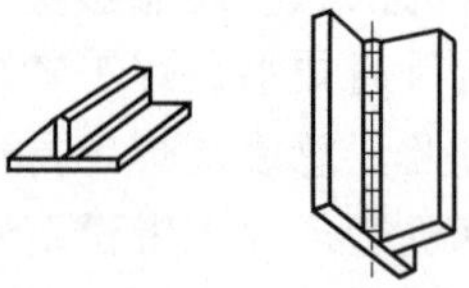
2	板 V 形坡口对接平焊、横焊 材质:16Mn,Q235 规格:12×150×300	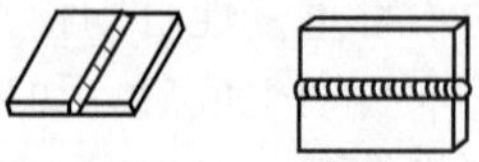
3	大口径管水平转动平焊 管材:20 钢 规格:ϕ133×10	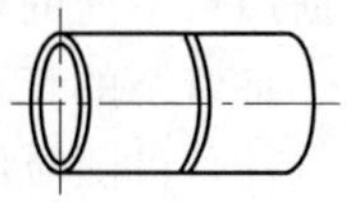
4	插入式管板俯位 板:16Mn,10×150×150 管:20 钢,ϕ60×5	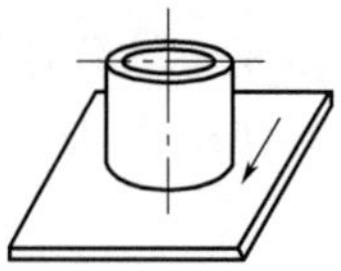

表 10.6　初级焊工操作技能鉴定考试试件形式和焊接位置　　　　　　　mm

序号	初级焊工鉴定项目	图示
1	板 V 形坡口对接平焊 材质:16Mn,Q235 规格:12×150×300	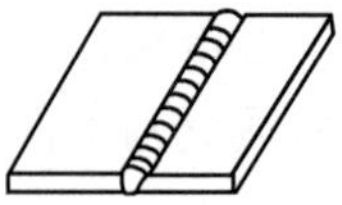
2	板 V 形坡口对接横焊 材质:16Mn,Q235 规格:12×150×300	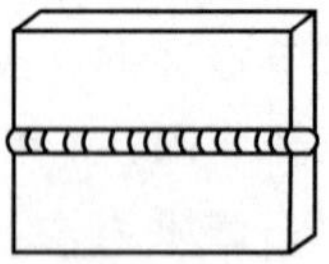
3	大口径管对接水平焊(转动管) 管材:20 钢 规格:ϕ133×10	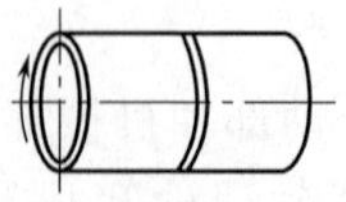
4	插入式管板垂直俯位 板:16Mn,10×150×150 管:20 钢,ϕ60×5	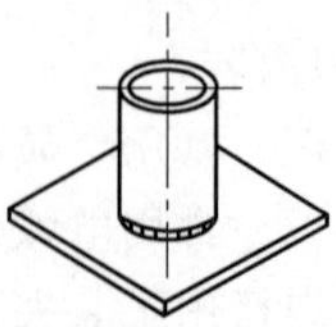

① 理论考试不合格者应在 1 周内补考,补考合格后才准予参加操作技能考试,补考不合格者需重新参加培训。

② 操作技能考试不合格者需在 3 个月内补考,补考不合格者需重新培训。

（3）证书

合格证书由被授权的职业技能鉴定机构考评委员会填写，由当地劳动主管部门负责验证。鉴定考试合格者可获得初级电焊工证书，按国家有关规定享受相应待遇。持证有效期按国家原劳动部标准执行。

10.2.3　中级焊工职业技能要求

（1）基本条件

中级焊工应能熟练地焊接常用材料的各种结构，完成动载荷和特殊要求产品的焊接、切割工作；能够发现生产中的不安全因素；是晋升高级焊工的基本力量。

申报资格如下。

① 文化程度：初中毕业。

② 现有技术等级证书（或资格证书）的级别：初级工等级证书。

③ 本工种工作年限：5 年以上。

④ 身体状况：健康。

⑤ 不具有初级工等级证书者，可参加中级电焊工的培训，达到中级焊工标准要求的理论知识和操作技能考试合格后，方可申报。

（2）考试要求

按国家原劳动部和机械部组织制定的电焊工《国家职业技能鉴定规范》（考核大纲）规定进行，考试分理论知识笔试和操作技能考试两部分。考试由当地劳动部门组织和监督。

1）理论知识内容

① 基础知识　金属学及热处理、电工基础知识。

② 专业知识　焊接电弧及焊接冶金、焊接工艺及设备专业知识、常用金属材料焊接专业知识、焊接应力和变形专业知识、焊接检验专业知识。

③ 相关知识　机械加工常识、相关工种工艺知识、生产技术管理知识。

2）操作技能考试

结合工矿、企事业单位实际生产需求确定不同的焊接方法，可分别进行焊条电弧焊、气焊、手工钨极氩弧焊、CO_2 气体保护焊和埋弧自动焊等方法考试。鉴定考试项目应包括板、大口径管（或小口径管）和管-板三种试件形式，分不同项目进行焊接。中级焊工培训和考试项目见表 10.7 和表 10.8。

表 10.7　中级焊工操作技能培训项目　　　　　　　　　　　　　mm

序号	中级焊工培训项目	图　示
1	板角接平角焊 板材：16Mn，Q235 规格：$10\times150\times300$，$10\times75\times300$	
2	板 V 形坡口对接平焊、横焊、立焊 材质：16Mn，Q235 规格：$12\times150\times300$	
3	大口径管对接水平固定、垂直固定 管材：20 钢 规格：$\phi133\times10$	

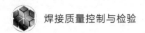

序号	中级焊工培训项目	图　示
4	骑坐式管板水平固定、垂直俯位 板：16MnR，10×125×125 管：20 钢，ϕ60×5	

表 10.8　中级焊工操作技能鉴定考试试件形式和焊接位置　　　　　mm

序号	中级焊工鉴定项目	图　示
1	V 形坡口中厚板横焊 材质：16MnR，Q235 规格：12×150×300	
2	V 形坡口中厚板立焊 材质：16MnR，Q235 规格：12×150×300	
3	大直径管对接垂直固定焊（TIG 焊为小直径管） 材质：20 钢 规格：ϕ133×10	
4	骑坐式管板垂直俯位或水平固定 材质：16MnR/20 钢 规格：10×125×125/ϕ60×5	

　　鉴定考试由当地劳动部门组织和监督，在电焊工职业技能鉴定所进行，在选择项目的难易程度上不低于国家职业技能鉴定规范中的要求，试件评定应按《锅炉压力容器焊工考试规则》中所规定的检验要求进行。

　　① 理论考试不合格者应在 1 周内补考，补考合格后才准予参加操作技能考试，补考不合格者需重新参加培训。

　　② 操作技能考试不合格者需在 3 个月内补考，补考不合格者需重新培训。

　　（3）证书

　　合格证书内容由被授权的职业技能鉴定机构考评委员会填写，由当地劳动主管部门负责验证。鉴定考试合格者可获得中级电焊工证书，按国家有关规定享受相应待遇。持证有效期按国家原劳动部标准执行。

10.2.4　高级焊工职业技能要求

　　（1）基本条件

　　高级焊工是焊接技术骨干，具有较高操作技能水平；能够分析焊接缺陷事故的产生原因；具有指导初、中级焊工在技能操作方面的能力；是晋升焊接技师的后备队。

申报资格如下。

① 文化程度：初中毕业。

② 现有技术等级证书（或资格证书）的级别：中级工等级证书。

③ 本工种工作年限：8 年以上，技工学校和职业高中本专业（工种）毕业生申报高级工为 3 年以上。

④ 身体状况：健康。

⑤ 不具有中级工等级证书者，可参加高级电焊工预备培训班，达到高级焊工标准要求的理论知识和操作技能考试合格后，方可申报。

（2）考试要求

按原国家劳动部和机械部组织制定的电焊工《国家职业技能鉴定规范》（考核大纲）规定进行，鉴定考试分理论知识笔试和操作技能考试两部分。考试由当地劳动部门组织和监督。

1）理论知识内容

① 基础知识　焊接接头试验方法。

② 专业知识　异种金属的焊接、典型金属结构的焊接。

③ 相关知识　提高劳动生产率的措施。

2）操作技能考试

结合工矿、企事业单位实际生产需求确定焊接方法和鉴定项目。可分别选择焊条电弧焊、气焊、手工钨极氩弧焊、CO_2 气体保护焊和埋弧自动焊等不同的焊接方法。鉴定考试项目应包括板、小径管、大径管和管-板四种试件形式。高级焊工培训和考试项目见表 10.9和表 10.10。

鉴定考试由当地劳动部门组织和监督，在电焊工职业技能鉴定所进行，在选择项目的难易程度上不低于国家职业技能鉴定规范中的要求，试件评定应按《锅炉压力容器焊工考试规则》中所规定的检验要求进行。

① 理论考试不合格者应在 1 周内补考，补考合格后才准予参加操作技能考试，补考不合格者需重新参加培训。

② 操作技能考试不合格者需在 3 个月内补考，补考不合格者需重新培训。

表 10.9　高级焊工操作技能培训项目　　　　　　　　　　　　　　　mm

序号	高级焊工培训项目	图　示
1	V 形坡口中厚板异种钢的对接横焊（或立焊）位置焊条电弧焊 板材：16MnR，Q235/1Cr18Ni9Ti 规格：12×150×300	
2	V 形坡口中厚板对接仰焊位置焊条电弧焊 材质：16Mn，Q235 规格：12×150×300	
3	大直径管对接水平、垂直固定位置氩弧焊打底、焊条电弧焊填充盖面 管材：20 钢 规格：$\phi133×10$	

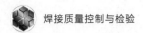

序号	高级焊工培训项目	图　　示
4	小直径管对接水平、垂直固定位置氩弧焊（或焊条电弧焊） 管材：20钢 规格：$\phi60\times5$	
5	骑坐式管板垂直仰位焊条电弧焊（或气体保护焊），至少三种试件形式，1、2中任选一项，1、2用气体保护焊时需为薄板 材质：16MnR/20钢 规格：$10\times125\times125/\phi60\times5$	

表 10.10　高级焊工操作技能鉴定考试试件形式和焊接位置　　　　　　mm

序号	鉴定内容	图　　示
1	板角接仰焊（焊条电弧焊） 材质：16MnR，Q235 规格：$12\times150\times300$	
2	板对接仰焊或异种钢横焊、立焊（焊条电弧焊） 材质：16MnR，Q235/1Cr18Ni9Ti 规格：$12\times150\times300$	
3	大直径管对接水平、垂直固定位置（焊条电弧焊或气体保护焊） 材质：20钢 规格：$\phi133\times10$	
4	小直径管对接水平、垂直固定位置（焊条电弧焊或气体保护焊） 材质：20钢 规格：$\phi60\times5$	
5	骑坐式管板垂直仰位、水平固定（焊条电弧焊或气体保护焊） 材质：16MnR/20钢 规格：$10\times125\times125/\phi60\times5$	

（3）证书

合格证书内容由被授权的职业技能鉴定机构考评委员会填写，由当地劳动主管部门负责验证。鉴定考试合格者可获得高级电焊工证书，按国家有关规定享受相应待遇。持证有效期按国家原劳动部标准执行。

10.2.5　焊接技师培训与考核

（1）基本条件

焊接技师是高级焊工中的技术骨干和带头人，具有丰富的生产实践经验和解决生产技术关键问题的能力；能够传授技艺，培训初、中、高级焊工。

申报资格如下。

① 文化程度：高中或技工学校文化程度。

② 具有高级电焊工的专业技术理论水平和实际操作技能，现有高级工等级证书。

③ 不具有高级工等级证书者，可参加焊接技师预备班培训，达到高级焊工标准要求的理论知识和操作技能考试合格后，方可申报。

④ 身体状况：健康。

（2）鉴定考试

按《关于实行技师聘任制的暂行规定》要求，申报者在已达到高级焊工水平（获高级焊工资格证书）条件下，进行工作业绩答辩考核。

1）个人书面技术总结

包括业务能力、特技专业、解决的关键问题、技术革新成果、授课带徒。

2）答辩内容

① 按高级焊工标准要求，根据答辩内容及其在生产实际中的使用价值、专业知识掌握情况、分析能力、表达能力和创造性，反映出实际水平。

② 针对技术总结，结合本焊接工种工艺中的难点，回答工艺理论及在实践中的解决办法。

③ 鉴定考试由当地劳动部门组织和监督。

（3）证书

证书内容由被授权的职业技能鉴定机构考评委员会填写，由当地劳动主管部门负责验证。鉴定考试合格者可获得焊接技师证书，按国家有关规定享受相应待遇。持证有效期按国家原劳动部标准执行。

10.3　焊工操作考试与检验

10.3.1　焊工资格考试的内容

焊工资格考试应包括理论知识考试和操作考试两部分，考试结束时应由考试委员会填写焊工考试结果记录表，记录表内容及格式见表 10.11。

（1）理论知识考试

理论知识考试应以焊工必须掌握的基础知识及安全知识为主要内容，焊接基础理论知识应以提高焊工素质及提高焊工自觉遵循焊接工艺规程指令为目的。

焊工理论知识考试内容范围应与报考焊工资格级别、类别相对应，具体包括：

① 焊接安全知识（GB 9448—1999）；

② 焊缝符号识别能力（GB/T 324—2008，GB/T 985—2008）；

③ 焊缝外形尺寸要求；

④ 焊接方法表示代号；

⑤ 无损检验标准分级及标志；

⑥ 焊接质量保证和焊接缺陷；

⑦ 焊工从事焊接产品的质量要求，可按企业制造产品的技术要求、制造规程、规范或法规出题；

⑧ 焊接材料型号、牌号及使用、保管要求（应与报考类别相适应）；

⑨ 报考类别的钢材型号、牌号标志及主要合金成分及性能；

表 10.11 焊工考试结果记录表

编号_____	姓名_____	
性别_____	单位_____	照片
基本知识考试结果_____		
试题来源_____		
审核单位_____		
考试成绩_____	考试日期_____	
操作考试_____		
焊接方法_____	钢材类别_____	
试件类别_____	板厚(管径)_____	
焊材_____		
考试结果_____		
外观_____(合格)*		
无损检验(射线、超声)(合格)*		
其他(冷弯、断口、断面)(合格)*		
_____		
结论 经考核该焊工可参与:		
焊接方法_____	钢材类别_____	
时间类别_____	板厚(管径)_____	
焊接方法_____	钢材类别_____	
时间类别_____	板厚(管径)_____	
考试委员会签章		

⑩ 焊接设备、装备名称、类别,使用及维护要求(应按企业实际使用要求或以一般常用型为主);

⑪ 焊接缺陷分类及定义,缺陷的产生原因及防止措施的一般知识;

⑫ 焊接热输入与焊接工艺参数的换算及焊接热输入对焊缝组织性能影响的一般关系;

⑬ 焊接应力、变形及热处理的一般知识。

(2)操作考试

操作考试应在理论知识考试合格后进行。操作考试按焊接方法、试件类别及材料类别进行分类。

1)焊接方法分类

焊工考试设计的焊接方法有药皮焊条电弧焊(代号 111)、气焊(代号 3)、手工钨极气体保护焊(代号 141)、手工熔化极气体保护焊(代号 13)和手工等离子弧焊(代号 15)。焊工改变焊接方法类别需经重新考试,气体保护焊的焊丝种类及气体介质不作分类依据。但报考气体保护焊操作时,喷射型过渡和短路过渡不能相互认可,应分别进行考核。

2)试件分类

① 试件代号 焊工资格考试所用的试件形式有板坡口对接试件、板角接试件、管对接试件和管板试件,见图 10.13～图 10.16。试件代号分为以下三种。

a. 试件类别代号:"P"表示板试件,"T"表示管子试件。

b. 焊缝形式代号:"G"表示坡口焊缝,"F"表示角焊缝。

c. 焊接位置代号:"F"表示平焊及船形焊,"H"表示坡口横焊及角焊缝的平角焊,"V"表示立焊,其中"V_u"表示向上立焊,"V_d"表示向下立焊,"O"表示仰焊,"A"表示管子全位置焊,其中"A_i"表示倾斜 45°管的全位置焊,转动管试件需附加代号"r"。

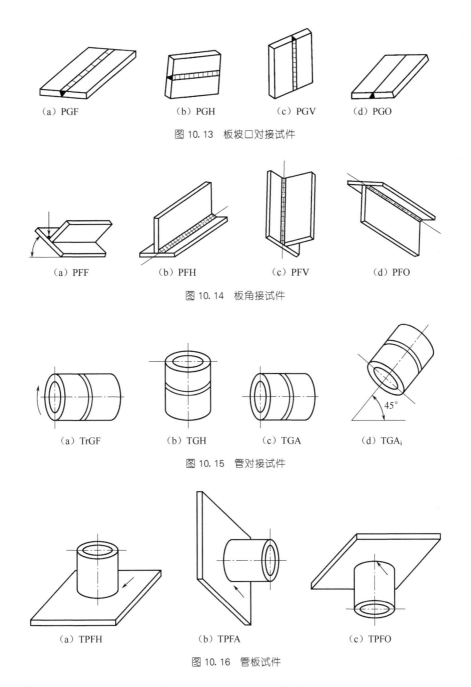

(a) PGF　　　(b) PGH　　　(c) PGV　　　(d) PGO

图 10.13　板坡口对接试件

(a) PFF　　　(b) PFH　　　(c) PFV　　　(d) PFO

图 10.14　板角接试件

(a) TrGF　　　(b) TGH　　　(c) TGA　　　(d) TGA$_i$

图 10.15　管对接试件

(a) TPFH　　　(b) TPFA　　　(c) TPFO

图 10.16　管板试件

② 试件用材料代号　钢材代号见表 10.12；焊条代号见表 10.13。

表 10.12　钢材分类及适应认可范围

类别	特　　　征	认可范围
Ⅰ	不要求预热,不要求控制热输入,如 Q235,10,20,20R,22g,12Mng,16Mng,12MnR	Ⅰ
Ⅱ	要求预热,并要求控制最小焊接热输入,如 12Mng,16Mng(厚板及有冲击韧性考核要求时),15MnV,20MnMo,15MnTi,15MnCuCr,Q275,15MnVN,14MnMoV,15MnMoV,18MnMoNb,20MnMoNb,CrMo 类,CrMoV 类,Cr13 型马氏体钢	Ⅰ,Ⅱ

类别	特 征	认可范围
Ⅲ	要求预热,并要求控制最小焊接热输入及最大热输入,如 30CrMnSi,1Cr17 类及 0Cr13 铁素体类	Ⅰ,Ⅱ,Ⅲ
Ⅳ	不要求预热或低于 50℃预热,但要求严格控制热输入并以线状焊道施焊,Ⅳa 认可钢种有细晶粒高韧性钢(微元素控轧钢),焊接无裂纹钢(CF 钢),有严格低温冲击韧性要求的钢	Ⅳa,Ⅰ
	Ⅳb 认可钢种奥氏体不锈钢类(18-8 型和 25-20 型)	Ⅳb,Ⅰ

表 10.13　焊条分类代号

焊条类型	代 号
E××20(氧化铁型)	a
E××12(钛型)	b
E××15(低氢型)	c
E××10(纤维素型)	d

③ 附加代号　单面不加垫省略代号,加垫或双面焊加"D"。

④ 试件代号表示　试件代号表示如下。

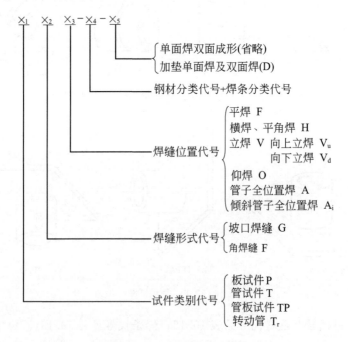

⑤ 试件类别及认可范围　焊工资格考试用试件类别及认可范围见表 10.14。

此外,焊工资格考试认可范围还应考虑以下情况:

a. 焊工可按工作需要申报单项试件或多项试件的考试,但首次报考时一般焊工应先通过板坡口平焊试件的考核,对从事桁架结构件或板梁组合件为主的焊工,首次考核应先通过板平角焊试件的考核;

b. 以单面不带垫板试件考试合格者可同时取得单面带垫板及双面焊的认可资格,但反之不能认可;

表 10.14　焊工考试试件类别及认可范围

试件类别			认可范围
	焊接位置	代号(简化代号)	
板坡口对接焊试件	平	PGF(1G)	PGH、PFF、PFH、T$_r$GF、TPFH、(TP)$_r$FH
	横	PGH(2G)	PGF、PGH、PFF、PFH、T$_r$GF
	向上立焊	PGV$_u$(3G$_1$)	PGV$_u$、PGF、PFV$_u$、PFF、PFH、T$_r$GF、(TP)$_r$FH
	向下立焊	PGV$_d$(3G$_2$)	PGV$_d$、PFF、PFH、PFV$_d$
	仰	PGO(4G)	PGO、PGF、PGH、PFF、PFH、PFO、TGF、TPFH、TPFO
板角焊试件	船形焊	PFF(1F)	PFF
	平角焊	PFH(2F)	PFH、PFF、(TP)$_r$FH、TPFH
	向上立焊	PFV$_u$(3F$_1$)	PFV$_u$、PFF、PFH、TPFH、PGV$_u$①
	向下立焊	PFV$_d$(3F$_2$)	PFV$_d$、PGV$_d$①
	仰	PFO(4F)	PFO、PFF、PFH、TPFH
管坡口对接焊试件	转管平焊	T$_r$GF(1T)	T$_r$GF、PGH、PFF、PFH、TPFH
	横焊	TGH(2T)	TGH、PGH、TGF、PGF、TPFH
	横管向上焊	TGA$_u$(5T$_1$)	TGA$_u$、PGF、PFF、PFH、PGO、PGV、PFO、TGF、PFV$_d$、T$_r$GF、TPFH
	横管向下焊	TGA$_d$(5T$_2$)	TGA$_d$、PGA$_d$
	倾斜 45° 定管向上焊	TGA$_{iu}$(6T)	PGF、PGH、PGV$_u$、PGO、PFF、PFH、PFV$_u$、PFO、T$_r$GF、TPFH、TGA$_{iu}$、TPFV$_u$、TGA$_u$、TGH
管板角焊试件	平角焊	TPFH(1TP)	TPFH、PFF、PFH
	横管向上焊	TPFA$_u$(3TP)	PFF、PFH、PFV$_u$、PFO、TPFH、PGF①、PGO①、PGV$_u$①
	直管仰角焊	TDFO(4TP)	PFF、PFH、TPFO、PFO、TPFH、PGF①、PGO①、PGH①
限位试件举例,企业或主管部门可按产品特殊构件另提附加试件要求	限位倾斜管对接	TGA$_i$ 	包括 T、K、V 形管-管支接在内的所有位置焊接资格
	密排管全位置焊	—	密排管适应性试验可取得板坡口及管对接所有位置的焊接资格
	横焊位		

① 只当试件为骑坐管时才适用。

c. 管径大于 600mm 的大直径管可按板坡口试件考核取得认可;

d. 报考坡口管对接及骑坐式管板试件的焊工必须首先通过对应位置单面不带垫板试件的考核;

e. 横管(包括管板)试件应标有位置标记(可按时钟钟点标记)。

⑥ 试件尺寸　焊工资格考试用试件尺寸见图 10.17~图 10.21。试件坡口角度一般以 60°为准,若产品坡口小于 45°时应补充适应性试验,试验细则由工艺确定,试件坡口尺寸见表 10.15。试件厚度及管子试件外径的认可范围见表 10.16。

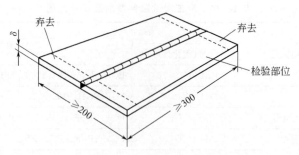

图 10.17 板对接焊试件

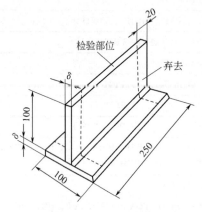

图 10.18 板角接试件

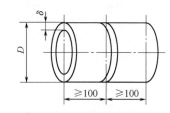

图 10.19 管对接试件

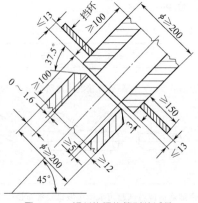

图 10.20 倾斜位限位管对接试件

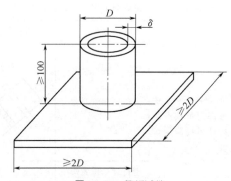

图 10.21 管板试件

表 10.15 试件坡口形式及尺寸

坡口形式	尺寸	适用范围
	$\delta=1\sim6mm$ $b=0\sim2.5mm$	单面焊
	$\delta=2\sim4mm$ $b=0\sim3.5mm$	单面加垫焊

坡口形式	尺寸	适用范围
	$\alpha=60°$ $\delta=6\sim20mm$ $P=1\sim4mm$ $b=1\sim2mm$	单面焊或背面清根焊;实际产品 $\alpha<45°$ 时应补加适应性试验
	$\alpha=60°$ $\delta=6\sim20mm$ $P=0\sim3mm$ $b=2\sim3mm$	单面加垫焊;实际产品 $\alpha<45°$ 时应补加适应性试验
	$\delta=2\sim20mm$	角接角焊缝,插入式管板
	$\beta=45°\sim50°$ $\delta=3\sim20mm$ $b=0\sim3mm$ $P=1\sim3mm$	角接对接焊缝及角焊缝的组合焊缝,骑坐式管板也可参照采用;$\beta<45°$ 时,应补加适应性试验

注：6mm 以下板坡口对接试件，可以采用刚性固定；6mm 以上则采用反变形。

表 10.16　试件厚度、管子试件外径及认可范围　　　　　　　　mm

试件板厚或管件壁厚 δ	认可厚度范围
<5	$\delta\sim1.5\delta$
$\geqslant5\sim15$	$6\sim2\delta$
$\geqslant15$	$\geqslant6$
试件管外径 D	认可外径范围
$\leqslant60$	D 不限
$\geqslant108$	$\geqslant89$

3）材料分类

　　按照不同钢材要求焊工在执行焊接工艺指令时，能适应调整工艺参数的不同要求（如要求调整焊接电流、控制焊缝尺寸、控制焊接速度）这一原则，对钢材作出下述分类。药皮焊条分类及认可范围见表 10.17。

表 10.17　药皮焊条分类及认可范围

认可范围		(a)	(b)	(c)	(d)
认可范围		E××20 E××22 E××27	E××12 E××13 E××14 E××03 E××01	E××15 E××16 E××18 E××48	E××10 E××11
考试用焊条类别	(a)E××20(氧化铁型)	○	—	—	—
考试用焊条类别	(b)E××12(钛型)	√	○	—	—
考试用焊条类别	(c)E××15(低氢型)	√	√	○	—
考试用焊条类别	(d)E××10(纤维素型)	—	—	—	○

注：○为考试焊条类别；√为认可焊条类型。

举例：

如考试时采用（C 类）E××15 型焊条，则合格后不仅可取得 E××15、E××16、E××18、E××48 型焊条的认可，同时也可取得 E××20、E××22、E××27、E××12、E××13、E××14、E××03、E××01 型焊条的认可。

专用焊条，如打底专用焊条、向下立焊焊条应单独考核。气体保护焊气体介质及焊丝种类不作考试分类要求。钨极种类不作考核分类。气焊考核时燃气种类改变应重新考核。

10.3.2　检验方法

焊缝金属的性能应先由焊接工艺评定或工艺试验取得验证。操作考试应以检验焊工操作技能为原则，即应检验焊工遵循工艺指令的能力及完成致密焊缝的能力为主。对焊工遵循工艺指令的能力应由监考人员检验焊工操作时采用的焊接电流、焊接电压、焊接速度及焊缝道数作出判断。

由于断面宏观金相检查及冷弯试验检查焊接操作缺陷有较大的局限性，因此对于对接接头试件应以外观检验和无损检验为主，在无损检验有困难或有异议时，可用断面检验或冷弯试验。对于小管、管板及角焊缝试件，可采用断口检验或断面检验。气体保护焊试件因射线检验对坡口侧壁未熔合类缺陷较难检验，因此应采用冷弯试验或断口检验。

不同类型的试件检验项目见表 10.18。

表 10.18　不同类型的试件检验项目

试件形式	试件厚度/mm	试件管径/mm	检验项目及试件、试样数量/件						
试件形式	试件厚度/mm	试件管径/mm	外观目测	无损检验	冷弯试验			断口检查	断面检验
试件形式	试件厚度/mm	试件管径/mm	外观目测	无损检验	正弯	背弯	侧弯	断口检查	断面检验
板对接	≤5	—	1	1	1	1	—	—	—
板对接	>5~15	—	1	1	1	1	—	—	—
板对接	>15	—	1	1	1	1	2	—	—
板及管板-角接	—	—	1	1	—	—	—	1	4
管	—	≤60	3	1	1	1	—	2	—
管	—	>60	1	1	1	1	2	—	—

注：1. 焊条电弧焊，射线探伤可代替冷弯。

2. 角接接头的角焊缝和对接焊缝的组合焊缝可采用超声波探伤。

对焊接试件的检验方法如下。

① 外观目测检验　借助检测工具测量焊缝的外形尺寸、余高及焊缝直度。借助 5 倍放大镜检验外表缺陷。

② 无损检验　应符合 GB 3323—87《钢熔化焊对接接头射线照相和质量分级》或 GB 11345—89《钢焊缝手工超声波探伤方法和探伤结果分级》的要求。

③ 冷弯试验　可采用导向弯曲、辊筒弯曲或三点弯曲中的任意一种方法，试样见图 10.22～图 10.24。正背弯试样弯曲面（正、背两面）焊缝余高均应加工到与母材齐平，并至少保留受拉面试样有一侧与母材齐平。

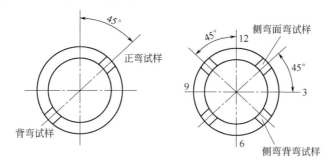

图 10.22　管对接试件侧弯及正、背弯取样位置

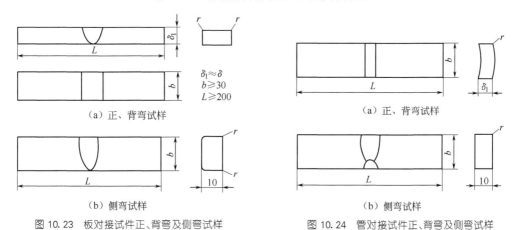

（a）正、背弯试样

$\delta_1 \approx \delta$
$b \geqslant 30$
$L \geqslant 200$

（b）侧弯试样

图 10.23　板对接试件正、背弯及侧弯试样

（a）正、背弯试样

（b）侧弯试样

图 10.24　管对接试件正、背弯及侧弯试样

④ 断口检验　对管对接试件可在所需检测部位的焊缝表面加工沟槽，槽深不得超过焊缝有效厚度的 1/3，然后采用任何适宜的方法将试件折断，以检查断口的表面缺陷。对角焊缝试样则可直接将角接接头压断或折断。

⑤ 断面宏观金相检验　取样见图 10.25 和图 10.26。

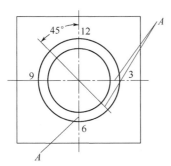

图 10.25　管板角接断面宏观金相检验取样位置

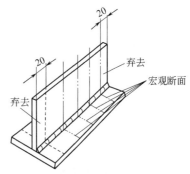

图 10.26　角焊缝断面检查试样

10.3.3　合格条件

焊工资格考试完毕后，必须经过质量检验，满足以下条件方为合格。

① 试件焊缝表面不应有焊瘤、烧穿、成形不良、未焊满、气孔、夹渣、未熔合等缺陷。

② 焊缝咬边深度应不大于 0.5mm，两侧咬边总长应不超过焊缝长度的 15%（管、管板试件可限为 20%）。

③ 单面不带衬垫试件不应有未焊透；更换焊条或重新引弧时由于焊缝接头不良造成的未焊透深度应不大于板厚的 15%且最大不超过 1.5mm；每处接头不良长度应小于 3mm；背面下塌应不大于 2mm。

④ 焊缝缩沟及根部收缩，对试件厚度不超过 6mm 时，深度应不大于 25%板厚且最大不超过 1mm；试件厚度大于 6mm 时，深度应不大于板厚的 20%且最大不超过 2mm。

⑤ 焊缝外形尺寸应符合表 10.19 的要求。

表 10.19　焊缝外形尺寸的要求　　　　　　　　　　　　　　　　　　mm

焊缝宽度差	焊缝余高	余高差	焊缝直度	角焊缝焊脚
≤2	平焊 0～3 其他 0～4	任意 250 焊缝长度内余高差≤?	≤2	焊脚不对称应≤1+0.1α（α 为设计焊缝有效厚度或按 0.7 倍板厚计） 焊脚偏差≤3

⑥ 内部缺陷应符合 GB 3323—87《钢熔化焊对接接头射线照相和质量分级》Ⅱ级或 GB 11345—89《钢焊缝手工超声波探伤方法和探伤结果分级》Ⅱ级的规定，也可根据表 10.20 的要求对试件的断口、断面缺陷进行判定。

表 10.20　内部缺陷允许值（任意 10mm×10mm 截面内）　　　　　　　mm

	板厚	≤10	>10～15	>15～25
点状缺陷	缺陷点数	3 个	6 个	9 个
	对应缺陷尺寸	$\phi3$ 一个 或 $\phi1$ 一个加 $\phi2$ 一个 或 $\phi1$ 三个	$\phi4$ 一个 或 $\phi3$ 二个 或 $\phi2$ 三个 或 $\phi1$ 六个	$\phi4$ 一个加 $\phi3$ 三个 或 $\phi4$ 一个加 $\phi2$ 四个 或 $\phi4$ 一个加 $\phi1$ 五个
条状缺陷	板厚	≤12	>12	
	缺陷点数	4	$\delta/3$（δ 为板厚）	
	允许夹渣总长	任意直线上，相邻两夹渣间距不超过 6L（L 为夹渣最长长度）的任意一组夹渣在 12 倍板厚长度内其累计长度应小于板厚		

⑦ 冷弯试验结果三点弯曲应符合产品工艺评定合格级，辊筒弯曲试验时 $d=4\delta$（δ 为板厚），180°表面无≥3mm 缺陷为合格级（棱角裂纹不作考核）。

⑧ 板状试件错边量应不大于板厚的 10%，角变形量应≤3°。

⑨ 若产品有特殊要求者，可由企业或主管部门提出附加指标，并在焊工合格证书中注明。

⑩ 所有检验要求均以一次检验为准，一项检验不合格即为考试不合格，板状试件两端 20mm 不作考核。

10.3.4　复试与证书

（1）复试

焊工理论知识考试不及格者，应经复习并在 1 个月后再进行补考。补考试题与初考试题不得重复。操作考核不合格者，允许经培训在 1 个月后补考。补考试件、检验与初考相同，补考检验有一项不合格者，需经培训后才可重新申请考试，其间隔期不得少于 3 个月。若要立即复试者需立即对不合格的每种焊缝、每一位置焊接两个试件，复检全部项目，以全部达到要求为合格。

对操作中断半年以上，并且证书有效期满又未获延长有效期的焊工，重新取证时需要进行复试。复试可按原考核项目中最有代表性的项目进行抽考。

（2）证书

凡考核合格的焊工，由主管部门颁发焊工合格证书，证书内容如下：

① 焊工姓名、性别、年龄、发证日期、照片及理论知识考试成绩；

② 试件类别、厚度范围（管径范围）；

③ 试件焊接方法；

④ 试件外观检验结果；

⑤ 无损检验或超声检验结果，或者冷弯检验或断面检验结果；

⑥ 焊工取得认可范围（焊接方法、接头形式、焊接位置、厚度范围、钢材类别、焊条类别）；

⑦ 焊工日常生产记录，内容应包括产品名称、接头类型、焊接位置、焊接方法、材料类别、检验结果（档案检索号码）及焊工每半年质量合格率（%），记录至少应每半年一次；

⑧ 考试委员会名称及授权范围；

⑨ 考试委员会的批准单位（印章）；

⑩ 发证单位及技术主管人员签章，注明发证日期。

焊工合格证书的资格认可有效期为 3 年。凡持有资格证的焊工、按规定在认可范围内操作且达到下述要求者，可由企业将焊工操作记载档案及质量检验结果记载，报请上级主管部门，申请免试，延长有效期。

① 连续中断该项焊接工作时间不超过半年；

② 该项操作的产品焊缝，其射线探伤年平均片次合格率不低于 90%；

③ 用超声波探伤时，焊缝年平均探伤一次合格率不低于 99%（合格率是指探伤焊缝减去超标缺陷总长度后的焊缝长度与探伤焊缝总长度的比值）；

④ 在产品焊接中没有因操作不当而造成返修超标或整条焊缝被割掉重焊的质量事故。

参 考 文 献

[1] 陈裕川 . 焊接工艺评定手册 . 北京：机械工业出版社，2000.

[2] ASME. Boiler and Pressure Vessel Code, Section IX "Welding and Brazing Qualification"，1996.

[3] 刘政军 . 锅炉压力容器焊接及质量控制 . 北京：冶金工业出版社，1999.

[4] 陈裕川 . 锅炉压力容器制造厂的焊接工艺管理（上），焊接，1991，5：2-8.

[5] 陈裕川 . 锅炉压力容器制造厂的焊接工艺管理（下），焊接，1991，6：2-5.

[6] [美] 威廉 L·加尔维里，弗兰克 M·马洛 . 焊接技能问答 . 李亚江等译 . 北京：化学工业出版社，2004.

[7] [美] 佛兰克 M·马洛 . 焊接制造与维修问答 . 李亚江，王娟，沈孝芹等，译 . 北京：化学工业出版社，2005.

[8] 张应立 . 焊接质量管理与检验使用手册 . 北京：中国石化出版社，2018.

[9] 李亚江 . 焊接组织性能与质量控制 . 北京：化学工业出版社，2005.

[10] 中国焊接协会，中国机械工程学会焊接学会，哈尔滨焊接研究所 . 焊接工作者信息手册 . 北京：机械工业出版社，1995.

[11] 天津大学，等 . 焊接质量管理与检验 . 北京：机械工业出版社，1993.

[12] 刘翠荣，王成文 . 焊接生产与工程管理 . 北京：化学工业出版社，2010.

[13] 赵熹华 . 焊接检验 . 北京：机械工业出版社，1996,

[14] 中国焊接协会编 . 焊接标准汇编 . 北京：中国标准出版社，1997.

[15] 陈祝年 . 焊接设计简明手册 . 北京：机械工业出版社，1997.

[16] 史耀武 . 中国材料工程大典（第23卷）——材料焊接工程（上、下）. 北京：化学工业出版社，2006.

[17] 韩建伟，王守革 . 锅炉和压力容器焊接质量的控制与管理，焊接，2004，4：14-17.

[18] 姚开亨 . 焊接质量控制中的一个重要问题——PQR 与 WPS，焊接技术，2000，29（6）：32.

[19] 孙景荣 . 焊接质量控制的重要环节——WPS 与 PQR，电焊机，2001，31（12）：37～39.

[20] 杨再东，叶喜忠 . 锅炉焊接的质量控制 . 焊接，2003，2：44-47.

[21] 王文翰 . 焊接技术手册 . 郑州：河南科学技术出版社，2000.

[22] 曾乐 . 现代焊接技术手册 . 上海：上海科学技术出版社，1993.

[23] 中国石油化工总公司第四建设公司编 . 焊接质量管理与检验 . 北京：机械工业出版社，1993.

[24] 张汉谦 . 钢熔焊接头金属学 . 北京：机械工业出版社，2000.

[25] 李亚江，等 . 合金结构钢及不锈钢的焊接 . 北京：化学工业出版社，2013.

[26] 国家机械工业委员会 . 焊接质量的检验 . 北京：机械工业出版社，1990.

[27] 国家机械工业委员会 . 焊接接头试验方法 . 北京：机械工业出版社，1988.

[28] 刘瑞堂 . 机械零件失效分析 . 哈尔滨：哈尔滨工业大学出版社，2003.

[29] 中国机械工程学会焊接学会 . 焊接手册（第3版）. 北京：机械工业出版社，2008.

[30] 美国金属学会 . 金属手册（第8版第2卷）. 北京：机械工业出版社，1986.

[31] 钟万里，林介东，盘荣旋 . 高温再热器异种钢焊接接头失效分析 . 江西电力，2004，28（3）：26-28.

[32] 陈祝年 . 焊接工程师手册（第2版）. 北京：机械工业出版社，2010.

[33] 邹尚利，冯玉敏，杜冬梅 . 单面焊双面成形技术 . 北京：机械工业出版社，2003.

[34] 李亚江，王娟，刘冬梅，等 . 焊接与切割操作技术（第2版）. 北京：化学工业出版社，2005.

[35] 孙景荣 . 压力容器焊工培训要素 . 电焊机，2004，34（8）：53-55.

[36] 李国才 . 锅炉压力容器焊工培训几点问题的探讨 . 焊接，1996（8）：26-27.

[37] 邱葭菲，蔡郴英 . 实用焊接技术，长沙：湖南科学技术出版社，2010.

[38] 张文 . 特种设备使用的安全问题及解决办法，企业标准化，2008（5）：51-52.